化学工业出版社"十四五"普通高等教育规划教材

细胞生物学实验技术

Experimental Techniques in Cell Biology

第三版

章静波　韩　钦　主编

化学工业出版社

·北京·

内容简介

本书前两版被许多院校用作教材，广受师生好评。新版保留了原有的大部分内容，涵盖显微镜技术、组织学基本技术、细胞结构与成分的显示技术、细胞生理实验、细胞培养和分析、干细胞培养及诱导分化、细胞周期分析、细胞成分的分离与分析、细胞工程基础技术、细胞凋亡的测定、染色体技术和分子细胞生物学技术。也根据反馈意见和当前研究热点，新增了类器官培养方法和适用于不同应用场景下的多种外泌体提取和鉴定技术。这些新增内容不仅反映了技术方法的前沿性，更能让读者能够熟悉与掌握这些新的技术方法，以便在今后的研究中进行更深入和更高层次的探索。

新版继续将所介绍的方法分为基本方案、备择方案和支持方案三类，各个学校及有关研究机构可以根据具体情况和实验条件灵活选择和运用。

本书可以作为医药院校和相关高等院校的本科和研究生教材，也可供从事细胞生物学研究工作的人员阅读参考。

图书在版编目（CIP）数据

细胞生物学实验技术 / 章静波，韩钦主编. -- 3版.
-- 北京：化学工业出版社，2025.3. -- （化学工业出版社"十四五"普通高等教育规划教材）. -- ISBN 978-7-122-47406-3

Ⅰ.Q2-33

中国国家版本馆 CIP 数据核字第 2025UP9644 号

责任编辑：傅四周　　　　　　　　　　　　文字编辑：李宁馨　刘洋洋
责任校对：杜杏然　　　　　　　　　　　　装帧设计：韩　飞

出版发行：化学工业出版社（北京市东城区青年湖南街13号　邮政编码100011）
印　　装：河北鑫兆源印刷有限公司
787mm×1092mm　1/16　印张16½　彩插2　字数426千字　2025年6月北京第3版第1次印刷

购书咨询：010-64518888　　　　　　　　售后服务：010-64518899
网　　址：http://www.cip.com.cn
凡购买本书，如有缺损质量问题，本社销售中心负责调换。

定　　价：55.00元　　　　　　　　　　　　　　　　　　　　　　　版权所有　违者必究

编写人员名单

主　　编　章静波　韩　钦

编写人员　（按姓名汉语拼音排序）

曹翠丽	河北医科大学
陈　峰	哈尔滨医科大学
董子明	郑州大学医学院
方　瑾	中国医科大学
顾　蓓	中国医学科学院基础医学研究所
韩　钦	中国医学科学院基础医学研究所
胡凤英	包头医学院
黄　辰	西安交通大学医学部
黄东阳	汕头大学医学院
连小华	陆军军医大学
刘　雯	复旦大学上海医学院
刘晓颖	安徽医科大学
刘玉琴	中国医学科学院基础医学研究所
米立国	河北医科大学
欧咏虹	中山大学医学部
邵红莲	山东大学生命科学学院
石　嵘	国家自然科学基金委员会
谭玉珍	复旦大学上海医学院
王　惠	中国医学科学院基础医学研究所
王海杰	复旦大学上海医学院
王莎丽	中国医学科学院基础医学研究所
王世华	中国医学科学院基础医学研究所
王越晖	吉林大学第二医院
杨　恬	陆军军医大学
詹秀琴	南京中医药大学
张　宏	中国医学科学院基础医学研究所
章静波	中国医学科学院基础医学研究所
赵永娟	香港中文大学
朱利娜	南方医科大学
朱星雨	中国医学科学院基础医学研究所

主　　审　李红凌　中国医学科学院基础医学研究所
审　　校　李　静　中国医学科学院基础医学研究所

前　言

时光荏苒，转眼间《细胞生物学实验技术》（第二版）已陪伴大家走过了十余载。在这段旅程中，我们见证了细胞生物学领域又取得了一系列激动人心的创新与突破，例如类器官培养、外泌体的分离与研究、单细胞测序技术的发展及细胞重编程的突破。这些进展不仅拓宽了我们的研究视野，还深化了我们对细胞功能和机制的理解。正如我们在前几版的前言中所强调的，学科的发展离不开技术方法的创新与改良。只有依靠更精细的技术方法，我们才能揭示出细胞生物学的本质变化规律以及各事件之间的相互联系。因此，技术方法与学科发展密不可分，彼此促进，共同进步。

为了紧跟学科的发展步伐，适应新时代的需求，我们欣然推出《细胞生物学实验技术》（第三版）。本版的定位依然是适合普通高等院校及医药院校研究生与本科生学习细胞生物技术方法的需要。本版特点是在保持基础训练的同时，增加了最新且最重要的新技术。该版继续遵循"三基"与"五性"的原则，即基本知识、基本理论和基本技能，以及思想性、科学性、创新性、启发性、先进性。在本版中，我们保留了原有的大部分内容，并根据反馈意见和当前研究热点，新增了类器官培养方法和适用于不同应用场景下的多种外泌体提取和鉴定技术。这些新增内容不仅反映了技术方法的前沿性，更让读者能够熟悉与掌握这些新的技术方法，以便在今后的研究中进行更深入和更高层次的探索。

基于过往对教材的编纂经验与读者反馈，我们在本版中继续保留了《精编细胞生物学实验指南》（*Short Protocols in Cell Biology*，edited by Juan S. Bonifacino et al，John Wiley & Sons Inc，2004）的分类方法，将所介绍的方法分为基本方案、备择方案和支持方案三类。基本方案是指总体推荐或是最普遍应用的方法，是使用者应力求掌握的方法。备择方案是针对不同设备和试剂而达到相同结果时的可选方法，或是对基本方案的补充和佐证。支持方案则是进行基本方案或备择方案所需要的附加步骤。这些步骤独立于核心方案，可能在其他实验中也能用到。这种分类方式强调了各类方案在证明一种现象中所起的作用不同，以及学习者应掌握的不同程度。各个学校及有关研究机构可以根据具体情况和实验条件灵活选择和运用。

最后，我们衷心感谢所有参与本书编撰和出版的专家、学者与编辑团队，是你们的智慧与汗水铸就了这本教材。我们同样感激每一位读者的支持与信任，你们的反馈与建议是我们不断前行的动力源泉。我们诚望使用者能够从本书中获益，并对我们的不足和疏漏之处提出宝贵意见。

希望本书能够成为广大研究生和本科生今后从事科学研究的敲门砖，助力他们在细胞生物学领域的探索中取得更大成就。

章静波　韩　钦
2025 年 1 月

第一版前言

技术方法对于科学发展的重要性是不言而喻的。有人将技术方法比喻为机车的车轮,设计再好的机车,没有车轮是不可能行进的。较生动的比喻大概要算将技术方法比作"点石成金"的指头,金子再多也有用完的时候,而这"指头"的魔力则是无穷尽的。我更愿意将技术方法与科研思路比喻为鸟儿的双翼,想要到达终极目标,两者缺一不可。

细胞生物学学科的发展,同样离不开新的技术方法的建立。只有应用显微镜观察到植物和动物的细胞结构,才有了细胞学说(恩格斯将其列为19世纪"三大发现"之一)的创立;只有有了X射线衍射技术方能揭示出DNA的双螺旋结构模式,并从此开辟了分子细胞生物学的新纪元;只有有了核移植技术,才有克隆动物(或许将来还有克隆人)的问世。由上我们可以得出这样的结论:没有精湛的技术方法,就不能(至少很难)登上科学的殿堂。或许正是认识到这一点,美国冷泉港实验室在取得众多科研成果、培养了大量科技人员之外,也没有忽视出版一批技术方法的书籍,诸如《分子克隆》(*Molecular Cloning*)、《细胞实验指南》(*Cell:A Laboratory Manual*)和《抗体》(*Antibodies*)等。有人评价这些书籍是生命科学研究的"圣经"。

细胞生物学及相关学科在我国的发展极为迅速。迄今我国有不少世界一流的实验室,也取得了一些世界一流的科研成果,但总体来说,我国细胞生物学的研究与世界最前列还有一定的差距。当然其原因是多种多样的,缘由是复杂的。我们相信,我国科研人员的头脑与国外的同行一样优秀,这些差距可能出于我们的技术设备要差一点,所掌握的技术方法尚不够精良与全面,因此做起科学研究来往往要滞后一些。为了缩小这种与最先进实验室的差距,学习与掌握最基础与最先进的研究技术方法,不能不说是一条重要的途径。编写一部新颖、实用的技术方法指导,不失为适时的一种举措。

本书的大部分作者曾参与《医学细胞生物学实验指导》的编写,他们既有从事科研工作的经验,又有教学经历,他们在具有丰富的感性认识与理性认识的基础上,从众多的技术方法中精选出部分操作程序介绍给读者。相信这些程序均具有严密性、可重复性、可操作性以及一定的新颖性。因此书中介绍的实验技术无论对于一个初涉细胞生物学研究的新手,还是具有丰富实验室工作经验的科研工作者,都有一定的帮助。

诚然,细胞生物学作为21世纪最活跃的生物科学学科之一,新理论以及新技术方法不断涌现,本书不能穷尽所有方法,也不一定包含刚刚问世的最新技术,它只能引导读者进入细胞生物学的研究领域,今后更多的理论创建与技术方法的革新便有待于大家的努力了。另外,我们并不固执己见,并不认为我们所提供的操作程序是不可变更的,如果使用者在正确的理论指导下,对我们提供的技术方法做出某些修改,并且证明更行之有效,那么请不吝将您宝贵的意见反馈给我们,以便我们能以适当的方式采纳,使本书所提供的技术方法更加先进,更加完善。

最后,我们要感谢那些虽不是本书的作者,但提供某些有用信息,包括文字数据、图片的人们，他们的无私奉献为本书增色。我们更要感谢化学工业出版社现代生物技术与医药科技出版中心的编辑们，他们为出版"生物实验室系列"图书所表现出的敬业精神，是我们编写《细胞生物学实验技术》的动力之一，与他们的精诚合作是一件颇为愉快的事，是以不能不在此书真诚地写上一笔以记之。

章静波
2006 年 2 月 5 日

第二版前言

自《细胞生物学实验技术》(第一版)问世以来,已5年过去了。我们见证了细胞生物学领域又有诸多的重要进展,譬如端粒与端粒酶的研究、诱导多能干细胞(induced pluripotent stem cells,iPS cells)的研究、组学革命(omics revolution)、细胞自噬的深入研究等。正如前一版前言中,我们强调指出学科的发展是与技术方法的创新与改良密不可分的,只有有了更精细的技术方法才能揭示出事物的本质变化的规律、事件之间的相互联系。因此技术方法与学科发展是一对孪生兄弟,是比翼双飞的鸟儿,缺一不能共存、缺一不能远翔。上述所列的一些新进展也是和新技术方法出现分不开的。

为了跟上学科的发展,适应发展的需要,我们也与时俱进地推出《细胞生物学实验技术》(第二版),我们对该版的定位是:适合大多数院校(普通高等学校及医药院校)研究生与本科生学习细胞生物技术方法的需要。因此,该版的特点是:以基础训练为主,同时增加最新而又不难掌握与了解的技术,也就是说我们所遵循的仍是"三基"与"五性"的原则。为此,在本版中除了保留原有大部分内容之外,根据反馈意见增加了作为生物学与医学研究最基本手段的组织学切片及基本染色技术。此外,我们也适时地补充了多种干细胞的培养方法、鉴定及运用,其中包括诱导多能干细胞和肿瘤干细胞培养、细胞自噬、端粒与端粒酶显示技术、酵母双杂交技术、昆虫杆状病毒表达系统等,这不仅反映了技术方法的时代性,更让使用者能够熟悉这些新的技术方法,以便今后能进行更深入、更高层次的探索。

此外,由于有时为了证明某一现象可以有多种方法,其中有些是最常用的,或者是最可靠的,或是对于初学者必须掌握而且容易掌握的,有些则是"辅助性的",或是"佐证性的",为此本版也尝试采用如同《精编细胞生物学实验指南》(*Short Protocols in Cell Biology*,edited by Juan S. Bonifacino et al,John Wiley & Sons Inc,2004)那样将所介绍的方法分为基本方案、备择方案和支持方案三类。基本方案是指总体推荐或是最普遍应用的方法,也是使用者应力求掌握的方法。备择方案乃针对采用不同设备和试剂而达到相同结果时可选用者,或许可以认为它是基本方案的一种补充与佐证。支持方案所描述的是进行基本方案或备择方案所需要的那些附加步骤,这些步骤独立于核心方案,它们或许也可以在其他实验中用到。诚然,这样分类只是强调各种方案在证明一种现象中所起的作用分量有所不同,以及要求学习者必须掌握的程度不一,各个学校可根据具体情况、实验条件灵活选择运用。

最后,我们十分感谢参加编写的全体新老编委们,是他们的高度责任心与不厌其烦的不断修改才使得第二版以新的面貌问世。我同样感激化学工业出版社生物·医药出版分社的编辑们,是他们的耐心指导与建议,才让我们又一次燃起再版的热情,并付出坚持到底的努力。我们诚望使用者从本书中获益以及对我们的不足与错误之处提出批评。

章静波

2011年夏于北京协和医学院

目 录

第一章 显微镜技术 … 1
- 基本方案1 普通显微镜的构造及使用方法 … 1
- 基本方案2 相差显微镜的构造及使用方法 … 6
- 基本方案3 荧光显微镜的构造及使用方法 … 8
- 基本方案4 透射电子显微镜与超薄切片技术 … 11
- 基本方案5 扫描电子显微镜与样品制备 … 15
- 备择方案1 激光扫描共聚焦显微镜的构造及使用方法 … 18
- 备择方案2 激光捕获显微切割技术 … 25
- 支持方案 显微摄影技术 … 27

第二章 组织学基本技术 … 30
- 基本方案1 石蜡切片技术 … 30
- 基本方案2 冰冻切片技术 … 32
- 基本方案3 苏木精-伊红（hematoxylin-eosin staining，HE）染色技术 … 33
- 备择方案1 吉姆萨（Giemsa）染色技术 … 35
- 备择方案2 组织学切片的福尔根（Feulgen）染色技术 … 35
- 备择方案3 中性脂肪油红O显示（oil red O staining）技术 … 37
- 备择方案4 组织切片的碱性磷酸酶染色技术（ALP钙-钴法）… 38
- 备择方案5 组织切片的琥珀酸脱氢酶染色（SDH staining）技术 … 39
- 备择方案6 组织切片的核酸甲苯胺蓝显示技术 … 40

第三章 细胞结构与成分的显示技术 … 41
- 基本方案1 细胞中DNA和RNA的显示 … 41
- 基本方案2 细胞中过氧化物酶的显示 … 45
- 基本方案3 细胞中碱性蛋白质的显示 … 46
- 基本方案4 一氧化氮合酶的显示 … 47
- 基本方案5 细胞中线粒体的活体染色 … 51
- 基本方案6 细胞中糖类和脂类的显示 … 52
- 基本方案7 酸性磷酸酶的显示 … 54
- 备择方案1 细胞中液泡系的活体染色 … 55
- 备择方案2 培养细胞完整生物膜系统的观察 … 56
- 备择方案3 微丝的染色及形态观察 … 57
- 支持方案 间接免疫荧光技术显示胞质微管 … 59

第四章 细胞生理实验 … 62
- 基本方案1 细胞的运动 … 62
- 基本方案2 细胞的吞噬活动 … 63
- 基本方案3 细胞自噬检测方法 … 65
- 备择方案 细胞膜通透性的测定 … 68

第五章 细胞培养和分析 … 71
- 基本方案1 细胞的原代培养 … 71
- 基本方案2 培养细胞的形态观察和计数 … 74
- 基本方案3 培养细胞生长曲线的绘制和分裂指数的测定 … 77
- 基本方案4 细胞集落形成实验 … 79
- 基本方案5 器官培养方法 … 80
- 基本方案6 鸡胚尿囊培养法 … 83
- 备择方案1 细胞的传代培养 … 85
- 备择方案2 MTT对细胞生长状况的检测 … 86
- 备择方案3 表皮细胞的培养 … 87
- 备择方案4 骨骼肌细胞的培养 … 89
- 备择方案5 内皮细胞的培养 … 90
- 备择方案6 神经胶质细胞的培养 … 91

备择方案 7　骨髓间充质干细胞的培养
　　　　　　及其体外诱导分化 …………… 92
支持方案 1　细胞的冻存与复苏 …………… 93
支持方案 2　细胞显微测量技术 …………… 95
支持方案 3　细胞培养中支原体污染的
　　　　　　检测 ………………………… 96
支持方案 4　放射自显影术及同位素液
　　　　　　闪测定 ……………………… 100

第六章　干细胞培养及诱导分化 ………… 106
基本方案 1　人胚胎干细胞传代培养 …… 106
基本方案 2　人胚胎干细胞的诱导分化 … 108
基本方案 3　肿瘤干细胞的分离纯化 …… 113
备择方案 1　诱导多能干细胞 …………… 118
备择方案 2　类器官的培养与传代 ……… 120
支持方案　　小鼠胚胎成纤维细胞（MEF）
　　　　　　的分离及饲养层的制备 …… 123

第七章　外泌体的提取和鉴定 …………… 127
基本方案 1　细胞上清液准备 …………… 127
基本方案 2　采用超速离心法提取外泌体 … 128
基本方案 3　采用超滤法提取外泌体 …… 129
基本方案 4　采用电镜观察外泌体形态 … 130
基本方案 5　采用纳米颗粒跟踪分析（NTA）
　　　　　　鉴定外泌体粒径 …………… 130

第八章　细胞周期分析 …………………… 132
基本方案　　流式细胞仪检测细胞周期 … 132
备择方案 1　细胞同步化实验 …………… 134
备择方案 2　通过分析 CDK 的活性检测
　　　　　　细胞周期 …………………… 135

第九章　细胞成分的分离与分析 ………… 139
基本方案 1　差速离心法分离细胞和细
　　　　　　胞器 ………………………… 139
基本方案 2　密度梯度离心法分离细胞
　　　　　　组分 ………………………… 141
基本方案 3　SDS-聚丙烯酰胺凝胶电泳
　　　　　　分离蛋白质 ………………… 143
基本方案 4　Western 印迹技术 ………… 144

备择方案　　免疫沉淀法 ………………… 146
支持方案　　蛋白质的双向聚丙烯酰胺凝胶
　　　　　　电泳 ………………………… 147

第十章　细胞工程基础技术 ……………… 152
基本方案 1　细胞融合实验 ……………… 152
基本方案 2　单克隆抗体的制备 ………… 155
备择方案 1　染色体提前凝集标本的制备 … 159
备择方案 2　显微注射技术（核移植） … 161
备择方案 3　DNA 转染实验（绿色荧光
　　　　　　蛋白） ……………………… 163
支持方案　　体外受精技术 ……………… 167

第十一章　细胞凋亡的测定 ……………… 171
基本方案 1　凋亡细胞的普通光镜观察 … 171
基本方案 2　凋亡细胞的荧光显微镜观察 … 173
基本方案 3　凋亡细胞的琼脂糖凝胶电泳
　　　　　　检测——DNA 梯状条带 …… 175
备择方案 1　凋亡细胞的电镜观察 ……… 176
备择方案 2　凋亡细胞的原位末端标记法
　　　　　　检测 ………………………… 177
备择方案 3　凋亡细胞的单细胞凝胶电泳
　　　　　　检测 ………………………… 178
备择方案 4　凋亡细胞的流式细胞法检测 … 180
支持方案　　磷脂酰丝氨酸外化的流式
　　　　　　细胞术分析 ………………… 181

第十二章　染色体技术 …………………… 183
基本方案 1　染色体标本制备 …………… 183
基本方案 2　端粒及端粒酶显示技术 …… 186
备择方案 1　染色体显带技术 …………… 196
备择方案 2　性染色质的制备 …………… 201
备择方案 3　姐妹染色单体交换实验 …… 204
备择方案 4　染色体原位杂交技术 ……… 205
支持方案　　染色体实验试剂配制 ……… 207

第十三章　分子细胞生物学技术 ………… 210
基本方案 1　DNA 提取及检测 …………… 210
基本方案 2　RNA 提取及检测 …………… 213
基本方案 3　Southern 印迹技术 ………… 214

| 基本方案 4 | Northern 印迹技术 …………… 218
| 基本方案 5 | RNA 干扰技术 ………………… 221
| 基本方案 6 | 酵母双杂交技术 ……………… 225
| 备择方案 1 | RT-PCR ……………………… 230
| 备择方案 2 | 原位 PCR 技术 ……………… 231
| 备择方案 3 | 荧光定量 PCR 技术 ………… 234
| 备择方案 4 | 基因芯片技术 ………………… 236
| 备择方案 5 | 原位缺口平移技术 …………… 241
| 备择方案 6 | 染色质免疫沉淀法 …………… 243
| 备择方案 7 | 昆虫杆状病毒表达系统 ……… 247
| 备择方案 8 | GST pull-down 分析 ………… 251

参考文献 …………………………………… 254

第一章 显微镜技术

显微镜发明于16世纪末,17世纪始应用于科学研究,它大大扩充了人类的视野,把人类的视觉从宏观引入到微观,直接推动了19世纪细胞学、微生物学等学科的建立。

显微镜大致分为光学显微镜和电子显微镜两大类。光学显微镜是1590年由荷兰的Janssen父子发明的。光学显微镜可把物体放大1500倍,分辨的最小极限为$0.2\mu m$,其种类繁多,本章中主要涉及的有以下几种。①普通光学显微镜,其分辨率达微米级,在细胞生物学领域,它主要用于日常观察组织的显微结构以及细胞的形态、数量及生长状态等。②相差显微镜,由P. Zernike于1932年发明。该显微镜通过将相位差变为振幅差,使原来透明的物体表现出明显的明暗差异,对比度增加,能更清晰地观察活细胞的细微结构。用于观察未经染色的透明标本和活细胞。③荧光显微镜,以紫外线为光源,主要可以对一些自身可发射荧光或使用荧光染料或荧光抗体后能发射荧光的物质进行定性和定量研究。④激光扫描共聚焦显微镜,是20世纪80年代发展起来的,在荧光显微镜成像的基础上加装了激光扫描装置,利用计算机进行图像处理,可以对观察样品进行断层扫描和成像;可以无损伤地观察和分析细胞的三维空间结构。同时,激光扫描共聚焦显微镜也是活细胞的动态观察、多重免疫荧光标记和离子荧光标记观察的有力工具。值得一提的是,美国加利福尼亚大学伯克利分校的一组科学家在2005年发明了一种新型"超级"镜片,这种镜片能够突破长期以来限制光学成像清晰度的物理上限。利用一层薄薄的银膜镜片和紫外线使分辨率达到60nm。

电子显微镜是M. Knoll和E. Ruska在1931年首先装配完成的。这种显微镜用高速电子束代替光束,由于电子流的波长比光波短得多,所以电子显微镜的放大倍数可达80万倍甚至更高,分辨的最小极限达$0.1\sim 0.2nm$。本章中主要涉及以下两种。①透射电子显微镜,它把经加速和聚集的电子束投射到非常薄的样品上,电子与样品中的原子碰撞而改变方向,形成明暗不同的影像。由于电子易散射或被物体吸收,故穿透力低,样品的密度、厚度等都会影响最后的成像质量,因此必须制备更薄的超薄切片,通常为$50\sim 100nm$。②扫描电子显微镜技术,用聚焦电子束在样品表面逐点扫描成像,是一种研究物质微观结构(纳米级)的全新技术。其放大倍数可达$10\sim 1000000$倍,在生物科学研究中常被用于获取细胞或组织表面的立体成像。

另外,本章内容中还包括了两种与显微镜密切相关的技术。①激光捕获显微切割技术,它是在显微状态或显微镜直视下通过显微操作系统对欲选取的材料(组织、细胞群、细胞、细胞内组分或染色体区带等)进行切割分离,并收集用于后续研究的技术。可以想见,该技术的应用往往是许多深入研究工作的重要起始步骤。②显微摄影技术,利用摄影装置来拍摄显微镜视野中所观察到的物像。在生物医学方面,主要用于对正常细胞或病变细胞的显微形态学研究记录。

基本方案1 普通显微镜的构造及使用方法

【原理与应用】

显微镜的主要部分是物镜和目镜,为两组焦距较短的凸透镜,其成像原理见图1-1。图1-1中为方便起见,物镜、目镜都以单块透镜表示。物镜的焦距(F_1)短,目镜的焦距(F_2)

长。物体 AB 位于物镜的 2 倍焦距和 1 倍焦距之间,所以在物镜的下方形成一个倒立的放大的实像 A′B′,该像位于目镜的 1 倍焦距以内,经目镜放大为虚像 A″B″,A″B″位于观察者眼睛的明视距离内。从图上可以看出,A″B″的视角比眼睛直接看 AB 时的视角大得多,所以我们用显微镜可以看清非常微小的物体,只是眼睛通过目镜所看到的不是物体本身,而是物体被物镜、目镜所成的已经放大了 2 次的倒立的像。

【仪器构造】

普通显微镜由三部分组成:机械部分、照明部分和光学部分,见图 1-2。

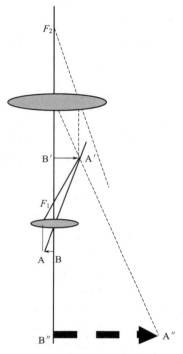 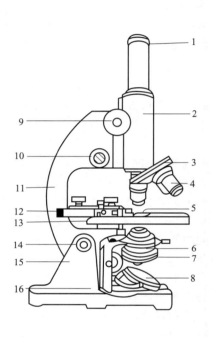

图 1-1　普通显微镜成像原理图　　　　图 1-2　普通光学显微镜结构示意图

1—目镜;2—镜筒;3—物镜转换器;4—物镜;5—通光孔;6—聚光器;7—光圈;8—反光镜;9—粗调节器;10—细调节器;11—镜臂;12—移片器;13—载物台;14—倾斜关节;15—镜柱;16—镜座

1. 机械部分

(1) 镜座　显微镜的底座,稳定和支持整个镜体。

(2) 镜柱　镜座上面直立的短柱,连接镜座和镜臂。

(3) 镜臂　镜柱上方的弯曲部分,支持镜筒与载物台,取放显微镜时手握此臂。镜筒直立式光镜在镜臂和镜柱之间有可活动的倾斜关节,可使镜臂适当倾斜,便于观察。镜筒倾斜式显微镜的镜臂与镜柱连为一体,无倾斜关节。

(4) 镜筒　镜臂前上方的圆筒。镜筒上端安装目镜,下端安装物镜转换器,并且保护成像的光路与亮度。镜筒有单筒式和双筒式,前者又有直立和倾斜式两种,后者均为倾斜式。

(5) 物镜转换器　镜筒下方的圆盘状部件,盘上有 3~4 个圆孔,安装了不同放大倍数的物镜,转动物镜转换器,可以更换不同放大倍数的物镜。

(6) 镜台(载物台)　放置标本片的平台,中央有通光孔,光线通过此孔照射在标本片上,镜台上安装有玻片移动器,用以夹持玻片,并使玻片能够前后、左右移动。

(7) 调节器　装在镜臂或镜柱两侧的粗、细螺旋，用以调节焦距。

① 粗调节器（粗螺旋）　转动时可使镜台（镜筒倾斜式显微镜）或镜筒（镜筒直立式显微镜）大幅度升降，迅速调节物镜和标本间距离使物像出现在视野中。在使用低倍镜时，先用粗调节器找到物像。

② 细调节器（细螺旋）　转动时可使镜台或镜筒短距离升降，使用高倍镜、油镜时或低倍镜下为了得到更清晰的物像时使用。

2. 照明部分

安装在载物台下方，包括反光镜、聚光器、光圈。

(1) 反光镜　安装在镜座上的平、凹两面镜，可任意方向转动，将光线反射到聚光器。凹面镜聚光作用强，光线较弱的时候使用；平面镜聚光作用弱，光线较强时使用。电光源普通显微镜没有反光镜，一般在镜座内安装有照明装置，光线的强弱由底座上的光亮调节钮控制。

(2) 聚光器　由一组透镜组成，汇聚光线使其照射到标本上，升降聚光器可以调节视野中光的强弱。

(3) 光圈　在聚光镜下方，由一组金属薄片组成，其外侧伸出一柄，拨动它可调节其开孔的大小，控制通过的光量。

3. 光学部分

(1) 目镜　安装在镜筒上端，通常备有2～3个，上面刻有5×、10×或15×符号，表示放大倍数。一般用10×目镜。

(2) 物镜　安装在物镜转换器上，一般有3～4个物镜，通常在物镜上标有主要性能指标——放大倍数和数值孔径（也叫镜口率），如10/0.25、40/0.65和100/1.30；镜筒长度和所要求的盖玻片厚度，如160(mm)/0.17(mm)。不同倍数物镜的技术参数见表1-1。

表 1-1　不同倍数物镜的比较

镜头	放大倍数	镜身	数值孔径	工作距离/mm
低倍镜	10×	短	0.25	7
高倍镜	40×	较长	0.65	0.5
油镜	100×	长	1.3	0.2

① 数值孔径（numerical aperture，NA）：是物镜的主要技术参数，是判断其性能高低的重要指标。其数值的大小反映该物镜分辨率的大小，数字越大，分辨率越高。

② 分辨率：指显微镜能够分辨物体上的最小间隔的能力，这个可分辨的最小间隔距离越近，分辨率越高。人眼的分辨率可达0.1mm，显微镜的分辨率能达到0.2μm。

分辨率与数值孔径的关系：

$$R = 0.61\lambda/\text{NA}$$

$$\text{NA} = n\sin(\alpha/2)$$

式中，R 为分辨率；λ 为光波波长；NA 为数值孔径；n 为介质折射率；α 为透镜的孔径角。

要提高分辨率，可采取使用短波长光源、介质折射率高的油浸系以及增大孔径角以提高NA值等措施。

③ 工作距离：是指显微镜处于工作状态（物像调节清晰）时物镜前透镜的表面到被检物体之间的距离。镜检时，被检物体应处在物镜的1倍焦距至2倍焦距之间。因此，它与焦距是两个概念，平时习惯所说的调焦，实际上是调节工作距离。物镜的放大倍数越大，工作距离越小。不同放大倍数物镜的工作距离见图1-3。

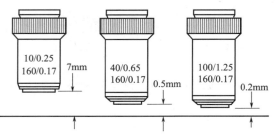

图 1-3　不同放大倍数物镜的工作距离

④ 分辨率和放大倍数对成像的影响：显微镜的总放大倍数等于物镜和目镜放大倍数的乘积。分辨率和放大倍数是两个不同的但又互有联系的概念。当选用的物镜数值孔径不够大，即分辨率不够高时，显微镜不能分清物体的微细结构，此时即使过度地增大放大倍数，得到的也只能是一个轮廓虽大但细节不清的图像。反之，如果分辨率已满足要求而放大倍数不足，则显微镜虽已具备分辨的能力，但因图像太小而仍然不能被人眼清晰看见。显微镜的分辨率是由物镜的数值孔径决定的，目镜只是起放大作用。因此，对于物镜不能分辨出的结构，目镜放得再大，也仍然不能分辨出。

【实验用品】
（1）材料　"a"字片、红绿羊毛交叉片、人血细胞涂片、双层油镜瓶、擦镜纸。
（2）设备　普通显微镜。

【实验方案】
1. 低倍镜的使用方法
（1）取镜和放置　取显微镜时，右手握住镜臂，左手托住镜座，将其轻放在操作者前方略偏左侧，显微镜应离实验台边缘至少一拳的距离。
（2）对光　转动粗调节器，使镜台下降，使物镜与载物台距离拉开，转动物镜转换器，使低倍镜对准通光孔（转动时听到咔嗒声时，表明物镜光轴已对准镜筒中心），打开光圈，上升聚光器，将反光镜凹面转向光源，一边在目镜上观察，一边调节反光镜方向，直到视野内的光线明亮且均匀为止。若使用电光源显微镜，首先打开显微镜电源开关，然后使低倍镜对准通光孔，开大光圈，上升聚光器并调节光线使视野明亮适中。
（3）放置标本片　取标本片，盖玻片面朝上放在镜台上，用移片器将待观察部位移到通光孔的正中。
（4）调节焦距　从显微镜侧面注视着物镜镜头，同时慢慢转动粗调节器，使镜台上升至物镜距标本片约 5mm 处，然后一边在目镜上观察，一边缓慢转动粗调节器，使镜台缓慢下降至视野中出现清晰的物像。

如果看不到物像，可能由以下原因造成：①物镜未对正通光孔，应对正后再观察；②标本未放到视野内，应移动标本至通光孔中央；③调节器转动得太快，超过焦点，应重新调焦；④视野内光线太强，不易观察到未染色的标本片，将光线调暗一些再观察。

2. 高倍镜的使用方法
（1）选好目标　一定要先在低倍镜下把待观察部位移动到视野中心，将物像调节清晰。
（2）转换高倍物镜　为防止镜头碰撞玻片，从显微镜侧面注视着，慢慢地转动转换器使高倍物镜镜头对准通光孔。
（3）调节焦距　向目镜内观察，一般能见到一个模糊的物像，稍稍调节细调节器，即获得清晰的物像。若视野亮度不够，可上升聚光器和开大光圈。

3. 油镜的使用方法
（1）选好目标　必须先在低倍镜、高倍镜下观察，将待观察部位移到视野中心。
（2）转换油镜　转动转换器，使高倍镜头离开通光孔，在玻片观察部位滴一滴香柏油，然后从侧面注视着镜头与玻片，转动转换器使油镜镜头浸入油中。

(3) 调节光亮　将聚光器上升到最高位置，光圈开到最大。

(4) 调焦　一边观察目镜，一边稍稍调节细调节器，使物像清晰。若目标不理想或不出现物像，需要重找。在加油区之外重找，应按低倍→高倍→油镜程序；在加油区内重找，应按低倍→油镜程序，以免油玷污高倍镜头。

(5) 擦净油镜头和标本片　油镜使用完毕后上升镜头约10mm，把镜头转到一边，取擦镜纸，滴少许二甲苯，将镜头上和标本上的香柏油轻轻擦去，再用干净擦镜纸擦干净，擦拭时要顺镜头的直径方向，不要沿镜头的圆周擦。

4. 操作练习

(1) 低倍镜使用练习　取"a"字片一张，先用眼直接观察"a"字的方位和大小，然后按照低倍镜的使用方法练习对光、调焦。注意观察：你看到的物像是反还是正？标本移动的方向与视野中物像移动方向是否相同？

(2) 高倍镜使用练习　取红绿羊毛交叉片，先在低倍镜下找到羊毛，并将红绿羊毛的交叉点移到视野的中心，然后换高倍镜观察，在转换高倍物镜并且看清物像之后，可以根据需要调节孔径光阑的大小或聚光器的高低，使光线符合要求。注意分辨红绿羊毛的上下位置关系（利用细调节器升降镜台进行判断）。

(3) 油镜使用练习　取人血细胞涂片，先用低倍镜、高倍镜观察，再换油镜观察。比较三种放大倍数的物镜的分辨率，并练习擦拭油镜头和标本片。

【注意事项】

① 取放显微镜时要轻拿轻放，持镜时必须一手握镜臂，另一手托住镜座，不可单手提取，以免零件脱落或碰撞到其他地方。

② 不可把显微镜放置在实验台的边缘，镜筒倾斜角度不得超过45°，以免碰翻落地。

③ 在上升镜台（或下降镜筒）、转换物镜时，一定要从显微镜的侧面注视着，切勿边操作边在目镜上观察，以免物镜与标本片相碰，造成镜头或标本片的损坏。

④ 需要更换标本片时，使镜台与物镜镜头远离，方可取下标本片。

⑤ 标本片上待观察部位要对准通光孔中央，且不能放反，否则高倍镜和油镜下找不到物像。

⑥ 转换物镜时应转动物镜转换器，切勿手持物镜移动。

⑦ 显微镜使用完毕后，必须复原，其步骤是：取下标本片，转动转换器使镜头离开通光孔，下降载物台，竖立反光镜，下降聚光器（但不要接触反光镜），关闭光圈，玻片移动器回位，盖上绸布或外罩，放回显微镜柜内。

⑧ 保持显微镜清洁。光学和照明部分只能用擦镜纸擦拭，切忌口吹、手抹或用布擦；机械部分可以用布擦拭。

【实验结果及分析】

① 低倍镜观察"a"字片呈倒立的物像，且玻片的移动方向与视野内物像移动的方向相反。

② 高倍镜观察红绿羊毛交叉片，先在低倍镜下找到羊毛，并将红绿羊毛的交叉点移到视野的中心，然后换高倍镜观察。转动细调节器下降镜台时红色羊毛清晰，表明红色羊毛位于交叉点上方；上升镜台时，绿色羊毛清晰，表明绿色羊毛在交叉点的下方。

③ 低倍镜、高倍镜、油镜观察人血细胞涂片时，观察范围依次变小，放大倍数、分辨率依次提高。血细胞包括红细胞、白细胞和血小板。其中白细胞主要包括淋巴细胞、单核细胞和粒细胞。红细胞为双凹扁盘状，无细胞核，橘红色。白细胞形态不一，细胞核紫色；其中淋巴细胞细胞核大而圆，周围边缘为浅蓝色细胞质；单核细胞，核为马蹄形或肾形，细胞

质比例较大，浅蓝色；粒细胞核成为叶状，细胞质中具有大小不等的颗粒。血小板为紫红色小片状，常多个聚在一起。

（邵红莲）

基本方案2　相差显微镜的构造及使用方法

【原理与应用】

光波有振幅（亮度）、波长（颜色）及相位（指在某一时间上光的波动所能达到的位置）的不同。光波通过物体时波长和振幅发生变化，人们的眼睛才能观察到，这就是普通显微镜下能够观察到染色标本的道理。活细胞和未经染色的生物标本，波长和振幅并不发生变化，因细胞各部分微细结构的折射率和厚度略有不同，光线透过标本后发生折射，偏离了原来的光路，光波的相位发生变化（相应发生的差异即相差），但是这种微小的变化，人眼是无法加以鉴别的，故在普通显微镜下难以观察到。相差显微镜就是将经过透明物体的直射光延迟或提前1/4波长，并和绕射光产生干涉，使相位差变为振幅差。如果产生的干涉为相长干涉，则振幅的同相量相加而变大，我们便看到较亮的部分；如果所产生的干涉为相消干涉，则振幅异相量相消而变小，这部分就变得较暗。这样，变相位差为振幅差的结果，使原来透明的液体表现出明显的明暗差异，对比度增加，能更清晰地观察活细胞的细微结构。

【仪器构造】

在普通光学显微镜上增加下列四种附件就成为相差显微镜（图1-4）。

1. 环状光阑

环状光阑位于光源与聚光器之间，是环状孔形成的光阑，它们的直径和孔宽是与不同的物镜相匹配的。大小不同的环状光阑成一转盘。更换放大率不同的物镜时，要同时更换与其相应的环状光阑。其作用是使照明光线从环状的透明区进入聚光镜，再斜射到标本上。

2. 相差物镜（镜头上标有PC或PH字样）

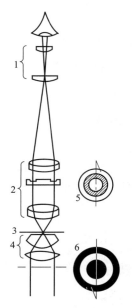

图1-4　相差显微镜光路图示
1—目镜；2—物镜；3—标本片；4—聚光器；5—相板；6—环状光阑

物镜的后焦平面上装有相板，这是相差显微镜的主要装置。相板上和环状光阑相对应的环状部分大多数是涂的吸收膜和推迟相位膜，其他部分完全透明。从标本上射过来的光线，绕射光部分穿过透明区；直射光则穿过相板的环状部分，一般所用的相板推迟相位1/4波长，吸收80%的直射光，这样，就使直射光和绕射光的强度接近，明暗反差增大。由于透明标本内部构造的折射率不同，产生绕射光的相位就会有不同程度的推迟，绕射光和直射光的干涉作用将相位差变成振幅差。

3. 绿色滤光片

在环状光阑下面置绿色滤光片于光路中，它可吸收红色和蓝色光，使波长范围小的单色光线进行照明，并有吸热作用，能使相差观察获得良好的效果。一般选用中心波长546nm的绿色滤光镜，滤光镜插入后对比度就提高。

4. 合轴调整望远镜

为使环状光阑的中心与物镜的光轴完全在一直线上，必须拔出目镜，装上特别的低倍望远镜，使相板的暗环与环状光阑的明环重合对齐，才能发挥相差显微镜的效能。

倒置显微镜组成和普通显微镜一样，只不过物镜与照明系统颠倒，物镜安装在载物台的下方，光源及聚光器安装在载物台的上方。倒置相差显微镜（inverted phase contrast microscope）用于观察培养瓶或培养板中的活细胞的细微结构，由于工作距离的限制，最大放大率为60×。一般研究用倒置相差显微镜配置有4×、10×、20×及40×相差物镜。

【实验用品】
（1）材料　体外培养细胞。
（2）设备　相差显微镜。

【实验方案】
1. 倒置相差显微镜的使用
① 打开倒置相差显微镜电源开关，将标本置于载物台上。
② 转动聚光器下面的环状光阑转盘，使普通光阑进入光路，并将光圈开到最大。旋转物镜转换器，使低倍相差物镜进入光路，按普通显微镜常规操作方法进行对光和调焦，看见标本。
③ 转动转换器，使相差物镜（20×）对准标本，同时转动环状光阑转盘选用20×标示孔的光阑，以使环状光阑的直径和孔宽与所使用的相差物镜相适应，用细调节器调节焦距，使物像清楚。
④ 合轴调节。将合轴望远镜换入目镜筒内，一边向望远镜内观察，一边用右手转动望远镜内筒使其下降，当对准焦点时就能看到环状光阑的亮环和相板的黑环，此时可将望远镜固定住。再升降聚光器并调节其下的螺旋使亮环的大小与黑环一致，然后前后左右调节环状光阑聚光器上的调节钮，使两环完全重合。如图1-5所示。如亮环比黑环小而位于内侧时，应降低聚光器使亮环放大；反之，则应升高聚光器，使亮环缩小。如若升到最高限度仍不能完全重合，则可能是载玻片过厚之故，应更换。

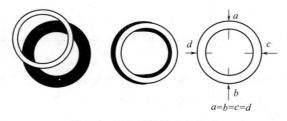

图1-5　相差显微镜合轴调节

⑤ 合轴调整完毕，抽出望远镜，换回目镜，按常规要领进行观察。在更换不同倍率的相差物镜时，每一次都要使用相匹配的环状光阑和重新合轴调整。使用油镜时，聚光器上透镜表面与载玻片之间要同时加上香柏油。

2. 倒置相差显微镜使用练习
培养瓶或培养板中的培养细胞的观察。

【注意事项】
① 载玻片或培养瓶必须平整、均匀，标本不能太厚，否则相差显微镜成像效果不好。
② 标本要在有水的环境中（如培养液或用水封片）成像效果才明显。

【实验结果及分析】
在倒置相差显微镜下观察活细胞，可清楚地分辨细胞的内部结构，细胞边界、细胞核、核仁以及胞质中存在的颗粒状结构清晰可见，分裂期细胞可见中期染色体。

（邵红莲）

基本方案3 荧光显微镜的构造及使用方法

【原理与应用】

1. 荧光的产生

一些化学物质经短波高能光激发后能吸收并储存能量而进入激发态，当其从激发态再回复到基态时，过剩的能量以荧光的形式发射。荧光发射的特点是在接受能量后即刻引起发光，而一旦停止供能，荧光现象也随之瞬间消失。各种荧光分子有其特定的吸收光谱和发射光谱（荧光光谱），即在某一特定波长处有最大吸收峰和最大发射峰，因此要观察不同的荧光应选用不同波长的激发光，得到的荧光强度才能最大。

有些物质能够自发荧光，如维生素A的红色荧光、胶原纤维的蓝绿色荧光、绿色荧光蛋白（green fluorescent protein，GFP）的绿色荧光；有些物质不能够自发荧光，用荧光染料染色后，结合物可发出荧光。常用的荧光染料见表1-2。

表 1-2 常用的荧光染料

荧光染料	激发光	荧光颜色	应用范围
溴化乙锭（ethidium bromide）	蓝紫	红	DNA
HO 33258（Hoechst 33258）	紫外	蓝白	DNA
吖啶橙（acridine orange，AO）	蓝光	绿（DNA） 红（RNA）	DNA、RNA
派洛宁Y（pyronin Y）	绿光	红	RNA
异硫氰酸荧光素（fluorescein isothiocyanate，FITC）	蓝光	黄绿	蛋白质及抗体标记
四乙基罗丹明（tetraethyl rhodamine，RIB200）	绿光	橘红	抗体标记
四甲基异硫氰酸罗丹明（tetramethylrhodamine isothiocyanate，TRITC）	绿光	橘红	抗体标记
二醋酸酯荧光素（fluorescein diacetate，FDA）	蓝光	绿	细胞酯酶、细胞活力
芥子阿的平（quinacrine mustard，QM）	紫外	蓝白	染色体分带

2. 荧光显微镜原理

荧光显微镜采用高压汞灯作光源。汞灯用石英玻璃制作而成，中间呈球形，内充一定数量的汞。工作时由两个电极间放电，引起汞蒸发，球内气压迅速升高，当汞完全蒸发时，可达50～70atm❶，这一过程一般约需5～15min。超高压汞灯的发光是电极间放电使汞分子不断解离和还原过程中发射光量子的结果，它发射紫外到红色各色光，其中强紫外和蓝紫光等短波光足以激发各类荧光物质。

光源发出的光经过激发滤片后，选择性地透过可使标本产生荧光的特定波长的短波激发光，同时阻挡对激发荧光没有用的光，短波激发光激发标本内的荧光物质发射出荧光，通过物镜和目镜放大，同时目镜前的阻断滤片阻挡掉没有被标本吸收的激发光，有选择地透过荧光，从而使观察者通过目镜可观察到清晰的荧光。

目前常用的落射式荧光显微镜的光路图见图1-6。高压汞灯发出的光经激发滤片选择后，激发光经一个与光轴呈45°角的双色束分离器从物镜向下落射到标本表面，样品被激发产生的荧光以及盖玻片反射的激发光同时进入物镜，荧光可通过双色束分离器进入目镜，反射的激发光被双色束分离器阻挡，少量通过双色束分离器的激发光再被阻断滤片吸收。如换用不同的激发滤片/双色束分离器/阻断滤片的组合插块，可满足不同荧光物质的需要。

---

❶ 1atm＝101325Pa。

3. 荧光的猝灭

荧光分子的辐射能力在受到激发光较长时间的照射后会减弱甚至猝灭，这是由于激发态分子的电子不能回复到基态，所吸收的能量无法以荧光的形式发射。因此荧光物质的保存应注意避免光（特别是紫外光）的直接照射和与其他化合物的接触。

【仪器构造】

荧光显微镜比普通光学显微镜多一些附件，如荧光光源、激发滤片、双色束分离器和阻断滤片等。

1. 光源

普遍采用100～200W的超高压汞灯，它能发射很强的光，如紫外光、蓝光、绿光等，足以激发各类荧光物质。此外荧光显微镜一般同时也配有普通光源，以方便标本上观察目标的寻找。

2. 滤色系统

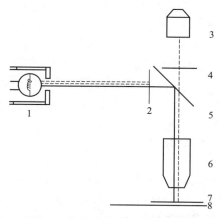

图1-6　落射式荧光显微镜光路图
1—高压汞灯；2—激发滤片；3—目镜；
4—阻断滤片；5—双色束分离器；
6—物镜；7—标本；8—载物台

滤色系统是荧光显微镜的重要部分，由激发滤片和阻断滤片组成。

(1) 激发滤片　透过能使标本产生荧光的特定波长的光，同时阻挡对激发荧光无用的光。一般有紫外、紫色、蓝色和绿色激发滤片，各自提供一定波长范围的激发光。

U组：紫外激发滤片，激发波长330～400nm。
V组：紫色激发滤片，激发波长395～415nm。
B组：蓝色激发滤片，激发波长400～490nm。
G组：绿色激发滤片，激发波长510～550nm。

(2) 阻断滤片　荧光具有专一性，一般都比激发光弱，为能观察到专一的荧光，在物镜后面需加阻断滤片。它的作用有二：一是吸收和阻挡激发光进入目镜，以免干扰荧光和损伤眼睛；二是选择并透过特异的荧光，表现出专一的荧光色彩。阻断滤片常与激发滤片相对应，组合使用。

3. 聚光镜

专为荧光显微镜设计制作的聚光器是用石英玻璃或其他透紫外光的玻璃制成的。主要有明视野聚光器和暗视野聚光器两种。

(1) 明视野聚光器　在一般荧光显微镜上多用明视野聚光器，它具有聚光力强、使用方便的特点，特别适于低、中倍放大的标本观察。

(2) 暗视野聚光器　暗视野聚光器在荧光显微镜中的应用日益广泛，产生黑暗的背景，从而增强了荧光图像的亮度和反衬度，提高了图像的质量，观察舒适，可发现亮视野难以分辨的细微荧光颗粒。

4. 双色束分离器

与光轴呈45°角，可使激发光向下落射到标本表面，样品被激发后产生荧光，荧光能通过双色束分离器到达目镜，而未被标本吸收的激发光返回后被双色束分离器阻挡。

5. 阻光挡板

将此挡板推进光路，可遮挡激发光通过光路进入物镜，便于操作者用普通光学显微镜通路寻找到待观察部位，拉出该挡板，荧光光路接通，可用于荧光的观察。

6. 物镜

一般有10×、20×、40×、60×物镜。物镜上有标记，如40/1.0（GLYC）是指放大

40×、镜口率 1.0、需用镜油的物镜。

7. 目镜

一般有 5×目镜和 6.3×目镜。

【实验用品】

（1）材料　人口腔黏膜上皮细胞临时制片、洁净载玻片、盖玻片、眼科镊、吸水纸。

（2）试剂　95％乙醇、0.01％吖啶橙染液。

（3）设备　荧光显微镜。

【试剂配制】

0.01％的吖啶橙染液的配制

（1）0.1mol/L（pH 7.0）PBS　A 液：2.76g $NaH_2PO_4 \cdot H_2O$，加蒸馏水至 100ml。B 液：5.36g $Na_2HPO_4 \cdot 7H_2O$，加蒸馏水至 100ml。取 16.5ml A 液、33.5ml B 液、8.5g NaCl，用蒸馏水稀释至 100ml。

（2）0.1％的吖啶橙　0.1g 吖啶橙加蒸馏水 100ml。

（3）0.01％的吖啶橙　临用前将 0.1％的吖啶橙用 0.1mol/L(pH 7.0)PBS 稀释 10 倍。

【实验方案】

1. 荧光显微镜的使用方法

（1）启动高压汞灯　打开电源开关，当电压稳定在 220V 或指示灯变亮后按启动键，汞灯点燃。一般预热 10min 后汞灯才能达到最亮点，方可观察。

（2）调中光源　应按照使用的荧光显微镜说明书进行操作，最终是通过调节汞灯调中钮使灯影光斑和反射影光斑在载物台的投射平面上居中且重合。光源调中后，显微镜不再移动，以后每次直接放置标本片观察即可。

（3）放置标本片　载玻片厚度应在 0.8～1.2mm 之间，太厚的玻片，一方面光吸收多，另一方面不能使激发光在标本上聚集。载玻片必须光洁、厚度均匀，无明显自发荧光。有时需用石英玻璃载玻片。盖玻片厚度在 0.17mm 左右，光洁。

（4）寻找物像　先关闭阻光挡板，用普通显微镜光路找到待观察的细胞部位，调节焦距使物像清晰。

（5）观察标本　关闭普通光源，选择针对所观察的荧光的合适激发滤片及阻断滤片，拉开阻光挡板，这时显微镜转换到荧光光路，观察标本，调节细螺旋便可得到清晰的荧光图像。用油镜观察标本时，必须用无荧光的特殊镜油或无荧光甘油。

2. 荧光显微镜使用练习

取干净载玻片，用牙签刮取口腔黏膜上皮细胞涂在载玻片上，待载玻片上细胞稍干后以 95％乙醇固定 5min，然后晾干，滴加 0.01％的吖啶橙染液染色 2min，PBS 漂洗，保留一滴 PBS，加盖玻片临时封固，选用紫外激发滤片在荧光显微镜上观察。

一般标本染色后应立即观察，因时间久了荧光会逐渐减弱；也可用封裱剂封片。用封裱剂封片的标本不易干燥，可用于较长时间观察或将标本放在聚乙烯塑料袋中 4℃保存，可延缓荧光减弱时间。

封裱剂常用甘油，必须无自发荧光，无色透明。荧光的亮度在 pH 8.5～9.5 时较亮，不易很快褪去，所以，常用甘油和 0.5mol/L pH 9.0～9.5 的碳酸盐缓冲液的等量混合液作封裱剂，也有用 0.1mol/L pH 9.0 的磷酸盐缓冲液与甘油以 1∶9 体积比混合后作封裱剂的。

【注意事项】

① 点燃汞灯后不可立即关闭，以免灯内汞蒸发不完全而损坏电极，一般需要等 15min

后方可关闭。

② 高压汞灯关闭后不能立即重新打开,需经 15min 汞灯冷却后才能再启动,否则会影响汞灯寿命。

③ 荧光几乎都较弱,应在较暗的室内进行。

④ 高压汞灯散发大量热能。因此,灯室必须有良好的散热条件,工作环境温度不宜太高。

⑤ 防止紫外线对眼睛造成损害,观察过程应戴上防护眼镜。

⑥ 由于荧光衰减或猝灭,应避免长时间在荧光下观察同一部位,暂时不观察时,应用阻光挡板阻挡激发光。

⑦ 用油镜观察时,应用"无荧光油"。

⑧ 荧光显微镜光源寿命有限。超过 90min,超高压汞灯发光强度逐渐下降,荧光减弱,所以每次使用 1~2h,最多不超过 3h。

⑨ 电源最好装稳压器,否则电压不稳不仅会降低汞灯的寿命,也会影响镜检的效果。

【实验结果及分析】

可见经 0.01% 的吖啶橙染液染色的细胞,细胞核内的 DNA 和细胞质、核仁中的 RNA 分别被激发产生绿色和橙红色两种不同颜色的荧光。

(邵红莲)

基本方案 4 透射电子显微镜与超薄切片技术

透射电子显微镜(transmission electron microscope,TEM),是一种用透过样品的电子束使其成像的高精密度的电子光学仪器。用于观察超微结构,即小于 $0.2\mu m$、光学显微镜下无法看清的"亚显微结构"。

【原理与应用】

透射电子显微镜的工作原理是以电子束作照明源,利用电子流的波动性,经电磁场的作用改变电子前进轨迹,产生偏转、聚焦,因此当电子束透过样品经电磁透镜的作用可放大成像。高速运动的电子流其波长远比光波波长短,所以电镜分辨率比光镜高。一般光学显微镜放大倍数在数十倍到数百倍,特殊可到数千倍。而透射电镜的放大倍数在数千倍至一百万倍之间,有些甚至可达数百万倍或数千万倍。由阴极发射的电子经高压加速、聚光镜聚焦形成快速电子流,投射到样品上,与样品中各种原子的核外电子发生碰撞,形成电子散射。细胞质量、密度较大的部位,电子散射度强,成像较暗;质量、密度较小的部位电子散射弱,成像较亮,结果在荧光屏上形成与细胞结构相应的黑白图像。

【实验用品】

1. 材料

家兔,乙醚,2.5%戊二醛,0.1mol/L 二甲胂酸钠缓冲液(pH 7.4),1%锇酸(OsO_4,四氧化锇),30%、50%、70%乙醇溶液,80%、90%、95%丙酮溶液,100%丙酮,3:1 的 100%丙酮与包埋剂的混合液,1:1 的 100%丙酮与包埋剂的混合液,1:3 的 100%丙酮与包埋剂的混合液,环氧树脂 Epon 812 包埋剂,醋酸铀染液,柠檬酸铅染液,蒸馏水,双蒸水,0.1mol/L NaOH 染液;平皿,平皿盖,青霉素小瓶,注射器(2~5ml),滴管,医用胶布,滤纸,新单面刀片,石蜡(块或片),新双面刀片,解剖器材,铜网,牙签。

2. 设备

透射电子显微镜、超薄切片机、解剖镜、制刀机、冰盒、包埋模具、恒温箱、冰箱、玻璃切片刀或钻石刀。

【试剂配制】

1. 2.5%戊二醛溶液 [用 0.1mol/L 二甲胂酸钠缓冲液（pH 7.4）配制]

取 25%戊二醛（市售戊二醛）10ml，加 0.1mol/L 二甲胂酸钠缓冲液至 100ml，装入茶色瓶中，置 4℃冰箱保存，备用 [也可用 0.1mol/L 磷酸盐缓冲液（pH 7.4）配制 2.5%的戊二醛]。

2. 0.1mol/L 二甲胂酸钠缓冲液

二甲胂酸钠　　　　　　　　　　　　　　　　　　　　　　　　　　　10.7g
蒸馏水　　　　　　　　　　　　　　　　　　　　　　　　　　　　　500ml

将二甲胂酸钠置于 500ml 容量瓶中，先加入约 400ml 水，振荡使其溶解，用 HCl 调 pH 为 7.4，加入剩余蒸馏水，4℃冰箱保存。

3. 1%锇酸溶液

（1）配制 2%锇酸贮存液　取 1g 安瓿的四氧化锇，置清洁液中浸泡 48h，后冲洗 48h，双蒸水漂洗 30min。干后用玻璃刀刻痕 1~2 道，置于棕色磨口瓶中，加入 0.1mol/L 二甲胂酸钠缓冲液 50ml，用力摇动使安瓿破碎；用蜡严密封口，放置干燥器中；静置 48h 锇酸溶解；4℃避光保存，备用。

（2）配制 1%锇酸使用液（现用现配）　取 2%锇酸贮存液 10ml，加入 0.2mol/L 二甲胂酸钠缓冲液（pH 7.3）10ml，混合即可。

4. 环氧树脂 Epon 812 包埋剂（Luft 配方）

A 液：Epon 812　　　　　　　　　　　　　　　　　　　　　　　　6.2ml
　　　DDSA（十二烷基琥珀酸酐，软化剂）　　　　　　　　　　　　10ml
B 液：Epon 812　　　　　　　　　　　　　　　　　　　　　　　　10ml
　　　MNA（甲基纳迪克酸酐，硬化剂）　　　　　　　　　　　　　8.9ml

使用时，A 液和 B 液按一定比例混合后，逐滴加入 1.5%的 DMP-30 [2,4,6-三（二甲基氨基甲基）苯酚]，边加边搅拌，持续 20min 左右。一般 A 液和 B 液混合比例：冬季 1∶9；夏季 2∶8。

5. 醋酸铀染液

称取醋酸双氧铀 1.54g，溶于 20ml 的 50%乙醇或 70%乙醇（pH 3.8）中，充分溶解后过滤，4℃冰箱避光保存。

6. 柠檬酸铅染液

称取硝酸铅 1.33g，柠檬酸钠 1.76g，置入 50ml 容量瓶中加双蒸水（用前沸煮 5min，冷却后用）30ml，振摇约 30min，至呈现乳白色悬液；加 1mol/L NaOH 8ml；加双蒸水至 50ml，混匀（pH 为 12）。

【实验方案】

1. 透射电镜的主要结构

透射电子显微镜主要由电子光学系统、真空系统和供电系统三大部分组成（图 1-7）。

（1）电子光学系统（简称镜筒）　是电镜的主体，对成像和像的质量起着决定性的作用。包括电子枪，即电子发射源。电子枪由阴极、栅极、阳极组成，发出的电子束经高压加速，形成高速电子流投向聚光镜。聚光镜将高压电

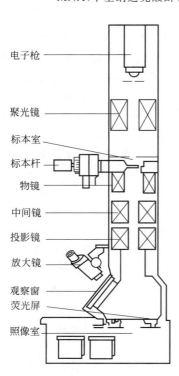

图 1-7　透射电镜结构

子束聚焦，投射到样品上。样品室承载样品，内设有气锁装置，在样品更换后数秒内即可恢复正常真空工作状态。物镜是短距透镜，放大率高，决定着电镜的分辨能力和成像的质量。中间镜结构类似物镜，经物镜放大的电子像由中间镜作二级放大。投影镜位于中间镜的下方，是将中间像放大后在荧光屏上成像。此外有荧光屏、观察室和照相装置。

(2) 真空系统　包括机械泵、空气过滤器、油扩散泵及排气管道等部件，使镜筒内保持高度真空状态。系统绝对压强一般要求达到 10^{-4} Torr❶。电镜利用高压电子束为照明源，要求电子束的通道上不能有游离气体存在，以避免与气体分子碰撞引起电离、放电、电子散射、灯丝氧化、污染样品等，影响观察效果或发生故障。

(3) 供电系统　提供稳定的电源，包括高压系统电源、各透镜的电源及真空泵的电源等。供电系统的稳定度至关重要，直接影响成像的质量。

2. 透射电镜生物标本常规超薄切片的制备

常规超薄切片术是指不需要特殊冷冻条件的常规包埋技术，包括取材、固定、脱水、浸透、包埋与聚合、超薄切片、染色等步骤（图1-8）。

以家兔肝脏为例介绍制作过程及方法。

(1) 取材　将活兔用乙醚轻微麻醉，迅速打开腹腔，暴露肝脏，用锋利的双面刀片切取小于 $1mm^3$ 肝组织，立即投入固定液中。取材过程要求迅速，通常将动物麻醉后取材，如处死后取材，要在1~2min内完成；其过程在低温（0~4℃）下进行，以防止动物死后细胞因缺氧发生超微结构的变化。

(2) 固定　肝组织投入2.5%戊二醛中，4℃固定2h；用二甲胂酸钠缓冲液（0.1mol/L、pH 7.4）洗3次，每次10min；然后放入1%锇酸中，4℃固定2h。固定是利用化学试剂使细胞的细微结构或化学成分保持原始状态。

(3) 脱水

① 漂洗：将锇酸固定后的标本取出，用滤纸吸干液体，再用双蒸水漂洗3次，每次10min。

② 脱水：经漂洗后的标本，按顺序投入30%、50%、70%的乙醇中，4℃下各10min；然后在室温下，投入80%、90%、95%的丙酮中各10min，2份100%的丙酮中各1次，每次各10min。用脱水剂把组织细胞内的游离水去除，使包埋剂能够均匀地渗入细胞内（如实验需中途停顿可把标本放在70%的乙醇中过夜）。

(4) 浸透　在室温或37℃下，将标本分别置入3:1、1:1和1:3的100%丙酮溶液与包埋剂的混合液中，时间分别为10~30min、30~60min和1~2h或过夜；再置入纯包埋剂中，2~5h或过夜。其目的是用包埋剂置换出标本中的丙酮。

(5) 包埋与聚合　取清洁干燥的包埋模具（如2号药用胶囊），先用注射器向胶囊中滴一滴包埋剂，后用牙签将标本挑入胶囊中，使标本位于液面中央，再向胶囊中缓缓注满包埋剂。电镜生物标本常用环氧树脂作包埋剂，聚合后可切成超薄切片，并耐受电子束轰击。将包埋好的标本放入温箱中聚合，使包埋剂固化。固化过程一般在37℃处理12h、45℃处理12h、60℃处理24h；也可直接放入60℃温箱中处理24h。目的是使包埋剂聚合、硬化，由流体变为均匀的固体。在切片时，其内包埋的肝组织能够保持结构不变。包埋块一般可长期保存。

(6) 超薄切片　普通透射电子显微镜的加速电压多为70~100kV。电子束常难以穿透较厚的组织切片，而医学生物材料的超薄切片在50~70nm之间，可以获得对比度较佳的图

---

❶　1Torr=1mmHg=133.322Pa。

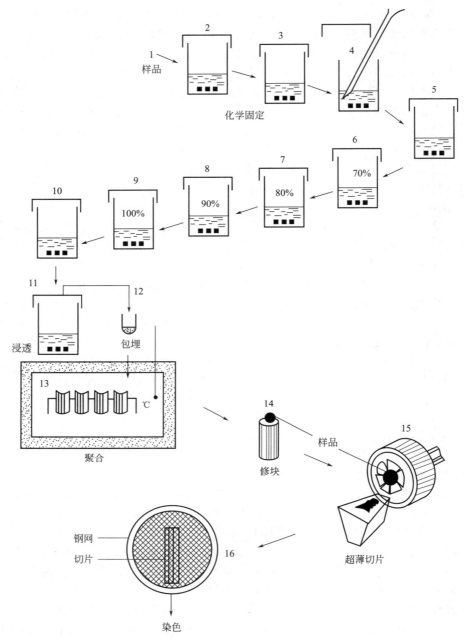

图 1-8 常规超薄切片标本的制备过程

1—取材；2—醛类固定；3—缓冲液清洗；4—锇酸固定；5—缓冲液清洗；6～9—脱水；10—环氧丙烷浸透；11—包埋剂浸透；12—包埋；13—聚合；14—修块；15—超薄切片；16—染色

像。切片前，要将标本包埋块顶端修成近45°角的四边锥体，使须切片的标本露出，切面呈长宽约为 0.4mm×0.6mm 的长方形或梯形。然后把标本包埋块夹在标本夹中，固定在切片机臂的远端。玻璃切片刀，需用胶布围成水槽，加入适量蒸馏水，使切下的薄片漂在水面，用铜网收集。薄片的厚度可从薄片与水面反射光所产生的干涉色来判断：以银白色（50～70nm）为佳，薄片大于 100nm（紫红色），电子束的穿透较差，微细结构辨别不清，但小于 40nm（暗灰色），图像反差低，难以观察。

(7) 超薄切片机的操作（略）

(8) 染色　在平皿中放一片蜡纸，并在其上滴一滴醋酸铀染液，用弯头小镊子夹住铜网边缘，把贴有薄片的一面朝下，轻轻插入染液中，盖上平皿盖，室温下染色 10～20min，双蒸水清洗 2 次；置入柠檬酸铅染液中染色 15min，0.1mol/L NaOH 染液漂洗 1～2s，双蒸水清洗 2 次，自然干燥后观察。其原理是利用重金属盐（如铅盐、铀盐等）与组织中某些成分结合（即醋酸铀可与大多数细胞成分结合，尤其易于与核酸、核蛋白、结缔组织纤维成分结合；柠檬酸铅易与蛋白质、糖类结合），以提高这些组分对电子的散射能力，增强超薄切片中不同组分对电子散射的差异，使细胞的超微结构得以充分体现，形成与细胞结构相应的图像，提高图像反差，也称电子染色。

【注意事项】

(1) 二甲胂酸钠缓冲液　有异味和毒性，配制和使用时要格外小心。配制应在防护罩内进行，避免试剂与皮肤直接接触，避免吸入呼吸道。

(2) 锇酸（四氧化锇，OsO_4）　是一种强氧化剂，需冷冻、密封和避光保存，临用前需彻底化开，以免浓度欠佳。配制和储存不当会产生锇黑，使其失效，并对皮肤和黏膜有刺激作用，操作时最好使用通风橱，并戴防护手套。

(3) 玻璃切片刀　现用现做，通常一把刀切一个标本。

(4) 醋酸铀染液　有微量放射性，能发荧光，需小心使用、避光保存。染色时应避免强光直射，避免玷污皮肤和实验台面。

【实验结果及分析】

观察家兔肝细胞的超微结构。

电镜操作（示范）。

肝细胞的结构：肝细胞呈多角形，一侧紧靠血窦；有圆形核 1～2 个，位于细胞中央，内含 1～2 个核仁；胞质中含有各种细胞器：粗面内质网的膜呈平行排列，聚集在一起，滑面内质网为分支弯曲密集排列的囊管、互相吻合成网；高尔基复合体排列在核的周围；溶酶体、过氧化物酶体、糖原、脂滴、分泌颗粒等均分布在胞质中。

（胡凤英）

基本方案 5　扫描电子显微镜与样品制备

扫描电子显微镜（scanning electron microscope，SEM），是一种利用电子束扫描样品表面从而获得样品信息的电子显微镜。它能产生样品表面的高分辨率图像，且图像呈三维，扫描电子显微镜能被用来鉴定样品的表面结构。

【原理与应用】

扫描电子显微镜的工作原理是由电子枪发射出一束极细的电子，在加速电压的作用下，形成高速电子流，经聚光镜和物镜汇聚成电子探针，在样品表面进行扫描。电子束可激发样品表面（厚约几纳米）使原子外层电子逸出，形成次级电子（同时也产生其他信号）。次级电子的多少与电子束入射角有关，也就是说与样品的表面结构有关。击出的次级电子被检测器收集，经视频放大，形成图像信号，传入显像管显示。电子束照射样品表面与显像管荧光屏上的画面呈同步扫描，即样品表面图像定位点与电子束扫描定位点呈准确对应关系。结果荧光屏上形成样品表面图像，可直接观察和照相。

为了使标本表面发射出次级电子，标本在固定、脱水后，要喷涂上一层重金属微粒，重金属在电子束的轰击下发出次级电子信号。目前扫描电镜的分辨率已达 0.2nm，放大倍数可达几十万倍,甚至几千万倍。

【实验用品】

1. 材料

家兔,乙醚,0.1mol/L 的 PBS,2.5% 戊二醛,1% OsO_4,0.1mol/L(pH 7.4) 二甲胂酸钠缓冲液,双蒸水,30%、50%、70%、80%、90%、95%乙醇溶液,100%乙醇,醋酸异戊酯,液体 CO_2,2g/100ml 单宁酸;青霉素小瓶、滴管等,新单面刀片,导电胶,解剖器材,振荡器,样品盒,石蜡(块或片)。

2. 设备

扫描电子显微镜、离子溅射仪、临界点干燥器、干燥器、恒温箱、冰箱。

【试剂配制】

1. 其他电镜制备试剂

见本章基本方案 4。

2. 2g/100ml 单宁酸

单宁酸	2g
双蒸水	100ml

溶解后过滤装茶色瓶中,4℃冰箱保存。

【实验方案】

1. 扫描电镜的主要结构

扫描电子显微镜主要由电子光学系统,电子信号的检测、转换和显示系统,以及真空系统和供电系统等部分组成(图 1-9)。

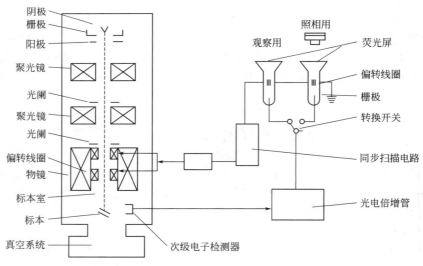

图 1-9 扫描电镜结构

(1)电子光学系统(即镜筒) 由电子枪、系列电磁透镜、扫描装置和样品室等部分组成。电子枪的构造、原理与透射电镜相似,即由阴极、栅极和阳极组成。当通电加热到一定温度时,尖端发射出电子束流,在加速电压的作用下,形成直径为 30~50μm 的高速电子流(即电子光源)。系列电磁透镜通常装有 2~3 级电磁透镜,又称聚光镜,起聚焦电子束的作用。使电子枪发出的电子束直径缩小到 3~10nm(即电子探针)。扫描装置即偏转线圈,通常镜中装备 3 个偏转线圈,一个用于电子探针在样品表面扫描,另两个控制用于观察和摄影的显像管。样品室可容纳直径约 10cm 的样品台，并设有空气闭锁装置。在更换样品时，确保镜筒内的真空状态，保护灼热的灯丝，防止氧化，延长使用寿命。

(2) 信号检测与转换系统　镜中装有检测器，用于检测电子探针与样品间相互作用产生的有关信号，其中闪烁体将二次电子转换成光信号；由光导管传送到样品室外的光电倍增管中，并转变成电信号进行前置放大和视频放大，再将电信号转变成电压信号输送到显像管的栅极。

(3) 信号的显示与记录系统　包括两个显像管、几个调控装置和照相机及计算机记录装置等。输送到显像管栅极上的电压信号控制着两个显像管图像的亮度。当电子探针在样品表面扫描时，两个显像管中的电子束在荧光屏上也作栅极状扫描，使带有样品信息的电压信号通过显像管以不同亮度反映到荧光屏上，形成反映样品形貌和成分特征的可辨认图像，可直接观察和照相记录。

(4) 真空系统和供电系统　扫描电镜的真空系统同样由机械泵和扩散泵组成，使镜筒内形成 $10^{-5} \sim 10^{-4}$ Torr 的绝对压强。供电系统为扫描电镜的各部件提供特定的电源，与透射电镜相似，在此不作详细介绍。

2. 扫描电镜标本制备技术

制备用于扫描电镜观察的生物标本，必须满足以下两个条件：①具有良好的导电性，并且是干燥的生物标本；②标本干燥后微细结构应维持原形。制作过程的步骤包括：取材、固定、导电处理、脱水、干燥、镀膜。

下面以家兔支气管为例介绍制作过程及方法。

(1) 取材　用乙醚轻微麻醉家兔，解剖暴露支气管，用锋利的双面刀片切取小段支气管，剖开，切取 2mm×5mm 大小的管壁组织。用 PBS（0.1mol/L，pH 7.4）或生理盐水清洗 2 次。若黏膜表面有较多黏液，可用胰酶消化，再清洗。注意保护要观察的内表面（即黏膜面）。

(2) 固定　把标本迅速投入固定液中，其固定程序与透射电镜标本相同。

(3) 导电处理　经锇酸固定的标本，双蒸水清洗 2 次后，放入 2g/100ml 单宁酸中处理 10min，再用双蒸水清洗 3 次，再放入 1% 锇酸中处理 30min。以上均在 4℃ 进行。导电处理就是一种将极细的金属颗粒植入生物标本中，以增强标本导电性的电子染色过程。

(4) 脱水　将双蒸水洗过 3 次的标本依次放入 30%、50%、70%、80%、90%、95%、100% 的乙醇中各 10min，然后将标本移入醋酸异戊酯中，室温、10min，以便置换出乙醇。

(5) 临界点干燥　迅速将标本移入临界点干燥器的密闭标本室中，打开进气阀门，注入液体 CO_2，当其量达到标本室容积的 2/3 时，关闭阀门，将标本室温度加至 40℃ 时，标本室内的压力达 120atm，此时已超过临界点（31.4℃，72.8atm；在临界点时，液态与气态界面消失）。随后，打开放气阀门，缓缓放气（放气时间不得少于 2h）。气放完后，取出完全干燥的标本。

临界点干燥法是扫描电镜标本制备的一种重要干燥方法，它能消除表面张力，使标本在干燥过程中不损伤、不变形。它是利用物质在临界状态时，其表面张力等于零的特性，使样品的液体完全汽化，并以气体方式排掉，来达到完全干燥的目的。这样就可以避免表面张力的影响，较好地保存样品的微细结构。此法操作较为方便，所用的时间也不算长，一般 2～3h 即可完成，所以是最为常用的干燥方法。

(6) 镀膜　将干燥的标本用导电胶粘在标本台上（观察面向上），把标本台放在离子溅射仪阳极载台上，在低真空（0.01Torr）条件下，加高压（1200～1400V），阴极（金属靶）与阳极间形成电场，其间残留的气体分子被电离，形成的阳离子轰击阴极上的金属靶，使金属原子溅射出来，覆盖在标本表面，形成连续均匀的金属膜（20nm 左右），结果不仅保存了标本的表面形态，而且当电子束射到标本上时易激发大量二次电子，具有良好的导电性，使图像更为清晰。

【注意事项】

进行 SEM 标本制备时，应遵循以下原则。

① 在样品制备过程中，防止样品污染和损伤，尽可能地保持原有结构。二甲胂酸钠缓冲液有异味和毒性，配制和使用时要格外小心。配制应在防护罩内进行，避免试剂与皮肤直接接触，避免吸入呼吸道。

② 脱水和干燥处理时，尽量减少因标本收缩导致的人为假象。

【实验结果及分析】

观察支气管纤毛上皮表面结构。

① 扫描电镜操作（示范）。

② 支气管纤毛上皮表面结构。

③ 支气管黏膜表皮有许多纤毛，排列密集，由纤毛细胞顶端发出。纤毛间见有杯状细胞，杯状细胞的表面有长短不一的微绒毛。

（胡凤英）

备择方案 1　激光扫描共聚焦显微镜的构造及使用方法

激光扫描共聚焦显微镜（laser scanning confocal microscope，LSCM）是 20 世纪 80 年代发展起来的一种高新仪器，是当今最先进的分子生物学分析仪器之一。LSCM 利用激光作为光源，在传统荧光显微镜成像的基础上加装激光扫描装置，通过使探测点与照明点共轭，有效地抑制来自非焦平面的荧光，从而具有高度纵向分辨率。使用紫外线或可见光激发荧光探针，利用计算机软件进行图像处理，可得到细胞或组织内部微细结构的荧光图像，用于细胞膜及其受体、细胞内抗癌药物定位、细胞耐药机制、活体细胞中离子、pH 值变化、神经递质、荧光原位杂交、细胞骨架、基因定位、原位实时 PCR 产物分析、荧光漂白恢复、胞间通信、共定位、蛋白质间作用及膜电位与膜流动性等研究。LSCM 具有快速、实时、定性、定量、定位地进行分析测量的功能，尤其是可进行活细胞的无损伤测定，利用强大的计算机图像处理技术将一定厚度范围内的细胞或结构的虚拟光学切片进行三维重塑工作，"栩栩如生"地再现细胞或组织的微细三维结构，这是目前其他的显微技术所无法比拟的。LSCM 已广泛应用于细胞生物学、生理学、病理学、解剖学、胚胎学、免疫学和神经生物学等领域。目前，LSCM 主要生产厂家，都已经从激光器、去卷积（deconvolution）技术、多光子激发技术（multiphoton excitation）到各种图像处理软件等，不断地推出新产品和相关附属设备。

【原理与应用】

1. 基本原理

LSCM 利用激光束经照明针孔形成点光源对标本内焦平面上的每一点扫描，标本上的被照射点在探测针孔处成像，由探测针孔后的光电倍增管（PMT）或冷电偶器件（cCCD）逐点或逐线接收，迅速在计算机监视器屏幕上形成荧光图像。照明针孔与探测针孔相对于物镜焦平面是共轭的，焦平面上的点同时聚焦于照明针孔和发射针孔，焦平面以外的点不会在探测针孔处成像，这样得到的共聚焦图像是标本的光学横断面，克服了普通显微镜图像模糊的缺点，因而得到的是组织或细胞微细结构的图像。

2. 激光扫描共聚焦显微镜的成像原理

LSCM 成像原理如图 1-10 所示，激光器发出的激光束经过扩束透镜和光束整形镜，变成一束直径较大的平行光束，长通分色反射镜使光束偏转 90°，经过物镜会聚在物镜的焦点上，样品中的荧光物质在激光的激发下向各个方向发射荧光。只有在物镜的焦平面上发出的荧光经过物镜、长通分色反射镜、聚焦透镜会聚在聚焦物镜的焦点处，再通过焦点处的针孔，由检测器接收（实线），其他位置发出的光均不能过针孔（虚线）。由于物镜和会聚透镜的焦点在同一光轴上，因而称以这种方式成像的显微镜为共聚焦显微镜。在成像过程中针孔起着关键作用，针孔直径的大小不仅决定是以共聚焦扫描方式成像还是以普通光学显微镜扫描方式成像，而且对图像的对比度和分辨率有重要的影响。当激光逐点扫描样品时，针孔后的光电倍增管也逐点获得对应光点的共聚焦图像，并将之转化为数字信号传输至计算机，最终在屏幕上聚合成清晰的整个焦平面的共聚焦图像。一个微动步进电机

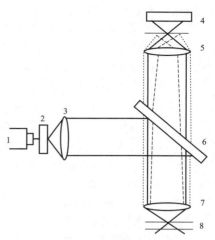

图 1-10 激光扫描共聚焦显微镜成像光路图
1—激光器；2—扩束透镜；3—光束整形镜；
4—针孔检测器；5—聚焦透镜；6—长通
分色反射镜；7—物镜；8—样品

（最小步距可达 $0.1\mu m$）可驱动载物台的升降（沿 z 轴），使焦平面依次位于标本的不同层面上，可以逐层获得标本相应的光学横断面的图像，这称为"光学切片"（optical sectioning）。再利用计算机的图像处理及三维重建软件，可以得到高清晰度三维原色图像，并可沿 x、y、z 轴或其他任意角度来显示图像，还可沿 x、y、z 轴或其他任意角度来表现标本的外形剖面，十分灵活、直观地进行形态学观察。若间歇或连续扫描样品的某一个横断面（或一条线）并对其荧光进行定位、定性及定量分析，即可实现对该样品的实时监测。

3. 激光扫描共聚焦显微镜的应用

（1）原位鉴定组织或细胞内生物大分子，观察细胞及亚细胞形态结构

① 原位检测细胞的核酸：激光扫描共聚焦显微术通过成像显示出细胞内核酸的分布特征及含量，常用于细胞核定位及形态学观察、检测细胞内 DNA 的复制及断裂、染色体的定位观察等。核酸探针有 50 多种，用于激光扫描共聚焦显微镜的主要有以下几种：吖啶橙（AO）、碘化丙啶（propidium iodide，PI）、Hoechst 33342 和 Hoechst 33258、4′,6-二脒基-2-苯基吲哚（4′,6-diamidino-2-phenylindole，DAPI）等。AO 和 PI 既可标记 DNA 又可标记 RNA，如需获得单独的 DNA 或 RNA 分布，染色前可用 RNA 酶或 DNA 酶处理细胞。PI 不能进入完整的细胞膜，因此，不能用来标记活细胞内的 DNA 和 RNA。Hoechst 33342 和 Hoechst 33258 是 DNA 特异性荧光探针，可对活细胞 DNA 进行荧光染色。DAPI 也是 DNA 特异探针，但对活细胞是半通透性的，因此用于固定细胞的染色。在荧光原位杂交中，常选用异硫氰酸荧光素（FITC）、罗丹明、四甲基异硫氰酸罗丹明（TRITC）等。

② 原位检测蛋白质、抗体及其他分子：利用免疫荧光技术可以在组织切片、细胞、染色体或亚细胞水平原位检测出抗原分子，包括蛋白质、多肽、酶、激素、磷脂、多糖等。应用 LSCM 是目前对免疫荧光样品定位及形态观察的最佳方法。常见的利用荧光定位的方法主要是单荧光定位和多重荧光标记定位，将 LSCM 定位的精确性与抗原抗体反应的高度灵敏性结合起来，从而获得检测物质的定性、定位及定量结果。绿色荧光蛋白（GFP）已成为跟踪活组织或细胞内基因表达及蛋白质定位的标记物，LSCM 观察 GFP 不仅可以分析目的

基因的生物学功能和特性,还可以进行蛋白质定位、细胞骨架等研究。目前使用的荧光蛋白还有蓝色荧光蛋白（BFP）、青色荧光蛋白（CFP）及黄色荧光蛋白（YFP）等。

③ 检测细胞凋亡：LSCM 在细胞凋亡的检测中具有独特的优势,通过观察细胞膜、核的形态及凋亡小体,采用 TUNEL（原位末端转移酶标记法）及 Annexin-V（膜联蛋白Ⅴ）检测法,了解标记荧光的细胞的形态、检测凋亡的进程及测定细胞凋亡过程中钙的变化等,从而使细胞凋亡的结果更具说服力。

④ 细胞器观察与测定：实验目的不同,标记细胞器的方法也不同。直接标记法可以直接观察细胞器形态、数量的变化,常见的探针有：$5,5',6,6'$-四氯基-$1,1',3,3'$-四乙基苯并咪唑基碳花青碘化物（$5,5',6,6'$-tetrachloro-$1,1',3,3'$-tetraethyl benzimidazolyl carbocyanine iodide，JC-1）标记线粒体、DAMP、中性红（neutral red）标记溶酶体,二己氧基羰花青碘化物（dihexyloxacarbocyanine iodide，$DiOC_6$）标记内质网。根据不同的实验目的,选择不同的荧光探针,还可以检测细胞的融合,观察细胞骨架。

(2) 活细胞或组织功能的实时动态检测

① 细胞内钙离子、pH 值和其他离子的动态分析：通过一些专用荧光探针,可对细胞内钙离子、钠离子及 pH 值等作荧光标记,并对它们进行比率值和浓度梯度变化测定。由于细胞内钙离子为传递信息的第二信使,对细胞生长分化起着重要作用,通过单标记或双标记对细胞内钙离子和其他离子的荧光强度和分布精确测定,测定样品达到毫秒级的快速变化。借助光学切片功能可以测量样品深层的荧光分布以及细胞光学切片的生物化学特性的变化。通过不同时间段的检测可测定细胞内离子的扩散速率,了解它对肿瘤启动因子、生长因子等刺激的反应。细胞内离子测量广泛用于肿瘤研究、组织胚胎学、细胞生物学和药理学等领域。常用的细胞内钙离子探针有：Fluo-3（激发光峰值波长为 488nm）、Fura-Red(488nm)、钙红（calcium crimson，588nm）、钙橙（calcium orange，554nm）、Rhod-2（550nm）、钙绿（calcium green-5N，506nm）、Indo-1(355nm),其中 Fluo-3 更为常用。

② 细胞间通信和膜的流动性：动物和植物细胞中缝隙连接介导的细胞间通信在细胞增殖和分化中起着重要作用。通过测量细胞缝隙连接分子的转移,可以研究肿瘤启动因子和生长因子对缝隙连接介导的细胞间通信的抑制作用及细胞内钙离子、pH 值等对缝隙连接作用的影响,并监测环境毒素和药物在细胞增殖和分化中所起到的作用。选定经荧光染色后的细胞,借助于光漂白作用或光损伤作用使细胞部分或整体不发荧光,实时观察检测荧光的恢复过程,可直接反映细胞间通信结果。细胞膜的流动性在进行膜的磷脂酸组成分析、药物作用点和药物作用效应、测定温度反应和物种比较方面有重要作用。细胞膜荧光探针受到极化光线激发后,发射光极性依赖于荧光分子的旋转,这种有序的运动自由度取决于荧光分子周围的膜流动性,所以极性测量能间接反映细胞膜的流动性。

③ 荧光漂白恢复（fluorescence recovery after photobleaching，FRAP）：FRAP 是用来测定活细胞的动力学参数,借助于高强度脉冲激光来照射细胞某一区域,造成该区域荧光分子的光猝灭,该区域周围的非猝灭荧光分子会以一定的速率向受照射区域扩散,该扩散速率可通过低强度激光扫描探测,因而可得到活细胞的动力学参数。LSCM 可以控制光猝灭作用,实时监测分子扩散率和恢复速率,反映细胞结构和活动机制。广泛用于细胞骨架构成、核膜结构、跨膜大分子迁移率、细胞间通信等方面的研究。

④ 笼锁-解笼锁（caged-uncaged）测定：这是一种光活化测定功能。生物活性产物或其他化合物处于笼锁状态时,其功能封闭。一旦被特异波长的瞬间光照射后,产生光活化并解笼锁,恢复原有的活性和功能,在细胞增殖分化等生物代谢过程中发挥功能。LSCM 可以控制笼锁探针的瞬间光分,选取特定的照射时间和波长,从而达到人为控制多种活性产物和

其他化合物，包括第二信使、核苷酸、神经介质、钙离子等，在生物代谢中发挥功能的时间和空间作用。

⑤ 黏附细胞分选和显微手术：采用台扫描方式的 LSCM，激光束固定在显微镜的光轴上，可对载物台上的样品作精确的定位扫描，从而对所要选择的细胞进行分选。分选方法有两种：一种是光刀切割法（cookie-cutter），将细胞贴壁培养在特制培养皿上，利用高能激光在所选细胞周围作八角形切割，只在其间保留所选细胞，选择条件取决于特定荧光和细胞形态学参数，这种分选方法特别适用于选择数量较少的细胞，如突变细胞、转移细胞和杂交瘤细胞等；另一种方法是激光消除法（laser ablation），用高能量激光自动杀灭不需要的细胞，留下完整的活细胞亚群继续培养，这种方式取决于细胞荧光特性，特别适于对数量较多细胞的选择。

⑥ 激光光陷阱技术（optical trap）：激光光陷阱技术又称为光镊技术，就是利用光学梯度力形成的光陷阱，产生具有传统机械镊子挟持和操纵微小物体的功能。当微米级范围的颗粒落入一个非均匀光场中，它将趋于特定的平衡位置，如果没有外界强有力的干扰，物体不会偏离光学中心。由于外界作用和粒子自身运动等原因产生的中心偏离也会很快恢复原位，光造成一个势能较低的陷阱区域，当物体的动能不能克服周围势垒时，它将留在陷阱内。这种固定是光子动量的结果，与照明强度和波长直接有关。较大物体比较小的结构需要更多的陷阱能量。这项新技术广泛应用于染色体移动、细胞器移动、细胞骨架弹性测量、细胞周期和调控研究及分子动力学研究等方面，尤其是在探测植物细胞骨架时，光陷阱是目前能探测其弹性和流变性的唯一技术。

【仪器构造】

1. 显微镜光学系统

显微镜是激光共聚焦显微镜的主要组件，它决定了系统的成像质量。通常有倒置和正置两种形式，前者在活细胞检测等生物医学应用中使用更广泛。显微镜光路以无限远光学系统为佳，可方便地在其中插入光学选件而不影响成像质量和测量精度。物镜应选取大数值孔径平场复消色差物镜，有利于荧光的采集和成像的清晰。物镜组的转换、滤色片组的选取、载物台的移动调节、焦平面的记忆锁定都应由计算机自动控制。

2. 扫描装置

激光扫描共聚焦显微镜使用的扫描装置有两类：台扫描系统和镜扫描系统。台扫描通过步进电机驱动载物台，位移精度可达 $0.1\mu m$，能够有效地消除成像点横向像差，使样品信号强度不受探测位置的影响，可准确定位、定量地扫描检测视野中每一物点的光强度。镜扫描有双镜扫描和单镜扫描两种，通过转镜完成对样品的扫描。由于转镜只需偏转很小角度就能涉及很大的扫描范围，图像采集速率大大提高，512×512 像素幅面每秒可达 4 帧以上，有利于那些寿命短的离子作荧光测定。扫描系统的工作程序由计算机自动控制。

3. 激光光源系统

LSCM 使用的激光光源有单激光和多激光系统。氪氩离子激光器是可见光范围内使用的多光谱激光，发射波长 488nm、568nm 和 647nm，分别为蓝光、绿光和红光。大功率氩离子激光器是紫外线和可见光混合激光器，发射波长为 351～364nm、488nm 和 514nm，分别为紫外线、蓝光和绿光。多激光系统在可见光范围使用氩离子激光器，发射波长为 488nm 和 514nm 的蓝绿光；氦氖激光器发射波长为 633nm 的红光；紫外线选用氩离子激光器，波长为 351～364nm。照射到样品上激光能量的大小，可以由激光电流调节激光器或声光控制器进行调节。

激光光源系统以激光器为核心，还有包括保证激光器正常运转的辅助设备：一是冷却系统，分风冷和水冷两种方式；二是稳压电源。

4. 检测系统

LSCM 为多通道荧光采集系统，光路上要求至少有 3 个荧光通道和 1 个透射光通道，样品发射荧光的探测器为感光灵敏度高的光电倍增管（PMT），配有高速 12 位 A/D 转换器，可以做光子计数。每个 PMT 前设置单独的针孔，由计算机软件调节针孔大小，光路中设有能自动切换的滤色片组，满足不同测量的需要。通过在线视频打印机或数字照相机可以实时拷贝图像和制作幻灯。

5. 计算机系统

LSCM 的各个部分由计算机予以设置和控制，共焦图像文件大，每幅单色图像要 256kb 以上，而且每次采集图像一般需要将几幅甚至上百幅图像作为一个文件存储，因此对计算机软件功能、运行速度、内存、硬盘要求很高。

【实验用品】

实验一　细胞骨架的观察

（1）材料　培养的人宫颈癌 HeLa 细胞（细胞系），盖玻片（厚度在 0.13～0.17mm）。

（2）试剂　PBS，pH 7.4；4%多聚甲醛；TPBS，含 0.2%Triton-X100 的 PBS；一抗分别为兔抗-肌动蛋白（actin）多克隆抗体、鼠抗-微管蛋白（tubulin）单克隆抗体；二抗分别为 FITC 标记抗兔 IgG、TRITC 标记抗鼠 IgG。

（3）设备　激光扫描共聚焦显微镜。

实验二　细胞内钙离子浓度的检测

（1）材料　培养的人成骨细胞瘤（细胞）系，培养皿（Petri dish）。

（2）试剂　PBS，Fluo-3AM(终浓度为 15～20μmol/L)，Hanks 液。

（3）设备　激光扫描共聚焦显微镜。

【试剂配制】

（1）PBS 的配制　8.0g/L NaCl，0.20g/L KCl，1.56g/L $Na_2HPO_4 \cdot H_2O$，0.20g/L KH_2PO_4，pH 7.4。

（2）Fluo-3AM 贮存液的配制　Fluo-3AM 100μg 充分溶于 88.5μl 无水二甲基亚砜（DMSO），此贮存液浓度为 1000μmol/L。−20℃下避光保存，最好在 4 周内使用。

（3）Fluo-3AM 工作液的配制　工作液要在使用前新鲜配制，一般细胞所需荧光探针的终浓度为 15～20μmol/L。

【实验方案】

1. 激光扫描共聚焦显微镜的使用方法

检查仪器的各开关，确保均处于关闭状态，然后接通总稳压器电源开关。

荧光显微镜：先接通透射光源（卤素灯），调节灯电流使之适应观察样品；再接通汞稳压电源。开启汞灯后，必须使其工作 1h 再关闭，并需等其冷却 15～20min 后方可再次启动，尽量减少开关次数以延长汞灯寿命。

激光器部分：检测各激光器的功率调节旋钮，使之处于最小；开启所要使用激光器的相应冷却系统；接通激光器电源，此时激光管开始工作。用激光管功率调节旋钮可调节激光管输出功率的大小。

开启扫描器电源。

打开计算机显示器及主机开关，进入操作系统。

关机时按顺序关闭各电源：关闭汞灯电源，将激光输出功率调至最小，关闭激光器电源，关闭计算机，关闭扫描器电源，关闭总稳压电源。

2. 激光扫描共聚焦显微镜使用练习

实验一 细胞骨架的观察

将洁净的盖玻片预置于培养皿中，待 HeLa 细胞贴壁良好后取出，4%多聚甲醛固定 30min，PBS 漂洗，分别经水化、TPBS 透化细胞、5%牛血清白蛋白封闭后，加入兔抗-肌动蛋白多克隆抗体、鼠抗-微管蛋白单克隆抗体（1：100 稀释）的一抗，室温孵育 2h，TPBS 洗 3 次，加入 FITC 标记抗兔 IgG、TRITC 标记抗鼠 IgG 的二抗，室温孵育 1h，TPBS 洗 3 次，甘油封片后立即进行激光扫描共聚焦显微镜观察。

实验二 细胞内钙离子浓度的检测

人成骨细胞瘤细胞培养于培养皿中，待细胞长至适当密度时，用 Hanks 液漂洗细胞 2～3 次，以洗去细胞表面的残渣及其他杂质，向培养皿中加入终浓度为 15～20μmol/L 的 Fluo-3AM 工作液，37℃孵育 30min，荧光显微镜初检细胞被标记完成后，用 Hanks 液洗脱细胞外未结合的荧光，进行激光扫描共聚焦显微镜观察，并设置相应的扫描方式，待动态扫描时间程序完成后进行定量测定。

动态加药过程中，不能碰触载物台及其上的器皿，防止冲动细胞，避免台面振动，以防待测细胞的漂移。

【注意事项】

① 尽量减少开关机次数，以降低激光光源的消耗，若中途停止测定的时间在 3h 以内，将激光功率调节到最小或等待状态，这种低功率运行状态能够减少激光光源的消耗。

② 一般开机或改变激光功率后，约需 20min 激光光源才能达到稳定。

③ 在同时使用 2 种或 2 种以上荧光探针时，尽量选择相互之间无光谱交叉、荧光强度匹配的探针。

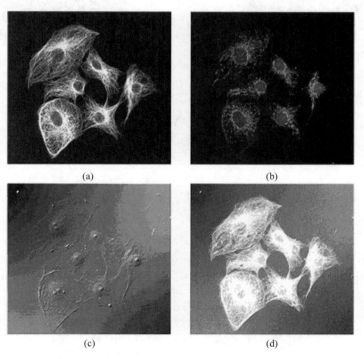

图 1-11 HeLa 细胞双重标记免疫荧光染色显示细胞骨架（见彩图）
(a) FITC 标记的肌动蛋白；(b) TRITC 标记的微管蛋白；(c) 细胞形态；(d) a、b 和 c 叠加

④ 对组织切片标本，首先注意切片的厚度；由于组织切片在固定的过程中会带入干扰荧光，所以需注意组织样品固定剂的选择。

⑤ 对细胞标本要注意细胞种类、纯度、密度及细胞形态的选择。

⑥ 对于易猝灭的荧光样品，不要对同一样品进行多次测量，否则激光照射可引起不同程度的荧光猝灭，改变荧光强度而带来实验误差。

⑦ 激光扫描共聚焦显微镜要远离电磁辐射源，环境无振动，注意室内保持无尘，因为灰尘可影响光路系统和成像质量。

【实验结果及分析】

实验一 细胞骨架的观察

被 FITC 标记的肌动蛋白显示绿色，被 TRITC 标记的微管蛋白呈现红色，分别显示 HeLa 细胞的骨架（图 1-11）。

实验二 细胞内钙离子浓度的检测

人成骨细胞瘤细胞经 Fluo-3AM 标记后，分别显示静息状态和给予刺激后细胞内钙离子浓度的变化。色条表示随着时间的变化钙离子浓度的变化曲线（图 1-12～图 1-14）。

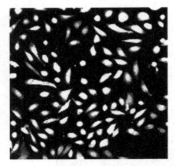

图 1-12 给予刺激后细胞内钙离子浓度（见彩图）

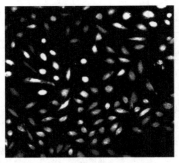

图 1-13 恢复后细胞内钙离子的浓度（见彩图）

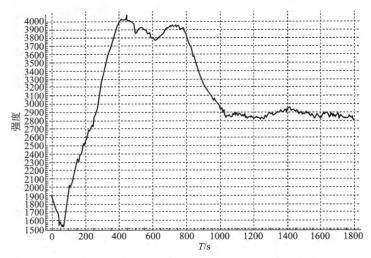

图 1-14 细胞内钙离子浓度的变化曲线

（王越晖）

备择方案 2 激光捕获显微切割技术

【原理与应用】

1. 激光捕获的原理

激光捕获显微切割（laser capture microdissection，LCM）是在显微镜下从组织切片中高选择地分离、纯化单一类型细胞群或单个细胞的新技术，使靶细胞群与转运膜在局部紧密黏合，选择性地捕获目的细胞群。在高倍显微镜下，观察 $5\sim20\mu m$ 厚的组织切片，依据细胞或组织形态学特征、免疫组化表型，来选择目的细胞，然后按压与显微镜相连的激光器按钮，激光源发出的一束激光，被激光对应部分的透明乙烯-乙酸乙烯酯共聚物（ethylene-vinyl acetate copolymer，EVA）膜吸收，温度迅速升至 $90℃$ 左右使膜熔化，并在激光脉冲结束 200ms 内瞬间冷却，EVA 膜与靶细胞结合，其结合力比靶细胞与载玻片间结合力更强；揭起 EVA 膜，被捕获的目的细胞即和 EVA 膜一起脱离切片上的其他组织。在同一张切片上通过移动组织切片或 EVA 膜重复进行，捕获点可相互叠加以捕获足够的细胞；然后，连同膜一起放入裂解液，依据不同研究目的提取 DNA、RNA、酶或者蛋白质。

2. 激光捕获的应用

（1）遗传学和基因表达分析 具有特征性的技术优势，最初开展的原始创新性研究多用于肿瘤克隆性分析、肿瘤发生和演进过程中各阶段细胞基因改变的比较、肿瘤内酶活性的定量检测等方面。

（2）微阵列分析 美国肿瘤基因组解剖计划（Cancer Genome Anatomy Project，CGAP）由美国国家癌症研究机构在 1998 年发起，目的是建立 cDNA 文库，该文库囊括细胞中正在表达的所有基因。LCM 已成为 CGAP 的主要支撑技术，用来捕获正常、癌前病变阶段和癌细胞作为文库的源细胞。以 LCM 为支持技术的组织病变的分子分析，通过对不同时空组织标本特殊细胞捕获，并鉴定比较基因表达模式差异，可为研究任何疾病进程提供重要信息，并为疾病诊断和治疗提供分子靶标。

（3）蛋白质分析 激光显微切割技术与二维凝胶电泳和质谱等技术结合是使蛋白质组学研究顺利开展的新的技术方法体系。通过建立蛋白质"指纹"，发现癌的早期检测、诊断和预后标志物以及用于治疗的蛋白靶标，并希望建立药物早期毒理指纹和鉴定特异性毒性标志物，用以发现药物对机体的影响。

【仪器构造】

1. 激光器

激光器有二氧化碳激光器和砷化镓半导体激光器。二氧化碳激光器体积小，价格便宜，功率较低（$<50mW$），可装在显微镜上，它发出的激光脉宽与功率可以调节，且激光照射在靶区域的光斑大小可通过一个砷化锌透镜来调节。若照射区域较大，则所需功率较高；反之所需功率较低。照射直径最小低于 $30\mu m$。砷化镓半导体激光器也可以较方便地装在显微镜上，其光束通过倒置显微镜物镜射出，最小照射直径可小于 $6\mu m$，脉宽小于 1ms，可精确捕获 1 个细胞。

2. 全自动显微镜

包括步进电机载物台，步进电机对焦，电机转动 4 位（或 6 位）物镜载盘，电机控制透射光孔径大小，操作可用遥控杆控制。采用通用物镜保证 337nm 激光高穿透。

3. 转运膜

转运膜为透明乙烯-乙酸乙烯酯共聚物膜，是一种热塑性多聚膜，厚度为 $100\sim200\mu m$，含有特殊的近红外吸收染料，不吸收可见光波，但对近红外激光有很强的吸收，并在局部迅速熔化，瞬间冷却。正是由于 EVA 膜的这种性质才实现了对细胞的挑选与转移。转运膜装在一个透明的塑料帽上，通过转运臂与显微镜连接，位于组织切片上方。

4. 计算机系统

激光捕获显微切割采用全自动电脑控制，并配有相应的软件。应用电脑控制扫描头移动激光点，用鼠标括出兴趣区域，用 337nm 激光，最高能量 75kW，按一级激光安全要求，控制激光强度从 10%～100%，以镜片衰减，控制 5 种大小孔激光孔径的选择，控制不同倍数物镜补偿及对焦面、焦点与鼠标点位置 3 点的校正（X 轴、Y 轴及倾斜度）。计算机具备 PCR 盖位置记忆，可在完成切片后从切片位置上转到 PCR 盖观察已切片组织是否载于盖中，其后再返回切片位置坐标上。

【实验用品】

（1）材料　石蜡切片、冰冻切片、活细胞或组织涂片。

（2）设备　激光捕获显微切割装置。

【实验方案】

1. 激光显微切割装置的使用方法

① 开机。依次打开计算机、显微镜和激光器的开关，等待各部件自检完成后，最后打开软件。

② 启动软件。

③ 放置样品玻片，在弹出的载物台上放置玻片，切割面放在下面。

④ 准备收集器，将装好 PCR 管的收集器放入载物台下面。

⑤ 观察样品，选择绘图模式，选定需要切割样品的目的区域，切割选定的区域。

⑥ 检查切割下的样品，在样品移开、管盖移入视野后，通过智能螺旋（smartmove）的调焦和 XY 移动旋钮进行检查。

⑦ 进行图像、数据收集。取出收集器。

⑧ 关机。首先关软件，然后依次关闭激光器、显微镜和计算机，最后切断总电源。

2. 激光显微切割装置使用练习

标准组织切片不封盖玻片，置于显微镜工作台上，在视野内初步选定取材区域。旋转机械转运臂准确地将表面覆盖有透明热塑性转运膜的塑料帽置于切片的组织标本上。聚焦激光束，按下激光发射按钮，捕获目的细胞（群）。提起转运臂，连同塑料帽、转运膜、被捕获的目的细胞与切片上的其他组织分离，而周围组织仍在切片上保持完整。将塑料帽、转运膜直接置于含提取液的标准离心管上，以便进行分析。

【注意事项】

① 载玻片上的组织不可太干燥，可用二甲苯保持组织的湿度，在切割前使二甲苯蒸发。

② 采用冰冻组织切片进行显微切割时应注意切片的厚度，一般在 $4\sim10\mu m$ 为宜。

③ 在切割前可将切片浸在 3% 的甘油内 30s，这样可以在切割过程中降低组织的脆性，并且较容易地移取切割下的组织成分。

④ 在每次切割前，应先进行收集器、PCR 管盖底观察位置焦面、激光切割线的校准，并在空白处进行预切，以检查参数设置是否妥当，更换物镜后应再次检查参数。

【实验结果及分析】

显微切割后，传动臂可将塑料帽/转运膜/细胞复合体自动转至含有提取液的 0.5ml Eppendorf 管。倒置离心管，EVA 薄膜存在足够多的良好的水溶液通路，使得组织可以快速降解成大分子组成成分。因此，在此管中可直接进行所需的分子生物学研究。

（王越晖）

支持方案　显微摄影技术

【原理与应用】

生物显微摄影（microphotography）是利用摄影装置来拍摄显微镜视野中所观察到的物像。在生物医学方面主要用于对正常细胞或病变细胞的显微形态学进行研究记录。目前有普通相机胶片摄像、数码相机摄像和 CCD 图像采集三种方法，主要是后期图像存储形式不一样，前期操作还是有一致性的，即如何选择要摄像的样品，如何对摄像显微镜进行调整，使显微镜处于最佳状态，使视野中所观察的图像效果最佳。

【实验用品】

（1）材料　需要摄像的细胞或组织切片、黑白或彩色胶卷、双层油镜瓶、擦镜纸。

（2）设备　以 Olympus New Vanox 型万能显微镜配套装置为例。

【实验方案】

1. 拍摄前准备

（1）组织切片的选择　根据需要选择切片。切片应背景反差明显，透明度良好，染色质量较好。不要忘记以记号笔在入选切片周围打上记号，以便于及时而准确地重复找到欲摄部位。在拍摄范围内，不应有任何污尘、组织碎片、气泡及人工假象存在。

（2）选购胶卷　目前新式显微摄影装置多采用氙灯，其光路系统已由旧式钨丝照明转变成近似日光。所以选购胶卷应为日光型的，即感光度（ISO/ASA）为 100 的胶卷。如果需要拍摄荧光照片，最好选择 ISO/ASA 为 400 的照片，因为荧光易猝灭，高感光度的胶卷可以缩短曝光时间，有利于保存荧光。其次，在挑选胶卷商品厂家时，最好对同一实验组织切片或细胞爬片，选用同一厂家胶卷，这有利于摸索暗室洗像技术。

（3）正确安装胶卷　装胶卷时，常出现的失误是胶卷没有挂上，浪费大量精力与时间。正确的装胶卷方法如下：打开照相机背盖，将胶卷药膜面朝内装在倒卷轴上，拉动片头至摄取卷轴端（上有数条纵沟），将片头插入纵沟，并且不能使片头从另一纵沟伸出来；以手指将胶片边孔套在摄取卷轴下端的齿轮齿上，按动自动曝光装置上的"曝光"键，确实见到胶片向前卷动到摄取卷轴上时，才关闭照相机背盖；再按动一次"曝光"键，注意倒卷轴应随着转动。

（4）核查显微镜及其摄像装置各键状态　以 Olympus New Vanox 为例，简要介绍如下：①依据胶卷上的 ISO/ASA 值选定 ISO，设定胶卷速度（film speed）；②依据胶卷品牌及型号设定倒易失效补偿值（reciprocity failure compensation），此值一般在胶卷盒上没有标明，但在各种摄像装置说明书上均可查到知名胶卷品牌的此值；③核查摄像光路与相关各个键钮接通状态，当接通后，自动曝光装置控制面板上的"安全"灯将亮起来。

2. 拍摄程序

拍摄是显微摄影系列操作中的关键环节，在镜检观察中，发现需要摄下的影像应即时拍照。

（1）摄影者对显微镜目镜的调整　包括两目镜瞳孔间距的调整和个人屈光不正的校正。前者指将两目镜的距离按个人的瞳孔间距进行调整，拉动目镜或捻转瞳孔间距调节螺旋进行调整。后者是指依个人的视力校正屈光，转动目镜筒上的屈光度调节环，使目镜视野中心的"♯"字线清晰，左、右眼应分别调整。由于视力有个体差异，所以每个拍摄者都不宜省略这一步。

（2）光路合轴　目的是使光轴与光束处于同一轴线上，防止光源偏离视野中心。操作如下：①将视场光阑（field diaphragm）缩至最小，使光阑叶片的通孔呈现其八角形影像；②两手分别捻转载片台下的左右定心螺丝（centering screws），使光阑影像与视场中心圆圈重合，以校正光路。

（3）选择与物镜配套的聚光盘和孔径光阑　一般质量优良的物镜镜头上，除标有放大倍数外，同时还标有数值孔径值，即 NA 值（也叫镜口率），例如：2/0.08、4/0.13、10/0.30、40/0.65 和 100/1.30，这两组数字中，前一数值代表放大倍数，后一数值代表 NA 值，其中 NA 值越大者空间分辨率相对越高。按照物镜上的 NA 值相应地进行聚光器孔径光阑（aperture diaphragm）的匹配调节，可以提高影像的反差、焦点深度和清晰度。一般来说，把孔径光阑的大小调成等于相应物镜 NA 值的 2/3 为宜，例如 10× 物镜宜调至 0.30×2/3＝0.2 为宜。如此调整后，如果影像反差仍然不足时，可将孔径光阑值再适当缩小，例如 10× 物镜可调至 0.18。

（4）物镜与摄像目镜合理组合　依标本的不同和显微摄影要求，物镜与目镜的组合有一定规范。摄像目镜除放大功能外，并不具备空间分辨功能，只有物镜才具有空间分辨力。例如，欲放大实物 50 倍时，选择"20×"物镜配以"2.5×"目镜的组合方式，其清晰度比"10×"物镜配合"5×"目镜的组合方式要高些。也要考虑切片薄厚和观察标本的特异性的问题，例如在厚度为 30μm 以上的冰冻切片上，观察蜿蜒走行的神经纤维或血管时，可选择较低倍物镜，因为低倍物镜的焦点深度较长，有利于从不同深度、层次或角度，连续观察分析不在同一平面上走行的神经或血管影像。还可将物镜与目镜不同组合多次拍摄，最终择其效果最佳者。

（5）调节焦距（上聚焦）　放一片需要拍摄的标本载玻片于载物台上。在低倍镜下选好要拍摄的核型或细胞结构，再转换到相应放大倍数的物镜下，聚焦标本细节，准备拍照。

（6）柯勒（Kohler）照明（下聚焦）　Kohler 照明是指聚光器与组织切片间的"下聚焦"，目的是使观察的视野获得均匀而又充分的照明；防止杂散光对照相系统产生影响；使被摄物体影像清晰。操作步骤如下：缩小视场光阑，调节聚光器高度，使八角形视场光阑边缘由模糊变清晰。

（7）视场光阑的调整　散大视场光阑至 135 帧幅边框（指常规 135 型负片画幅，24mm×36mm）影像外周。再次微调聚光器高度，使光阑像最清晰为止。每变换一次放大倍数时，都要重复进行如上调整步骤。

（8）滤光片的选择　按照常规，彩色胶卷应加 LBD（色温变换）滤片，黑白胶卷应加 IF550（绿色）滤片。LBD 滤片可使日光型彩卷获得最佳色温补偿，IF550 滤片则可使黑白卷分光感度与人眼者接近。选择滤光片后可以使无结构的背景尽量接近纯白色。

（9）曝光时间的选择　将重点拍摄的结构置于视场中心。调节显微镜照明装置的电源开关，将亮度调至适当。曝光时间的选定一般在 0.5～1s，底片的影像效果较佳。因为自动曝光装置测得的曝光时间是以视场中心区为标准的，偏离中心区越远越不准。有时为了兼顾结构整体关系，而重点结构又不在视场中心时，则可采取点（spot）曝光法。先将所要观察的重点结构调至中心区，测定曝光时间后，按 Lock 键锁定曝光时间。再调至所要取的视野，此时曝光时间不变，仍维持刚才锁定的时间。

（10）按动曝光按钮

（11）冲印照片　待全部胶片都照完后，手动或自动倒卷，取下胶卷。胶卷可送到彩扩店冲印，黑白胶卷也可自行冲印。

（12）彩色照片的处理　通常情况下，彩色照片扩印往往颜色失真，相同的彩卷多次扩印时色调也多不一致，而且背景常有蓝色或绿色。扩印彩照时，应选择效果较好的照片作为参照，并建议用彩色补偿滤片（CC 滤片）消掉背景杂色，使无色的背景调为纯白色。实践证明，经过这种处理的彩色照片质量明显提高。也可以将底片扫描后存成电子文档，用图像编辑软件（如 Photoshop 等）稍加处理，使背景调为纯白色，对比清晰、反差适中，再出照片或直接保存为电子文档。

3. 黑白胶片的冲印

感光胶片在拍摄完毕后，需尽快在暗室中冲洗和晒印，其方法和普通照相相似。其基本原理是显影液使胶片已感光的银盐潜影还原为可见的金属银影像；停影液使显影液失去显影能力，防止显影过度与斑痕出现；定影液把未被还原的卤化银溶去，晾干是便于胶片和相纸保存。

冲印的操作步骤如下：

① 把胶片装入显影罐中（切勿粘在一起），先用清水冲洗，排除气泡。然后再把水倒掉，这有利于显影液的快速均一作用。

② 从顶部罐口注入预先配好的约 250ml D-76 式显影液，20℃显影 4～12min。

③ 显影过程中轻轻摇动显影罐，使胶片表面充分受显影液作用，显影完毕，迅速倒出显影液。

④ 立即注入 250ml 预先配好的 SB-I 式停影液，停显时间为 10s，倒出停影液，随之加入 250ml 的 F-5 式酸性坚膜定影液，20℃定影 15min。取出胶片流水冲洗 30min 以上。

⑤ 将胶片挂起，用脱脂棉轻轻吸掉胶片表面过多的积水，晾干。

⑥ 晾干后用放大机的胶片夹子夹住胶片，药膜面朝下，聚焦取景，然后在红灯条件下，用压纸板压住所需型号放大相纸，药膜面向上，进行曝光（适当的曝光时间要经试验后决定）。

⑦ 曝光后的相纸，浸入 D-72 显影液中，然后用竹镊子不时地夹住相纸翻动，直到显影适度为止。

⑧ 显影合适后立即移到 SB-I 式停影液中，漂洗 10～20s，再浸入定影液中处理 15min，取出在流水中冲洗 60min 左右。

⑨ 水洗后，放在电热上光机上烘干；裁边，装入有说明的纸袋内保存。

【注意事项】

① 选择合适的切片和适宜的胶卷。

② 正确安装胶卷，正确倒卷。

③ 每次摄像前根据个人的瞳距和视力调节目镜。

④ 每次变换物镜后，都要注意选择与物镜配套的聚光盘、孔径光阑。调节光路合轴、上聚焦、下聚焦和视场光阑。

【实验结果及分析】

照片上可见细胞内结构细节清晰，反差适中。

（曹翠丽）

第二章　组织学基本技术

虽然细胞生物学以细胞及其亚显微结构和分子组成作为主要研究对象，但从整体观、从事物的相互联系看，细胞生物学与组织学密不可分，组织学技术更是细胞生物学技术不可替代的研究手段。细胞生物学研究者不可不掌握组织学的基本技术，尤其对于初次从事生物学或医学学习与研究的大学生或研究生。组织学技术也正是研究工作的敲门砖之一，它将引导学生进入科研殿堂，开始今后更深层次的探索。近年来，组织学技术随着分子生物学、免疫学、细胞生物学等学科的技术引进、融合发生巨大变化，但作为基本训练，本章介绍一些最基础的方法。

基本方案 1　石蜡切片技术

【原理与应用】

新鲜人体或动物组织含有水分，经石蜡处理后，石蜡替代了组织内的水分，从而可制成切片，并良好地保存组织和细胞的结构。本实验旨在了解石蜡切片的基本过程，掌握石蜡切片的制作方法。组织学切片是观察组织结构的前提和必要条件。

【实验用品】

（1）仪器与材料　恒温干燥箱、石蜡切片机、展片盒、烤片机、拨针、标本瓶、标签纸、滤纸、镊子、刀片、量筒、漏斗、滴管、酒精灯、切片刀、小木块（或蜡块托）、蜡铲、载玻片、毛笔、切片盒、切片架、蜡杯、浸蜡盒、包埋盒。

（2）材料和试剂　固定液、70％乙醇、85％乙醇、95％乙醇、100％乙醇、二甲苯、切片石蜡、蛋白甘油。

【试剂配制】

（1）固定液　多采用10％甲醛水溶液。取10ml甲醛再加入蒸馏水90ml。

（2）70％乙醇　取95％乙醇70ml再加入蒸馏水25ml。

（3）85％乙醇　取95％乙醇70ml再加入蒸馏水8.2ml。

（4）95％乙醇（原装）

（5）100％乙醇（原装）

（6）二甲苯（原装）

（7）切片石蜡（熔点为54～62℃）

（8）蛋白甘油　取鸡蛋的蛋白加入等量的甘油搅拌混合，至均匀为止。加入约为1％量的麝香草酚（一小粒），借以防止微生物的侵入和腐败。置冰箱备用。

【实验方案】

（1）取材与固定　根据不同的实验目的，选择相应的组织材料，及时投入盛有固定液体的标本瓶中，组织要求新鲜，避免挤压、挫伤和干枯。固定液的用量一般为材料的10～15倍或稍多，常规固定时间为12～48h（根据组织块大小而定）。

（2）打开恒温干燥箱调至62℃（熔蜡）

① 放入两个盛有适当熔点石蜡的蜡盒使蜡熔化，组编为（Ⅰ）号、（Ⅱ）号。

② 放入盛有适当熔点石蜡的蜡杯使蜡熔化（包埋备用蜡）。

(3) 脱水与透明步骤

① 倒出固定液。

② 70%乙醇，1～2h(根据组织块大小而定)。如不及时使用，可放入冰箱4℃保存。如间隔时间较长，可在乙醇中加入适量甘油，再放入冰箱中保存。

③ 85%乙醇 1～2h(根据组织块大小而定)。

④ 95%乙醇，为保持浓度稳定，中间更换一次同等液体，两次共1～2h(根据组织块大小而定)。

⑤ 100%乙醇，为保持浓度稳定，中间更换一次同等液体，两次共1～2h(根据组织块大小而定)。

⑥ 二甲苯，为保持浓度稳定，中间更换一次同等液体，两次共40min～2h(根据组织块大小而定)。

(4) 浸蜡　将透明的组织从二甲苯中取出，立即放入（Ⅰ）号蜡盒，0.5h后放入（Ⅱ）号蜡盒，一般为1～1.5h(根据组织块大小而定)。

(5) 包埋　将熔化蜡倒入包埋盒，用温镊子夹取组织块放入盒的中央位置，待石蜡全部凝结变硬即可取出。

(6) 修切蜡块　把包埋好的蜡块用刀片修切成正方体或长方体，注意勿太靠近组织，让组织四周留有少许石蜡，蜡块两边必须切成平行的直线，以免切下的蜡条弯曲。

(7) 固定蜡块　取小木块，用蜡铲在酒精灯上加热，使石蜡块底面熔化一层粘于小木块上，冷却后装在切片机上。

(8) 载玻片　取干净的载玻片涂以甘油蛋白：以玻璃棒尖端稍取甘油蛋白一滴，轻轻滴于载玻片中央，常以洗净的手指加以涂布，涂布的面不宜太广，而以恰恰能够贴附蜡片为度。甘油蛋白不能涂布过多，否则，会形成白膜，妨碍观察。

(9) 切片　在开始切片前，先熟悉切片机的构造和用法，装上切片刀，注意刀的倾角不宜过大，亦不宜过小，大致上以20～30°为宜。如倾角过大，则切片上卷，过小，则切片皱起。

切片时应做到下列各点：

a. 调整刻度指针到要求的厚度，一般要求5～8μm，切片刀要拭净；

b. 用右手摇切片机转轮，左手持毛笔托住蜡带，转动切片机时不可太快，用力宜均匀，不可时快时慢，防止机器振动太厉害，以致切片厚薄不均匀；

c. 用毛笔托住蜡带，放在展片盒内（水温宜在48℃左右）展片。

(10) 贴片　蜡带受热即自动展开，也可用拨针轻轻拉开。待蜡片完全展平后，用滤纸吸去多余水分。注意切片和载玻片之间不能有气泡，否则在展片时气泡会扩大，甚至致使切片破损、变形，影响组织观察。

(11) 烤片　将贴片置入37～62℃恒温干燥箱干燥12h。干燥后片子置于常温、阴凉处保存，待实验时用。

【注意事项】

① 在85%乙醇内组织可保留较久，如果当天来不及做完，可暂保存一晚，第二日再做。

② 组织放入二甲苯后，待组织块透明后，立即浸蜡，外暴露时间过长组织易干。

③ 浸蜡以前，先做好准备工作，恒温干燥箱中分装在（Ⅰ）号、（Ⅱ）号蜡盒的石蜡应已完全熔化，保持恒定。

④ 蜡片出现裂隙或碎裂可能与组织浸蜡不足，或浸蜡温度过高，或在透明剂中时间过久有关，组织易发脆。

⑤ 蜡片厚薄不一可能与刀或蜡块未固定牢，切片机磨损发生故障有关。

⑥ 蜡片卷起可能与刀口太钝或不清洁，刀的角度过大或石蜡过硬有关，试用手温或温水在蜡块上轻涂布一下。

⑦ 蜡片易粘在切片刀上或蜡片皱缩可能与室温过高、刀的角度过小或石蜡太软有关，试用冰块冰一下即可。

⑧ 蜡带弯曲可能与蜡块上下不平行、刀钝、蜡块不与刀刃平行有关。

【实验结果及分析】

最终可通过染色后标本观察、检验从一个方面了解石蜡切片的质量，娴熟的石蜡切片技术可为组织学、细胞生物学、分子生物学及免疫学等科学研究提供良好的平台。

（王莎丽）

基本方案2　冰冻切片技术

【原理与应用】

冰冻切片是利用低温（如液氮、－80℃冰箱）使组织迅速冻结达到一定的硬度后进行切片的方法，此方法具有快速、方便的特点。此外，因其不经过脱水和透明步骤，组织没有收缩，可更好地保持活体组织的原有形态，尤其在免疫组织化学染色中，能较好地保存细胞抗原的免疫性、脂肪组织、神经组织，特别是酶的活性。因此，常用于现代免疫荧光诊断和免疫组织化学中。

【实验用品】

（1）仪器与材料

① 冷冻切片机，冷冻箱中的一台切片机，箱内温度可达－60℃左右，可随意调节，并在箱表面上的荧屏显示出来。

② 与冷冻切片机配套的持物托、刀片。

③ 原位杂交、免疫组化专用磨砂载玻片。

④ 冰盒（备用于运输组织）。

（2）试剂

OCT黏合剂或称包埋剂。

【实验方案】

（1）取材　常规大小为2.5cm×1.5cm×0.3cm新鲜的组织标本，尽量切掉四周的脂肪组织。若有水，应用吸水纸将组织块的水分充分吸干，切忌将标本浸入甲醛、乙醇、生理盐水。若不及时切片，应将组织立即放入液氮或－80℃冰箱保存。

（2）包埋　将组织放在持物托上，滴入OCT包埋剂，放入液氮中保持平面一致，待液氮泡影消失后再放入冰冻切片机切片，紧急时也可将组织放在持物托上滴入OCT包埋剂后直接放入恒温箱中冷冻10min后切片。

（3）修平组织　持物托固定于切片机上的持承器，启动进退键，转动旋把，将组织修平。切片机进退应该均匀无阻力，切片前要检查切片机上所有螺旋是否紧固。

（4）调整欲切厚度　根据不同的组织而定，原则上是细胞密集的薄切，纤维多、细胞稀的组织可稍为厚切。常规切片的厚度为3～10μm。

（5）调整防卷板及切片　制作冰冻切片，关键在于防卷板的调节，要求操作者细心，准确地将其调至适当的位置。切片时，切出的切片才能在第一时间顺利地通过刀与防卷板间的通道，平整地躺在持刀器的钢板上。这时便可掀起防卷板，取室温中的载玻片贴片，利用温度差使切片与载玻片牢固地附贴在一起。

(6) 切片染色　根据实验要求选择固定液和染色。若不及时染色,切片也可固定 10min,待固定液挥发后密封,－20℃冰箱短期保存。

【注意事项】

① 冷冻切片机如不是长期开机,使用前应提前 4～6h 开机可达到稳定温度。

② 临床快速冰冻切片,一般不需要预先固定,固定了的组织,反而增加切片的难度。如使用未完全固定了的组织进行冰冻切片,则固定液中的水分可渗入到组织,当冰冻发生时,水分可存留于组织中,易形成冰晶,最终影响染色结果的观察。

③ 视不同的组织选择不同的冷冻度。冷冻箱中冷冻度的高低,主要根据不同的组织而定,不能一概而论。如:切未经固定的脑组织、肝组织和淋巴结时,冷冻箱中的温度不宜调太低,一般在－10～－15℃左右,切甲状腺、脾、肾、肌肉等组织时,可调在－15～－20℃左右,切脂肪的组织时,应调至－25～－30℃左右。

④ 冷冻切片若不及时染色,转送中应使用冰盒。

【实验结果及分析】

最终可通过染色后标本的观察,检验切片质量,切片质量的好坏可影响临床诊断。此外,对于某些结构与成分,尤其是酶的显示更可反映技术的优良程度。

(王莎丽)

基本方案 3　苏木精-伊红 (hematoxylin-eosin staining, HE) 染色技术

【原理与应用】

HE 为酸性染料,可使细胞核、细胞质及某些细胞器显色,是组织学及病理学检查最基本的方法。适用于各种脏器的一般观察,对各种液体固定的组织均可使用。不同脏器所用的固定液往往不一致,作用时间也不一样。

【实验用品】

(1) 材料　石蜡切片。

(2) 试剂　70%乙醇、80%乙醇、95%乙醇、100%乙醇、蒸馏水、Mayer 苏木精、1%盐酸乙醇、碳酸锂饱和水溶液、1%伊红(醇溶性)、二甲苯、中性树胶。

【试剂配制】

(1) 70%乙醇　取 95%乙醇 70ml 再加入蒸馏水 25ml。

(2) 85%乙醇　取 95%乙醇 70ml 再加入蒸馏水 8.2ml。

(3) 1%盐酸乙醇　浓盐酸 1ml,75%乙醇 99ml。

(4) Mayer 苏木精液　苏木精 2g、无水乙醇 40ml、硫酸铝钾 100g、蒸馏水 600ml、碘酸钠 0.4g。将硫酸铝钾溶于蒸馏水中稍加热,苏木精溶于无水乙醇,再将两液混合,加入碘酸钠,充分溶解。

(5) 碳酸锂饱和水溶液　蒸馏水容器中存积约 1～2cm 厚的碳酸锂摇匀后放置室温 24h 以上,用时取上清液。

(6) 1g/100ml 伊红(醇溶性)溶液　醇溶性伊红 1g,95%乙醇 100ml。

【实验方案】

① 烤干后石蜡切片用两道二甲苯将石蜡脱去。共约 40min,以脱净石蜡为准。

② 用两道无水乙醇将二甲苯洗去。共约 6min。

③ 经95%、90%、80%及70%乙醇脱水。每道2min。
④ 蒸馏水。
⑤ 苏木素（染细胞核）。一般2~3min（视苏木素配方而定）。
⑥ 自来水
⑦ 蒸馏水洗。
⑧ 1%盐酸乙醇溶液（分色），2~3s。
⑨ 自来水。
⑩ 碳酸锂饱和水溶液（反蓝）。
⑪ 蒸馏水洗。
⑫ 1g/100ml伊红溶液10~15s（视伊红颜色而定）。
⑬ 两道95%乙醇脱水数秒（需要快速过，时间长易褪色）。
⑭ 两道无水乙醇脱水2~3min。
⑮ 两道二甲苯透明共40min。
⑯ 树胶封固。

【注意事项】

① 实验室常以95%工业乙醇来配制各种低浓度的乙醇，因100%纯乙醇要比95%乙醇价格昂贵，一般不用于稀释。

② 配制苏木精染液的关键在于碘酸钠的量。a. 要根据季节气温的改变，适当调整碘酸钠的量，配方里碘酸钠的量一般只适用于夏天，随着气温降低，氧化速度降低，可适当增加碘酸钠的量，要注意应该从0.05g开始一点点增加，过量的碘酸钠可使苏木素过氧化，不仅容易失效，而且核浆共染。b. 称量要准确，避免染不上或染得很慢。此液也是进行性苏木精液，从理论上说染色不需要分化，但适当深染后再分化，染色效果更好。

【实验结果及分析】

细胞核蓝至深蓝色，细胞质、胶原纤维、肌纤维及嗜酸性颗粒染成淡红色，若苏木精染色过深，而脱色不够，则细胞质也可稍呈蓝色；若苏木素染色不足，则细胞核会带有红色，与胞浆对比不明显。红蓝对比鲜明的染色结果是为满意的标本，见图2-1。

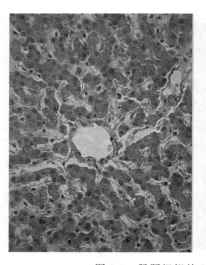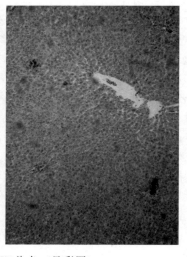

图2-1　鼠肝组织的HE染色（见彩图）

（王莎丽）

备择方案 1　吉姆萨（Giemsa）染色技术

【原理与应用】

吉姆萨染液由天青、伊红组成。嗜酸性颗粒为碱性蛋白质，与酸性染料伊红结合，呈粉红色，称为嗜酸性物质；细胞核蛋白和淋巴细胞胞浆为酸性，与碱性染料美蓝或天青结合，呈紫蓝色，称为嗜碱性物质；中性颗粒与伊红和美蓝均可结合，呈淡紫色，称为中性物质。此方法是一种简便、快速适用于多种细胞、细胞涂片和染色体染色的技术，常用于细胞培养试验，此外，在临床中多用于淋巴造血系统的细胞标本、胸腹水、穿刺标本等的染色。

【实验用品】

（1）材料　研钵、pH试纸、细胞涂片。
（2）试剂　吉姆萨染液、甘油、甲醇、磷酸盐缓冲液、蒸馏水、甘油或甘油明胶。

【试剂配制】

（1）染液配制　吉姆萨粉0.6g、甘油50ml、甲醇100ml，将吉姆萨粉溶于甘油内，在研钵内研磨使之磨匀无颗粒，56℃保温2h后加入纯甲醇搅拌均匀，放入深棕色瓶内室温保存，两周后即可使用，现已有成品染液市售。
（2）磷酸缓冲液配制　1%磷酸氢二钠20ml，1%磷酸二氢钠30ml，加蒸馏水至1000ml，调整pH 6.8～7.4（或用蒸馏水代替缓冲液）。

【实验方案】

① 甲醇固定标本10min。
② 蒸馏水漂洗干净。
③ 稀释染液（取磷酸盐缓冲液9份，吉姆萨染液1份充分混合），将染液滴在组织或细胞上，滴染10～15min。
④ 蒸馏水漂洗干净，紧急时可趁湿加盖玻片镜检，或者进入下一步骤。
⑤ 甘油或甘油明胶封片。

【注意事项】

① pH对细胞染色有直接影响，实验操作中的稀释染液应现用现配。
② 染液贮存过程中，必须塞严，以防止甲醇挥发和被氧化。

【实验结果及分析】

细胞核呈紫红色，细胞质及核仁呈蓝紫色。

（王莎丽）

备择方案 2　组织学切片的福尔根（Feulgen）染色技术

【原理与应用】

标本通过60℃的1mol/L HCl水解作用，可将DNA分子中嘌呤碱基与脱氧核糖之间的糖苷键打开，所形成的醛基具有还原作用，它再与无色品红结合形成紫红色化合物，从而显示出DNA的分布，因此，该方法成为显示DNA定量测定的主要染色方法之一（详见细胞中DNA和RNA的显示）。

【实验用品】

（1）材料　石蜡切片，恒温水浴箱调至60℃。
（2）试剂　Carnoy固定液（卡诺氏液）、希夫（Schiff）试剂、1mol/L HCl、碱性品红、活性炭、偏重亚硫酸钠（钾）、亚硫酸钠、固绿染色液、梯度乙醇、二甲苯、蒸馏水、中性树胶。

【试剂配制】

(1) Carnoy 固定液配制　纯乙醇 60ml，加氯仿 30ml，加冰醋酸 10ml。

(2) 1mol/L HCl 配制　取蒸馏水 110ml，加 10ml 浓 HCl，摇匀。

(3) Schiff 试剂冷配法　15ml 1mol/L HCl 加 0.5g 碱性品红，摇动使之溶解（不加温），加 0.6% 偏重亚硫酸钠（钾）85ml，棕色瓶中密封，或黑纸包好，室温避光 24h。第二天观察，溶液呈淡淡的草黄色，再加 300mg 活性炭，摇 1min，过滤后呈无色的 Schiff 试剂溶液。

(4) 偏重亚硫酸钠洗液　先配 10% 的亚硫酸钠溶液，取 10ml，加 200ml 蒸馏水，再加 10ml 1mol/L HCl，摇匀。

(5) 固绿染色液　95% 乙醇溶液 100ml 加 0.5g 固绿。

(6) 梯度乙醇配制（见 HE 染色）

【实验方案】

① 先将恒温水浴箱达到 60℃ 恒温。

② 烤干后石蜡切片经两道二甲苯将石蜡脱去。共约 40min，以脱净石蜡为准。

③ 用两道无水乙醇将二甲苯洗去。共约 6min。

④ 经 95%、90%、80% 及 70% 乙醇脱水。每道 2min。

⑤ 蒸馏水。

⑥ 蒸馏水 60℃ 放置 1min（染缸应提前 10min 放在恒温水浴箱预温）。

⑦ 1mol/L HCl 60℃ 放置 8～10min（染缸应提前 10min 放在恒温水浴箱预温）。

⑧ 1mol/L HCl（室温）放置 1min。

⑨ Schiff 试剂 1h。

⑩ 偏重亚硫酸钠洗液洗三次。

⑪ 自来水→蒸馏水。

⑫ 固绿染色液 1～2min（可省略）。

⑬ 蒸馏水。

⑭ 95% 乙醇、无水乙醇各两道，每道 2min。

⑮ 二甲苯两道，每道 20min。

⑯ 中性树胶。

对照切片制作：切片不经过 60℃ 蒸馏水和 60℃ 1mol/L HCl，直接进入室温的 1mol/L HCl 8～10min。

【注意事项】

① 1mol/L HCl、60℃ 下水解时间要适当。如水解时间不够，反应会变弱；如水解时间过长，则脱氧核糖也易脱掉，反应也会减弱。水解时间长短要视标本的类型（如厚薄等）、固定剂的性质及酸的浓度而定。

② Feulgen 反应成功与否的一个非常关键的因素是 Schiff 试剂的质量。Schiff 试剂的配制方法有误直接影响 DNA 的染色反应。

③ 因 Carnoy 固定液固定一般需 6h 左右，如白天取材标本需经 95% 乙醇 4℃ 过夜。

④ 实验要设对照组，以便验证实验反应的结果。

【实验结果及分析】

实验组：DNA 中细胞核呈紫红色，细胞质为绿色。

对照组：DNA 中细胞核及细胞质均为绿色。

（王莎丽）

备择方案3　中性脂肪油红O显示（oil red O staining）技术

【原理与应用】

油红O为脂溶的着色剂，略溶于有机溶剂，不溶于水，优先为脂类溶解和吸附，属于偶氮染料，有β-羟基，溶解后进行重排，成醌型结构，将中性脂肪染成红色。

【实验用品】

（1）材料　冰冻切片。

（2）试剂　福尔马林钙（FCa）、染液（油红O饱和异丙醇溶液加入1%糊精）、60%异丙醇、Mayer苏木精、1% Na_2HPO_4、蒸馏水、甘油或甘油明胶封片。

【试剂配制】

（1）福尔马林钙（FCa）　蒸馏水80ml、中性福尔马林10ml（福尔马林溶液的瓶底部存积1~2cm厚的碳酸钙，摇匀后放置室温24h以上可取上清液用）、10%氯化钙10ml。

（2）染液（油红O饱和异丙醇溶液）　采用锥形瓶放入异丙醇100ml，加入油红O 0.5g，于水浴中慢慢加热使之溶解，待至完全溶解后取出，冷却至室温后，过滤，装于棕色小磨砂口瓶保存备用。使用前取油红O饱和异丙醇溶液6ml加1%糊精4ml，混合后静置10min后过滤即可染色。

（3）1%糊精

（4）60%异丙醇

（5）Mayer苏木精（见HE染色）

（6）1% Na_2HPO_4

（7）甘油明胶　明胶10g溶于蒸馏水50ml中搅拌，放入37℃的恒温箱中过夜。第二天再加入甘油50ml，加入约为1%量的麝香草酚（一小粒）搅拌，然后存放于4℃冰箱中，用时取出，用热水温暖瓶外促其溶解即可使用。

【实验方案】

① 冰冻切片用福尔马林钙固定1h。

② 蒸馏水充分洗涤。

③ 60%异丙醇5min。

④ 染液染色，时间15min。

⑤ 60%异丙醇洗。

⑥ 蒸馏水洗。

⑦ 苏木精1min。

⑧ 1% Na_2HPO_4 1min。

⑨ 蒸馏水洗。

⑩ 甘油明胶封片。

【注意事项】

① 油红O染色时应避免试剂挥发过多，否则易形成背景沉淀。

② 60%异丙醇具有分化作用，应于镜下控制至脂肪组织呈鲜红色，间质无色时为度。

【实验结果及分析】

中性脂肪呈橘红色至红色，色较深。磷脂也有可能被着色，但色浅淡，呈粉红色，见图2-2。

图 2-2 鼠肾上腺组织的油红 O 染色（见彩图）

（王莎丽）

备择方案 4　组织切片的碱性磷酸酶染色技术（ALP 钙-钴法）

【原理与应用】

碱性磷酸酶（alkaline phosphatase，ALP）与钙化作用密切相关，因此，以 β-甘油磷酸钠为底物，在酶的作用下，产生磷酸离子与钙离子形成磷酸钙为第一反应产物。经硝酸铅处理变为磷酸铅沉淀，为第二反应产物。两种反应产物均易解离，进一步用稀释的硫化铵处理，形成稳定的硫化铅颗粒，沉淀于微血管内皮中，定位于酶活性所在之处，光镜下呈黑色。

【实验用品】

（1）材料　冰冻切片（或石蜡切片）、10ml 染缸、恒温水浴箱调至 37℃。

（2）试剂　福尔马林钙固定液、巴比妥钠、β-甘油磷酸钠、无水氯化钙、硫酸镁、双蒸水、蒸馏水、2％硝酸钴、1％硫化铵、甘油或甘油明胶封片。

【试剂配制】

（1）福尔马林钙（FCa）　见油红 O 染色。

（2）作用液

① 2％巴比妥钠 2.5ml；

② 3％β-甘油磷酸钠 2.5ml；

③ 2％无水氯化钙 5ml；

④ 5％硫酸镁 0.25ml；

⑤ 双蒸水 1.25ml。

混合后 pH 为 9.4 左右，37℃预温 10~15min。

【实验方案】

① 冰冻切片经福尔马林钙（FCa）固定 15min。

② 蒸馏水洗。

③ 进入作用液 10min(37℃)。

④ 蒸馏水洗。

⑤ 2％硝酸钴 5min。

⑥ 蒸馏水洗。

⑦ 1%硫化铵 1～2min（显棕黑色）。
⑧ 蒸馏水洗。
⑨ 甘油明胶封片。

对照切片制作：免去底物，以蒸馏水代替3% β-甘油磷酸钠。进入作用液前先经过90℃蒸馏水10min，再入作用液。

【注意事项】
① 石蜡切片作酶反应可不脱蜡进作用液，也可先脱蜡至水再进作用液（推荐）。
② 作用液现用现配，保证pH值、浓度是关键。

【实验结果及分析】
实验组：碱性磷酸酶活性处有棕黑色沉淀，见图2-3。
对照组：阴性。

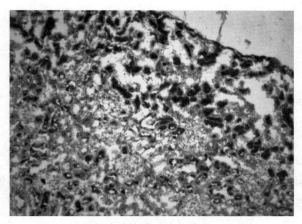

图 2-3　鼠肾脏碱性磷酸酶的染色（见彩图）

（王莎丽）

备择方案5　组织切片的琥珀酸脱氢酶染色（SDH staining）技术

【原理与应用】
琥珀酸脱氢酶（succinate dehydrogenase，SDH）是线粒体的一种标志酶，其作用是从底物将氢传递给受氢体的酶系，经氢传递系统使受氢体还原显色，从而达到染色定位的目的。

【实验用品】
(1) 材料　冰冻切片、10ml染缸。
(2) 试剂　福尔马林钙（FCa）、80%乙醇、0.1mol/L磷酸盐缓冲液、0.1mol/L琥珀酸钠、氯化硝基四氮唑蓝（NBT）、二甲基亚砜（DMSO）、丙二酸钠、蒸馏水、生理盐水、甘油或甘油明胶封片。

【试剂配制】
(1) 0.1mol/L磷酸盐缓冲液（pH值7.6）　a. 磷酸氢二钠3.58g，加水100ml；b. 磷酸二氢钠1.56g，加水100ml。将a加入b中即成。
(2) 0.1mol/L琥珀酸钠　六水琥珀酸钠5.40g加水200ml。
(3) NBT/DMSO　取NBT 5mg溶于2.5ml的DMSO中。
(4) 作用液配制　0.1mol/L磷酸盐缓冲液（pH值7.6）2.5ml，0.1mol/L琥珀酸钠

2.5ml，NBT/DMSO 5mg/2.5ml，混合。

【实验方案】
① 切片进入作用液 15～35min（室温）。
② 生理盐水洗。
③ FCa 固定 10min。
④ 80％乙醇 5min。
⑤ 蒸馏水洗。
⑥ 甘油明胶封片。
对照切片制作：在作用液中加入丙二酸钠（3.7mg/ml）。

【注意事项】
NBT/DMSO 5mg/2.5ml，应现用现配。

【实验结果及分析】
实验组：酶活性表现为蓝紫色沉淀。
对照组：阴性。

（王莎丽）

备择方案 6　组织切片的核酸甲苯胺蓝显示技术

【原理与应用】
甲苯胺蓝（toluidine blue，TB）是常用的一种人工合成染料，属于醌亚胺染料类，呈碱性，它可与组织细胞中的酸性物质相结合从而使组织染色，细胞核呈蓝色。此外，甲苯胺蓝具有强异色性，有酸性糖胺聚糖存在，特别是含硫的酸性黏液物质，颜色从蓝色变为红色。

【实验用品】
（1）材料　石蜡切片或其他标本、缸染或滴染用具。
（2）试剂　甲苯胺蓝液、95％乙醇、100％乙醇、蒸馏水、二甲苯。

【试剂配制】
甲苯胺蓝染液：甲苯胺蓝 0.5g，蒸馏水加至 100ml。

【实验方案】
① 组织切片常规脱蜡至水（见 HE 染色）。
② 入甲苯胺蓝液 30min。
③ 蒸馏水洗。
④ 95％乙醇：两道。
⑤ 100％乙醇：两道。
⑥ 二甲苯透明：两道。
⑦ 中性树胶封片。

【注意事项】
① 一般试剂配制置室温 5d 后使用，染液于室温下可保存 3 个月，4℃冰箱则可保存半年。
② 染液的染色效果在早期为最佳，若染液存放时间较长，则染色偏淡，应相应延长染色时间。

【实验结果及分析】
细胞核中的 DNA 及细胞质中的 RNA 均显示为蓝色。

（王莎丽）

第三章　细胞结构与成分的显示技术

　　细胞结构与成分分析是当代细胞生物学研究中经常采用的实验方法，为揭示生物大分子在细胞内构建相互关系及细胞内的功能等提供了有力工具。

　　本章内容涉及细胞内多种分子或结构的分析，包括用福尔根（Feulgen）反应显示细胞中的 DNA，Brachet 反应显示细胞中的 DNA 和 RNA，过碘酸希夫反应（PAS 法）显示糖类，苏丹黑 B 染色显示脂类，碱性染液固绿染色显示碱性蛋白，利用反应中的颜色变化检测过氧化物酶、一氧化氮合酶和酸性磷酸酶，利用免疫组化技术显示一氧化氮合酶，用詹纳斯绿 B 染色显示线粒体，中性红染色显示液泡系，用宋今丹研制方法完整显示细胞生物膜系统全貌性结构，考马斯亮蓝 R250 显示微丝组成的应力纤维，间接免疫荧光技术显示胞质微管，等等。

　　这些技术方法可以原位反映出细胞或组织的代谢活动，因此能更直观地将结构和功能联系起来，比起生物化学的方法，其结果似乎更加可靠与可信。此外，当显示出细胞中诸多成分时，你或许会惊叹，细胞组分的分布是如此绚丽多姿。然而要切记的是，这些方法的掌握要求有一定化学、生物化学及细胞结构的基础。另外这些操作要求很严格，初学者不可不格外谨慎。

基本方案 1　细胞中 DNA 和 RNA 的显示

（一）Feulgen 反应显示细胞中的 DNA
【原理与应用】
　　DNA 是细胞的重要生命物质，是遗传信息的主要携带者和储存载体。在真核细胞中，DNA 主要存在于细胞核中，在线粒体和叶绿体中也有少量分布。DNA 的基本组成单位是脱氧核糖核酸，它由脱氧核糖、碱基（嘌呤碱和嘧啶碱）、磷酸组成，通过与一些化学物质相互作用可产生有色反应，最终显示 DNA 在细胞中的存在部位及分布情况。

　　Feulgen 反应由 Feulgen 在 1924 年发明，是一种传统的，也是最为经典的通过化学染色来特异性显示细胞中 DNA 的方法，其基本原理是首先采用稀酸作用于 DNA，使其脱去嘌呤碱，暴露出游离醛基，该醛基与 Schiff 试剂反应生成紫红色产物，细胞中存在 DNA 的部位即呈现紫红色阳性反应。如图 3-1 中所示，碱性品红是红色物质，能与产生 SO_2 的试剂作用形成无色产物，即 Schiff 试剂，它可以与 DNA 水解释放出的醛基结合而氧化为紫红色化合物。该反应既可检测细胞或组织中 DNA 的存在部位及其分布，也可利用其显色强度与 DNA 含量成正比的特性，用于对细胞或组织中的 DNA 含量进行测定。由于反应对含有 DNA 的核结构显示细致、清晰，染色稳定，有利于鉴别不同核结构和分化程度的细胞，如白血病细胞等。

【实验用品】
　　（1）材料　HeLa 人宫颈癌上皮细胞、尖头镊子、染色缸、盖玻片、载玻片、吸管、吸水滤纸。
　　（2）试剂　Hanks 液、1mol/L 盐酸、Schiff 试剂、Carnoy 固定液（甲醇：冰醋酸＝3：1，体积比）、0.5％亮绿、蒸馏水、70％乙醇、80％乙醇、95％乙醇、无水乙醇、二甲苯、中性树胶。

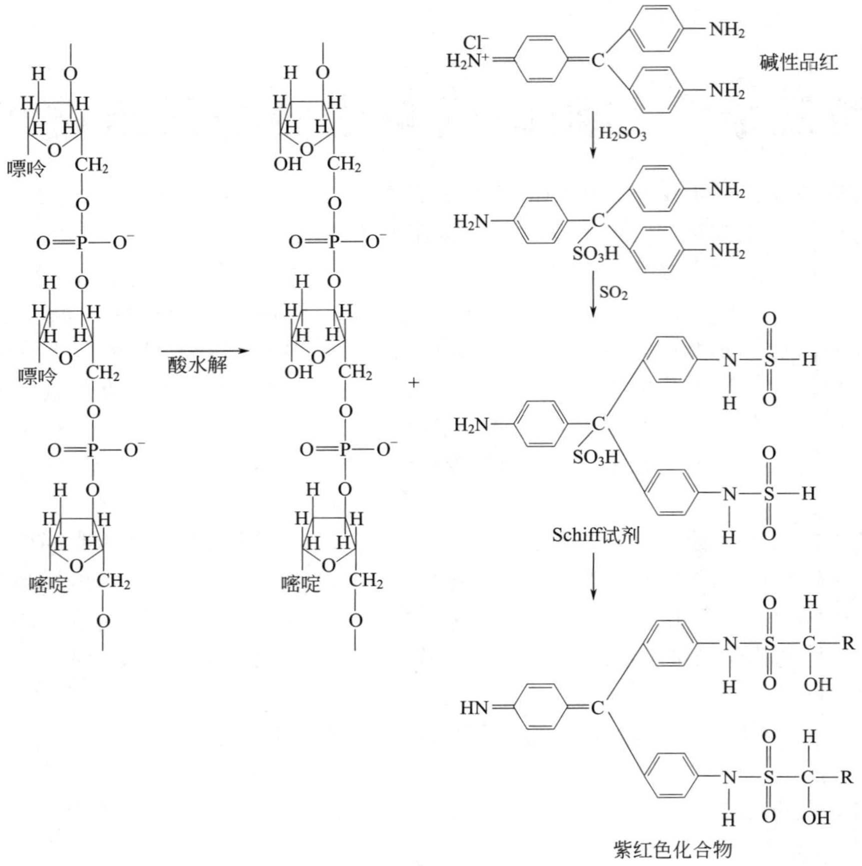

图 3-1　Feulgen 反应原理

(3) 设备　普通光学显微镜、恒温水浴箱、CO_2 培养箱。

【试剂配制】

1. 0.5g/100ml 酚红指示剂

酚红，0.5g；0.1mol/L(0.4%) NaOH，15ml；加双蒸水至 100ml。

将 0.5g 酚红置研钵中，缓慢滴加 0.1mol/L NaOH 溶液，边加边研磨，并不断吸出已溶解的酚红液，直至全部溶解，然后加入双蒸水至 100ml，颜色为深红，经滤纸过滤后使用，室温保存。

2. 5.6g/100ml $NaHCO_3$ 溶液

称取 $NaHCO_3$ 5.6g，溶于 100ml 蒸馏水中，室温保存即可〔如需要也可 $10 lbf/in^2$ (68.9kPa)15min 高压灭菌，4℃冰箱保存〕。

3. Hanks 液

(1) 原液甲　NaCl 160g，KCl 8g，$MgSO_4 \cdot 7H_2O$ 2g；$MgCl_2 \cdot 6H_2O$ 2g，溶于 800ml 蒸馏水中。$CaCl_2$（无水）2.8g，溶于 100ml 蒸馏水中。将两种液体混合后，加水至 1000ml，用滤纸过滤，再加 2ml 氯仿防腐，置 4℃冰箱备用。

(2) 原液乙　$Na_2HPO_4 \cdot 12H_2O$ 3.04g，KH_2PO_4 1.2g，葡萄糖 20.0g，溶于 800ml 蒸馏水中，用滤纸过滤，然后加 0.5%酚红 80ml，再加水至 1000ml，最后加入 2ml 氯仿防腐，置 4℃冰箱备用。

（3）使用液　甲乙两液各 1 份，双蒸水 18 份，混匀分装，经 10lbf/in^2（68.9kPa）15min 高压灭菌后置 4℃冰箱中保存。临用前用无菌的 5.6g/100ml NaHCO$_3$ 调至所需 pH 值。

4. 1mol/L 盐酸

取 8.25ml 相对密度为 1.19 的浓盐酸，加蒸馏水至 100ml。

5. Schiff 试剂

将碱性品红 0.5g 加入 100ml 煮沸的蒸馏水中，持续煮沸 5min，并随时搅拌，使之充分溶解。然后将其冷却到 50℃，过滤到棕色瓶中，加 1mol/L HCl 10ml，冷却至 25℃时加入 1g 无水亚硫酸氢钠（NaHSO$_3$），需充分振荡后，避光过夜。次日取出（呈淡黄色），加 0.25g 活性炭剧烈振荡 1min，过滤后即得 Schiff 试剂，此时溶液应完全无色。避光、低温、密封保存。用前应事先取出使其恢复至室温。

6. 0.5g/100ml 亮绿

亮绿 0.5g，蒸馏水加至 100ml。

【实验方案】

① 将培养的 HeLa 细胞接种于盖玻片，24～48h 后生长为单层。
② 取细胞盖玻片 1 张，用 Hanks 液（pH 7.2～7.4）漂洗 3 次，吸水滤纸吸干液体。
③ 放入 Carnoy 固定液中固定 30min。
④ 蒸馏水洗 3 次。
⑤ 将盖玻片置于 1mol/L 盐酸中，60℃水浴水解 10min。
⑥ 蒸馏水洗 1 次。
⑦ 将盖玻片移入 Schiff 试剂中，暗处反应 30min。
⑧ 流水冲洗 5min。
⑨ 蒸馏水洗 3 次。
⑩ 0.5g/100ml 亮绿复染 1～3min。
⑪ 70%乙醇→80%乙醇→95%乙醇→无水乙醇梯度脱水。
⑫ 盖玻片浸入二甲苯中透明 5min。
⑬ 滴 1 滴中性树胶于载玻片上，将盖玻片细胞面朝下封片。
⑭ 镜下观察。

【注意事项】

① 本实验的关键步骤是有效地控制 DNA 水解的程度，包括稀酸的浓度，水解的时间、温度等。水解不足，会使游离醛基的暴露不完全，反应变弱；水解过度，会导致 DNA 异常降解，也同样使反应变弱，染色深度下降，严重时出现阴性反应。一般的水解时间应控制在 10～15min，同时应考虑不同标本材料的影响。

② Schiff 试剂的质量也是影响实验结果的重要因素，试剂暴露于空气中易被氧化而变成红色，使试剂失效。操作及保存中不宜过多暴露于空气，并应注意避光。

③ 本实验采用盖玻片培养细胞，因此在整个操作过程中，应注明盖玻片的正反面，防止破坏细胞面，尤其在进行流水冲洗步骤时，应避免水流直接接触细胞面。

【实验结果及分析】

因为 DNA 主要分布于细胞核中，经 Feulgen 反应后，细胞核呈现粉红至紫红色，而细胞的其他区域无色。但由于亮绿的复染，细胞质和核仁呈现浅绿色。

（二）Brachet 反应显示细胞中的 DNA 和 RNA

【原理与应用】

DNA 是细胞的重要生命物质，是遗传信息的主要载体。RNA 在生命活动中同样具有重要作用，目前认为它和蛋白质共同负责基因的表达及其调控。在真核细胞中，DNA 主要存在于细胞核中，而 RNA 是在细胞核内合成，然后转移至细胞质，指导蛋白质的翻译过程。DNA 以双螺旋空间结构形式存在，而 RNA 通常呈单链形式，局部可形成二级或三级结构。Brachet 反应即利用了 DNA 和 RNA 这种结构上的差异，采用不同的染料同时显示两者在细胞中的分布情况。

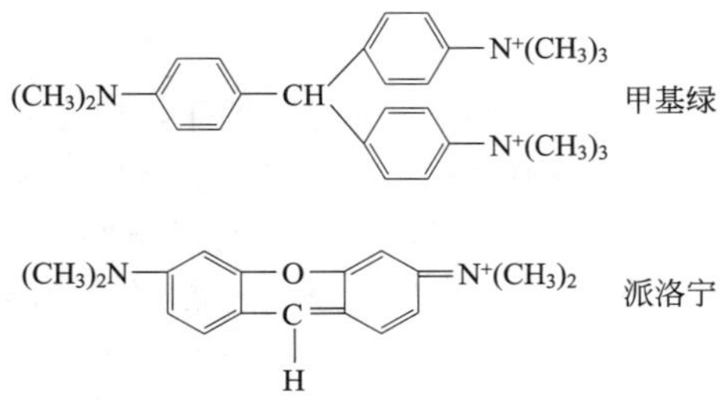

甲基绿（methyl green）、派洛宁（pyronin）为带有正电荷的碱性染料（结构式见图 3-2），可与带有负电荷的核酸分子结合，两种染料的作用具有选择性，甲基绿带有 2 个正电荷，易与双链的 DNA 分子结合，使其显示蓝绿色；派洛宁带有 1 个正电荷，易与单链的 RNA 分子结合，使其显示红色。也有人认为其染色原理与 DNA 和 RNA 分子的不同聚合程度有关。细胞经甲基绿-派洛宁混合液处理后，其 DNA 和 RNA 出现不同的显色反应，以此可对细胞中的 DNA、RNA 进行定位、定性和定量分析。

图 3-2 甲基绿、派洛宁结构式

【实验用品】

（1）材料　HeLa 人宫颈癌上皮细胞、尖头镊子、染色缸、盖玻片、载玻片、吸管、吸水滤纸。

（2）试剂　PBS(pH 7.2)、Carnoy 固定液（甲醇：冰醋酸＝3：1）、甲基绿-派洛宁混合液、蒸馏水、丙酮、二甲苯、中性树胶。

（3）设备　普通光学显微镜、CO_2 培养箱。

【试剂配制】

1. PBS(pH 7.2)

0.01mol/L PBS（磷酸盐缓冲液），pH 7.2。

0.2mol/L 磷酸氢二钠液（甲液）：

$Na_2HPO_4 \cdot 12H_2O$	35.814g
双蒸水	加至 500ml

0.2mol/L 磷酸二氢钠液（乙液）：

$NaH_2PO_4 \cdot 2H_2O$	15.601g
双蒸水	加至 500ml

取甲液 36ml、乙液 14ml 和 NaCl 8.2g，加双蒸水至 1000ml。混匀，待完全溶解分装，经高压灭菌后保存于 4℃冰箱备用。

2. 甲基绿-派洛宁混合液

（1）1mol/L 醋酸盐缓冲液（pH 4.8）　冰醋酸 6ml，蒸馏水加至 100ml；醋酸钠 13.5g，蒸馏水加至 100ml；用时分别取两液 40ml、60ml 混匀即可。

（2）甲基绿-派洛宁

5%派洛宁水溶液	6ml	蒸馏水	16ml
2%甲基绿水溶液	6ml	1mol/L 醋酸盐缓冲液	16ml

1mol/L 醋酸盐缓冲液临用时才可加入染液中。

【实验方案】

① 将培养的 HeLa 细胞接种于盖玻片，24～48h 后生长为单层。

② 取细胞盖玻片 1 张，用 PBS（pH 7.2）漂洗 3 次，吸水滤纸吸去液体。

③ 放入 Carnoy 固定液中固定 30min。
④ 向盖玻片滴加甲基绿-派洛宁混合液，染色 30min。
⑤ 蒸馏水轻轻漂洗 2～3 次（每次 2～3s），滤纸吸去多余水分。
⑥ 盖玻片浸入丙酮中分色 2～3s。
⑦ 浸入丙酮-二甲苯（1∶1）中 5s。
⑧ 浸入纯二甲苯中透明 5min。
⑨ 滴 1 滴中性树胶于载玻片上，将盖玻片细胞面朝下封片。
⑩ 镜下观察。

【注意事项】
① 本实验的关键是使细胞中的 DNA 和 RNA 同时呈现不同的颜色，这与操作过程和试剂的使用密切相关，需要特别注意的是：a. 派洛宁易溶于水，在用蒸馏水漂洗盖玻片时要严格控制时间，并注意观察颜色变化，防止过度脱色；b. 丙酮在本实验中起分色作用，目的是使两种颜色均能清晰显示。分色效果主要受时间影响，染色试剂的批次、细胞的种类和状态的不同需要的分色时间通常会有差别，在实际操作时，可先以短时间进行预试，或预设不同时间进行试验，把握好这一环节，通常可以得到较好的结果。

② 本实验采用盖玻片培养细胞，因此在整个操作过程中，应注明盖玻片的正反面，防止破坏细胞面。

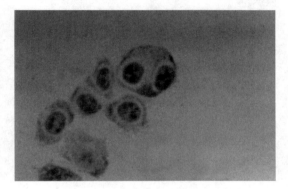

图 3-3 Brachet 反应显示 HeLa 细胞中 DNA 和 RNA（见彩图）

【实验结果及分析】
DNA 主要分布于细胞核中，RNA 主要分布于核仁及细胞质中，因此，经甲基绿-派洛宁混合染料染色后，细胞质被染成红色，细胞核被染成蓝绿色，其中核仁被染成紫红色。参见图 3-3。

（方　瑾）

基本方案 2　细胞中过氧化物酶的显示

【原理与应用】
过氧化物酶是肝、肾、中性粒细胞及小肠黏膜上皮细胞中含量丰富的酶类，较多存在于细胞的过氧化物酶体中，参与细胞中的各种氧化反应，可将各种底物氧化。本实验利用过氧化物酶的上述性质，将底物 H_2O_2 分解，产生新态氧，使无色联苯胺氧化成蓝色联苯胺蓝，进而变成棕色产物，可根据颜色反应来判定过氧化物酶的有无或多少。

【实验用品】
（1）材料　小白鼠、染色缸、载玻片、盖玻片、吸管、注射器、吸水滤纸。
（2）试剂　联苯胺混合液、0.5% 硫酸铜、1% 番红、中性树胶。
（3）设备　解剖器材、蜡盘、普通光学显微镜。

【试剂配制】
（1）0.5g/100ml 硫酸铜　硫酸铜 0.5g，蒸馏水加至 100ml。

(2) 联苯胺混合液　4,4′-二氨基联苯胺（4,4′-diaminobenzidine）0.2g，95％乙醇100ml，3％过氧化氢，2滴。此液临用时配制。

(3) 1g/100ml 番红　番红（safranine）1.0g，蒸馏水100ml。

【实验方案】

① 取小白鼠1只，以颈椎脱位法将其处死，迅速剖开后肢暴露股骨，将股骨从一端剪断，用注射器吸出骨髓滴到载玻片一端（必要时可滴加1滴PBS进行稀释）。

② 推片，室温晾干。

③ 将涂片浸入0.5g/100ml硫酸铜中30s。

④ 浸入联苯胺混合液中反应6min。

⑤ 流水冲洗，浸入1g/100ml番红溶液中复染2min。

⑥ 流水冲洗，室温晾干。

⑦ 镜检或滴1滴中性树胶，加盖盖玻片进行封片观察。

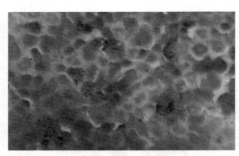

图3-4　骨髓细胞中过氧化物酶的显示（见彩图）

【注意事项】

本实验中联苯胺混合液在空气中极易被氧化而呈现棕色，降低染色效果，因此，该溶液应用时现配，在操作过程中也应注意减少与空气接触。

【实验结果及分析】

涂片中可见一些细胞中存在蓝色颗粒（图3-4），即为过氧化物酶存在部位。

（方　瑾）

基本方案3　细胞中碱性蛋白质的显示

【原理与应用】

不同的氨基酸带有不同化学性质的侧链基团，有的带有碱性侧链，有的带有酸性侧链，这使由氨基酸组成的不同蛋白质拥有不同数目的碱性基团和酸性基团，这些基团会使蛋白质在不同的pH溶液中带有不同的净电荷。如在生理条件下，整个蛋白质分子所带负电荷多，则为酸性蛋白质；带正电荷多，则为碱性蛋白质。因此，可将标本用酸处理提取出核酸后，用带负电荷的碱性染液固绿（pH 8.2～8.5）染色，使在此pH环境中带正电荷的碱性蛋白质被显示出来。

细胞中含量最为丰富的碱性蛋白质是组蛋白，组蛋白与DNA紧密包裹形成的复合物称为染色质，它作为遗传信息的储存载体存在于真核细胞的细胞核中。组蛋白合成于细胞周期S期的细胞质中，合成后迅速由核孔转运进入核中完成与DNA的组装，因此，细胞中显示的碱性蛋白质较多存在于细胞核中。

【实验用品】

(1) 材料　蟾蜍、解剖器材、蜡盘、染色缸、载玻片、盖玻片、吸管、吸水滤纸。

(2) 试剂　5％三氯乙酸、0.1％碱性固绿、70％乙醇。

(3) 设备　普通光学显微镜、恒温水浴箱。

【试剂配制】

0.1％碱性固绿（pH 8.0～8.5）

(1) 0.1g/100ml 固绿水溶液　固绿（fast green），0.1g；蒸馏水，100ml。
(2) 0.05g/100ml Na_2CO_3 溶液　Na_2CO_3，50mg；蒸馏水，100ml。
用时两液按 1∶1 体积比混合即可。

【实验方案】
① 取 1 只蟾蜍，以捣毁脊髓法处死，将其腹面朝上固定于蜡盘上，剪开胸腔，打开心包。将心脏剪一小口，取心脏血 1 滴，滴于载玻片一端，推片，室温晾干。
② 将涂片浸入 70％乙醇中固定 5min，室温晾干。
③ 浸入 5％三氯乙酸中，60℃水浴 30min。
④ 流水充分冲洗，去除三氯乙酸，滤纸吸去残留水分。
⑤ 浸入 0.1％碱性固绿中染色 15min。
⑥ 流水冲洗，室温晾干。
⑦ 镜检或滴 1 滴中性树胶，加盖盖玻片进行封片观察。

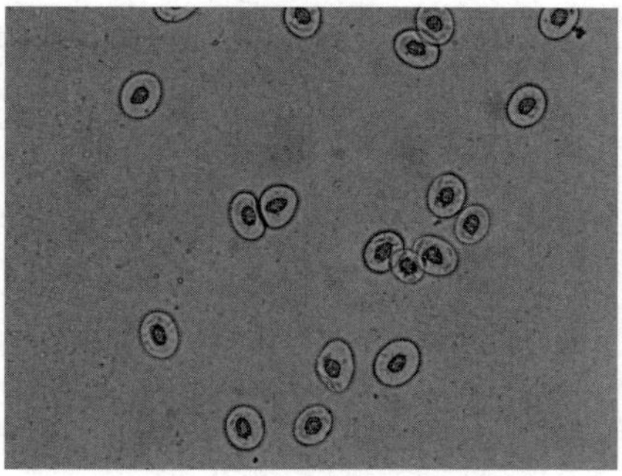

【注意事项】
三氯乙酸作用后的载玻片一定用流水充分、彻底冲洗，以免干扰固绿的染色。

图 3-5　蟾蜍血细胞中碱性蛋白质的显示（见彩图）

【实验结果及分析】
细胞中典型的碱性蛋白质为参与染色体包装的组蛋白，主要存在于细胞核中，因此细胞经固绿染色后，细胞质、核仁不着色，细胞核大部分被染成绿色（图 3-5）。

（方　瑾）

基本方案 4　一氧化氮合酶的显示

（一）一氧化氮合酶的组化显示

【原理与应用】
细胞中的左旋精氨酸和氧在一氧化氮合酶（nitric oxide synthase，NOS）的作用下生成一氧化氮和瓜氨酸。还原型辅酶Ⅱ（还原型烟酰胺腺嘌呤二核苷酸磷酸，NADPH）是一氧化氮合酶的辅酶，可以将孵育液中的底物脱氢，然后将氢传递给硝基四氮唑蓝（NBT），使后者还原成蓝黑色沉淀，此即 NADPH 所在部位，也可代表 NOS 的所在部位。

【实验用品】
(1) 材料　大鼠、染色缸、载玻片、盖玻片、24 孔板、毛笔。
(2) 试剂　孵育液（NADPH、NBT）、0.1mol/L 磷酸盐缓冲液（PBS）、1％ Triton X-100、3％Triton X-100、1％中性红、梯度乙醇、0.01mol/L PBS、4％多聚甲醛、中性树胶。
(3) 设备　解剖器材、灌注器材、冰冻切片机、湿盒、恒温箱、冰箱、普通光学显微镜。

【试剂配制】
(1) 0.1mol/L PBS　磷酸二氢钠（$NaH_2PO_4 \cdot 2H_2O$），3g；磷酸氢二钠（$Na_2HPO_4 \cdot 12H_2O$），29g；加少量蒸馏水，调 pH 7.2～7.4，最后定容至 1000ml。
(2) 1％Triton X-100　Triton X-100，1ml；0.1mol/L PBS（pH 7.4），99ml。
(3) 3％Triton X-100　Triton X-100，3ml；0.1mol/L PBS（pH 7.4），97ml。
(4) 孵育液　NADPH，3mg；硝基四氮唑蓝（NBT），2.4mg；0.1mol/L PBS（pH 7.4），

2ml；1％Triton X-100（pH 7.4），1ml。

（5）1g/100ml 中性红 水溶性中性红，1.0g；蒸馏水，100ml。

【实验方案】

1. 脑组织冰冻切片

① 将大鼠常规灌注固定，取脑组织块，浸 30％蔗糖后行冰冻切片（片厚 40μm）。

② 将切片浸入 0.1mol/L 磷酸盐缓冲液（0.1mol/L PBS，pH 7.2～7.4）中漂洗 10min，重复 3 次。

③ 1％Triton X-100（用 0.1mol/L PBS 配制，pH 7.4），室温，预浸 60min。

④ 浸入孵育液中孵育，37℃，3h。

⑤ 3％Triton X-100，4℃，过夜。

⑥ 0.1mol/L PBS 中漂洗 5min，重复 3 次。

⑦ 裱片，风干。中性红复染。

⑧ 常规脱水、透明、封片、观察。

2. 细胞爬片或甩片

① 细胞爬片或甩片，0.01mol/L PBS 漂洗 5min，重复 3 次。

② 4％多聚甲醛固定，室温，30min。

③ 0.01mol/L PBS 漂洗 10min，重复 3 次。

④ 按上述脑组织冰冻切片步骤③～⑥操作。

⑤ 中性红复染，常规脱水、透明、封片、观察。

【注意事项】

① 冰冻切片采用的是漂浮法，有利于孵育液充分进入组织。

② 本方法属于酶组化，要选择适当的固定液以及恰当的固定时间和方法，否则会影响酶的活性。

③ 此方法加 Triton X-100 可以改善着色效果，降低非特异性背景染色。但 Triton X-100 预浸时间不能超过 2h，孵育液中 Triton X-100 浓度不能高于 2％，否则影响着色效果。孵育液中后加 Triton X-100，防止 NBT 难溶。

【实验结果及分析】

组织切片和细胞爬片或甩片中可见一些细胞中存在蓝黑色颗粒，即为一氧化氮合酶的存在部位。中性红复染可以显示所有细胞的轮廓，有助于进一步记数阳性细胞率。

组织切片观察可见含有 NOS 的神经元，其染色类似 Golgi 镀银染色样外观，胞体、神经纤维及纤维终末均可着色（图 3-6）。

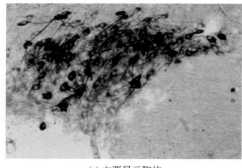 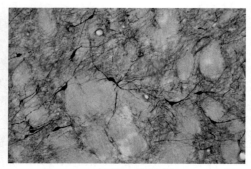

(a) 主要显示胞体　　　　　　　　　　　　(b) 主要显示神经纤维

图 3-6 脑组织中一氧化氮合酶（NOS）的显示（未用中性红复染）（见彩图）

（二）一氧化氮合酶的免疫组化显示

【原理与应用】

一氧化氮合酶按调控条件分为组构型（cNOS）和诱生型（iNOS）。前者按细胞类型又可分为神经元组构型（nNOS）和内皮细胞组构型（eNOS）。前述的组化方法不能区分上述NOS的具体分型，因此可以利用针对不同类型 NOS（nNOS、eNOS、iNOS）的特异性抗体，通过免疫组化方法进行显示。

目前免疫组化多选用 SABC 法。一抗是特异性的针对检测蛋白质的单克隆或多克隆抗体（本实验为兔抗大鼠 iNOS），二抗是生物素标记的针对一抗的抗体（本实验为羊抗兔 IgG），三抗是针对链霉亲和素-生物素复合物（streptavidin biotin complex，SABC）。这样就可以通过逐级放大的方式，以过氧化物酶标记要检测的蛋白质（iNOS）。显色液为二氨基联苯胺（DAB）和双氧水（H_2O_2）。显色原理：过氧化物酶将 H_2O_2 分解，产生新态氧，使 DAB 氧化，生成棕黄色颗粒产物，可根据颜色反应来判定一氧化氮合酶的有无或多少。本方法具有灵敏性高，背景低的优点。

【实验用品】

(1) 材料　大鼠或培养的细胞、染色缸、载玻片、盖玻片、吸管、吸水滤纸、小镊子。

(2) 试剂　兔抗大鼠 iNOS（一抗）、羊抗兔 SABC 试剂盒 [10% 正常山羊血清、羊抗兔 IgG（二抗）、SABC（三抗）]、3% H_2O_2-甲醇液、0.01mol/L 磷酸盐缓冲液（PBS，pH 7.4）、0.01mol/L 柠檬酸盐缓冲液（pH 6.0）、DAB 显色液、双氧水、苏木精染液、梯度乙醇、二甲苯、4% 多聚甲醛、石蜡、0.3% Triton X-100。

(3) 设备　解剖器材、灌注器材、石蜡切片机、湿盒、恒温箱、冰箱、普通光学显微镜。

【试剂配制】

(1) 0.01mol/L PBS(pH 7.2～7.4)　磷酸二氢钠（$NaH_2PO_4 \cdot 2H_2O$），0.4g；磷酸氢二钠（$Na_2HPO_4 \cdot 12H_2O$），6g；氯化钠（NaCl），9g；先加 500ml 蒸馏水，调 pH 至 7.2～7.4，最后定容至 1000ml。

(2) 3% H_2O_2-甲醇　30% H_2O_2，1ml；甲醇，9ml。

(3) 0.01mol/L 柠檬酸盐缓冲液（pH 6.0）　柠檬酸（$C_6H_8O_7 \cdot H_2O$），0.4g；柠檬酸三钠（$C_6H_5Na_3O_7 \cdot 2H_2O$），3g；先加 500ml 蒸馏水，调 pH 6.0，最后定容至 1000ml。

(4) 一抗稀释液　牛血清白蛋白（BSA），0.1g；0.01mol/L PBS(pH 7.4)，10ml；叠氮钠，3mg。

(5) DAB 显色液（可购买试剂盒）　DAB，6mg；0.05mol/L PBS(pH 7.4)，10ml；30% H_2O_2，0.01ml。过滤去除沉淀物。用时现配。

(6) 0.3% Triton X-100　1% Triton X-100，3ml；0.01mol/L PBS (pH 7.4)，7ml。

【实验方案】

1. 脑组织石蜡切片

① 将大鼠常规灌注固定，取脑组织块，常规包蜡块。

② 石蜡切片，片厚 5μm。

③ 常规脱蜡入水。

④ 0.01mol/L PBS 中漂洗 5min，重复 3 次。

⑤ 封闭内源性过氧化物酶：3% H_2O_2-甲醇，室温，15min。0.01mol/L PBS 中漂洗 5min，重复 3 次。

⑥ 抗原热修复：将切片浸入 0.01mol/L 柠檬酸盐缓冲液（pH 6.0），用微波炉或电炉

热处理（加热至95℃后断电，间隔5～10min，反复1～2次）。自然冷却后，在0.01mol/L PBS中漂洗5min，重复3次。

⑦ 封闭非特异抗原：向切片上滴加10%正常山羊血清，室温或37℃，20～30min。甩去多余的血清，不洗。

⑧ 一抗孵育：滴加适当稀释的一抗（兔抗大鼠iNOS），放入湿盒中，4℃，过夜。以PBS代替一抗做阴性对照。0.01mol/L PBS中漂洗5min，重复3次。

⑨ 二抗孵育：滴加生物素化羊抗兔IgG，37℃，30min。0.01mol/L PBS中漂洗5min，重复3次。

⑩ 三抗孵育：滴加SABC，37℃，30min。0.01mol/L PBS中漂洗5min，重复3次。

⑪ 显色：用DAB显色液显色，显微镜下监测，适时终止。0.01mol/L PBS中漂洗5min，重复3次。

⑫ 苏木精复染，常规脱水、透明、封片。

2. 细胞爬片或甩片

① 细胞爬片或甩片，0.01mol/L PBS漂洗5min，重复3次。

② 4%多聚甲醛固定，室温，30min。0.01mol/L PBS漂洗5min，重复3次。

③ 封闭内源性过氧化物酶：3% H_2O_2-甲醇，室温，10min。0.01mol/L PBS中漂洗5min，重复3次。

④ 暴露抗原：0.3% Triton X-100，室温，10min。0.01mol/L PBS中漂洗5min，重复3次。

⑤ 封闭非特异抗原：滴加10%正常山羊血清，室温或37℃，20～30min。甩去多余的血清，不洗。

⑥ 一抗孵育：滴加适当稀释的一抗（兔抗大鼠iNOS），湿盒中，4℃，过夜。以PBS作阴性对照。0.01mol/L PBS中漂洗5min，重复3次。

⑦ 二抗孵育：滴加生物素化羊抗兔IgG，37℃，1h。0.01mol/L PBS中漂洗5min，重复3次。

⑧ 三抗孵育：滴加SABC，37℃，1h。0.01mol/L PBS中漂洗5min，重复3次。

⑨ 显色：用DAB显色液显色，显微镜下监测，适时终止。0.01mol/L PBS中漂洗5min，重复3次。

⑩ 苏木精复染，常规脱水、透明、封片。

【注意事项】

① 一抗的质量是关系到实验结果的最关键因素，一定要选用高质量的抗体。

② 一抗、二抗、三抗的稀释浓度、孵育时间、孵育温度是十分重要的环节。在实际操作中，应根据自身实验室的条件探索最为合适的制备方法。

③ DAB显色液应现用现配，最早在使用前15min配制。

④ 实验操作过程中应防止出现干片，否则会出现假阳性。为了正确估计是否是因为操作过程造成的人工假象，设立阴性对照十分必要。

⑤ 细胞爬片固定时采用室温，是为了防止细胞脱落。以后每步操作都要小心，防止细胞脱落。

【实验结果及分析】

iNOS为胞浆着色，一些细胞中存在的棕黄色颗粒（图3-7）即为一氧化氮合酶的存在部位。苏木精复染可以显示所有细胞的细胞核，有助于进一步记数阳性细胞率。

（曹翠丽）

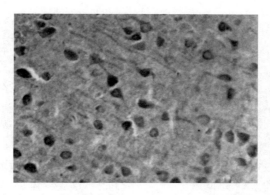

图 3-7　大脑皮质中诱生型一氧化氮合酶（iNOS）的显示（未用苏木精复染）（见彩图）

基本方案 5　细胞中线粒体的活体染色

【原理与应用】

　　细胞进行着多种生命活动，它们都是通过细胞中各种固有的结构及其成分来实现的，真实地反映这些结构和成分在不同细胞中的特点对了解细胞生命过程具有重要意义。活体染色即是一种能够反映细胞活性状态下特征的方法，它是利用某些无毒或毒性较小的染色剂使细胞内某些结构或组分以天然状态显示出来的一种染色方法。染色剂应具有专一性，不影响或较少影响细胞的正常生命活动。活体染色通常用于显示细胞中某一特定结构，如线粒体、细胞核等，也可判定细胞存活情况，常用的染料有詹纳斯绿、中性红等。詹纳斯绿 B（Janus green B）是线粒体的专一活体染色剂，呈碱性，具有脂溶性，能穿过细胞膜而进入细胞，并通过其结构中带有正电荷的染色基团结合到负电荷的线粒体内膜上。线粒体是细胞内进行能量代谢的重要场所，内含多种与能量代谢有关的酶类，其中内膜上的细胞色素氧化酶可使结合的詹纳斯绿保持氧化状态而呈现蓝色，而在周围的细胞质中染料被还原成为无色。

【实验用品】

　　(1) 材料　兔子、解剖器材、解剖盘、平皿、载玻片、盖玻片、吸管、吸水滤纸、注射器。

　　(2) 试剂　0.9g/100ml Ringer 液、1/300 詹纳斯绿 B。

　　(3) 设备　普通光学显微镜。

【试剂配制】

　　(1) 0.9g/100ml Ringer 液（哺乳动物用）　氯化钠，0.9g；氯化钾，0.042g；氯化钙，0.025g；蒸馏水，100ml。

　　(2) 1/300 詹纳斯绿 B　詹纳斯绿 B 1.0g，Ringer 液 100ml，装入棕色瓶保存，最好临用前现配。

【实验方案】

　　① 取兔子 1 只，以空气栓塞法处死，将其置于解剖盘中，迅速打开腹腔，取兔肝边缘较薄的肝组织一块（2～3mm³）。

　　② 将组织块置于平皿中，加入 0.9g/100ml Ringer 液清洗 3 次，去除血液。

　　③ 用滤纸吸去 Ringer 液。

　　④ 加入 1/300 詹纳斯绿 B 染液，染色 30min。

　　⑤ 将组织块移至载玻片上，用镊子将其拉碎后，去除组织块，留下细胞。

　　⑥ 滴 1 滴 Ringer 液，盖上盖玻片，用滤纸从盖片侧面吸取多余液体。

⑦ 镜下观察。

【注意事项】

① 因为本实验是活体染色，在实验的整个过程中，应注意保持标本的活体状态，当细胞死亡或开始死亡时，随着酶的失活，细胞质和细胞核也被染色。在取材时，要做到准确、快速；在染色时，要让组织块表面暴露在染液外面，使细胞内线粒体的酶可充分进行氧化作用，保持染料的氧化状态，发挥染色效能。

② 詹纳斯绿有微弱毒性，染色时间过长，有可能导致线粒体形成空泡，在操作中应加以注意。

【实验结果及分析】

肝细胞中线粒体被染成蓝绿色，呈颗粒状或线条状（图3-8）。

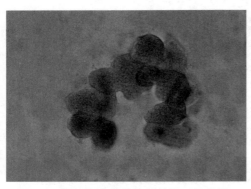

图 3-8　肝细胞中线粒体的显示（见彩图）

（方　瑾）

基本方案 6　细胞中糖类和脂类的显示

（一）过碘酸希夫反应（periodic acid Schiff's reaction，PAS）法显示糖类

【原理与应用】

动物组织内的多糖及黏蛋白一般采用PAS法显示。其化学基础是：过碘酸是一种氧化剂，能破坏各种结构内的C—C键。含乙二醇基的糖类在过碘酸的作用下氧化而产生双醛基，游离醛基与Schiff试剂中的无色品红反应，生成紫红色化合物而附着于含糖的组织上。过碘酸较组织学上常用的氧化C—C键的其他试剂（$KMnO_4$、H_2CrO_4、H_2O_2）优越，因为它不再进一步氧化所产生的醛基，故醛基可与Schiff试剂反应生成紫红色化合物而得到定位。

【实验用品】

（1）材料　动物的肝、肾、心肌、骨骼肌或其他组织。

（2）试剂　1%过碘酸、Schiff试剂、0.5%偏重亚硫酸钠溶液、乙酸酐-吡啶混合液、1%淀粉糖化酶溶液、Carnoy固定液。

（3）设备　石蜡切片机、显微镜、常规实验器械。

【试剂配制】

（1）Schiff试剂　碱性品红，1g；蒸馏水，200ml；1mol/L HCl，20ml；偏重亚硫酸钠，1.0g；活性炭，2.0g。将1g碱性品红溶于200ml沸蒸馏水中，振荡5min使之溶解，冷却至50℃。过滤，并向滤液中加入20ml 1mol/L HCl。冷却至25℃，加入1.0g偏重亚硫酸钠，室温下暗处静置24h。加入2.0g活性炭，振荡1min。过滤。置棕色瓶密封，4℃保存。

（2）0.5%偏重亚硫酸钠溶液　10%偏重亚硫酸钠，5ml；1mol/L HCl，5ml；蒸馏水，90ml。临用前混匀配制。

（3）苏木精染液　苏木精，2.0g；95%乙醇，100ml；冰醋酸，10ml；纯甘油，100ml；钾明矾，3.0g；蒸馏水，200ml。具体配制方法如下：①将苏木精溶于25ml 95%乙醇及冰醋酸中，然后加入甘油及剩余的乙醇；②钾明矾溶于水中，加热溶解；③把钾明矾溶液缓慢加入苏木精溶液中，边加边搅拌，混合后在光亮处放置3周左右；④过滤，备用。

（4）乙酸酐-吡啶混合液　乙酸酐，16ml；吡啶（无水），24ml。

(5) 1g/100ml 淀粉糖化酶溶液 淀粉糖化酶，1.0g；0.005mol/L（pH 6.0）磷酸盐缓冲液（或蒸馏水），100ml。

【实验方案】

1. 组织切片

① 取 1～2mm 厚的肝、肾、心肌、骨骼肌或其他组织块，用 Carnoy 固定液固定，置 4℃冰箱 2～4h。

② 标本经 90%、95%、100%乙醇 3 次脱水，二甲苯透明，石蜡包埋。

③ 切片脱蜡至蒸馏水。

④ 放入 1%过碘酸水溶液 2～5min。

⑤ 蒸馏水洗。

⑥ Schiff 试剂浸泡 15min。

⑦ 0.5%偏重亚硫酸钠溶液浸泡 3 次，每次 2min。

⑧ 流水冲洗 5min，蒸馏水浸泡 1min。

⑨ 苏木精复染核。

⑩ 流水冲洗 5min，过蒸馏水，吸干。

⑪ 95%、100%乙醇脱水各 2 次。

⑫ 二甲苯透明，中性树胶封固。

2. 对照片 1（用乙酰作用阻断 PAS 反应）

① 于 22℃，将对照片用乙酸酐-吡啶混合液处理 1～24h。

② 水洗。

③ 进行上述之 PAS 反应。

3. 对照片 2（淀粉糖化酶处理切片）

① 切片脱蜡至水，用 1%淀粉糖化酶溶液（pH 6.0）37℃下处理 40min（室温下处理 60min）；或用唾液处理，室温下 60min（30min 换 1 次，共 2 次）。

② 流水洗 5～10min，再蒸馏水洗。

③ 进行上述之 PAS 反应。

【注意事项】

① 染色的程度取决于过碘酸处理的时间。因此，切片在过碘酸水溶液中处理时间不宜过长。

② PAS 反应后，由于过碘酸氧化加速苏木精的染色，其染色时间可适当减少，常用苏木精稀染液复染。

【实验结果及分析】

组织切片中糖原呈深紫红色，含糖蛋白质呈不同程度的紫红色（见图 3-9）。对照 1，乙酰化后呈现阴性反应；对照 2，对照片中呈阴性反应。

（二）苏丹黑 B（Sudan Black B）显示脂类

【原理与应用】

苏丹黑染脂类是一种物理学方法，由于苏丹黑 B 溶解于脂类而着色，尤其以染磷脂显著，对粒细胞颗粒和胞内微细结构染色好。

【实验用品】

(1) 材料 血涂片。

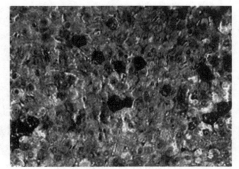

图 3-9 PAS 染色显示肝细胞中的糖原反应（见彩图）

(2) 试剂　甲醛固定液、饱和苏丹黑B-无水乙醇、70%乙醇溶液。
(3) 设备　通风橱、显微镜、常规实验器械。

【试剂配制】

饱和苏丹黑B-无水乙醇液　苏丹黑B，0.3g；无水乙醇，100ml。室温，振荡，数天后完全溶解。

【实验方案】

① 血涂片空气干燥后，于37℃用甲醛蒸气固定2~5min。
② 自来水充分洗涤后再蒸馏水洗，晾干。
③ 入饱和苏丹黑B-无水乙醇液，室温下染色30~90min。
④ 70%乙醇洗2min，去掉浮色。
⑤ 沙黄复染1min或Giemsa复染。
⑥ 自来水冲洗1min。
⑦ 晾干，镜检。

【注意事项】

使用脂溶性染料显示脂类时，注意选择溶剂，既要溶解苏丹染料，又不能溶解脂类。

【实验结果及分析】

脂类（嗜苏丹颗粒）呈棕黑色或深黑色颗粒，定位于细胞质中。

在三种类型粒细胞中，中性粒细胞的颗粒大小均匀；嗜酸性粒细胞的颗粒大，颗粒边缘部分着色深，中央着色浅；嗜碱性粒细胞为阴性或阳性不确定。

红细胞系、淋巴细胞系、巨核细胞和血小板均呈阴性反应。

（欧咏虹）

基本方案7　酸性磷酸酶的显示

【原理与应用】

酸性磷酸酶主要存在于巨噬细胞，定位于溶酶体内。在pH 5.0的环境中，酸性磷酸酶与作用底物甘油磷酸钠（含有磷酸酯）反应，使磷酸酯水解释放出磷酸基，PO_4^{3-}与铅盐结合形成磷酸铅沉淀。无色的磷酸铅再与硫化铵作用，形成黄棕色到棕黑色的硫化铅沉淀，从而显示酸性磷酸酶在细胞内的存在与分布。

【实验用品】

(1) 材料　小白鼠腹腔液涂片。
(2) 试剂　6%淀粉肉汤、酸性磷酸酶工作液、甲醛-钙固定液、2%硫化铵溶液、甘油明胶封固剂。
(3) 设备　恒温箱、冰箱、显微镜、常规实验器械。

【试剂配制】

1. 6%淀粉肉汤

牛肉膏，0.3g；蛋白胨，1.0g；氯化钠，0.5g；可溶性淀粉，6.0g；蒸馏水，100ml。煮沸灭菌，4℃冰箱保存备用。使用时温热水融化。

2. 酸性磷酸酶工作液

(1) 0.05mol/L乙酸缓冲液（A液30ml＋B液70ml＋蒸馏水300ml）

A液（0.2mol/L乙酸液）：冰醋酸，1.2ml；蒸馏水，98.8ml。

B液（0.2mol/L乙酸钠溶液）：乙酸钠（$CH_3COONa \cdot 3H_2O$），2.7g；蒸馏水，100ml。

(2) 3g/100ml β-甘油磷酸钠液 β-甘油磷酸钠，3.0g；蒸馏水，100ml。4℃冰箱保存。

(3) 酸性磷酸酶工作液 硝酸铅，25mg；乙酸缓冲液（0.05mol/L），22.5ml；3g/100ml β-甘油磷酸钠，2.5ml。将硝酸铅加入乙酸缓冲液中，搅拌使之全部溶解，再缓慢地滴入3g/100ml β-甘油磷酸钠2.5ml，同时快速搅拌，防止产生絮状物而影响实验结果。

3. 甲醛-钙固定液

40%福尔马林，10ml；10% $CaCl_2$（无水）水溶液，10ml；蒸馏水，80ml。

4. 2%硫化铵溶液

硫化铵，2ml；蒸馏水，98ml。临用前配制。

5. 甘油明胶封固剂

明胶，7.0g；蒸馏水，42ml；甘油，21ml；麝香草酚，少许。明胶加入蒸馏水中，水浴加温（40℃）溶解，冷却，再加甘油和麝香草酚，混匀。4℃冰箱保存。

【实验方案】

1. 腹腔液涂片

① 取小白鼠1只，每天腹腔注射6%淀粉肉汤1ml，连续3d。

② 第3天注射后3～4h，再腹腔注射生理盐水1ml，3min后用颈椎脱臼法处死小白鼠，剖开腹腔，用不装针头的注射器吸取腹腔液。

③ 将腹腔液滴在预冷的盖玻片上，每片1～2滴，立即放入冰箱（4℃），让细胞自行铺开。30min后取出盖玻片，冷风吹干（室温20℃以下可自然干燥）。

④ 放入盛有酸性磷酸酶工作液的小染缸中，于37℃处理30min。

⑤ 蒸馏水洗片刻，立于吸水纸上吸去多余水分。

⑥ 转入甲醛-钙固定液固定5min。

⑦ 蒸馏水洗，方法同⑤。

⑧ 用2%硫化铵溶液处理3～5min。

⑨ 蒸馏水洗片刻。

⑩ 在载玻片上滴1滴甘油明胶封固剂，将带水的盖玻片有细胞的一面朝下，封固在甘油明胶处。

2. 对照片

将腹腔液涂片置50℃恒温箱中处理30min，使酶失活，再进行上述④～⑩实验步骤。

【注意事项】

① 酸性磷酸酶是可溶性酶，以冷固定为佳。经冰冻或甲醛固定后，溶酶体膜通透性明显增加，底物更易进入溶酶体内被酶作用。

② 孵育液应在临用前配制，按顺序依次加入，待硝酸铅完全溶解，再逐次少量加入底物，孵育液也渐变清亮。

【实验结果及分析】

高倍镜下可见小鼠腹腔巨噬细胞为不规则形状，阳性细胞内出现许多黄棕色或棕黑色的颗粒和斑块，即为酸性磷酸酶存在的部位——溶酶体。中性粒细胞呈阴性反应。

（欧咏虹）

备择方案1 细胞中液泡系的活体染色

【原理与应用】

动物细胞内由单层膜包裹的小泡都属于液泡系，包括高尔基复合体、溶酶体、内质网、转运泡、吞噬泡等。软骨细胞内含有较多的粗面内质网和发达的高尔基复合体，能合成与分泌软骨黏蛋白及胶原纤维等，因而液泡系发达。中性红（neutral red）是液泡系的专一性活体染色剂，在细胞处于生活状态时，只将液泡系染成红色，细胞质和细胞核不被染色。

【实验用品】
（1）材料　蟾蜍、解剖器材、蜡盘、载玻片、盖玻片、吸管、吸水滤纸。
（2）试剂　1/3000中性红、0.65% Ringer液。
（3）设备　普通光学显微镜。

【试剂配制】
（1）0.65g/100ml Ringer液（两栖动物用）　氯化钠，0.65g；氯化钾，0.042g；氯化钙，0.025g；蒸馏水，100ml。
（2）1/3000中性红　取中性红（neutral red）0.1g，加蒸馏水300ml。装入棕色瓶，室温保存。

【实验方案】
① 取蟾蜍1只，捣毁脊髓法处死，将其腹面朝上固定于蜡盘上，剪开腹腔，取胸骨剑突软骨最薄部分的一小片，置于载玻片上。
② 滴加1/3000中性红，染色15min。
③ 滤纸吸去染液。
④ 滴加0.65g/100ml Ringer液，盖上盖玻片，用滤纸从盖片侧面吸取多余液体。
⑤ 镜下观察。

【注意事项】
（1）为便于观察，在取胸骨剑突时，尽量取较薄部位。
（2）本实验因是活体染色，在实验的整个过程中，应注意保持标本的活体状态，特别在取材时应做到准确、快速。

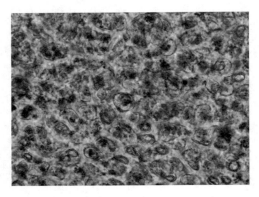

图3-10　细胞中液泡系的显示（见彩图）

【实验结果及分析】
镜下可见软骨细胞为椭圆形，细胞核周围有许多染成玫瑰红色、大小不一的小泡，即为细胞液泡系（图3-10）。

（方　瑾）

备择方案2　培养细胞完整生物膜系统的观察

【原理与应用】
生物膜是细胞的重要结构，在真核细胞中它包括了包裹细胞的质膜和包裹细胞中内质网、线粒体、高尔基复合体、溶酶体等细胞器的内膜，其基本结构为脂类构成的脂质双分子层，各种蛋白质镶嵌其中完成诸如物质转运、酶反应、信号转导、结构连接等一系列功能。完整地反映生物膜在不同细胞中的结构及分布情况，对认识和了解细胞整体结构及功能具有重要意义。

本实验介绍的是宋今丹于1984年研制的可完整显示细胞生物膜系统全貌性结构的方法。该方法以高锰酸钾固定液固定完整细胞，由于固定液能够除去细胞内的蛋白质成分，保留构成膜的脂类成分，结果是细胞内的细胞骨架及可溶性蛋白质被除去，增加了标本的透明度，同时将包括内质网、线粒体等在内的生物膜系统完整保存下来。高锰酸钾在固定标本过程中，高价锰被还原为二氧化锰而沉积于构成膜结构的脂类分子的亲水端,增加了标本的反差,使标本无需染色即可在相差显微镜下清晰显示细胞生物膜系统的全貌。该方法除了可在光学显微镜下进行细胞水平的生物膜系统观察外,还可与电镜技术结合,在透射电镜和扫描电镜下进行亚细胞水平的生物膜系统研究。

【实验用品】
(1) 材料　非洲绿猴肾细胞 CV-1、盖玻片、染色缸、载玻片、吸水滤纸、吸管。
(2) 试剂　PBS(pH 7.2)、$KMnO_4$ 固定液。
(3) 设备　普通光学显微镜、相差显微镜、CO_2 培养箱。

【试剂配制】
(1) PBS(pH 7.2) 配制　见本章基本方案1（二）。
(2) 高锰酸钾固定液　柠檬酸三钠,60mmol/L；氯化钾,25mmol/L；氯化镁,35mmol/L；高锰酸钾,125mmol/L。

【实验方案】
① 将培养的 CV-1 细胞接种于无菌盖玻片,24～48h 后生长为单层。
② 取细胞盖玻片1张,用 PBS 漂洗3次,除去细胞表面培养液及杂质,滤纸吸去液体。
③ 将新鲜配制的 $KMnO_4$ 固定液滴于细胞盖玻片,固定 5～7min。
④ PBS 小心漂洗盖玻片5次,去除残余固定液,滤纸吸去多余液体。
⑤ 将盖玻片细胞面朝下置于载玻片上,镜下观察。

【注意事项】
① 高锰酸钾为强氧化剂,对细胞的作用较为强烈,易造成细胞变脆而影响观察,在实际操作中,应注意摸索和控制最佳固定时间,以获得较好的结果。
② 高锰酸钾固定液最好现用现配,也可将其保存于棕色玻璃瓶中,4℃可保存8周,室温保存2周。

【实验结果及分析】
光学显微镜下可见细胞内生物膜系统全貌,特别是内质网呈明显的网状结构铺展于整个细胞内。

（方　瑾）

备择方案3　微丝的染色及形态观察

【原理与应用】
真核细胞胞质中纵横交错的纤维网称为细胞骨架。根据纤维直径、组成成分和组装结构的不同分为微管、微丝和中间纤维。

目前观察细胞骨架的手段主要有电镜、间接免疫荧光技术、酶标和组织化学等。微丝是由肌动蛋白构成的纤维。单根微丝直径约 7nm,在光学显微镜下看不到。在不同种类的细胞中,它们与某些结合蛋白一起形成不同的亚细胞结构,如肌肉细丝、肠上皮微绒毛轴心和应力纤维等。

本实验用考马斯亮蓝 R 250(Coomassie brilliant blue R 250) 显示微丝组成的应力纤维。应力纤维在体外培养的贴壁细胞中尤为发达,与细胞对培养基质的附着和维持细胞扁平铺展的形状有关。考马斯亮蓝 R 250 可以染各种蛋白质,并非特异染微丝。但在该实验条件下,微管结构不稳定,有些类型的纤维太细,光学显微镜下无法分辨。因此,我们看到的主要是由微丝组成的应力纤维,直径约 40nm。

【实验用品】
（1）材料　体外培养的贴壁生长细胞、洋葱鳞茎。
（2）试剂　6mmol/L PBS(pH 6.5)、M 缓冲液（pH 7.2）、1％Triton X-100、0.2％考马斯亮蓝 R 250 染液、3％戊二醛。
（3）设备　细胞培养设备、倒置显微镜、恒温箱、显微镜、25ml 称量瓶、常规实验器械。

【试剂配制】
（1）6mmol/L PBS（pH 6.5）　A 液：$NaH_2PO_4 \cdot 2H_2O$，936mg/1000ml。B 液：$Na_2HPO_4 \cdot 12H_2O$，2148mg/1000ml。工作液：A 液 68.5ml＋B 液 31.5ml（用 $NaHCO_3$ 调 pH 至 6.5）。
（2）M 缓冲液（pH 7.2）　咪唑，3.40g；KCl，3.71g；$MgCl_2 \cdot 6H_2O$，101.65mg；EGTA（乙二醇双醚四乙酸），380.35mg；EDTA（乙二胺四乙酸），29.22mg；巯基乙醇（mercaptoethanol），0.07ml；甘油，292ml；加蒸馏水至 1000ml（用 1mol/L HCl 调 pH 至 7.2）。
（3）1％Triton X-100　Triton X-100，1ml；M 缓冲液，99ml。
（4）0.2g/100ml 考马斯亮蓝 R 250 染液　考马斯亮蓝 R 250，200mg；甲醇，46.5ml；冰醋酸，7ml；蒸馏水，46.5ml。
（5）3％戊二醛　25％戊二醛，12ml；6mmol/L PBS，88ml。

【实验方案】
1. 动物细胞微丝的显示与观察
（1）取材　细胞培养在盖玻片上（为区别细胞的正反面，剪掉一角），生长汇合度达 50％～70％时取出，细胞面朝上放在称量瓶内，用 6mmol/L PBS 洗 3 次，每次 1min。
（2）抽提　弃去 PBS 洗液，加入 2ml 1％Triton X-100，盖上称量瓶盖子，置于垫有湿纱布的铝盒中，放入 37℃恒温箱处理 25～30min。
（3）冲洗　弃去 1％Triton X-100，加入 2ml M 缓冲液轻轻洗细胞 3 次，每次 2min。M 缓冲液有稳定细胞骨架的作用。
（4）固定　略晾干后，加入 2ml 3％戊二醛，固定细胞 15min。
（5）冲洗　弃去固定液，用 6mmol/L PBS 轻轻洗 3 次，每次 2min。
（6）染色　弃去洗液，把小盖片立于吸水滤纸上，吸去标本边缘水分。加入 2ml 0.2g/100ml 考马斯亮蓝 R 250 染色 20min。
（7）冲洗　用蒸馏水轻轻洗去标本上的染液，滤纸吸干标本边缘水分，空气干燥，直接观察或树胶封片。

2. 植物细胞微丝的显示与观察
（1）取材　用镊子撕取洋葱鳞茎内表皮，大小约 $1cm^2$，放入盛有 6mmol/L PBS 的称量瓶中，使其下沉，处理 5～10min。
（2）抽提　弃去 PBS，加入 2ml 1％Triton X-100，盖上称量瓶盖子，置于垫有湿纱布的铝盒中，放入 37℃恒温箱中处理 30min。
（3）冲洗　弃去 1％Triton X-100，加入 2ml M 缓冲液轻轻洗洋葱内表皮，每次 3～5min，共 3 次。
（4）固定　加入 2ml 3％戊二醛固定 20min。
（5）冲洗　弃去固定液，加入 2ml 6mmol/L PBS 轻轻洗洋葱内表皮，每次 3～5min，共 3 次，吸水滤纸吸去残液。
（6）染色　加入 2ml 0.2g/100ml 考马斯亮蓝 R 250 染色 20min。
（7）制片　弃去染液，用蒸馏水轻轻洗 3 次。把标本平铺在载玻片上，加盖玻片。镜检。

【注意事项】

① 沿称量瓶内壁缓慢加入各种试剂，避免直接滴落在盖片上；洗细胞动作要轻，避免细胞脱落。

② 抽提、固定及染色须在加盖的称量瓶中进行，并且盖玻片的细胞面始终朝上。

③ 用1‰ Triton X-100 抽提杂蛋白和脂类要做预实验，抽提时间长将破坏细胞结构，抽提时间短背景干扰大。

④ 应力纤维是一种动态结构，细胞充分贴壁铺展时纤维挺拔、丰富；反之，细胞收缩变圆，应力纤维弯曲，甚至部分解聚消失而显稀少。

【实验结果及分析】

① 光学显微镜下可见动物细胞轮廓，应力纤维呈深蓝色，形态长而直，常与细胞的长轴平行并贯穿细胞全长（图3-11）。

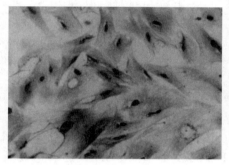 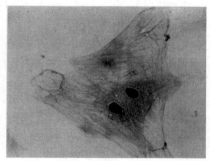

(a) 10×10　　　　　　　　　　　　　(b) 10×40

图 3-11　小鼠成纤维细胞的细胞骨架（见彩图）

② 洋葱表皮细胞轮廓清晰，微丝束呈深蓝色。高倍镜下观察，转动微调，可见细胞骨架的立体结构（图3-12）。

图 3-12　洋葱内表皮细胞骨架（10×40）（见彩图）

（欧咏虹）

支持方案　间接免疫荧光技术显示胞质微管

【原理与应用】

微管是真核细胞普遍存在的结构。它是由 α、β 微管蛋白异二聚体和少量微管结合蛋白聚合而成的中空管状纤维。在不同类型的细胞中，微管具有相同的基本形态。微管中的单管在胞质内呈网状或束状分布；二联管构成纤毛、鞭毛的周围部分；三联管构成中心粒以及纤毛、鞭毛基体。

观察微管可用电镜和免疫细胞化学技术，其中较常用的有间接免疫荧光法。该实验方法是：先用抗微管蛋白（tubulin）的免疫血清（一抗）与体外培养细胞一起温育，该抗体与细胞内微管特异结合，然后用异硫氰酸荧光素（FITC）标记的羊抗兔（IgG）血清（二抗）与一抗温育而结合，从而使微管间接地标上荧光素。在荧光显微镜下，即可看到细胞质内伸展的微管网络。间接免疫荧光法除灵敏性高外，它只需要制备一种种属间接荧光抗体，可以适用于多种第一抗体的标记显示，广泛应用于生物大分子的结构定位和形态显示。

【实验用品】

(1) 材料 体外培养的成纤维细胞。

(2) 试剂 0.01mol/L（pH 7.2）磷酸盐缓冲生理盐水（PBS）、PEMP 缓冲液、固定液（3.7%甲醛-PEMD 溶液）、0.5% Triton X-100/PEMP 溶液、1% Triton X-100/PBS 溶液、兔抗微管蛋白抗体、异硫氰酸荧光素（FITC)-羊抗兔抗体、甘油-PBS（9∶1，pH 8.5～9.0）。

(3) 设备 细胞培养设备、倒置显微镜、荧光显微镜、冰箱、微量加样器（100μl）、振荡器、铝盒、常规实验器械。

【试剂配制】

(1) 0.01mol/L（pH 7.2）磷酸盐缓冲生理盐水（PBS） 0.2mol/L Na_2HPO_4，50ml；0.2mol/L NaH_2PO_4，23ml；NaCl，0.15mol/L；加双蒸水至1000ml。

(2) PEM 缓冲液 PIPES，80mmol/L；EGTA，1mmol/L；$MgCl_2$，0.5mmol/L。用 NaOH 调 pH 至 6.9～7.0。先用 8mol/L NaOH 溶液或固体 NaOH 调，后用较低浓度的 NaOH 溶液小心调。

(3) PEMD 缓冲液 含 1%二甲基亚砜（DMSO）的 PEM 缓冲液。

(4) PEMP 缓冲液 含 4%聚乙二醇（PEG，M_w=6000）的 PEM 缓冲液。

(5) 固定液 3.7%甲醛-PEMD 溶液。

(6) 兔抗微管蛋白抗体（一抗）和 FITC-羊抗兔抗体（二抗） 临用前用 0.3% Triton X-100/PBS 或直接用 PBS 稀释 20 倍以上。一抗、二抗在使用前需试验最佳稀释度。

【实验方案】

① 把成纤维细胞培养在玻片上，长到细胞汇合度为 50%～70%时取出。

② 将长有单层细胞的玻片投入 PEMP 缓冲液漂洗。

③ 放在预温到 37℃ 的 0.5% Triton X-100/PEMP 溶液中，处理 1.5～2min。

④ PEMP 洗 2 次。

⑤ 3.7%甲醛-PEMD 溶液室温下固定 30min。

⑥ pH 7.2 的 PBS 洗 2 次，每次 5min。滤纸吸干余留液体。

⑦ 结合一抗。把长有细胞的一面朝上，平置于盛有 PBS 湿纱布的铝盒内，小心滴加经适当稀释的兔抗微管蛋白抗体 40μl 于细胞层上，密闭，37℃ 温室中温育 40～60min。

⑧ 取出玻片，吸去抗体液，放入 35mm 小染缸内，按下列顺序洗涤：PBS→1% Triton X-100/PBS→PBS，每次 5～10min。搅拌或放在振荡器上轻轻振荡洗涤，以洗去未结合的抗体。滤纸吸去余留液体，略干燥。

⑨ 结合二抗。在细胞面上滴加 40μl 经稀释的 FITC-羊抗兔抗体，步骤同⑦。

⑩ 取出玻片，吸去剩余抗体，浸泡漂洗，以洗去未结合的抗体。步骤同⑧。最后过去离子水 2 次。

⑪ 略干燥后，滴加甘油-PBS（9∶1）于玻片上，用载玻片封盖。

【注意事项】

① 每步洗涤要充分，并吸去水分（但不要干透），以免稀释下一步的抗体或试剂，这样才能得到清晰的荧光图像。

② 合适的抗体稀释度。抗体的稀释主要是指"一抗"，因为"一抗"中特异性抗体合适的浓度是关键。"一抗""二抗"在使用前应试验最佳稀释度，以特异性染色反应荧光最强，而非特异性染色阴性为佳。

③ 孵育时间为30～60min，温度常用37℃，该温度可增强抗原-抗体反应，但应在湿盒中进行，防止标本干燥导致失败。

④ 标本染色后应立即观察，时间过长荧光会逐渐减弱。标本若放聚乙烯袋中4℃保存，可延缓荧光减弱时间，防止固封剂蒸发。

【实验结果及分析】

样品置荧光显微镜下观察，滴加无荧光镜油，蓝光激发，外加阻断滤片K530。微管呈细丝状，发黄绿色荧光。细胞核周围的荧光特别明亮，这是微管组织中心（MTOC）所在，核周围发出的微管呈放射状向胞质四周扩散。

（欧咏虹）

第四章　细胞生理实验

人们开始研究活细胞内细胞质的流动、变性运动、纤毛与鞭毛的运动及肌肉收缩等细胞生理学问题是在19世纪末。此后随着技术的发展，人们又开始研究细胞膜及其通透性、细胞的应激性与神经传导等，并取得诸多方面的进展。

细胞生理学主要研究细胞对其周围环境的反应，细胞生长与繁殖的机制，细胞从环境中摄取营养的能力，机体的代谢功能、细胞的兴奋性、吸收与分泌及细胞活动等所表现出的其他机制，生物膜的主动运输和能量转换与生物电等种种现象。在细胞生物学，尤其分子细胞学快速发展的今天，作为其一个分支的细胞生理学似乎在逐渐淡化，然而细胞生理学仍不失其重要性，而且其研究内容也在不断延伸，并与其他分支学科交融发展，更显其活力。

本章通过分离特定的动物细胞，并经过处理后在显微镜下观察巨噬细胞和白细胞的吞噬作用、细胞自噬、纤毛和鞭毛的运动以及细胞膜通透性。本章对于从事免疫学、药理学及生殖生物学等学科的研究者尤为重要与实用。

基本方案1　细胞的运动

【原理与应用】

纤毛与鞭毛是单细胞或多细胞生物细胞表面伸出的特化结构，其内部是由微管组成的轴（轴中央由2条微管组成，外围由9组二联微管环绕），轴的基部与基体相连，周围被细胞膜所包绕。直径为$0.15\sim 0.3\mu m$，属于细胞的运动器官。一般认为其运动是由二联微管间的滑动所引起的，鞭毛运动方式为波浪式，纤毛运动为波动式。

暗视野照明法是一种使照射被检物体的光线不直接进入物镜的照明方法。常用它观察未染色的活体细胞或胶体粒子。利用此法，在显微镜下观察时直接看不到通过标本的照明光线，而是被检物反射或衍射的光线进入物镜，可提高分辨率，在暗视野中可以看到明亮的被检物体的存在和运动，但它们的内部结构却看不清楚。

将自制遮光板放置在滤光框上，可使普通显微镜改装为简单的暗视野显微镜：

① 将显微镜聚光器调到最高位，低倍镜下调焦至清楚；

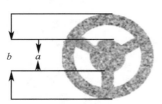

图4-1　中央遮光板
a—光圈孔径；b—滤光片直径

② 取下目镜，从镜筒中观察并调节光圈的大小，使其与镜筒中所见物镜的视野相同；

③ 将一块透明玻璃放置在载物台透光孔上，用标尺测量光圈孔径；

④ 按照图4-1的形状，用黑纸剪成与调节后光圈孔径一样大小的中央遮光板；

⑤ 将中央遮光板放置在显微镜的滤光框上，即可进行标本的暗视野观察。使用高倍镜观察标本时，应按高倍镜调焦的视野大小重新制作中央遮光板。

【实验用品】

(1) 材料　蟾蜍、蟾蜍生理盐水、探针、蛙板、大头针、蜡屑、载玻片、盖玻片、解剖剪、镊子、牙签、吸管、平皿。

（2）设备　普通光学显微镜、暗视野显微镜。
【试剂配制】
蟾蜍生理盐水：6.5g NaCl 加蒸馏水至 1000ml。
【实验方案】
1. 观察蟾蜍上颌黏膜上皮细胞的纤毛运动

① 穿刺法处死蟾蜍。取蟾蜍 1 只，左手食指和中指夹住蟾蜍前肢，无名指和小指夹住后肢，大拇指压住头部，使头和躯干呈一定角度。右手持解剖针，对准头和躯干背侧相连的凹陷处（即枕骨大孔），以穿刺法捣毁脑和脊髓。当蟾蜍四肢无力下垂时，即表明动物已死。

② 将蟾蜍腹部向上，固定在蛙板上。

③ 沿蟾蜍两侧口角向后剪开约 1cm，将下颌后翻固定在腹部。

④ 在上颌中线距喉头 1cm 处放置蜡屑，观察蜡屑向什么方向移动。记录蜡屑开始移动到消失的时间。图 4-2 为蟾蜍口腔内面图。

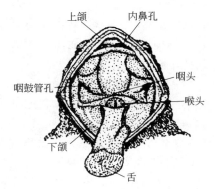

图 4-2　蟾蜍口腔内面图

⑤ 用眼科剪剪取喉头前部上颌黏膜组织约 4mm×4mm 小块，用牙签挑取剪下的黏膜，将纵切面贴到载玻片上。

⑥ 加 1 滴生理盐水置载玻片的标本上，加盖玻片，光镜下观察。

2. 暗视野观察蟾蜍精子的鞭毛运动

① 将前面实验所用蟾蜍沿腹中线剪开，暴露出黄色圆柱状精巢。

② 剪取一侧精巢放置于盛有自来水的平皿中，用镊子夹住精巢的一端，清洗血污。

③ 取洗净的精巢放到另一干净的平皿上，用眼科剪将精巢充分剪碎后，加入数滴自来水，混匀。

④ 用吸管吸取平皿内液体，滴 1 滴于载玻片上，盖上盖玻片，稍待 2～3min，镜下观察。

【实验结果及分析】

（1）蟾蜍上颌黏膜上皮细胞的纤毛运动　低倍镜下观察纤毛运动的现象，然后换高倍镜仔细观察纤毛有规律的运动。

（2）暗视野观察蟾蜍精子的鞭毛运动　低倍镜下可看到视野中有许多精子，头部呈长锥形，尾为细长的线状结构；高倍镜下，见有许多靠尾部鞭毛弯曲摆动驱使运动的精子。

（胡凤英）

基本方案 2　细胞的吞噬活动

【原理与应用】

高等动物体内存在着具有防御功能的吞噬细胞，它是由单核细胞和粒细胞等白细胞构成的，是机体内免疫系统的重要组成部分。在白细胞中，以粒细胞和单核细胞的吞噬活动较强，故被称为吞噬细胞。单核细胞由血液进入组织后逐渐演变成巨噬细胞。巨噬细胞主要靠吞噬作用处理异物；当机体受到细菌等病原体或其他异物入侵时，巨噬细胞首先在趋化因子的作用下向异物移动，然后伸出伪足包裹异物，将异物吞入胞浆内形成吞噬泡，随后溶酶体与吞噬泡融合并消化异物。

【实验用品】

（1）材料　小白鼠、蟾蜍、6%淀粉肉汤（含0.3%台盼蓝）、1%鸡红细胞悬液、小鼠生理盐水、鸡生理盐水、蟾蜍生理盐水、墨汁、载玻片、盖玻片、解剖剪、镊子、2ml注射器、针头。

（2）设备　光学显微镜。

【试剂配制】

（1）6%淀粉肉汤　称取牛肉膏0.3g、蛋白胨1.0g、氯化钠0.5g和台盼蓝（trypan blue）0.3g，分别加入100ml蒸馏水中溶解，再加入可溶性淀粉6g，混匀后煮沸灭菌，置4℃保存，使用时温浴溶解。

（2）小鼠生理盐水　9.0g NaCl 加蒸馏水至1000ml。

（3）鸡生理盐水　7.5g NaCl 加蒸馏水至1000ml。

（4）蟾蜍生理盐水　6.5g NaCl 加蒸馏水至1000ml。

（5）1%鸡红细胞悬液　取鸡血1ml（肝素抗凝）加入99ml鸡生理盐水中。

【实验方案】

1. 观察小鼠腹腔巨噬细胞的吞噬活动

① 实验前2天，每天向小鼠腹腔注射6%淀粉肉汤1ml（起标记作用），以诱导腹腔产生较多的巨噬细胞（此操作由教师在实验前完成）。

② 实验时，每组取1只经上述处理过的小鼠，腹腔注射1%鸡红细胞悬液0.5~1ml（注射时从小鼠下腹外侧进针，呈45°角刺入腹腔），然后轻揉小鼠腹部以使细胞悬液分散均匀。

③ 30min后，再向腹腔内注射0.5ml小鼠生理盐水，轻揉小鼠腹部，使其腹腔液稀释。

④ 3min后，颈椎脱位法处死小鼠。

⑤ 用注射器抽取腹腔液（剪开腹腔，把内脏推向一侧，用吸管或不装针头的注射器吸取腹腔液），滴片，然后盖上盖玻片。

⑥ 镜下观察。

2. 观察蟾蜍白细胞的吞噬活动

① 用注射器吸取蟾蜍生理盐水稀释墨汁0.5~1ml，注射入蟾蜍尾杆骨两侧的背淋巴囊内，将蟾蜍放在室温环境中。

② 约2~3h后，用注射器抽取背淋巴囊内的淋巴液，滴在载玻片上，加盖玻片进行观察。

【注意事项】

① 颈椎脱位法处死小鼠：将小鼠放在实验台上，右手抓住鼠尾向后拉，左手的拇指和食指向下按住头部；此时双手的拇指和食指在颅骨和脊椎间同时向外用力一抐，使颅脑与脊髓分离，从而造成脊髓与脑髓断离，小鼠会立即死亡。参见图4-3。

② 蟾蜍尾杆骨两侧的背淋巴囊。参见图4-4。

【实验结果及分析】

1. 小鼠腹腔巨噬细胞吞噬活动的观察

适当调暗视野光线。高倍镜下，可见到许多体积较大的圆形或形态不规则的细胞，其胞质中含有数量不等的蓝色颗粒（这是吞入的含台盼蓝淀粉肉汤的吞噬泡），即巨噬细胞。鸡红细胞为淡黄色、椭圆形、有核。慢慢移动玻片标本，仔细观察巨噬细胞吞噬鸡红细胞的过程：有的鸡红细胞紧贴附于巨噬细胞表面；有的鸡红细胞部分或全部被巨噬细胞吞入，形成吞噬泡；有的巨噬细胞内的吞噬泡已与溶酶体融合，正在被消化。在高倍镜下画图记录所见结果。

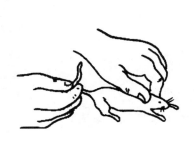

图 4-3　颈椎脱位法处死小鼠

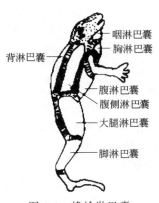

图 4-4　蟾蜍淋巴囊

2. 蟾蜍白细胞吞噬活动的观察

高倍镜下，见许多浅色、圆形或形态不规则的游离的白细胞（有时见有少量浅红色椭圆形的红细胞）。部分白细胞中，可看到吞噬进的黑色墨汁小颗粒，它随细胞的变形运动而运动；有的白细胞正在吞噬墨汁颗粒，做变形运动。

（胡凤英）

基本方案 3　细胞自噬检测方法

Ashford 和 Proter（1962 年）最早发现，在肝灌流液中加入高血糖素后，肝细胞的溶酶体增多并发生自食（self-eating）现象。后来人们将该现象命名为自噬（autophagy）。随着技术方法的发明和改进，近年来哺乳类动物细胞自噬机制及其与疾病发生关系的研究进展非常迅速。自噬是细胞受到刺激后吞噬自身的细胞质或细胞器，最终将吞噬物在溶酶体内降解的过程。按吞噬物进入溶酶体的途径，自噬可分为巨自噬、微自噬和分子伴侣介导的自噬 3 类。在生理状态下，细胞通过自噬清除衰老细胞器和异常长寿蛋白质，维持自身结构和功能的稳态，参与胚胎发育、免疫调节和延长寿命。病理状态下细胞自噬水平显著升高，以耐受饥饿、缺血和凋亡。自噬功能障碍与某些慢性感染疾病、神经变性疾病、溶酶体贮积症和肿瘤等密切相关。掌握和正确应用检测自噬的技术方法，对于深入探讨细胞自噬机制以及通过调节自噬达到预防和治疗相关疾病的目的有着重要价值。下面介绍常见的细胞自噬检测方法。

一、巨自噬检测方法

【原理与应用】

巨自噬（macroautophagy），细胞通过自噬基因调控组装呈双层膜的自噬前体。自噬前体包裹细胞质、细胞器或细菌等形成自噬体。在微管的运输作用下，自噬体与溶酶体靠近，自噬体外层膜与溶酶体膜融合，包有内层膜的自噬体进入溶酶体，形成自噬溶酶体。在晚期自噬溶酶体，自噬体内层膜被溶酶体酶降解，继而内容物被降解，可溶性小分子物质经自噬溶酶体膜渗透入细胞质，被细胞重新利用。巨自噬多由较大的物体如变性线粒体诱导发生，自噬结构体积较大，在透射电镜和共聚焦激光扫描显微镜下都可观察到。

（一）形态学研究方法

1. 透射电镜观察

在超薄切片上能够清晰地观察到自噬结构的形态和构造，故透射电镜技术是细胞自噬研究的常用技术。

【实验用品】

细胞或组织。

【试剂配制】

（1）清洗液　PBS。

（2）消化液　0.125%胰蛋白酶。

（3）标本处理试剂　2.5%戊二醛、1%锇酸、0.1mol/L磷酸盐漂洗液等。

【实验方案】

① 用PBS浸洗细胞2次，然后经0.125%胰蛋白酶消化收集细胞，离心（1000r/min，10min）。

② 吸去上清液，加入2.5%戊二醛，在4℃条件下预固定细胞2h。如为组织样本，将组织切成1mm³小块，用同样方法预固定。

③ 用0.1mol/L磷酸盐漂洗液浸洗细胞团或组织块3次，每次15min。然后，在50%、70%、90%乙醇中逐级脱水，各15min。

④ 在4℃条件下用90%乙醇和90%丙酮混合液（1∶1）置换乙醇，再用90%丙酮置换，各15min。然后，在室温下用纯丙酮置换3次，每次20min。

⑤ 用0.1mol/L磷酸盐漂洗液浸洗3次，每次15min。然后，用1%锇酸固定2～3h。

⑥ 用0.1mol/L磷酸盐漂洗液漂洗3次，每次15min。将标本放入纯丙酮和Jpurr树脂（2∶1）混合液中浸透，室温条件下放置3h。然后，在纯丙酮和Jpurr树脂（1∶2）混合液中过夜。

⑦ 在37℃条件下，Jpurr树脂中放置2h。37℃烘箱中过夜，45℃烘箱中放置12h，最后在60℃烘箱中放置24h。

⑧ 用超薄切片机做超薄切片，然后用3%醋酸双氧铀和柠檬酸铅双重染色。

⑨ 在透射电镜下观察细胞内的自噬结构。

【注意事项】

① 需将自噬前体与内质网和吞饮泡鉴别。在晚期自噬溶酶体自噬体膜被降解，不易将其与异噬溶酶体区别。

② 超薄切片上反映的细胞自噬水平和自噬结构分布较局限，不能从细胞整体上反映自噬结构变化。

【实验结果及分析】

① 自噬前体为游离双层膜结构，内腔电子密度低。自噬前体多呈新月形或半环形。随着自噬前体不断延长、曲度增大和包裹吞噬物，内腔变窄甚至双层膜紧密相贴。自噬体为双层膜包被的圆形或椭圆形结构，可见内含细胞器或无形成分等。自噬溶酶体内可见含单层膜包被的自噬体。两性体由自噬体外膜与异噬体外膜融合形成，继而与溶酶体融合，内容物被降解。

② 实验指标包括细胞自噬水平和自噬结构的变化，前者是指发生自噬细胞的出现率，后者以自噬结构与细胞质的断面积之比或自噬细胞内的自噬结构数目衡量。

2. 免疫电镜观察

LC3（microtubule-associated protein 1 light chain 3，微管相关蛋白1轻链3）是酵母Atg 8的同源体，调控微管蛋白的组装和去组装，参与自噬体形成。LC3在自噬前体和自噬体的膜上表达。通过 LC3 抗体与胶体金结合，标记表达 LC3 的膜结构，有利于在透射电镜下确认自噬前体、自噬体和自噬溶酶体。为了将两性体与自噬溶酶体鉴别，可将吞噬金颗粒方法与 LC3 胶体金标记技术相结合。另外，可用大小不同的胶体金颗粒分别偶联 LC3 和溶酶体膜蛋白的抗体，以确认自噬溶酶体。除分离和培养的细胞外，可用肝脏和肌组织的冰冻切片作免疫胶体金标记。虽然免疫电镜技术具有标记自噬结构的优点，但对于初学者而言其标记成功率较低。

3. 冷冻蚀刻技术

在冷冻蚀刻标本上可观察到自噬体和两性体的膜立体结构特点，如跨膜蛋白质颗粒的分布。异噬体膜的跨膜蛋白质颗粒丰富，自噬体膜很少，两性体膜介于两者之间。自噬体的跨膜蛋白质颗粒数量为溶酶体膜的 1/100。为了提高冷冻蚀刻效率，可采用非连续梯度密度离心法从细胞分离出自噬体或两性体。经戊二醛固定后，在液氮中冷冻标本。劈开标本，喷镀金属膜和碳膜，收集和清洗复制的样品，最后在透射电镜下观察自噬结构的膜融合和膜颗粒。由于冷冻蚀刻技术主要显示膜结构，在细胞自噬研究中应用较局限。

（二）LC3 表达检测

1. LC3 免疫染色

LC3 免疫染色是自噬体标记的常用方法。

【实验用品】

材料来源：细胞。

【试剂配制】

（1）清洗液 PBS。

（2）固定液 4%多聚甲醛。

（3）LC3 抗体。

【实验方案】

① 将细胞接种在盖玻片上，培养 2~4h。

② 用 PBS 浸洗，然后用 4%多聚甲醛固定 20min。

③ 用 PBS 浸洗两次，再用 0.5% Triton X-100 处理细胞 5min。

④ PBS 浸洗后用 3% BSA 孵育 30min。

⑤ 加入 LC3 抗体（1∶100），在 4℃条件下过夜。

⑥ 用 PBS 清洗 3 次，然后加入 FITC 标记的 IgG（1∶100），在 37℃条件下孵育 30min。

⑦ PBS 清洗后，用 4',6-二脒基-2-苯基吲哚（DAPI）或碘化丙啶（PI）（1∶1000）染细胞核。

⑧ 磷酸缓冲甘油封片，在共聚焦激光扫描显微镜下观察 LC3 阳性结构。

【注意事项】

在细胞铺展充分时染色，可降低 LC3 阳性结构重叠。

【实验结果及分析】

① LC3 主要在自噬体集中表达。由于可被酸性水解酶降解，LC3 在两性体和自噬溶酶体存在时间较短，故很少观察到。

② 以 LC3 阳性结构数目评价细胞自噬变化。

2. LC3 免疫印迹

LC3 包括 LC3-Ⅰ和 LC3-Ⅱ两种存在形式。LC3-Ⅰ是可溶性的，存在于细胞质中。在自噬过程中，LC3-Ⅰ与脑磷脂结合形成 LC3-Ⅱ，随后 LC3-Ⅱ组装入自噬前体膜。在自噬溶酶体内，与溶酶体膜融合的自噬体外膜上的 LC3-Ⅱ在 *Atg4*（autophagy-related gene 4，自噬相关基因4）作用下与脑磷脂分离，LC3循环入细胞质，而自噬体内膜上的LC3-Ⅱ被降解。可采用免疫印迹或免疫沉淀法检测LC3-Ⅰ和LC3-Ⅱ的表达变化，借助于其表达特点评价细胞自噬活动。自噬水平升高时，LC3-Ⅰ表达水平下降，而LC3-Ⅱ表达增强。LC3-Ⅱ和LC3-Ⅰ表达比值可作为细胞自噬的重要指标。

自噬体的微管运输、与溶酶体融合迟缓或自噬溶酶体降解功能下降，可致LC3-Ⅱ表达水平显著升高，故此种情况下LC3-Ⅱ的表达与自噬结构的形成不一定成正比。用Bafilomycin A1（抑制Na^+H^+泵）、羟氯喹（使溶酶体pH升高）或E64d和抑胃霉素A（蛋白酶抑制剂）抑制LC3-Ⅱ在自噬溶酶体内降解，判断自噬体在自噬溶酶体内降解是否正常，由此可确切分析LC3-Ⅱ表达检测结果。

3. LC3基因转染

在GFP-LC3转基因小鼠，可通过冰冻切片观察不同器官和组织的自噬程度。也可利用GFP-LC3转染细胞观察活细胞自噬活动变化。一般情况下，转染的GFP-LC3不影响细胞内源性LC3的表达。但应注意，有时转染的GFP-LC3激活细胞自噬。为了避免外源性基因影响细胞自噬，常用稳定转染，而不用瞬时转染。

二、微自噬检测方法

受饥饿等刺激时，溶酶体膜局部凹陷，吞噬细胞质或微体，形成自噬体。自噬体脱离溶酶体膜，进入溶酶体腔，由溶酶体酶降解，降解物质被细胞再利用。微自噬多吞饮细胞质，自噬体较小，只有在透射电镜下才能清晰可见。

（一）透射电镜观察

在微自噬早期可见溶酶体膜特征性凹陷，但形成自噬体后易与自噬溶酶体混淆，尽管自噬体很小。与巨自噬相比，细胞很少发生微自噬。人们常采用抑制巨自噬方法诱发微自噬，从而研究细胞的微自噬活动。

（二）溶酶体膜标记

用探针FM4-64标记溶酶体膜，然后在共聚焦激光扫描显微镜下观察溶酶体膜凹陷和形成的自噬体。也可连续记录微自噬过程。

三、分子伴侣介导的自噬检测方法

细胞质内错误折叠蛋白质与分子伴侣hsc70（heat shock cognate protein of 70kDa，热休克相关蛋白70）结合，再借其与溶酶体膜上的受体LAMP-2A（lysosome-associated membrane protein type 2A，溶酶体相关膜蛋白2A）结合，然后在溶酶体内hsc70作用下转运入溶酶体腔，被溶酶体酶降解。与巨自噬和微自噬比较，分子伴侣介导的自噬的主要特点是细胞质内的蛋白质直接经溶酶体膜转运入溶酶体腔，不需形成自噬体。持续饥饿、氧化应激、对毒性物质反应等应激状态下，LAMP-2A表达显著升高。可作LAMP-2A染色或与hsc70双染色，以分析分子伴侣介导的自噬水平。

除上述技术方法外，可通过免疫染色和RT-PCR分析检测基因以及蛋白质的表达，如Beclin-1和自噬相关基因，以便了解自噬水平和探讨自噬机制。

（王海杰　谭玉珍）

备择方案　细胞膜通透性的测定

【原理与应用】

细胞膜是细胞与外环境进行物质交换的屏障，是一种半透膜，即可选择性地控制物质进出细胞。若将红细胞置于低渗溶液中，由于细胞内的溶质浓度高于细胞外，所以液体很快进入细胞内，使细胞膜胀破，血红蛋白逸出，即发生溶血。若将红细胞置于各种等渗溶液中，红细胞膜对各种溶质分子的通透性不同，有的溶质分子可透入，有的则不能透入；即使能透入，速度也各有差异。因此，当易透入的溶质分子进入红细胞，随胞内溶质分子浓度增加，导致水分摄入，红细胞膨胀，细胞膜最终破裂出现溶血。此时，光线较容易通过溶液，原为不透明的红细胞悬液突然变成红色透明的血红蛋白溶液。根据溶质透入的速度不同，溶血时间也不同。因此，可通过测量溶血时间来估计细胞膜对各种物质通透性的大小。

【实验用品】

（1）材料　10%羊红细胞悬液或兔红细胞悬液或小鼠红细胞悬液、蒸馏水、0.17mol/L NaCl 溶液、0.17mol/L NH_4Cl 溶液、0.32mol/L 葡萄糖溶液、0.32mol/L 甘油溶液、0.8mol/L 甲醇溶液、0.8mol/L 丙三醇溶液、氯仿、2% Triton X-100 溶液、试管、试管架、记号笔、滴管、载玻片、盖玻片、镊子、滤纸。

（2）设备　显微镜。

【试剂配制】

（1）10% 小鼠红细胞悬液　取 10ml 小鼠血加入 90ml 生理盐水中混匀。用时现配。

（2）2% Triton X-100 溶液　量取 2ml Triton X-100（聚乙二醇辛基苯基醚）液，加 M 缓冲液 98ml 即可。

（3）M 缓冲液　咪唑（imidazole），3.404g；KCl，3.7g；$MgCl_2 \cdot 6H_2O$，101.65mg；N-(2-羟乙基)哌嗪-N'-(2-乙磺酸)（ECTA），380.35mg；EDTA，29.224mg；巯基乙醇，0.07ml；甘油，297ml；蒸馏水，加至 1000ml。用 1mol/L HCl 调 pH 至 7.2，室温保存。

【实验方案】

① 轻轻振摇一下盛有制备好的羊红细胞悬液的试管，观察悬液的特点，为一种不透明的红色液体。

② 观察红细胞在低渗溶液中发生的溶血现象　在 1 支试管中加入 0.3ml 红细胞悬液，再加入 3ml 蒸馏水，轻轻摇匀，注意观察溶液颜色的变化。可见溶液由不透明的红色（隔着它不能看到试管后面纸上的字）变成红色澄清液（此时可清楚看到纸上的字），即已发生溶血。记录好时间。

③ 测定红细胞对各种物质的选择通透性　取 8 支试管，分别加入 0.17mol/L 氯化钠溶液、0.17mol/L 氯化铵溶液、0.32mol/L 葡萄糖溶液、0.32mol/L 甘油溶液、0.8mol/L 甲醇溶液、0.8mol/L 丙三醇溶液、氯仿、2% Triton X-100 溶液各 3ml，作出标记后，各管均加入红细胞悬液 2 滴，混匀后静置于室温中。

【注意事项】

试管要根据实验所要装的溶液种类来编号，吸管也要对应编号，切勿混淆，以保证实验结果的准确性。

【实验结果及分析】

依据下列情况进行观察并记录各试管中发生溶血的情况（表 4-1）。

① 管内液体分两层：上层浅黄色透明、下层红色不透明，为不溶血。镜下观察时红细胞完好呈双凹盘状。

② 如果试管内液体混浊、上层带红色，即不完全溶血，镜下观察时有部分红细胞呈碎片状。

③ 如果试管内液体变红且透明即完全溶血，镜下观察时发现细胞全部呈碎片状。

表 4-1　红细胞膜通透性观察

编号	溶液种类	是否溶血	所需时间	结果分析
1	NaCl 溶液			
2	NH$_4$Cl 溶液			
3	葡萄糖溶液			
4	甘油			
5	甲醇溶液			
6	丙三醇溶液			
7	氯仿			
8	Triton X-100 溶液			

（胡凤英）

第五章　细胞培养和分析

组织培养技术是当前细胞生物学乃至整个生命科学研究与生物工程中最基本的实验技术。在细胞水平上研究基因及其产物的表达、定位、运动及功能离不开细胞培养，当代细胞生物学一系列主要理论研究的进展，例如细胞全能性的揭示、细胞周期及其调控、癌变机制与细胞衰老、基因表达与调控、药物作用机制、细胞融合以及干细胞技术等的建立都是与细胞培养分不开的，它已逐渐成为当今分子生物学和细胞生物学实验室的常规技术。

本章较为系统地介绍了细胞培养的常规技术，如细胞的原代培养、传代培养、冻存与复苏等的原理与实验方案要领，同时，也引入了细胞培养过程中常用的分析方法，包括显微测量、形态观察和计数、生长曲线绘制和分裂指数测定、细胞集落形成、MTT法检测细胞生长、检测支原体污染及放射自显影技术等。

本章还对表皮细胞、骨骼肌细胞、内皮细胞、神经胶质细胞、骨髓间充质干细胞等相关的培养方法及特点进行了介绍，并阐述了如何根据实验目的选择培养的细胞类型的原则。例如，当研究组织细胞特异性表达基因产物功能时，则通常需选择该特定组织的细胞或细胞系；当对组织特异性没有严格要求时，则需考虑细胞与所采用实验技术的匹配性，例如成纤维细胞比较容易转染等。另外还介绍了鸡胚尿囊膜作为培养基的方法，用于研究鸡胚肢芽原基等的生长发育、哺乳动物组织等的生长传代以及培养病毒和细菌等。

值得注意的是，无论从事何种细胞培养，无菌技术都是绝对最重要的部分。无菌技术通常包括：工作环境及表面的处理、细胞培养所用玻璃及塑料制品的处理、实验者的操作技术、哺乳动物细胞的处理及维持细胞生长所需的培养液的无菌处理。如果需要请参考其他工具书籍。特别推荐的是 R. Ian Freshney 主编的 *Culture of Animal Cells——A Manual of Basic Technique and Specialized Applications*（7th ed）。

基本方案1　细胞的原代培养

【原理与应用】

来自供体的组织或细胞在体外进行的首次培养即为原代培养（primary culture）。原代培养的细胞主要特点是生物学特性与在体细胞最为接近，因此，原代培养的细胞被广泛地应用于药物测试、细胞分化等实验研究中。

组织块法和消化法是两种重要的、常用的原代培养方法。组织块法是将刚离体的、有旺盛生长活力的组织剪成小块，接种于培养瓶中，新生的细胞大约24h后可从贴壁的组织块四周游出并生长。利用组织块法进行的原代培养，操作过程简便、易行，培养的细胞较易存活，在对一些来源有限、数量较少的组织进行原代培养时，首选该法。

结合化学与生化的手段，将已剪切成较小体积的动物组织中妨碍细胞生长的间质（基质、纤维等）加以消化，使组织中结合紧密的细胞连接松散、相互分离，形成含单细胞或细胞团的悬液，因单细胞或细胞团易于从外界吸收养分和排出代谢产物，经体外适宜条件培养后，可以得到大量活细胞，在短时间内细胞可生长成片，此种原代培养的方法即为消化法。

消化剂的种类较多，各种消化剂作用的机制各不相同，不同组织可选用不同的消化剂来进行消化。酶是常用的消化剂，在原代培养中，对于一些间质少、较软的组织，如上皮、肝、肾、胚胎等，选择胰蛋白酶来加以消化可收到较好的效果。胶原酶因其对胶原有较强的消化作用，因此，适合用在纤维性组织、一些较硬的癌组织等的消化中。上皮细胞对胶原酶的耐受力较强，用胶原酶消化上皮组织，在去除细胞间质、使上皮细胞与纤维成分分离的同时，上皮细胞不会受到伤害。

除酶以外，在一些组织，尤其是上皮组织的原代培养中，还常用到一些非酶性的消化剂，如 EDTA。上皮组织的完整性有赖于其生存环境中的 Ca^{2+}、Mg^{2+}，通过吸收、螯合这些离子，EDTA 可使上皮组织细胞彼此间发生分离。

【实验用品】

(1) 材料　新生大鼠。

(2) 试剂　D-Hanks 液、胰蛋白酶消化液（0.25%）、10% 血清的 DMEM 培养基。

(3) 设备　眼科弯剪、不锈钢筛网（100 目）、锥形瓶、离心管、弯头吸管、注射器、磁力搅棒及搅拌器、10cm 培养皿、培养瓶、计数板、倒置显微镜、离心机。

【试剂配制】

1. D-Hanks 平衡液的配制及消毒

① 取市售 D-Hanks 干粉 1 袋，剪开包装后将干粉溶于适量双蒸水中。

② 在 1000ml 容量瓶中调节 pH 为 7.2～7.4，并将 D-Hanks 液定容至 1000ml。

③ 将 1000ml D-Hanks 液分装到数个生理盐水瓶中，每个瓶塞上插入 2 只注射器针头，$8lbf/in^2$（55.16kPa）高压蒸汽灭菌 20～30min。

④ 从高压锅内取出装有 D-Hanks 液的生理盐水瓶后，立即拔出针头并在针孔处贴上胶布，以防溶液被细菌污染。

⑤ 4℃ 保存，使用时可加入青霉素和链霉素双抗溶液，使二者的终浓度都达到 100U/ml。

2. DMEM 培养基的配制及消毒

① 取市售 DMEM 培养基，小心剪开包装，将干粉溶于适量双蒸水中，并用适量双蒸水冲洗包装袋内侧面，将溶液定容至 1000ml。

② 根据包装袋上的说明添加 $NaHCO_3$。

③ 调节溶液 pH 7.4 左右。

④ 加入青霉素和链霉素，使两者的最终浓度都达到 100U/ml。

⑤ 采用 $0.22\mu m$ 孔径的滤膜正压过滤除菌并分装培养基。a. 取出已消毒的微孔滤膜不锈钢滤器；b. 在不锈钢滤器的上层与下层之间，放置孔径为 $0.22\mu m$ 的滤膜，滤膜的光面朝上；c. 向不锈钢滤器中轻轻加入培养基；d. 向不锈钢滤器加压；e. 将已经过滤的培养基分装于 100ml 小瓶中。

⑥ －20℃ 保存，使用时再加入 10%～20% 血清，并再次用上述方法过滤除菌。

3. 胰蛋白酶消化液的配制及消毒

① 将 D-Hanks 平衡液高压消毒，用 $NaHCO_3$ 液调节 pH 至 7.2 左右。

② 称取所需量的胰蛋白酶，加入少量 D-Hanks 平衡液，搅拌均匀后再补足 D-Hanks 平衡液，搅拌混匀。

③ 将配制的胰蛋白酶消化液加以粗滤后，再用注射滤器进行除菌及消毒。a. 打开直径为 25mm 的注射滤器；b. 将孔径为 $0.22\mu m$ 的微孔滤膜光面朝上放置于滤器中；c. 将滤器安装在注射器上；d. 向注射器中加入需过滤的胰蛋白酶消化液；e. 推动注射器，使胰蛋白酶消化液经过滤膜过滤。

④ 将已过滤的胰蛋白酶消化液分装成小瓶。

⑤ 4℃ 或 －20℃ 保存备用。

【实验方案】

1. 组织块法（以新生大鼠肝细胞的原代培养为例）

① 用75%乙醇棉球反复擦拭新生大鼠全身3遍。
② 将大鼠移入超净工作台后，再用75%乙醇擦拭1次。
③ 处死大鼠（断头法），用眼科剪打开腹腔，取出肝组织，置于培养皿中。
④ 用D-Hanks液反复冲洗肝组织3遍，去除血细胞。
⑤ 为避免杂细胞的污染，需用眼科镊将肝组织块上所附的结缔组织尽可能去除。
⑥ 将肝组织移入一新的培养皿中，滴0.5ml培养基于肝组织上，用眼科剪将其剪成 $1mm^3$ 左右的小块，同时用眼科镊将其彼此分开。
⑦ 用弯头吸管将剪碎的肝组织块吸起，移入培养瓶底部。
⑧ 用弯头吸管头移动肝组织块，使其均匀分布于培养瓶底部，小块间距控制在0.5cm左右，数量为15~20块/培养瓶（25ml）。
⑨ 吸取少量培养基，沿培养瓶颈缓缓滴入，培养基的量以恰好能浸润组织块底部，但不会使组织块漂浮为佳。
⑩ 将培养瓶轻轻放入培养箱中培养。
⑪ 24h后，可观察到有少量细胞从组织块周围游离而出，视需要补以少量培养基。

2. 消化法（以胰蛋白酶消化为例）

① 将新生大鼠的肝组织用D-Hanks液漂洗3次。
② 用眼科剪、镊将附着在肝组织上的结缔组织去除。
③ 将肝组织剪成 $1\sim2mm^3$ 左右的小块，置于锥形瓶中，放入磁力搅拌棒，再注入30~50倍组织量的预热到37℃的胰蛋白酶液。
④ 在磁力搅拌器上对肝组织块进行搅拌10~20min。也可将锥形瓶放入水浴或恒温箱中，每5min摇动1次。如消化时间较长，可每隔5min取出2/3上清液移入另一离心管，离心后去除胰蛋白酶加入含血清培养基，然后再给原锥形瓶添加新的胰蛋白酶继续消化。

在4℃条件下进行冷消化，消化的时间需延长至12~24h。如果肝组织块在冷消化一段时间后，经离心再添加胰蛋白酶，放入37℃恒温箱中继续温热消化20~30min，效果会较好。

⑤ 吸取少量消化液在倒置显微镜下观察，若组织块已分散成小的细胞团或单个细胞，应立即终止消化。
⑥ 将消化液和分次收集的细胞悬液通过不锈钢网滤过，除掉未消化充分的大块组织。
⑦ 将收集的细胞悬液800~1000r/min离心3~5min，去除含胰蛋白酶的上清液。
⑧ 用D-Hanks液漂洗1~2次，每次800~1000r/min离心3~5min，去除上清液。
⑨ 加入含10%血清的DMEM培养基，吹打沉淀制悬，按 $5\times10^5\sim1\times10^6$ 个/ml的细胞浓度接种到培养瓶，于37℃条件下培养。

【注意事项】

① 组织块法中，D-Hanks液对肝组织的冲洗要充分，尽量去除血细胞，避免其溶血后对肝细胞的生长产生影响。
② 组织块的体积应控制在 $1mm^3$ 左右，这样其中心部位的细胞才可获得充足的养分。体积过大的组织块其中心部位细胞常会因营养不足而发生死亡、溶解，由此会对周围细胞的生长产生影响。
③ 培养瓶中组织块摆放的密度不能过大，否则细胞将会因为营养不足而活性不佳。此外，为了避免组织块漂浮、不贴壁，第一次加入培养基的量要少，在移动和观察细胞时，动

作也要轻,因为培养基的振荡也会影响组织块的贴壁。

④ 消化法中,因 Ca^{2+}、Mg^{2+} 及血清均具有抑制胰蛋白酶活性的作用,消化过程中使用的所有液体,应均不含有这些离子及血清,消化后可直接加含血清培养基使其灭活。

⑤ 在选择消化时间时,应考虑到胰蛋白酶的浓度及 pH 值对消化效果的影响,胰蛋白酶常用浓度为 0.25%,pH 8~9,消化时温度最好控制在 37℃。一般新配制的胰蛋白酶液消化力很强,所以开始用时要注意观察,严格限制消化时间,以免消化过度。

胰蛋白酶主要适用于消化细胞间质较少的软组织,如胚胎、上皮、肝、肾等组织,但对于纤维性组织和较硬的癌组织的消化效果差。

⑥ 由于原代培养过程较长,因此,应严格无菌操作,避免细菌、霉菌等的污染。

【实验结果及分析】

1. 组织块法培养的细胞观察

利用倒置显微镜观察发现,经培养 24h 的组织块边缘有少量细胞游离出来;随着培养时间延长,组织块周围有细胞的数量明显增多。这些细胞的核较大,胞质中内含物少、透明度高,彼此间排列紧密。靠近组织块的细胞胞体较小、较圆,离组织块较远的区域可见有多角形的细胞,体积较大,有些细胞的形态介于圆形与多角形之间。

2. 胰蛋白酶消化法培养的细胞观察

在倒置显微镜下,刚接种于培养瓶中时,细胞是悬浮于培养液中的,细胞形态均呈现为圆形。24h 后,大多数细胞已贴附于培养瓶底部,胞体伸展后,重新呈现出其肝细胞原有的、不规则多角形上皮性细胞特征。48h 以后,细胞进入增殖期,细胞数量明显增多,在接种的细胞或细胞团周围可见有新生的细胞,这些细胞因内含物少而较为透明,胞体轮廓通常较浅。96h 以后,新生的细胞可连接成片,同时胞体透明度减弱、轮廓增强、核仁明显可见。

(连小华　杨　恬)

基本方案 2　培养细胞的形态观察和计数

【原理与应用】

体外培养的细胞根据其生长方式的特点可分为贴附型与悬浮型两大类。能附着于支持物表面生长的细胞属贴附型细胞,大多数活体细胞在体外培养的条件下,均呈现出贴附型生长的特点。有些细胞在培养时可悬浮于培养基中生长,而不需贴附于支持物上,此类细胞即为悬浮型细胞。

体外培养的贴附型细胞在形态上主要可分为上皮细胞型与成纤维细胞型两大类(见图 5-1)。上皮细胞型细胞形态与上皮细胞类似,为扁平、不规则的多角形,胞核圆形、位于细胞中

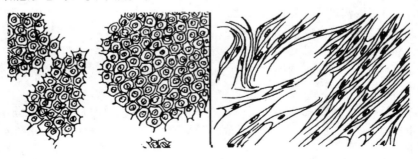

(a) 上皮细胞型　　　　　　(b) 成纤维细胞型

图 5-1　贴附型培养细胞主要类型

央,细胞间连接紧密、相嵌排列,相互衔接成单层。外胚层及内胚层来源的细胞,如表皮、乳腺、肝等组织细胞在体外培养时均属此型细胞。成纤维细胞型细胞形态与成纤维细胞类似,胞体呈梭形或不规则的三角形,有数个长短不等的突起,细胞彼此间呈漩涡状、放射状排列。起源于中胚层的组织细胞,如血管内皮、平滑肌、心肌等组织细胞均属此型。

贴附型细胞在体外培养时,形态失去了原有在体内的特征,趋于单一,并反映出其胚层的起源,这一特点类似于"返祖"的现象。

悬浮型细胞无论来源如何,其形态在体外培养条件下均为单一的圆形,如淋巴细胞、白血病细胞等。因此,本实验主要以贴附型细胞作为材料,对细胞的形态进行观察。

通过倒置显微镜下观察培养细胞内颗粒多少、透明度的高低及轮廓的清晰程度,可以对培养细胞的生长状态加以判定。处于良好生长状态的活细胞,其胞质通常是透明、匀质的,胞质内颗粒较少,细胞轮廓很浅、不明显。随着培养时间的延长,细胞中颗粒物质逐渐增多,细胞透明度减弱,细胞轮廓增强,核仁数量也增多。

细胞计数法是细胞生物学实验的一项基本技术,在原代培养、传代培养、冻存及复苏等实验中,被广泛用来确定培养细胞生长状态及接种密度。此外,也是测定培养基、血清、药物等物质生物学作用的重要手段。

用细胞计数板可对细胞进行计数。细胞计数板每一大方格长为 1mm,宽为 1mm,高为 0.1mm,体积为 $0.1mm^3$,可容纳的溶液是 $0.1\mu l$,那么每 1ml 溶液中所含细胞数即是视野中每一大方格中数出的细胞数的 10000 倍(图 5-2)。

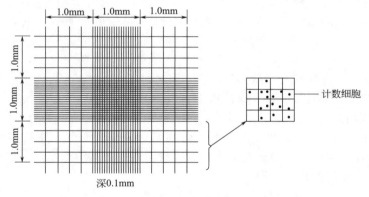

图 5-2 细胞计数板

【实验用品】

(1) 材料 传代培养 3d 的肝细胞、传代培养 7d 的肝细胞、传代培养 3d 的真皮成纤维细胞、传代培养 7d 的真皮成纤维细胞。

(2) 试剂 D-Hank's 液、0.25% 胰蛋白酶消化液、DMEM 培养基(含 10% 小牛血清)。

(3) 设备 盖玻片、吸管、尖嘴吸管、胶帽、离心管、酒精棉球、酒精灯、细胞计数板、倒置显微镜、超净工作台、CO_2 培养箱。

【试剂配制】

D-Hank's 液、0.25% 胰蛋白酶消化液、DMEM 培养基的配制方法同本章基本方案 1 "细胞的原代培养"。

【实验方案】

1. 培养细胞形态类型的观察

① 将培养 3d 的传代肝细胞置于倒置相差显微镜下,观察培养细胞的形态、细胞排列方

式及彼此间连接的程度。
② 记录观察的结果。
③ 将肝细胞放回培养箱，取出已培养 3d 的传代成纤维细胞。
④ 用倒置相差显微镜对成纤维细胞的形态、细胞排列方式及彼此间连接的程度进行观察并记录结果。
⑤ 对肝细胞与成纤维细胞的形态特征的记录结果加以比较。

2. 细胞形态结构及生长状况的观察
① 将传代培养 3d 的肝细胞或成纤维细胞置于倒置相差显微镜 10×物镜下。
② 对细胞内部结构、透明度、细胞轮廓等进行观察。
③ 用 40×高倍镜对细胞结构、内容物等作进一步的观察。
④ 记录观察结果，并将细胞放回培养箱，同时取出传代培养 7d 的肝细胞或成纤维细胞置于倒置相差显微镜下。
⑤ 分别用 10×及 40×的物镜对细胞透明度、细胞轮廓及内容物等进行观察。
⑥ 记录结果，与传代培养 3d 细胞的记录结果相比较。

3. 细胞的计数
① 用 75%乙醇棉球清洁计数板和盖玻片，用吸水纸轻轻擦干，将盖玻片盖在计数板两槽中间。
② 用 0.25%胰蛋白酶消化液消化传代 7d 的单层生长的成纤维细胞，制成单细胞悬液。
③ 用尖嘴吸管轻轻吹打细胞悬液，吸取少量悬液滴加在计数板上盖玻片一侧边沿。
④ 在显微镜下，用 10×物镜观察计数板四角大方格中的细胞数，细胞压中线时，只计左侧和上方者，不计右侧和下方者。

【注意事项】
① 对细胞形态进行观察时，需无菌操作，以免污染。
② 为了减少外界环境对细胞生长的影响，观察细胞的时间不宜过长，对多瓶细胞进行观察时，应分批取放。
③ 细胞计数前，为了使结果更为准确，对细胞的消化要充分，使其尽量分散，以制备单细胞悬液。加样前应充分混匀细胞悬液，加样时应避免气泡的产生，加样量要适度，不要溢出盖玻片，也不要过少或带气泡。
④ 镜下计数时，遇到 2 个以上细胞组成的细胞团，应按单个细胞计算。如细胞团占 10%以上，说明消化不充分，需重新制备细胞悬液、计数。

【实验结果及分析】
1. 培养细胞形态类型观察结果
传代培养 3d 肝细胞的形态为不规则多角形，细胞间连接紧密、彼此相嵌排列，为典型的上皮型细胞。
传代培养 3d 的真皮成纤维细胞胞体多呈梭形，部分细胞有数个长短不等的突起，细胞彼此间连接较为疏松，细胞呈放射状排列，为典型的成纤维型细胞。

2. 培养细胞结构的观察
高倍镜下培养 3d 的肝细胞或成纤维细胞中，较少有颗粒出现，透明度较高，有很强的折光性，细胞轮廓很浅、不明显，表明细胞处于良好的生长状态。与此相比，培养 7d 的细胞整体轮廓增强，胞质中有较多粗大的颗粒，整个细胞的透明度降低。

3. 细胞计数
将记录的计数板四角大方格中的细胞数代入以下公式，可得出细胞密度。

$$\text{细胞数/原液体积(ml)} = \frac{4 \text{大格细胞数之和}}{4} \times 10^4 \times \text{稀释倍数}$$

(连小华　杨　恬)

基本方案3　培养细胞生长曲线的绘制和分裂指数的测定

【原理与应用】

细胞生长曲线是了解培养细胞增殖详细过程及细胞生长基本规律的重要手段，通过对培养细胞进行连续的计数，可绘制出细胞的生长曲线，以此确定培养细胞生长是否稳定、细胞增殖速度变化的进程及增殖高峰出现的时间，从而为进行细胞的传代、冻存及进一步利用培养细胞进行科学实验提供最佳处理时间。

细胞分裂指数是指培养细胞中分裂细胞在全部细胞中所占的比例。细胞分裂指数是检测培养细胞增殖能力的另一重要的指标。在计算细胞的分裂时，一般要求观察的细胞数在1000个以上。

【实验用品】

（1）材料　贴壁培养的细胞。

（2）试剂　D-Hanks液、DMEM培养基（含10%小牛血清）、0.25%胰蛋白酶消化液、吉姆萨染液。

（3）设备　24孔培养孔板、吸管、胶帽、离心管、培养皿、半对数坐标纸、盖玻片、细胞计数板、酒精棉球、酒精灯、离心机、倒置显微镜、普通光学显微镜、超净工作台、CO_2培养箱。

【试剂配制】

D-Hanks液、0.25%胰蛋白酶消化液、DMEM培养基（含10%小牛血清）配制方法同本章基本方案1"细胞的原代培养"。

【实验方案】

1. 生长曲线的绘制

① 用0.25%胰蛋白酶消化液消化处于对数生长期的单层培养细胞，收集消化的细胞于10ml离心管中。

② 800～1000r/min离心5min，弃上清液。

③ 加入DMEM培养基（含10%小牛血清），制备单细胞悬液。

④ 吹打均匀后对细胞进行计数。

⑤ 按2×10^4～5×10^4个/ml的细胞浓度接种在24孔培养孔板内。

⑥ 每天用胰蛋白酶消化液对其中3孔细胞进行消化，以D-Hanks液稀释，镜下计数。

⑦ 计算3孔培养细胞数的平均值。

⑧ 连续7d按上述方法消化3孔细胞并进行计数，算平均值。

⑨ 以培养时间（d）作为横坐标、细胞浓度为纵坐标，在半对数坐标纸上，将各点连成曲线，即可获得细胞的生长曲线（图5-3）。

2. 分裂指数的测定

① 用胰蛋白酶消化处于对数生长期的单层培养细胞，收集细胞于10ml离心管中。

② 800～1000r/min离心5min，弃上清液。

③ 加入DMEM培养基（含10%小牛血清），制备单细胞悬液。

④ 吹打均匀后对细胞进行计数。

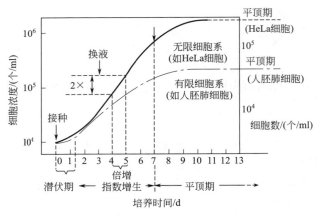

图 5-3 细胞的生长曲线

⑤ 将细胞按 $2×10^4$~$5×10^4$ 个/ml 的细胞浓度接种于置有盖玻片的培养皿中。
⑥ 每 24h 取出 1 张盖玻片，经 95%乙醇固定 5min。
⑦ 用吉姆萨染液对盖玻片上的细胞染色 10min。
⑧ 在显微镜高倍物镜下，通过观察细胞结构，对分裂期细胞及非分裂期细胞加以识别。
⑨ 选出细胞密度高、中、低 3 个不同的区域，每一区域观察 1000 个细胞，统计并记录其中的分裂细胞数。
⑩ 计算上述 3 个区域的分裂细胞数平均值。
⑪ 求出分裂细胞在 1000 个细胞中所占的比例，即可得培养细胞在不同时相点的分裂指数。
⑫ 以各时相点为横坐标，各时相点时细胞的分裂指数为纵坐标，绘制培养细胞分裂指数曲线。

【注意事项】

① 在进行生长曲线的测定时，接种到培养板孔中的细胞数量应保持每孔一致。接种量应适当，不能过少或过多，过少将使细胞生长周期延长，过多将导致细胞在实验未完成前即需传代，这两种情况下所得到的生长曲线均不能较准确地反映细胞的生长状况。

② 测定培养细胞分裂指数时，接种到每一盖玻片上的细胞量也需保持一致；因接近或将完成的分裂细胞易同未分裂的细胞相混淆，故需作特别仔细的观察，制定统一的划分标准，这样才能减少误差的产生。

【实验结果及分析】

培养细胞的生长曲线在正常情况下通常呈 S 形，观察曲线可发现，培养初期（1~2d）的细胞数约呈下降趋势，这段时期即为细胞滞留期（潜伏期）。滞留期之后的 3~5d，细胞数增加显著，呈对数增长的趋势，此时细胞进入了对数生长期。当对数生长期细胞数达到高峰时，细胞生长逐渐停止，细胞数量进入稳定状态，此时即为平台期（平顶期）。

培养细胞分裂指数曲线与细胞的生长曲线呈现较为相似的变化趋势：培养初期（1~2d），分裂指数上升较缓；约 3~5d 后，分裂指数增长趋势显著，表明细胞增殖旺盛；随着培养时间的延长，分裂指数逐渐下降，显示细胞的增殖能力减弱，当分裂指数接近零时，培养细胞的分裂已趋于停止。

（连小华　杨　恬）

基本方案 4　细胞集落形成实验

【原理与应用】

细胞集落形成实验是检测培养细胞增殖能力的有效方法之一。它是检验活细胞的增殖能力，因此避免了在生长曲线绘制时将死细胞或不能再分裂的细胞计数在内而导致实验结果误差。

细胞集落形成实验的原理是单个细胞在体外持续增殖 6 代以上，其后代形成一个细胞群体，称为集落（colony）或克隆。每个克隆均包含 50 个细胞以上，大小在 0.3~1.0mm 之间。通过计算集落形成率（colony forming efficiency），来测定测试细胞的增殖能力。

影响细胞集落形成率的因素很多，包括培养液、血清质量与浓度、温度、酸碱度及细胞密度等。一般情况下，初代培养细胞集落形成率较低，传代细胞较高；正常细胞较低，转化细胞较高。

集落形成实验在干细胞和肿瘤的研究中得到广泛使用。骨髓干细胞在体外半固体培养过程中，添加不同造血因子能诱导干细胞或定向造血祖细胞形成某一种或某些种类细胞的集落，通过对形成集落形态学、酶学鉴定，计算不同种类集落形成的数量和比例，反映待测标本中集落刺激因子（colony-stimulating factor，CSF）的种类和活性水平。

肿瘤是由不同增殖及分化能力的瘤细胞群构成的，其中仅有部分细胞具有自我更新能力，即肿瘤干细胞。肿瘤干细胞与肿瘤的治疗、复发或转移关系密切。目前认为仅有肿瘤干细胞具有形成集落的能力。细胞集落形成实验可以作为抗癌药物或致癌物质检测的有效手段。对于抗癌药物而言，集落抑制率或集落存活分数是重要的指标。

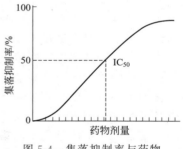

图 5-4　集落抑制率与药物剂量间的关系

$$集落抑制率 = \left(1 - \frac{实验组集落形成率}{对照组集落形成率}\right) \times 100\%$$

以集落抑制率与药物剂量对数作图，可以得到一条 S 形曲线，得出药物的 IC_{50} 值（图 5-4）。

常用的细胞集落形成的方法有平板克隆集落形成实验和软琼脂集落形成实验。

【实验用品】

（1）材料　HeLa 细胞。

（2）试剂　RPMI-1640 培养液、胎牛血清、0.25% 胰蛋白酶、吉姆萨染液、琼脂。

（3）设备　细胞计数板、60mm 培养皿、10ml 移液管、小烧杯、10ml 吸管橡皮头、超净工作台、37℃ CO_2 孵箱、倒置相差显微镜、离心机、水浴锅。

【实验方案】

1. 平板克隆集落形成实验

（1）消毒　见本章基本方案 1 "细胞的原代培养"。

（2）培养液与消化液在 37℃ 恒温箱内预热。

（3）细胞悬液制备　取对数生长期细胞，用 0.25% 胰蛋白酶消化，吹打形成单细胞悬液。1000r/min 离心 8min，弃上清液，用含 10% 胎牛血清的 RPMI-1640 培养液将细胞重新悬浮。在计数板上计数细胞，并用培养基调整细胞浓度，以备使用。

（4）细胞接种　根据细胞增殖能力，将细胞悬液作梯度倍数稀释。一般以每皿含 100 个、200 个细胞的细胞浓度，将细胞悬液接种于消毒好的培养皿中，然后轻轻晃动培养皿，使细胞分散均匀。

(5) 培养　将平皿移入 CO_2 孵箱，在37℃、5% CO_2 以及饱和湿度环境下，静置培养2～3周。当培养皿中出现肉眼可见的克隆时，终止培养。

(6) 染色　弃培养液，用 PBS (0.01mol/L, pH 7.4) 小心浸洗2次。加固定液（甲醇与冰醋酸体积比为3:1）固定15min。弃固定液，晾干后用吉姆萨染液染色10min，然后用流水缓慢冲洗，空气干燥。

2. 软琼脂集落形成实验

(1) 同上 (1)～(3) 步骤

(2) 制备半固体琼脂　分为底层和上层。

底层琼脂：称取琼脂0.25g，加入双蒸水32ml，高压灭菌后冷却至50℃，依次加入50℃预热的5倍浓缩的 RPMI-1640 培养基8ml、小牛血清10ml、青霉素100U/ml、链霉素100μg/ml、8% $NaHCO_3$ 0.2ml，混匀后分装于60mm培养皿中，每皿加入3ml，水平放置，室温冷却凝固。

上层琼脂：称取琼脂0.15g，加入双蒸水32ml，高压灭菌后冷却至40℃，依次加入成分同上，混匀后置于40℃水浴中保温，防止凝固。

(3) 调整细胞浓度　将细胞浓度调整到 10^5 个/ml。

(4) 细胞培养　取0.1ml细胞悬液，加入5ml 40℃的上层琼脂液中，混匀后迅速取0.5ml加入铺有底层琼脂的培养皿中，在室温下水平放置10min，待上层琼脂凝固后移入 CO_2 孵箱，在37℃下培养2～3周。上层琼脂中细胞最终浓度为2000个/ml。

【注意事项】

① 细胞悬液中单个分散细胞应多于90%。

② 平板培养早期尽量不要晃动培养皿，以免细胞脱落，导致实验误差增加。

③ 平板培养期间应及时更换新鲜培养基，保持培养物获得充分的营养成分。

④ 软琼脂培养时，注意在琼脂与细胞混合时温度不要超过40℃，以免烫伤细胞。

⑤ 接种细胞密度不宜过高。

【实验结果及分析】

① 定期观察培养过程中的集落形成情况。

② 计数在显微镜或倒置显微镜下观察计数大于50个细胞的集落数，并计算集落形成率。

$$集落形成率 = \frac{集落数}{接种细胞数} \times 100\%$$

（黄　辰）

基本方案5　器官培养方法

【原理与应用】

器官培养是指用特殊的装置使器官、器官原基或它们的一部分在体外存活，并保持其原有的结构和功能。器官培养可模拟体内三维结构，用于观察组织间的相互反应、组织与细胞的分化及外界因子包括药物对组织细胞的作用。

器官培养的方法很多，这里只介绍一种最经典的方法，即表玻皿器官培养法；一种最常用的方法，即不锈钢金属网格法；以及 Wolff 培养法和扩散盒培养法。

表玻皿器官培养法（图5-5）是1929年 H. 费尔（Honor Fell）所建立的，半个多世纪以来仍为人们所常用，因为事实证明该方法能维持器官的生长、发育与分化。例如费尔及其

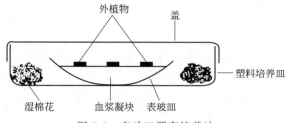

图 5-5 表玻皿器官培养法

同事曾成功地用此技术培养骨和关节组织,并观察到骨的生长与分化。此外,此方法无需复杂的设备,一般实验室皆能做到。

表玻皿器官培养法的缺点是需要补充营养时,必须把它们从支持性血浆凝块上揭下,然后转移至有新鲜凝块的新表玻皿内,操作较烦琐。此外,血浆凝块不是最合适的支持基质,因为,它可能在外植物细胞作用下被消化与溶解,而其成分更难分析清楚。

不锈钢金属网格法可避免表玻皿器官培养法的上述缺点,近年来人们用得较多。

早在 20 世纪 50 年代末与 60 年代初,Wolff 便试将哺乳动物的瘤组织与鸡胚器官一起培养,发现瘤细胞可侵袭到鸡胚器官组织内,而且发现鸡胚器官中中肾为瘤细胞侵袭生长最旺盛的部位,故称鸡胚中肾为"活的培养基",据此设计了 Wolff 器官培养法(图 5-6),即把鸡胚中肾组织块与肿瘤组织互相嵌合,外用卵黄膜包裹,瘤组织则容易存活,并可向中肾侵袭,卵黄膜虽无营养作用,但可促进营养交换,吸收代谢废物。Wolff 器官培养法为研究肿瘤侵袭性以及器官间相互作用等提供了一个极为有力的工具。

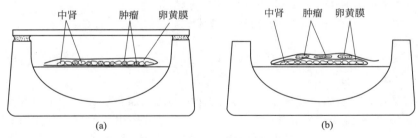

图 5-6 Wolff 器官培养法

前三种方法都是体外的实验技术,扩散盒培养法是体内、体外相结合的培养方法。该方法既有体外易操纵的便利,又在一定程度上模拟了体内条件,因此,近年来多为细胞生物学、肿瘤学及药理学研究者所采用。该方法的缺点是操作较复杂,而且要求实验者能进行动物手术。

(一)表玻皿器官培养法

【实验用品】

(1) 材料 2~3 只鸡胚、消毒棉花。
(2) 试剂 小鸡血浆、鸡胚提取液、灭菌盐水。
(3) 设备 塑料培养皿(直径 3.5cm)、表玻皿(2cm)、CO_2 孵箱或普通温箱、组织学切片染色设备。

【实验方案】

① 将小鸡血浆与鸡胚提取液混合(体积比为 1:1)置入经灭菌的表玻皿内,使成凝块。
② 将欲培养的鸡胚器官原基(如肢芽)置于凝块上。

③ 表玻皿置于塑料培养皿内。
④ 培养皿内放入湿润棉花（有人常在湿棉花上滴有 200μg/ml 链霉素及 200U/ml 青霉素）。

【注意事项】
① 培养的器官原基不宜过大，以 1~2mm³ 为好，否则组织中央会因营养不足及缺氧而死亡。
② 操作要小心，须在无菌条件下进行，不然极易污染。

【实验结果及分析】
72h 的鸡胚肢芽原基，培养 10d 左右，可观察到鸡胚肢芽分化成趾骨、橛跗骨等。

（二）不锈钢金属网格法

【实验用品】
（1）材料　要培养的组织或器官。
（2）试剂　RPMI-1640 培养基、小牛血清、鸡胚提取液。
（3）设备　塑料培养皿、折曲成一个有高起平台的不锈钢网格平台、CO_2 孵箱或湿润饱和的普通温箱、组织学切片染色设备。

【实验操作】
① 将平台置于培养皿中，平台上放 1 片擦镜纸或微孔滤膜，或涂一薄层琼脂，将欲培养的外植物放置在平台的滤膜（或擦镜纸、薄层琼脂）上。
② 加入培养液，使其与金属网格平齐，恰好保持滤膜的湿润，培养液为含 5% 小牛血清的 RPMI-1640 与鸡胚提取液混合液（体积比为 5:1）。
③ 置于湿润的 CO_2 孵箱内温育，或可置入一种有气体进出口的 Trowell 灌注小室内。
④ 一般每隔 3d 换液 1 次，切勿让液体漫过外植物。
⑤ 固定，切片，染色方法同一般组织学技术。

【注意事项】
① 即使最佳的培养条件，要保持器官培养存活与健康生长 7~10d 以上也颇为困难，因此，器官培养更适于短期实验。
② 培养的器官组织不同，要求混合气体也有所不同，通常胚胎器官宜用 5% CO_2、95% 空气；成体器官常需要纯氧，或 5% CO_2 与 95% O_2；某些组织，如前列腺不宜在高浓度氧的条件下培养，可用 5% CO_2、45% O_2 和 50% N_2。实验者可参考同类工作，或依据体内的生理状态预先进行预实验而定。

【实验结果及分析】
可观察到外植物的生长和分化。

（三）Wolff 培养法

【实验用品】
（1）材料　欲培养的肿瘤组织、鸡胚 5 只（8~10d 鸡胚为佳）、鸡蛋 5 只、封蜡。
（2）试剂　Wolff 培养基。
（3）设备　Wolff 培养皿，CO_2 孵箱或普通温箱，组织学切片、染色设备。

【试剂配制】
Wolff 培养基　1% 琼脂 Geys 溶液，12 份；8.5d 鸡胚提取液，5 份；小牛血清，5 份；抗生素，适量。

【实验方案】
① 将 Wolff 培养基 50℃ 加温融化，加入 Wolff 培养皿内，待冷却凝固，铺上卵黄膜（如图 5-6 所示）。

② 将欲培养的肿瘤组织（1mm³左右）与鸡胚中肾组织（1mm³左右）相间置于卵黄膜上。
③ 反折卵黄膜，将培养组织盖上，如图5-6（a）所示。
④ 用蜡封盖盖片，置普通温箱培养。
⑤ 培养7～10d后可取材、固定、切片、染色观察。

【注意事项】
① 也可将肿瘤组织与中肾组织以卵黄膜隔开，但一般将中肾组织置于下方，肿瘤组织位于上方，如图5-6（b）所示。
② 如不加密封，可放CO_2孵箱培养。

【实验结果及分析】
可观察到肿瘤组织生长向中肾侵袭。

（四）扩散盒培养法

【实验用品】
（1）材料 小鼠、欲培养的器官或组织。
（2）试剂 一般常用培养基（不含血清）、消毒液及麻醉剂。
（3）设备 扩散盒（有售）、动物手术器械、组织学切片、染色设备。

【实验方案】
① 将欲培养的组织切成1mm³左右小块，置扩散盒内，每盒可放1～3块组织。
② 在扩散盒内加0.2～0.4ml培养基，盖好。
③ 在无菌条件下，打开麻醉小鼠的腹腔，将扩散盒植入腹腔内，缝合伤口及皮肤。
④ 手术后的小鼠要单独饲养，以防相互格斗，咬破腹腔，导致实验失败。
⑤ 根据实验而定取材作组织学切片或电镜观察。

【注意事项】
① 也有学者将扩散盒植于小鼠皮下，但营养供应不如腹腔。
② 本实验最适于研究药物对肿瘤的作用以及体内各因素对培养物的影响。

【实验结果及分析】
可观察到培养组织的生长和分化。

（章静波）

基本方案6 鸡胚尿囊培养法

【原理与应用】
8.5～10d胚龄的鸡胚，尿囊绒膜已充分发育。由于该膜具有丰富的血管，是一种良好的天然培养基，可把所要培养的外植块移至此膜上。这种培养一般可维持9～10d，届时务必把培养物取出，因为鸡胚进一步地发育会导致尿囊绒膜崩溃。本培养方法可用于研究鸡胚肢芽原基、眼球原基等的生长发育，也可用于研究哺乳类组织以及诸如Rous肉瘤等的生长传代，用作病毒、细菌等的培养基亦十分适宜。

【实验用品】
① 材料 白色莱杭鸡种蛋。
② 试剂 碘酒、75%乙醇、棉球、生理盐水、中性红琼脂片、玻璃针、Bouins固定液、熔化石蜡。
③ 设备 牙科钻（或自制开蛋器，为一小型风扇电机，接一旋转轴，轴上装有小砂

轮)、38℃孵箱、木制孵化盘、牙科镊、眼科镊、虹膜剪、照蛋箱（检查鸡胚发育用）、体视显微镜、洁净工作台（或接种罩）、Spemann 吸管。

【实验方案】

① 进行器官外植块移植前 10d 孵育种蛋 10 个，准备用作尿囊绒膜培养基（宿主）。

② 移植开始前 3d 孵育种蛋 10 个，准备用作外植物（施主）。

③ 移植开始前用照蛋箱检查胚胎孵育及存活情况。孵育 10d 左右的鸡胚可照见明显的尿囊绒膜的主要血管。选择 2 条血管交接点而又离胚体有一定距离处以铅笔做记号。

④ 以记号为中心，用碘酒及乙醇消毒，再以牙科钻开 1 个 0.8cm×0.8cm 的方孔。

⑤ 用牙科镊掀开方孔壳片，构成窗户；把壳片放在灭菌的干表玻皿中，并用盖罩好备用。

⑥ 用生理盐水湿润壳膜，使移开壳膜时不致伤及尿囊绒膜。

⑦ 用钟表镊小心掀起并撕去壳膜。此时在体视解剖镜下可见尿囊绒膜及其血管。

⑧ 至此尿囊绒膜培养基已准备就绪。把窗户壳片盖回原处，放在孵箱网格盘上。准备进行移植时用。

⑨ 透照外植用胚胎，并同上做记号和消毒，用牙科钻开一方窗，暴露胚胎。

⑩ 以中性红琼脂小片染胚胎 1~2min，此时胚胎结构可以很清晰。

⑪ 用小剪沿胚盘外缘把整个胚盘剪下，并把它移至盛有生理盐水的表玻皿内，涮洗后去除羊膜及绒膜。

⑫ 用虹膜刀割取翼芽与腿芽。

⑬ 以 Spemann 吸管把翼芽或腿芽移入宿主绒毛尿囊膜上（图 5-7）。

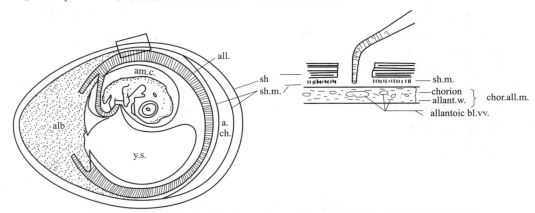

(a) 9天鸡胚(宿主)及开窗位置　　(b) 以Spemann吸管经过蛋壳上的窗户进行移植

图 5-7　尿囊绒膜培养示意图

a.ch.—气室；alb—蛋白间质；all.—尿囊；allant.w.—尿囊壁；allantoic bl.vv.—尿囊绒膜血管；am.c.—羊膜腔；chor.all.m.—尿囊绒膜；sh—蛋壳；sh.m.—壳膜；y.s.—卵黄囊；chorion—绒毛膜

⑭ 把窗户壳片盖回原处，用熔化石蜡封固壳片四周。

⑮ 把宿主放回孵箱，把有窗户的一侧朝下。

⑯ 继续孵育 9~10d 后取出移植块。用 Bouins 液固定，其余步骤同一般石蜡切片技术。本方法的优点是不需复杂的设备，尿囊绒膜可提供较为丰富的营养；其缺点是外植物会受到寄主代谢的影响，尤其是激素的影响。此外，外植物组织与尿囊绒膜组织易发生粘连，影响外植物的形态形成。

【注意事项】

① 选择 2 条血管交接点而又离胚体有一定距离处作为开窗的中心点。

② 在宿主蛋壳上钻孔时，用力不要过猛，以免伤及壳膜，引起尿囊绒膜血管破裂出血。
③ 孵箱的湿度以60％的相对湿度最为适宜。
④ 孵育的种蛋必须经常翻转，一般至少2次。

【实验结果及分析】

切片染色后可观察到外植物的生长分化情况。

（章静波）

备择方案1　细胞的传代培养

【原理与应用】

细胞在培养过程中，当增殖达到一定数量后，会因生存空间不足或密度过大，发生营养障碍，其生长将受到影响，因此，必须对细胞及时地分离、稀释。将培养的细胞从原培养瓶中加以分离，经稀释后再接种于新的培养瓶中，这一过程即为传代（passage）。

对于大多数贴壁细胞，主要采用消化法进行传代。通常是利用一些消化剂（常为0.25％胰蛋白酶消化液）首先使贴壁细胞与培养器皿表面及其他细胞间发生分离，然后进行稀释、再培养。悬浮细胞的传代过程相对较为简单，直接吹打或离心后，即可加以传代。

【实验用品】

（1）材料　原代培养的肝细胞（70％～80％融合）、原代培养的外周血淋巴细胞。
（2）试剂　D-Hanks液、DMEM培养基（含10％小牛血清）、0.25％胰蛋白酶消化液。
（3）设备　25ml培养瓶、吸管、胶帽、离心管、酒精棉球、酒精灯、离心机、倒置显微镜、超净工作台、CO_2培养箱。

【试剂配制】

D-Hanks液、0.25％胰蛋白酶消化液、DMEM培养基的配制方法同本章基本方案1。

【实验方案】

1. 贴壁细胞的传代培养
① 用吸管吸出原代培养的肝细胞培养瓶中培养液。
② 向瓶内加入适量的D-Hanks液，轻轻摇动后倒掉。
③ 加入消化液，消化液的量以覆盖整个细胞培养面为宜，轻轻摇动培养瓶，在倒置显微镜下对培养细胞进行观察，当细胞胞质回缩、胞间间隙增大时，迅速将消化液吸出。
④ 加入D-Hanks液于培养瓶中，轻轻转动培养瓶，然后用吸管将溶液吸出，加入含血清的培养液终止消化。
⑤ 用吸管吸取培养液，反复轻轻吹打瓶壁，制备细胞悬液。吹打的部位应均匀，可按从上到下、从左到右的顺序进行，保证瓶底各个部位的细胞均能被吹到。此外，吹打时不能用力过猛，尽量不出现气泡，以免损伤细胞。
⑥ 将吹打后的细胞置于倒置显微镜下观察，当发现原贴壁的细胞均已悬浮于培养液中，成片的细胞已分散成小的细胞团或单细胞时，即可终止吹打。
⑦ 收集细胞悬液于离心管中，1000r/min离心3～5min，去除上清液。
⑧ 细胞计数，按照$1×10^5$～$1×10^6$个/ml细胞浓度接种细胞于新培养瓶中。

2. 悬浮细胞的传代
① 将原代培养的外周血淋巴细胞连同培养液一并转移到离心管中。
② 800～1000r/min离心5min，去除上清液。
③ 加新的培养液到离心管中，吸管吹打、制悬。根据细胞的数量多少，将细胞悬液按

1:2 或 1:3 的比例分别接种于新的培养瓶中。

【注意事项】

① 在用胰蛋白酶消化液对细胞加以消化时，需用不含 Ca^{2+} 和 Mg^{2+} 的 D-Hanks 液清洗培养细胞表面残留的培养液，以避免其所含的血清对胰蛋白酶活性的抑制。

② 消化过程中需根据培养细胞形态的变化来严格控制消化时间。当胞质回缩、细胞间的连接变松散等情况出现时，应终止消化。因上皮样细胞彼此间连接较为紧密，其消化的时间通常比成纤维样细胞长。此外，首次传代的细胞与已建系的细胞相比，也需要更多的消化时间。

③ 首次传代的细胞因需适应新的环境，可适当增加其接种量，以促进其生存与增殖。

④ 在对细胞进行吹打时，不能用力过猛，尽量不出现气泡，以免损伤细胞。

⑤ 传代培养的过程通常较长，细胞被污染的可能性增加，因此，必须严格进行无菌操作。

【实验结果及分析】

用倒置显微镜观察可见接种 24h 后，大多数肝细胞已贴附于培养瓶底部，有少数细胞悬浮于培养基中。48h 以后，细胞开始增殖，细胞的数量增多，在接种的肝细胞或肝细胞团周围可见新生细胞长出，这些细胞内含物少而较为透明，胞体轮廓通常较浅。96h 以后，培养细胞数量明显增多，并逐渐汇合，细胞轮廓清晰、可见。

（连小华　杨　恬）

备择方案 2　MTT 对细胞生长状况的检测

【原理与应用】

细胞生长检测的方法很多，包括碱性磷酸酶检测法（AKP 法）、Alamarblue^{TM} 摄入法、NAG 法、XTT 法、^{3}H 脱氧胸苷掺入法、三磷酸腺苷检测法（ATP 法）、直接计数法等。其中，AKP 法和 ATP 法的检测需要荧光分光光度计，^{3}H 脱氧胸苷掺入法具有放射性，直接计数法工作量较大，不同方法的缺点限制了其广泛的使用。

1983 年 Mosmann 首次应用 MTT 法检测细胞活性。MTT 的化学名称为 3-(4,5-二甲基噻唑-2)-2,5-二苯基四氮唑溴盐，商品名为噻唑蓝。其可接受氢原子而发生显色反应。活细胞中的线粒体具有琥珀酸脱氢酶，能够使外源性的 MTT 还原为难溶性的蓝紫色结晶物，而死细胞缺乏线粒体活性，因此无此活性。蓝紫色结晶物可以溶解在二甲基亚砜中，应用酶标仪在 490nm 波长可以检测其光吸收值，并根据吸收值的高低判断细胞数量。在一定数量的细胞范围内，吸收值与细胞数目成正比。近年的研究证明蓝紫色结晶物最佳吸收光波为 570nm。研究显示，MTT 法与其他检测细胞活性的方法之间具有良好的相关性。MTT 法以其灵敏性高、重复性好、操作简便、经济安全，而得到广泛应用。

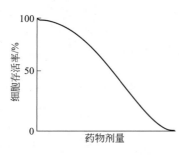

图 5-8　MTT 法测定药物对细胞的生物学作用

MTT 方法在抗癌药物的研究中应用较广。通过比较对照组与处理组间细胞的存活率，可以判断抗肿瘤药物的作用强度（见图 5-8）。

$$细胞存活率 = \frac{实验组光吸收值}{对照组光吸收值} \times 100\%$$

【实验用品】

（1）材料　HeLa 细胞。

(2) 试剂　RPMI-1640 培养液、胎牛血清、0.25%胰蛋白酶消化液、二甲基亚砜、MTT 溶液。

(3) 设备　96 孔培养板、移液器、枪头、10ml 吸管橡皮头、小烧杯、超净工作台、CO_2 孵箱、倒置相差显微镜、混合振荡器、水浴锅、酶联免疫检测仪。

【试剂配制】

MTT 溶液：称取 250mg MTT，在 pH 7.4 的 50ml 0.01mol/L PBS 中溶解，并用 0.22μm 的微孔滤器除菌，分装，4℃保存，有效期 2 周。

【实验方案】

① 用 0.25% 胰蛋白酶消化液消化 HeLa 细胞，并用含有 10% 小牛血清的 RPMI-1640 培养基制成单个细胞悬液，以每孔 $10^3 \sim 10^4$ 个细胞接种于 96 孔培养板上，体积为 200μl，并分为 2 组。

② 在 CO_2 孵育箱中 37℃、5% CO_2 及饱和湿度的条件下，培养 3~5d。

③ 在培养结束后，一组每孔加入 MTT 溶液 20μl，在 37℃继续孵育 4h，终止培养。小心吸取孔内的上清液（对悬浮细胞要求离心，离心后弃上清液），弃去上清液并加入 150μl DMSO，振荡 10min，使紫色结晶溶解；另一组，用 0.25% 胰蛋白酶消化液消化，并用培养基调整，使体积达到 200μl，吸取细胞悬液在计数板上计数细胞。

④ 在酶联免疫检测仪上，490nm 波长下测定各孔光吸收值（OD 值），记录结果。

【注意事项】

① 酶联免疫检测仪测试的 OD 值仅在适当的细胞浓度时与细胞数目呈线性关系。因此，在实验时，必须将细胞调整到适当的浓度。

② 血清物质会干扰 OD 值，因此，在显色后尽可能将孔内残余培养基吸净。

③ 设空白对照。与试验孔平行设定不加细胞仅加培养基的空白对照孔，其他实验步骤保持一致。比色时，以空白孔调零。

【实验结果及分析】

① 记录不同培养时间细胞数目和 OD 值，并分别以时间为横坐标，以细胞数目或 OD 值为纵坐标，绘制细胞生长曲线。

② 比较细胞计数与 MTT 法测试结果的关系。

（黄　辰）

备择方案 3　表皮细胞的培养

【原理与应用】

表皮是一种典型的复层上皮组织，从下至上可主要分为基底层、棘层、颗粒层及角质层，基底层细胞及部分棘层细胞具有增殖能力。在体外条件下，用特定的消化酶处理皮肤组织块，其表皮可在基膜处与真皮发生分离，当表皮被消化成细胞团或单细胞后，用适当的培养液加以培养，表皮细胞（epidermal cell）即可发生大量的增殖。

因上皮细胞是组成多种器官，如肝、胰、肺、肠道等的主要细胞类型，许多肿瘤也常起源于上皮组织，掌握表皮细胞的培养技术，将有助于进一步了解上皮细胞培养的特点，并积累相关的方法及经验。

【实验用品】

(1) 材料　新生 1~2d 的小鼠。

(2) 试剂　D-Hank's 液、DMEM 培养基（含 10%胎牛血清）、0.25%胰蛋白酶消化液等。

（3）设备　培养瓶、吸管和胶帽、培养皿、眼科剪、眼科镊、离心机、倒置显微镜、超净工作台、CO_2 培养箱等。

【试剂配制】

D-Hanks 液、0.25％胰蛋白酶消化液、DMEM 培养基（含 10％胎牛血清）配制方法同本章基本方案 1。

【实验方案】

1. 取材

① 取新生 1～2d 的小鼠背部皮肤一块，去除皮肤下的脂肪组织。

② D-Hank's 液清洗皮肤块 3 遍，用眼科剪将皮肤剪成 $0.5×1.0cm^2$ 小块，置于 0.25％胰蛋白酶消化液中。

2. 消化及接种

① 于 4℃消化 24h 或 37℃消化 2～3h。

② 用眼科镊将表皮与真皮仔细分离。

③ 将分离出的表皮置于离心管中，加入含 10％胎牛血清的 DMEM 培养液，吹打表皮，制备细胞悬液。

④ 2000r/min 离心 10min，弃上清液。

⑤ 加入含 10％胎牛血清的 DMEM/F12 培养基，混匀后，按 $1×10^6$ 个/ml 细胞密度接种于 25ml 培养瓶中。

⑥ 37℃培养 4h，轻轻吸去培养上清液，加入新鲜的培养基继续培养。

⑦ 2d 后，于倒置相差显微镜下观察细胞并照相。

⑧ 弃去原培养基，加入新鲜培养基，继续培养 3d、7d，于倒置相差显微镜下观察细胞并照相。

【注意事项】

① 取材后，皮肤下的脂肪组织一定要清除干净，否则残留的脂肪组织会影响酶消化效果。

② 消化前，用眼科剪剪皮肤时，应控制皮肤块的大小。若皮肤块太大，胰蛋白酶对皮肤的作用将不完全；若皮肤块太小，在胰蛋白酶作用后分离表皮与真皮的过程不易操作。

③ 对胰蛋白酶消化的表皮进行吹打，使其分散为单细胞或细胞团时，常有部分残存表皮不易被吹打分散，组成这些表皮的细胞主要来自角质层，其细胞的分化程度高、彼此间连接紧密，细胞一般无增殖能力，因此，可不必对这些表皮进行继续吹打。

④ 表皮细胞的体外培养中，基底层细胞是主要增殖的细胞，其数量在表皮细胞总量中仅占较小部分，因此，为提高培养细胞的存活率，应适当地增大接种细胞数量。

【实验结果及分析】

在培养 2d 后，倒置显微镜观察可见在接种的细胞或细胞团周围有新生的、轮廓较浅的细胞出现，这些细胞内含物较少、透明度高。在继续培养 3d 后，不同区域的新生细胞将逐渐连接成片，胞体轮廓逐渐明显，透明度减弱，呈现出扁平的、不规则多角形形态，胞核中常有 1 至数个核仁。在培养 1 周后，肉眼观察培养瓶底部，常可见有一层白色的膜状物，镜下观察能发现培养细胞已发生融合、连接成片，细胞间彼此镶嵌、呈铺路石样紧密排列。经角蛋白免疫细胞化学染色后，可见细胞呈阳性反应。

（连小华　杨恬）

备择方案 4 骨骼肌细胞的培养

【原理与应用】

在体外培养条件下，各种肌组织均可进行生长，其中，以骨骼肌细胞的培养较为常见。成熟的骨骼肌细胞（skeletal muscle cell）分化程度较高，具有多个胞核，胞质中分布有横纹，缺乏进行细胞分裂的能力。骨骼肌单核前体细胞，即骨骼肌干细胞，是正常肌肉组织中除骨骼肌细胞外的另一种重要的细胞类型，具有较强的分裂能力，大量存在于动物胚胎或幼体的肌肉组织中，在成体肌肉组织中，也有少量的分布。

在体外培养时，在培养基中加入胎牛血清并将细胞接种于明胶上，可使肌肉组织中的骨骼肌单核前体细胞在发生增殖的基础上，进一步向成熟骨骼肌细胞发生分化，即细胞间进行大量的融合、细胞内有横纹形成、细胞可发生自发性的收缩等，由此可得到大量的骨骼肌细胞。

【实验用品】

（1）材料　新生 1~2d 的大鼠。

（2）试剂　D-Hanks 液、DMEM 培养基（含 10% 胎牛血清）、胶原酶液、0.01% 明胶等。

（3）设备　培养瓶、吸管和胶帽、培养皿、解剖剪、眼科剪、眼科镊、无菌的细胞筛网、离心机、倒置显微镜、超净工作台、CO_2 培养箱等。

【试剂配制】

（1）胶原酶液的配制　用 D-Hanks 液配成 2000U/ml；36.5℃ 搅拌溶解 2h，4℃ 过夜；滤过消毒；分装成等份使用（1~2 周内）；长时间储存宜在 -20℃。

（2）0.01% 明胶的配制　用 D-Hanks 液配成 0.01% 溶液；搅拌溶解后滤过消毒；分装成等份，4℃ 储存。

【实验方案】

1. 取材

① 取新生 1~2d 的大鼠 1 只，采用脱颈椎法将其处死。

② 用 70% 乙醇擦拭大鼠全身 3 遍。

③ 在无菌条件下，用解剖剪剪开大腿皮肤，剥去皮毛。

④ 用眼科剪取下大腿肌肉，将其置于盛有 D-Hanks 液的培养皿中。

⑤ 除去肌肉组织上粘连的脂肪组织，并将肌肉中的骨骼剔除。

⑥ 将上述肌肉组织用 D-Hanks 液再反复清洗 3 遍，然后置于含有培养基的培养皿中。

2. 消化

① 用眼科剪将肌肉组织剪成大小为 $1mm^3$ 的小块，放入盛有胶原酶液（2000U/ml）的锥形瓶中，于 37℃ 消化 24h 左右。

② 用吸管用力吹打消化后的肌肉组织块，用无菌的细胞筛网将吹打后残余的组织碎块加以滤过，收集细胞悬液于 10ml 离心管中。

③ 800r/min 离心 5min，弃上清液。

④ 加入含 10% 胎牛血清的培养基，吹打沉淀的细胞，制备细胞悬液。

⑤ 将细胞接种于覆盖有 0.01% 明胶的培养皿中，接种量可增大到 $2×10^6$ 个/皿。

⑥ 将培养皿置于 37℃ 培养箱中进行培养，4~5d 后即可得到大量的骨骼肌细胞。

【注意事项】

① 因生长中的肌肉组织中，骨骼肌单核前体细胞数量较多，因此，为提高培养的成功

率，培养所用的组织材料应尽量取自动物的幼体或胚胎。

② 因成肌细胞比非成肌细胞贴壁慢，可采用反复贴壁的方法，减少原代培养中非成肌细胞的污染。

③ 良好的培养条件，如向培养基中加入胎牛血清、将细胞接种于明胶上等，可避免培养的成肌细胞发生去分化的现象，促使其向成熟骨骼肌细胞转变，即：细胞间大量融合形成多核细胞、细胞发生自发性收缩等。

【实验结果及分析】

在接种后 24h 左右，大多数细胞已贴壁并开始增殖；经培养 2d 后，细胞进入对数生长期，细胞呈梭形，中央有单个胞核，胞质透明度高。随着培养时间的延长，细胞间开始发生大量的融合，细胞的自发性收缩也逐渐变得明显，细胞内可观察到骨骼肌特征性横纹的出现。

（连小华　杨　恬）

备择方案 5　内皮细胞的培养

【原理与应用】

内皮是分布于心血管及淋巴管内腔面的单层上皮。利用动物的大血管分离、获得的内皮细胞（endothelial cell），其纯度较高，对体外大量培养内皮细胞极为有利。从动物大血管分离并培养内皮细胞的方法有多种，其中以灌流消化法操作过程较为简便，下面着重介绍这一方法。

【实验用品】

（1）材料　10~15cm 动物大血管（颈总动脉、股动脉等）。

（2）试剂　0.01mol/L PBS 平衡液、DMEM 培养基、0.1％胶原酶液等。

（3）设备　眼科剪、眼科镊、解剖剪、解剖镊、止血钳、手术刀、培养瓶、培养皿、吸管和胶帽、离心机、倒置显微镜、超净工作台、CO_2 培养箱等。

【试剂配制】

0.01mol/L PBS 平衡液的配制：

① 称取所需量的 PBS 干粉，溶于适量双蒸水中。

② 在 1000ml 容量瓶中调节 pH 为 7.2~7.4，并将 PBS 定容至 1000ml。

③ 将 1000ml 0.01mol/L PBS 分装到数个生理盐水瓶中，每个瓶塞上插入 2 只注射器针头，8lbf/in^2（55.16kPa）高压蒸汽灭菌 20~30min。

④ 从高压锅内取出装有 0.01mol/L PBS 的生理盐水瓶后，立即拔出针头并在针孔处贴上胶布，以防溶液被细菌污染。

⑤ 4℃保存，使用时可加入青霉素和链霉素双抗溶液，使二者的终浓度都达到 100U/ml。

【实验方案】

① 于无菌条件下，剪取一段长为 10~15cm 的动物大血管（颈总动脉、股动脉等）或人的脐静脉，将其放入盛有 PBS 的培养皿中。

② 用眼科剪及眼科镊剔除附着在血管外壁上的结缔组织。

③ 将 PBS 注入血管中，冲洗管腔中的残血。

④ 用 PBS 洗涤血管 3~4 次。

⑤ 血管的一端用止血钳夹紧或用细线结扎，另一端插入静脉留置针，用细线将其结扎、固定。

⑥ 利用静脉留置针将 0.1％的胶原酶液注入血管中，使之充盈，于 37℃消化 3~15min。

⑦ 在血管的游离端剪开一小切口，将消化液收集于离心管，用温热的培养液冲洗血管腔 3 次，也收集于离心管中。
⑧ 1000r/min 离心 10min，弃上清液。
⑨ 向离心管中加入 DMEM 培养基，吹打制悬。
⑩ 将细胞接种于培养瓶中，于 37℃培养，每隔 2～3d 换液 1 次。

【注意事项】
① 进行内皮细胞培养时，应重视培养材料来源的选择。人脐带来源方便，但从其分离的内皮细胞常不易生长，传代也较困难，因此，在进行内皮细胞培养时，一般选用牛或兔的大动脉作为培养材料，效果较好。
② 确定适当的消化时间对培养的成功非常重要，消化时间不足，内皮细胞不易从血管分离；消化时间过长，内皮下面的结缔组织细胞也会被消化液作用，从而混杂在消化的内皮细胞中，引起培养过程中的细胞污染。
③ 在将消化液注入血管的过程中，为避免血管外膜的细胞（如成纤维细胞）对培养的内皮细胞的污染，还需注意不能让消化液从血管中溢出，以致对血管外膜产生消化作用。

【实验结果及分析】
在接种 30min 后，内皮细胞即可贴壁，呈圆形或多边形形态。24h 后，细胞发生明显的增殖，倒置显微镜下观察可见大量的细胞增殖群落。培养 7d 后，细胞发生融合，单层细胞铺满培养瓶底，细胞呈鹅卵石状紧密排列。经第Ⅷ因子相关抗原或 CD31、CD34 免疫荧光染色，细胞呈阳性反应。

（连小华　杨　恬）

备择方案 6　神经胶质细胞的培养

【原理与应用】
神经组织主要由神经元及神经胶质细胞（neuroglial cell）组成。神经元是一种高度分化的细胞，在体外条件下不易发生增殖，培养难度较大。神经胶质细胞在体外的条件下，可稳定地生长，并发生分裂、增殖，因此，较易培养成功并可进行传代。星形胶质细胞是神经胶质细胞的一种重要的类型，其相关的培养方法介绍如下。

【实验用品】
（1）材料　新生大鼠（1 周内）。
（2）试剂　D-Hanks 液、DMEM 培养基（含 10％胎牛血清）等。
（3）设备　眼科剪、眼科镊、培养瓶、培养皿等。

【试剂配制】
D-Hanks 液、DMEM 培养基（含 10％胎牛血清）配制方法同本章基本方案 1。

【实验方案】
① 取新生大鼠（1 周内）1 只，将其处死，于无菌条件下取出脑组织。
② 在立体显微镜下，将脑膜及血管等纤维成分尽量剥除干净。
③ 用 D-Hanks 液冲洗脑组织 3 次，将髓质切除，保留皮质。
④ 将皮质剪成 1mm³ 的小块，置于盛有 30～50 倍 D-Hanks 液的离心管中，反复轻轻吹打皮质组织块，制备细胞悬液。
⑤ 将离心管静置 5～10min，细胞或细胞团块将自然下沉，脂肪等杂物则漂浮于上层。
⑥ 轻轻将离心管中悬液的上层吸出，于 1000r/min 条件下离心 5min，弃上清液。

⑦ 加入 DMEM 培养基，吹打沉淀，制备细胞悬液。
⑧ 对细胞进行计数，按 $0.5×10^6$ 个/ml 的细胞密度接种细胞于培养瓶中。
⑨ 静置培养 30min 后，轻轻吸出含未贴壁细胞的培养液，于 1000r/min 离心 5min，弃上清液。
⑩ 向上述离心后的沉淀中加入培养液，吹打制悬。
⑪ 将细胞接种于培养瓶中，每 2～3d 换液 1 次。

【注意事项】
① 脑膜及血管等纤维成分要尽量剥离干净，否则培养的细胞中将有成纤维细胞、内皮细胞及巨噬细胞等的混杂。
② 根据神经胶质细胞贴壁过程较慢的特点，利用反复贴壁法，既可促进神经胶质细胞贴壁生长，又可减少其他类型细胞的污染。
③ 在培养 9～10d 后，单层生长的星形胶质细胞的上面常可出现一些少突胶质细胞，此时可将培养瓶放于恒温振荡器中，于 37℃水浴振荡 15～18h，少突胶质细胞将会发生脱落，由此可得到纯度较高的、贴壁的星形胶质细胞。

【实验结果及分析】
经培养 3～5d 后，星形胶质细胞即可大量增殖，数量明显增多；培养 1 周左右，细胞可以融合成单层，细胞表面可观察到小的突起，细胞间呈非紧密连接。进一步延长培养时间，细胞将出现分层生长，有少突星形胶质细胞生长于星形胶质细胞的上面。经振荡纯化后，少突胶质细胞消失，均一的星形胶质细胞层形成。经抗胶质原纤维酸性蛋白免疫细胞化学染色，细胞呈阳性反应。

（连小华　杨　恬）

备择方案 7　骨髓间充质干细胞的培养及其体外诱导分化

【原理与应用】
骨髓是高等动物造血的主要组织，其中除了含有造血干细胞外，还存在着另外一种具有向中胚层细胞分化能力的多能干细胞，即间充质干细胞（MSC）。MSC 是一种具有多向分化潜能的原始骨髓细胞，在一定的条件下可以向成骨细胞、软骨细胞、脂肪细胞、肌肉、基质细胞、血管内皮等多种终末功能的细胞分化，参与自身组织细胞的更新、再生、修复和分化。因此，MSC 是组织工程重要的种子细胞。

【实验用品】
（1）材料　胎兔。
（2）试剂　DMEM 培养基、胎牛血清、软骨诱导分化培养液、0.25% 胰蛋白酶消化液、PBS、培养瓶。
（3）设备　移液器、枪头、小烧杯、10ml 吸管橡皮头、超净工作台、CO_2 孵箱、倒置相差显微镜、离心机。

【试剂配制】
软骨诱导分化培养液：10% 胎牛血清，DMEM-LG，胰岛素、转铁蛋白、亚硒酸均为 $6.25\mu g/ml$，BSA1 $25\mu g/ml$，丙酸盐 1mmol/L，抗坏血酸磷酸盐 $37.5\mu g/ml$，地塞米松 $10^{-7}mol/L$，TGF-β 150ng/ml。

【实验方案】
① 用乙醇和碘酒对胎兔进行消毒。在超净工作台中取胎兔后腿长骨，将骨表面肌肉分

离干净,剪去长骨两头,暴露骨髓腔,用低糖 DMEM 培养基将骨髓腔内骨髓冲洗出,收集在无菌的试管中,用适当肝素抗凝。

② 将洗出的细胞 1000g 离心 8min,弃去上清液。用含有 10% 胎牛血清的 DMEM-LG 培养液重悬细胞,调整细胞浓度。

③ 将细胞接种于塑料培养瓶中,在 5% CO_2 和 95% O_2 条件下 37℃ 培养 48h。

④ 除去非贴壁细胞,更换新的培养体系继续培养。在每次换液前,用 PBS 洗 2 次,将未贴壁的造血干细胞剔除干净。

⑤ 待贴壁细胞的密度增至 90% 左右时,用 0.05% 胰蛋白酶消化,按 6000 个细胞/cm^2 的密度植入培养瓶中传代培养。

⑥ 取传代 3 次的骨髓 MSC 培养在软骨诱导分化培养液中。

⑦ 观察骨髓 MSC 向软骨分化过程的细胞形态变化。

⑧ 分化细胞用 40% 甲醛固定,HE 染色,并观察结果。

【注意事项】
① 非贴壁细胞必须清洗干净。
② 软骨分化培养液可以通过半换液的方式进行添加。
③ 一次性培养瓶优于玻璃培养瓶。

【实验结果及分析】

显微照相,记录细胞分化的过程。通常在软骨细胞诱导分化液中培养 10~14d 后,可见有 Ⅱ 型胶原蛋白的表达(用 c4f6 单抗检测),至 21d 表达量最高。在某些实验里,用免疫组化方法还可检测到聚集蛋白聚糖(aggrecan)的表达。

(黄　辰)

支持方案 1　细胞的冻存与复苏

【原理与应用】

体外培养的细胞,随着传代次数增加,在体外环境中生存时间增长,其各种生物特性会逐渐发生变化,同时培养器皿、培养液等也被大量地消耗,因此,有必要对细胞加以及时冻存。

冻存通常是指将细胞冷冻储存在 -196℃ 的液氮中。如在不加任何保护剂的情况下,直接对细胞加以冻存,会导致细胞内、外的水分迅速形成冰晶,进而对细胞结构与功能造成一系列的损害,如机械损伤、蛋白质变性、电解质升高等,最后可引起细胞死亡。为了避免细胞内冰晶的形成,在冻存细胞时常向培养液中加入适量的二甲基亚砜(DMSO)或甘油,这是两种对细胞无毒性的物质,因其分子量较小而溶解度大,较易穿透进入细胞中,使细胞内冰点下降,并可提高细胞膜对水的通透性,配合以缓慢冷冻的方法,可使细胞内的水分逐步地渗透出胞外,避免了冰晶在细胞内大量形成。

复苏是指将冻存的细胞从 -196℃ 的液氮中取出融解,使其活力恢复的过程。快速融化的手段可以保证细胞外结晶在很短时间内融化,避免由于缓慢融化使水分渗入细胞重新结晶对细胞造成损害。复苏成功的细胞可以保持很高的活力。

【实验用品】

(1) 材料　培养的贴壁细胞(70%~80% 融合)、于液氮中冻存的细胞。

(2) 试剂　D-Hanks 液、0.25% 胰蛋白酶消化液、DMEM 培养基(含 10% 胎牛血清)、冻存液。

(3) 设备　培养瓶、吸管、胶帽、离心管、冻存管、酒精棉球、酒精灯、水浴锅、CO_2 培养箱、离心机、液氮罐、倒置显微镜、超净工作台。

【试剂配制】

1. D-Hanks 液、0.25% 胰蛋白酶消化液、DMEM 培养基的配制

方法同本章基本方案 1。

2. 冻存液的配制

① 取已抽滤的、含 10% 胎牛血清的 DMEM 培养基 90ml。

② 用一次性注射器向培养基中加入 10ml 二甲基亚砜（DMSO）或已经消毒的甘油。

③ 用吸管将 DMSO 或甘油与培养基混匀。

④ 将制好的冻存液放于 4℃ 冰箱中保存、备用。

【实验方案】

1. 细胞的冻存

① 依照传代的方法用 0.25% 胰蛋白酶消化液对处于对数生长期的单层细胞进行消化（参见本章基本方案 2）。

② 收集消化细胞于离心管中，800～1000r/min 离心 5min。

③ 弃上清液，加入适量冻存液，用吸管吹打细胞制悬，调整细胞密度为 $5×10^6$～$1×10^7$ 个/ml。

④ 每个冻存管分装细胞悬液 1ml，旋紧冻存管的盖，并用蜡膜封严。

⑤ 在冻存管上标明细胞的名称、冻存时间、冻存人名等。

⑥ 将冻存管置于如下条件下逐步加以冻存：4℃，1h→ －20℃，2h→ －85℃，2h→ 液氮。

2. 细胞的复苏

① 用止血钳从液氮罐中取出细胞冻存管 1 只，迅速将其置入 37℃ 水浴中，不断摇动使冻存的细胞悬液尽快融化。

② 用酒精棉球擦拭冻存管，放入超净工作台中。

③ 将已融化的细胞悬液用吸管移入离心管中，加 10 倍体积的 DMEM 培养基，吹打混匀。

④ 1500r/min 离心 3min，弃上清液。

⑤ 加入培养液吹打沉淀的细胞，使其悬浮，对细胞进行计数。

⑥ 按 $5×10^5$ 个/ml 的细胞浓度，将细胞接种在培养瓶中，置于培养箱中培养。

⑦ 24h 后取出培养瓶，观察细胞生长状况。

【注意事项】

① 对数期的细胞增殖能力强，冻存后生存率较高，因此，在进行细胞冻存时，应尽量选择处于此期的细胞加以冻存。

② 为了保证冻存的质量及复苏后细胞的存活率，冻存时应掌握好消化时间，消化过度将对细胞造成损伤，复苏时细胞难以存活。此外，复苏后接种时，细胞的浓度不能太低，最好控制在 $5×10^6$～$1×10^7$ 个/ml，这样才能保证复苏成功。

③ 冻存管的瓶盖应封盖严密，以免复苏时细胞外溢；对一些冷冻耐受性较差的细胞，如胚胎细胞，冻存时应特别小心，可在冻存管外包裹一层棉花，以避免冻存过程中细胞受到损伤。

④ 复苏时，从液氮取出冻存管到水浴中融化的过程要快，否则将会导致冰晶的形成，伤害细胞。同时，一次复苏的冻存管数量不要太多，否则会引起水浴锅中传热不佳，延缓冻

存的细胞悬液融化的时间。

⑤ 为防止液氮冻伤,在复苏过程中应戴上棉质手套。

【实验结果及分析】

经复苏刚接种的贴壁生长的细胞是悬浮于培养基中的。复苏成功的细胞 24h 左右可贴壁,48h 后即可开始生长、增殖。复苏不成功的细胞,将继续悬浮于培养液中,不能贴壁。

(连小华　杨　恬)

支持方案 2　细胞显微测量技术

【原理与应用】

细胞大小的测量通常用显微测微尺来进行,显微测微尺包括目镜测微尺(简称目尺)和物镜测微尺(简称台尺)两个部分。目镜测微尺为一块置于目镜中的圆形玻片,中央有一个 5mm 或 10mm 长的刻度尺,可被分成 50 格或 100 格。物镜放大倍数不同,每格实际长度也随之发生变化。物镜测微尺为一载玻片,其中央为一圆形、长度为 1mm 或 2mm 的测微尺,被分成 100 格或 200 格,每格的实际长度是 0.01mm。在对细胞大小进行测量时,首先需将目镜测微尺每一格实际长度用物镜测微尺加以核实,再用目镜测微尺去测定标本(图 5-9)。换算公式:目尺每格长度(μm)=台尺的格数/目尺的格数×10μm

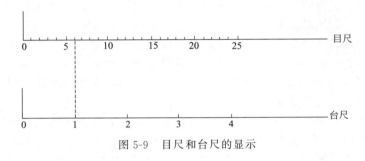

图 5-9　目尺和台尺的显示

【实验用品】

(1) 材料　培养单细胞悬液(10^4 个/ml)。

(2) 试剂　碘液。

(3) 设备　吸管、胶帽、离心管、酒精棉球、酒精灯、吸水纸、载玻片、盖玻片、物镜测微尺、目镜测微尺、普通光学显微镜。

【实验方案】

① 卸下显微镜目镜的上透镜,将目尺刻度向下装在目镜的焦平面上,旋上上透镜,将目镜插入镜筒。

② 将台尺刻度面向上放置于载物台上,低倍镜下调节焦距使台尺刻度清晰。

③ 转动目尺并移动台尺,使两尺平行并左边零线对齐,从左向右找出两尺的另一条对齐线。

④ 对两重合线之间目尺和台尺格数加以记录,按公式换算出目尺每格的实际长度。

⑤ 载玻片中央滴加培养细胞悬液,盖上盖玻片,从其一侧滴加碘液,用吸水纸在盖玻片另一侧吸出一部分液体,即可制成培养细胞的临时装片。

⑥ 取下台尺,将培养细胞临时装片放在载物台上。

⑦ 移动细胞临时装片并转动目尺,使目尺与欲测定的细胞直径重叠,记录目尺的格数。

【注意事项】

① 单细胞悬液中的细胞应尽量分散，若细胞彼此间发生重叠，其细胞长度的测量将受到影响。

② 在对齐台尺及目尺左边零线前，应尽量将显微镜焦距调准，将误差减少到最小。

③ 当换用放大倍数不同的物镜进行测量时，台尺对目尺每格的实际长度应重新计算。

④ 所测定的细胞应不少于10个，最后取其平均值。

【实验结果及分析】

记录细胞所占目尺的小格数，将该数乘以目尺每小格的实际长度，即可得到细胞的实际长度。

（连小华　杨　恬）

支持方案3　细胞培养中支原体污染的检测

【原理与应用】

细胞培养中最令人头疼的问题之一是微生物的污染，而支原体的污染更给人一种看不见摸不着的感觉。长期以来，这个问题一直令细胞培养工作者所困惑。在我们日常生活和工作的环境中，支原体可以说无处不在，它可以通过人的毛发、口腔、穿着的衣服、动物的皮毛以及日常的细胞培养的操作环境对细胞造成污染。国内外研究表明造成细胞培养污染的支原体主要为以下4种：口腔支原体；精氨酸支原体；猪鼻支原体和莱氏无胆甾原体。但能够造成细胞污染的支原体种类还很多，有些细胞甚至同时感染2种以上的支原体。由于支原体体积很小，直径在 $0.2\sim2.0\mu m$ 之间，通常可以通过过滤膜而直接造成培养基或血清的污染。另外，被支原体污染的细胞培养基液体往往并不浑浊，细胞受损程度并不明显，形态很少改变，这样就更增加了人们对其的防范难度。

从形态结构上，支原体形态多变，它多吸附在细胞表面或散于细胞与细胞之间。从其理化或生物学特性上讲，所有支原体代谢均需固醇，部分需要精氨酸和葡萄糖。支原体的生存要求要比细菌要求高，同时，除需基本营养物质外，还需 $10\%\sim20\%$ 血清条件，最适pH值在 $7.8\sim8.0$ 之间，多数支原体呈兼性厌氧，其繁殖方式主要是二分裂繁殖，分裂和其DNA复制不同步，可形成多核长丝体。由于支原体是一类缺乏细胞壁的微生物，因此对作用于细胞壁类的抗生素（如青霉素G）不敏感。支原体对热的抵抗力和细菌相似，而对环境渗透压的变化比较敏感。

支原体对细胞的影响，可以从两方面考虑。一方面是对细胞的直接影响，细胞被支原体污染后，增殖缓慢，部分细胞变圆，从瓶壁上脱落。部分细胞虽然表面变化不十分明显，实际上潜伏着多方面的危险。另一方面，支原体可以通过消耗培养基中的精氨酸，抑制细胞DNA、RNA的合成，降低细胞的抵抗力。因此，支原体污染对细胞的影响是非常广泛和深远的。

常用的检测方法有培养法、荧光染色法（DNA染色法）、PCR法和电镜观察法。

培养法最为可靠且成本低廉，但培养周期较长，常用于细胞以及临床治疗细胞的支原体检查。

荧光染色法（DNA染色法）用特异荧光染料（Hoechst 33258）染色后在荧光显微镜下进行检测。Hoechst 33258是一种能和DNA特异结合的物质。如果，检测样品为支原体污染，则附在细胞表面的支原体DNA着色，在荧光显微镜下可见。

PCR法是20世纪80年代中期建立起来的一种体外DNA扩增实验，其基本原理是酶促

DNA 合成反应，即在 DNA 模板、引物和脱氧核糖核酸存在下，经 DNA 聚合酶的作用，使 DNA 链扩增延伸。该实验具有灵敏度高、特异性强、快速的特点，但其对实验环境的要求严格，实验成本较高，有时还有假阳性的现象出现。

利用电子显微镜的超级放大功能，可直接观察培养细胞中支原体污染情况。

（一）培养法检测支原体

【实验用品】

(1) 材料　支原体肉汤培养基、精氨酸肉汤培养基、支原体琼脂培养基。

(2) 设备　培养箱、显微镜。

【实验方案】

(1) 样品的储存　样品如在 24h 以内进行支原体检测，可储存在 2～8℃；如果超过 24h，样品应放置于-20℃以下保存。

(2) 采用支原体琼脂培养基（半流体）检查支原体　将样品分别接种 10ml 半流体培养基（已冷至 36℃），每支培养基接种样品 0.5～1.0ml，置 36℃培养 21d，每隔 3d 观察 1 次。

【实验结果及分析】

培养结束时，如有支原体生长，可在琼脂培养基中看到典型的彗星状和煎蛋状菌落出现。如已接种培养基均无支原体生长，则检测样品合格。如果怀疑有支原体污染，可取加倍量样品复试，如果没有支原体生长，则可视为合格；否则，为不合格。

（二）荧光染色法（DNA 染色法）检测支原体

【实验用品】

(1) 材料　DMEM 完全培养基及无抗生素的 DMEM 培养基、二苯甲酰胺荧光染料（Hoechst 33258）、固定液、细胞培养 6 孔板或其他容器。

(2) 设备　荧光显微镜、二氧化碳培养箱。

【试剂配制】

(1) 二苯甲酰胺荧光染料（Hoechst 33258）浓缩液　称取 5mg 二苯甲酰胺荧光染料，加入 100ml 不含酚红和碳酸氢钠的 Hanks 液中，室温下磁力搅拌 30～40min，使其完全溶解，-20℃避光保存。

(2) 二苯甲酰胺荧光染料（Hoechst 33258）工作液　量取 100ml 无酚红和碳酸氢钠的 Hanks 液，加入 1ml 二苯甲酰胺荧光染料浓缩液混匀。

(3) 固定液　乙酸-甲醇（1∶3）混合液。

【实验方案】

(1) 盖玻片培养　细胞汇合前从瓶中取出；细胞最好处于 70% 汇合，如细胞完全汇合，会影响支原体的观察。

(2) 漂洗　将细胞盖玻片置于培养皿中，用不含酚红的 Hank's 液漂洗；细胞悬液则先离心去上清营养液后，再加入 Hanks 液漂洗。

(3) 固定　加入固定液 5ml，放置 10min。

(4) 漂洗　用生理盐水或去离子水漂洗，方法同（2）。

(5) 染色　加入二苯甲酰胺荧光染料（Hoechst 33258）工作液 5ml，在室温下放置 10min。

(6) 漂洗　吸出染液，用 5ml 去离子水洗 3 次。

(7) 观察　取出盖玻片空气中干燥，细胞面向上，滴加 pH 5.5 的磷酸盐缓冲液数滴，覆以盖玻片，在荧光显微镜下观察。

【注意事项】
① 盖玻片培养细胞达到70%汇合观察效果最佳，不要使细胞完全汇合。
② 在空气中干燥时，盖玻片的细胞面向上。

【实验结果及分析】
① 阳性结果可见细胞周围或细胞膜上有大小不等、不规则的荧光着色颗粒（绿色小点）。见图 5-10。

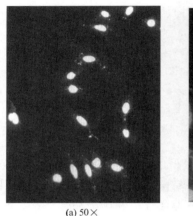 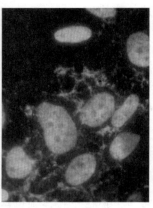

(a) 50×   (b) 100×

图 5-10   Hoechst 33258 荧光染色检测支原体

② 当阴性结果和阳性结果均成立时，实验有效。如有疑虑，应重做。

（三）PCR 法检测支原体

【实验用品】
（1）材料   选用美国 Stratagene 公司生产的支原体检测试剂盒（内有引物、阳性对照、内对照、StrataClean 树脂、缓冲液）；dNTP；Taq DNA 聚合酶；缓冲液；琼脂糖；矿物油。
（2）设备   超净工作台、PCR 仪、电泳仪、凝胶成像分析系统、台式离心机、漩涡混悬器等。

【实验方案】
（1）样品的收集   待测细胞用无双抗培养基培养 7d，用无菌容器取上清液 500μl，4℃保存待测。
（2）模板的制作   在无菌的条件下，取细胞培养上清液 100μl 于一无菌的 0.5ml 塑料离心管内，盖好盖子，95℃水浴加热 5min。
（3）混合离心   打开盖子，向管内加 StrataClean 树脂 10μl，盖好盖子，漩涡混悬器混合，离心 5～10s，吸取上清液至一新的塑料离心管中，模板制作完毕，4℃保存。
（4）PCR 反应   反应体系最适条件为：10mmol/L Tris-HCl（pH 8.38），50mmol/L KCl，1.5～2.5mmol/L $MgCl_2$，200μmol/L dNTP，2U Taq DNA 聚合酶；总反应体系为 50μl，反应用去离子水均需用 12000μJ/cm^2 紫外灯照射。
① 在 0.5ml 塑料离心管中加入 35.2μl 去离子水及 5μl 10×Taq 反应缓冲液。
② 依次加入下列成分：0.4μl dNTP（25mmol/L）；0.4μl Taq DNA 聚合酶（5U/μl）；2μl 引物。
③ 加 2μl 去离子水，总体积 45μl。
④ 加 5μl 已制成的模板到反应体系中。

⑤ 阳性对照、内对照各 $5\mu l$ 加入各自的反应体系中。
⑥ 取 1 支含有以上反应体系的离心管，加入 $5\mu l$ 去离子水作为阴性对照管。
⑦ 在反应体系中加入 $100\mu l$ 矿物油。
⑧ PCR 程序如下：

程序	循环数/次	温度/℃	时间/min	程序	循环数/次	温度/℃	时间/min
1	1	94	2	2	40	94	1
		50	2			50	1
		72	2			72	2

(5) 琼脂糖凝胶电泳　PCR 反应结束后，进行琼脂糖凝胶电泳，琼脂糖凝胶浓度 2%。电泳结束后，凝胶成像分析结果。

【注意事项】
① PCR 反应的前期操作应在无菌环境中进行。
② 检测前，待测细胞要用无双抗培养基培养 7d。

【实验结果及分析】
该方法为检测支原体的定性方法，在电泳泳道上，Marker（DNA 分子质量标准参照物）、阳性对照、内对照均会出现不同的电泳条带。当被检样品泳道出现明亮条带，且位置在阳性对照和阴性对照条带位置之间，即可认为该样品被支原体污染。有时还会发现一条泳道出现多条条带，可能是该样品感染 2 种以上支原体所致（图 5-11）。

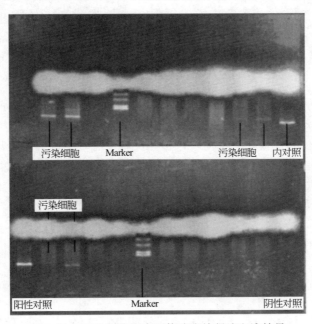

图 5-11　PCR 法检测支原体琼脂糖凝胶电泳结果

如果，泳道内条带隐约出现，则可怀疑有支原体污染，重做该样品。

（四）支原体的扫描电镜检测

【实验用品】
(1) 材料　见第一章基本方案 5 "扫描电子显微镜与样品制备"部分。
(2) 设备　超净工作台、台式离心机、漩涡混悬器、扫描电镜。

【实验方案】

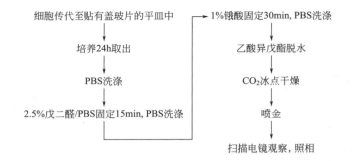

【实验结果】

见图 5-12、图 5-13。

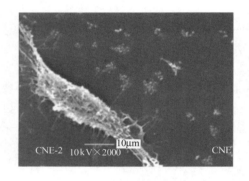

图 5-12 支原体阳性细胞扫描电镜图像
细胞外散在的碎片（渣）即为支原体

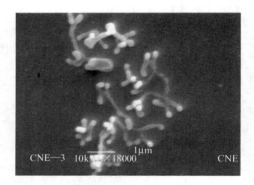

图 5-13 图 5-12 的进一步放大
可见圆球状支原体

（五）总 结

① 支原体培养法是最为经济和可靠的方法，但其实验周期较长，所以常用作对怀疑细胞的最后甄别。

② DNA 染色法较为快捷、方法简单，但其灵敏度有一定的欠缺，易造成漏检。

③ PCR 检测支原体的方法最为快速、灵敏、取样量少，既可做细胞也可做细胞上清液的检测，同时可以检测 8 种支原体的污染，是目前常用的检测手段。但其成本较高，条件要求严格，有时易出现假阳性。弥补的方法：对怀疑的样品要经过 3 次 PCR 检测，或用培养法检测。

④ 电镜法非常直观、准确，但使用环境要求高，操作复杂，实验周期较长，常作为样品的最后定性检测。

（张 宏 顾 蓓 刘玉琴）

支持方案 4　放射自显影术及同位素液闪测定

【原理与应用】

放射自显影术（autoradiography）是利用放射性同位素电离辐射对核子乳胶的感光作用，显示标本或样品中放射物的分布、定量及定位的方法。其原理是被研究材料中的放射性同位素释放射线，作用于感光乳胶，使感光乳胶中的卤化银感光形成潜影，再经显影剂作用，感光的卤化银还原成黑色的银颗粒，未感光的银盐则经定影去除，在乳胶中留下清楚明确的图像。

放射性同位素本身能在紧密接触的感光乳胶中记录下它存在的部位和强度,准确显示出形态与功能的定位关系。近年来,随着电子显微镜技术以及分子生物学技术的发展,已可将放射自显影术与电镜技术以及分子生物学结合起来,不但可研究放射性物质在组织和细胞内的分布代谢,而且可揭示核酸合成及其损伤等改变,目前已在生命科学各领域被广泛应用。在药理学方面更可用它研究药物在体内的分布、代谢、作用机制等。本实验主要阐述培养细胞的放射自显影术、器官培养的放射自显影术,并同时介绍同位素液闪测定技术。原位杂交技术则另章叙述。

培养细胞的放射自显影术应用范围很广,除了用来研究细胞本身的物质代谢之外,还可用来分析细胞的动态活动、细胞周期等。在药物学领域更可作为药物作用机理的研究工具。

器官培养的放射自显影术与培养细胞放射自显影术的操作过程基本相同。所不同的是器官培养的放射自显影术还包括石蜡包埋、切片等步骤,现以鸡胚原结诱导鸡胚外胚层神经分化为例,展示一般操作过程。以此为例的优点在于可看出掺入同位素的组织与不掺入同位素的组织泾渭分明,截然不同。

液闪（liquid scintillation）的运用已有较长的历史,但在细胞生物学、生物化学以及药理学等研究领域仍不失为快速、准确的好方法,人们至今喜欢采用。其基本原理是,放射性原子发出的放射粒子与能够发生一定波长光谱的分子发生碰撞,使后者发出能为某种仪器接受的光波。为完成这一过程,需要将放射性同位素溶于或悬于闪烁液内,闪烁液包括溶剂和第一、第二闪烁体。放射性原子首先与溶剂分子碰撞,使之发出磷光,但由于光波很短（260～340nm）,难以被一般仪器检测到。因此,第一闪烁体就能吸收这种光而发出较长波长（360～380nm）的光,而第二闪烁体在接受第一闪烁体发生的光后,更可发出波长为420～440nm 的光,十分容易被特定仪器所检测,此即为液闪计数器,它以同位素脉冲记录下来,反映出生物大分子的合成、代谢以及损伤等。

（一）培养细胞的放射自显影术

【实验用品】

（1）材料　培养的细胞。

（2）试剂　同位素标记物（如 ^{3}H-TdR、^{3}H-UdR 等）、液体乳胶（常用核Ⅳ号）、显影液、定影液、甲醇、吉姆萨染液。

（3）设备　细胞传代培养的设备、直径 3.5cm 塑料培养皿（或 50ml 培养瓶）、2.2cm×2.2cm 盖玻片（或自裁成 6mm×40mm,放入培养瓶）、曝光铅盒或黑色塑料盒、电磁搅拌器、恒温台（可调节温度以烘干乳胶）、载玻片、中性树胶、暗室及相应设备。

【实验方案】

1. 同位素标记物与细胞的结合

① 用培养基稀释同位素标记物,培养细胞放射自显影术常用浓度为 $0.1\sim2\mu\text{Ci}$[❶]/ml。如采用 ^{3}H-TdR,建议浓度为 $0.5\sim1\mu\text{Ci/ml}$。

② 弃去培养细胞的培养基,用 Hank's 缓冲液洗涮 1 次,加入上述含有同位素的培养基。一般 50ml 培养瓶加 3ml 培养液。

③ 将上述细胞置 37℃恒温箱温育一定时期（温育时间按实验要求和同位素种类及浓度等因素而定,一般如 ^{3}H-TdR 在 $1\mu\text{Ci/ml}$ 浓度下,温育 1～4h 即可）,然后弃去培养液,用 Hank's 液涮洗 3 次,以去除未掺入细胞内的放射性物质。

[❶] 1Ci＝37GBq。

2. 固定

按常规细胞学方法进行，但应避免使用含有重金属离子的固定液，以免增加本底颗粒数目。建议用纯甲醇固定，时间 30min 以上。

3. 涂布乳胶

① 乳胶的准备于暗室中红光下，将核Ⅳ乳胶从不透光的容器中取出，置于 10ml 小烧杯中，将小烧杯置于电磁搅拌器上，放入洁净铁芯小玻棒 1 枚，开启电磁搅拌器，使乳胶溶化，为稀释起见，可加入适量附加液或三蒸水，搅拌数分钟使乳胶与附加液充分混合均匀。如无电磁搅拌器，可将三蒸水 40℃ 预热，然后加入等量或 2/3 量的核Ⅳ乳胶，用干净玻棒搅拌均匀，应避免出气泡。

② 将生长有培养细胞的小盖片条（或培养皿中的方盖片）取出，将其一端用胶布粘于载玻片上（注意：使有细胞的一面朝上，此面外观较粗糙），然后在有细胞的盖玻片上滴 1 滴乳胶，用吸管将乳胶轻轻涂开。

③ 将上述涂有乳胶的玻片直立于切片架上，使乳胶尽量成为薄层，再以低速小风扇吹干。

④ 待乳胶干硬后（10~20min），将片子置于预先置有干燥剂（常用硅胶或氯化钙）的曝光盒内，用黑纸将曝光盒包严，注明同位素标本记号，置 4℃ 冰箱内，或室温下曝光。

4. 曝光

曝光时间随标本的放射性强度、同位素剂量和实验要求而定。为阐明同位素在细胞和组织内的精确定位，曝光时间要短；为了显示小量放射性同位素的定位，曝光时间宜长。对半衰期长的同位素，活性小的标本应相应地增加曝光时间。为选择最佳曝光时间，可参考同类的工作，一般应进行试验性曝光，以决定最佳曝光时间。^3H、^{14}C、^{35}S 标记物通常曝光 3~7d 即可。

5. 显影与定影

显影与定影时间随曝光时间和同位素剂量而不同，在一般照相的显影液中，于 18~20℃ 时，显影 3~5min，然后在 1% 乙酸溶液中置 1~3min，再转入定影液内 30min 左右。

6. 染色

将标本用自来水连续冲洗数分钟（切忌水流过急、过大），再以三蒸水洗涮 1 次，晾干后用吉姆萨染色（也可用 HE 染色）。

7. 封片

染色后晾干，用中性树胶封片，在油镜下观察、摄影。

【注意事项】

① 涂布乳胶有各种方法，其原则是涂布要均匀一致，此外尽可能地要稀薄。

② 从涂布乳胶开始须在暗室内进行，直至定影完毕方可见光。

③ 同位素废弃物处理须严格按要求执行，不可污染环境。

【实验结果与分析】

如图 5-14 所示。

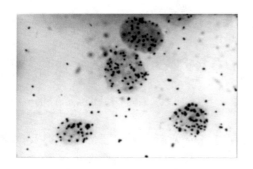

图 5-14 人食管癌 ECa109 的 ^3H-TdR 掺入 银颗粒集中于细胞核内，掺入率约 50%，注意 圆而小的核仁中无银颗粒。吉姆萨，×1000

（二）器官培养的放射自显影术

【实验用品】

（1）材料 孵育 20h 的鸡胚。

(2) 试剂　同位素标记物（如^{3}H-TdR、^{3}H-UdR等）、液体乳胶（常用核Ⅳ号）、D液显影液、定影液、甲醇、Carnoy固定液、铬矾明胶、吉姆萨染液。

(3) 设备　器官培养的设备（见本章基本方案5"器官培养方法"，任何一种器官培养技术皆可），放射自显影术设备［同"（一）培养细胞的放射自显影术"］，组织学切片、染色的设备。

【试剂配制】

(1) Carnoy固定液　无水乙醇6份，氯仿3份，冰醋酸1份。

(2) D液　2％铬矾。

【实验方案】

(1) 配制同位素盐水稀释液　用生理盐水稀释同位素原液，器官培养一般用1～5μCi/ml。

(2) 同位素标记物（如^{3}H-TdR）与细胞的结合　从鸡胚割取4期原结，置于上述含同位素的盐水溶液内，在37℃恒温下温育4h。

(3) 器官培养　将经标记的标本（原结）与未标记的标本裹合进行器官培养，这里未经标记的标本为4期鸡胚外胚层。

(4) 取材固定　上述外植块经48h体外培养后，用Carnoy固定液固定1～4h。

(5) 组织切片　按常规进行石蜡包埋，切片厚度应在5μm以下。脱蜡后下行至水，蘸以铬矾明胶。直立染色缸内，使均匀干燥。

(6) 准备液体乳胶　取适量乳胶在40℃水浴中溶化后加D液（每10ml乳胶加D液1份，1份为0.42ml）。加入附加液1.16ml，在电磁搅拌器上搅拌1～2min，备用。有的实验室惯用脱底乳胶代替液体乳胶，即从胶片剥出后使其漂浮于水面，水温18～20℃，然后使乳胶片紧贴标本。

(7) 涂布乳胶　将上述乳胶滴于切片标本上［或贴脱底乳胶，见步骤（6）］，每片必须用量一致，再以玻璃管将其均匀涂布，可在38℃温台上操作，再用小风扇吹干（切须注意防尘）。

(8) 曝光　将乳胶干硬后的切片装于曝光盒内（内放干燥剂硅胶或氯化钙），置4℃冰箱内曝光。曝光时间通常为3～7d。

(9) 显影与定影　将曝光完毕后的标本取出显影5min（在18～20℃），停影1min，定影30min左右，至乳胶透明，然后流水冲洗2h（流水切忌太急）。

(10) 染色　常用Delafield或Meyer苏木精染色，也可用吉姆萨染色。

(11) 封片　经10％甘油透明，用铬矾明胶封盖，也可脱水后经二甲苯透明，中性光学树胶封片。

【注意事项】

① 对于鸡胚实验不熟悉者，可用其他器官进行操作，如癌组织等。

② 与前述相同，培养的组织不宜太大，不然组织坏死，结果不可靠。

【实验结果与分析】

图5-15是典型的器官培养的^{3}H-TdR放射自

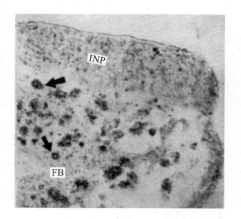

图5-15　器官培养组织切片的放射自显影图像（Giemsa，400×）

FB为原标记^{3}H-TdR的鸡胚原结，银颗粒分布于细胞核，箭头所示为未标记上的核仁区。INP为原来未予标记的组织

显影照片。

(三) 同位素液闪测定

【实验用品】

(1) 材料　培养的细胞，孔径 0.3～0.45μm 纤维滤膜。

(2) 试剂　同位素标记物（如 ^{3}H-TdR、^{3}H-UdR 等）、10×PBS、5%三氯乙酸（TCA）、无水乙醇、闪烁液、10%柠檬酸溶液。

(3) 设备　细胞传代培养的设备、平面抽滤漏斗、加样器、闪烁杯、液闪仪。

【试剂配制】

(1) 均相法闪烁液　PPO（2,5-二苯基噁唑）4g，POPOP[1,4-双(5-苯基-2-噁唑基)]，0.1g；乙二醇乙醚，375ml；甲苯，625ml。

(2) 纸片法闪烁液　PPO，5.5g；POPOP，0.1g；甲苯，667ml；Triton X-100，333ml。

【实验方案】

1. 均相法测定程序

① 按消化传代法将细胞接种于培养皿内或 25ml 玻璃培养瓶内，置温箱培养。

② 12～14h 后，加入终浓度为 1～2μCi/ml 的标记物（如 ^{3}H-UdR，^{3}H-Leu），继续培养。

③ 分别于 2h、6h、10h、16h、24h 平行取材 3 瓶细胞，用 PBS 涮洗 2～3 次，清除未掺入的同位素。

④ 按一般方法消化细胞，加 PBS 吹打 2 次，在 500r/min 离心 10min，弃上清液，得细胞沉淀。

⑤ 加入 100μl PBS 悬浮细胞，置液氮反复冻融，使细胞彻底裂解。

⑥ 10000r/min 离心 5min，吸取上清液 100μl，加入闪烁杯中，同时加入 10ml 闪烁液。

⑦ 置液闪仪进行液闪测定，利用所给出的每分钟计数（counts per minute, cpm）参数，对照时间作图，可分析 RNA（^{3}H-UdR）或蛋白质（^{3}H-Leu）合成速率及其相关性。

2. 纸片法测定程序

① 按消化传代法将细胞接种于培养皿内或 25ml 玻璃培养瓶内，置温箱培养。

② 12～14h 后，加入终浓度为 1～2μCi/ml 的标记物（如 ^{3}H-TdR），继续培养。

③ 分别于 2h、6h、10h、16h、24h 取材，每组样品各取 3 瓶。弃去培养液，用 PBS 涮洗 2～3 次。

④ 按一般方法消化细胞，使细胞悬浮于液体，再加适量 PBS 冲洗细胞，500r/min 离心 10min，弃上清液，得细胞沉淀。

⑤ 以 PBS 淘洗细胞使成悬液，将细胞悬液置抽空泵上经滤膜抽滤。为确保细胞不丢失，淘洗细胞以及抽滤可重复 2 次。

⑥ 用 5%TCA 淋洗滤膜并抽吸，使细胞紧贴固定在滤膜上。

⑦ 用无水乙醇 3ml 洗膜，抽滤，然后取下滤膜，80℃ 30min 烘干。

⑧ 将滤膜放入闪烁杯中，加 10ml 纸片法闪烁液，置液闪仪进行液闪测量。

⑨ 利用所给出的参数，对照时间作图，分析 DNA 合成的动态过程及有关影响因素。

【注意事项】

① 除 ^{3}H 标记物可进行液闪测量外，^{35}S、^{14}C 等标记物也可用均相测量法或纸片测量法。^{32}P 等硬 β 射线的测量，有时可不用加闪烁液，直接在液闪仪上测量。

② 选取时间及样品数可根据自己的经验设计而定。

③ 纸片法中的纸片大小，在每组实验中应保持面积、形状一致。

④ 同位素废弃物处理应按有关规定执行,切忌污染环境,并应注意个人防护。

⑤ 本节只谈到细胞培养的液闪测定程序,其他标本的测定在程序上略作修改即可。至于药物对放射标记物的影响,也在该程序上进行,若与对照组作比较分析图,则更加一目了然。

(章静波)

第六章 干细胞培养及诱导分化

基本方案 1 人胚胎干细胞传代培养

【原理与应用】

胚胎干细胞是一种具有自我更新和多能分化能力的细胞，能发育分化出成体所有的组织和器官，是体外研究发育调控机制最为理想的模型，也是用于人类疾病的干细胞治疗和器官组织移植最理想的种子细胞。建立新的人类胚胎干细胞系仍然有很大的伦理学争议，目前对人胚胎干细胞的研究主要就是基于已经建立的人胚胎干细胞系的研究。因此，本节主要介绍人胚胎干细胞系的传代和培养。

【实验用品】

（1）材料　37℃水浴、95％乙醇浴、提前制备好的饲养层细胞。

（2）设备　一次性无菌培养皿、一次性无菌移液管、T75培养瓶、15ml离心管、注射器和针头以及涂有明胶的6孔板等。

【试剂配制】

（1）胶原酶溶液的配制　使用浓度1mg/ml。胶原酶，30mg；DF12培养基，30ml。

使胶原酶充分溶解于DF12基础培养基。用0.22μm滤器过滤除菌。

（2）胚胎干细胞培养基的配制　DF12培养基，200ml；血清替代物❶ 50ml；200mmol/L L-谷氨酰胺❷＋2-巯基乙醇溶液，1.25ml；非必需氨基酸100×溶液，2.5ml；b-FGF溶液，5ml。

所有组分都加入250ml培养瓶中，用0.22μm滤器过滤除菌。培养基最好在2周内使用。

（3）200mmol/L L-谷氨酰胺＋2-巯基乙醇溶液的配制　200mmol/L L-谷氨酰胺，5ml；2-巯基乙醇，7μl。

混匀。

（4）b-FGF的配制　b-FGF，10μg；0.1％BSA无菌，5ml。

溶解后按每份0.5ml分装冷冻保存。

【实验方案】

1. 确定传代时机

通常以下情况时，胚胎干细胞需要传代：

① 小鼠胚胎成纤维细胞（mouse embryo fibroblast，MEF）饲养层超过2周。

② 胚胎干细胞的克隆密度太高或克隆太大。

③ 胚胎干细胞克隆出现分化现象。

2. 胶原酶处理

① 需要传代时，将胚胎干细胞培养板从培养箱取出，吸去培养上清液。

② 6孔板培养时，每个孔加1ml胶原酶溶液。

---

❶ 按50ml分装后冷冻保存，使用前融化。

❷ 使用前冷冻保存。

③ 处理至少 5min。
④ 倒置显微镜下观察,直至细胞克隆从培养板表面脱离。注意:可以看到克隆周边会出现皱褶。根据消化情况,胶原酶处理时间可再延长 6~10min。

3. 刮细胞
① 用 5ml 玻璃移液管,将细胞从培养板表面刮下来。
② 同时轻轻吹打胶原酶溶液,使细胞从培养板上面完全脱离。
③ 所有细胞团都留在培养板中,直到整个 6 孔板都按步骤①、②处理完。注意:这些步骤可以直视下完成,也可以在立体显微镜下完成。

4. 收集并打散克隆
① 将整块 6 孔板的细胞都转移到一个 15ml 离心管中。
② 每个孔加 1ml 胚胎干细胞培养基冲洗,并将冲洗液也转移到细胞悬液中。
③ 在 15ml 离心管中,轻轻吹打细胞悬液数分钟,进一步打散细胞克隆。注意:吹打时避免产生气泡。

5. 离心传代
① 将打散的细胞克隆,200g 离心 5min。
② 去除上清液。
③ 轻轻拍散细胞团,加 2~3ml 胚胎干细胞培养基重悬细胞,轻轻混匀。
④ 200g 离心 5min。
⑤ 胚胎干细胞离心同时,将提前准备好的饲养层培养板取出,吸弃 MEF 培养基。
⑥ 用 6 孔板培养的饲养层,每个孔加 1ml PBS,轻轻晃动,洗去培养基中所含的血清。注意:PBS 处理成纤维细胞的时间不要超过 6~10min。
⑦ 胚胎干细胞离心结束后,弃去上清液,轻轻拍散细胞团。
⑧ 加入 2~3ml 胚胎干细胞培养基,重悬细胞。
⑨ 再加入足够的胚胎干细胞培养基,使 6 孔板的每个孔细胞悬液体积为 2.5ml。
⑩ 去除饲养层培养板中的 PBS,每个孔加入 2.5ml 细胞悬液,用移液管轻轻混匀。
⑪ 在水平台面上,短促地上下左右地晃动培养板,使加入的胚胎干细胞均匀分布到饲养层上。
⑫ 将培养的胚胎干细胞放入培养箱,使克隆重新贴壁。注意:在重新贴壁的这段时间内,要尽量少开关培养箱,维持培养环境的稳定,以利于胚胎干细胞重新贴壁。
⑬ 每天更换新鲜培养基。注意观察克隆生长状态,在需要时按上述步骤再次传代。

6. 冻存
① 按上述步骤收集胚胎干细胞细胞悬液,200g 离心 5min。
② 配好的冻存液(90%胎牛血清,10%DMSO)置于冰上备用。
③ 弃去上清液,将细胞团拍松散后用冻存液重悬,逐滴加入冻存液,混匀。一般一个 6 孔培养板冻 6 支,重悬时每个培养板的细胞加 6ml 冻存液。
④ 迅速将 1ml 细胞悬液装入 1.5ml 冻存管。盖紧后放入异丙醇冻存盒中。
⑤ 立即转入 −80℃冰箱,保存过夜。
⑥ 次日将冻存的细胞转入液氮罐保存。
注意:人胚胎干细胞冻存前不能将细胞消化成单细胞,消化后的细胞团块稍大为好。

7. 复苏
① 将冻存的胚胎干细胞从液氮中取出,浸入 37℃水浴,轻轻转动,注意冻存管盖不要没入水中。

② 当只剩一个小冰晶时，将冻存管从水浴中取出。
③ 将冻存管浸入 95% 乙醇浴消毒，在无菌超净台中晾干。
④ 将细胞从冻存管中转入 15ml 离心管中，逐滴加入 4ml 胚胎干细胞培养基，轻轻混匀。
⑤ 200g 离心 5min，去除上清液。
⑥ 将细胞团轻轻拍散，加 2.5ml 胚胎干细胞培养基重悬细胞。
⑦ 将细胞悬液转移到铺有照射后的饲养层细胞的 6 孔板中。每孔加 2.5ml 细胞悬液。饲养层细胞提前用 1ml PBS 洗一遍，去除血清。
⑧ 放入培养箱，第二天将细胞上面漂浮的死细胞吸去并换液，按常规方法继续培养。
⑨ 每天观察细胞密度。按需传代。

【注意事项】
① 所有试剂都应记录保质期和批号，小包装分装保存，避免反复冻存。培养基配制后最好在 2 周内用完。
② 胚胎干细胞克隆的消化液可有多种选择，除了上文介绍的胶原酶消化，也可用 0.05% 的胰蛋白酶消化，消化时间比胶原酶消化所需时间要短，一般 1~2min，待克隆周边有皱褶时，要加 MEF 培养基中止胰蛋白酶作用，其他步骤基本一致。
③ 消化传代的时候务必不能将人胚胎干细胞消化成单个细胞，否则克隆形成率很低。
④ 传代时细胞密度很重要，人胚胎干细胞一般的传代比例是 (1∶5)~(1∶10)。接种的细胞太少不易生长，最好 4~6d 传代一次。
⑤ 人胚胎干细胞对营养要求很高，因此必须每天换液，细胞一般培养在 6 孔皿中。
⑥ 一般使用第 2~4 代的 MEF 作为饲养层细胞。细胞接种到培养皿后一般在 3d 内使用，放置时间过长的饲养层细胞不利于人胚胎干细胞生长。
⑦ 人胚胎干细胞的培养环境是 37℃，饱和湿度，5% CO_2。培养箱应当每月清洗和平衡一次，最好不要在同一培养箱内再培养其他种类的细胞，以免交叉污染。

【实验结果及分析】
① 显微镜下观察，胚胎干细胞体外培养时，呈克隆生长，克隆形态多样，多数呈岛状或巢状，克隆和周围存在明显的界限。克隆内细胞排列紧密，细胞之间界限不清。胚胎干细胞出现分化一般发生在细胞克隆的周边，分化的细胞体积稍大，与克隆内部细胞形态明显不同，镜下可见细胞克隆与周围饲养层细胞的界限模糊。
② 对传代培养的胚胎干细胞进行鉴定，一般包括胚胎干细胞的表面标志物及基因的表达、体内体外的分化能力、细胞核型等几方面。

(韩　钦)

基本方案 2　人胚胎干细胞的诱导分化

【原理与应用】
胚胎干细胞具有发育成所有类型组织和器官的能力，参与所有组织的形成。根据胚胎发育过程中，各组织发育所必需的生长因子及阶段特异的信号通路活化的研究结果，在体外不同时期加入不同的生长因子及影响相应信号通路的分子，可以将胚胎干细胞诱导分化成组织特异细胞。本方案介绍的是胚胎干细胞向三个胚层代表性组织细胞分化的诱导培养系。

【实验用品】
(1) 材料　提前制备好的饲养层细胞、37℃水浴。

(2) 设备 一次性无菌培养皿、一次性无菌移液管、培养瓶、离心管、注射器和针头以及 Matrigel 包被的 6 孔板、Matrigel 包被的培养腔室玻片（chamber slide）等。

【试剂配制】

(1) 胚胎干细胞培养基的配制 DF12 培养基，200ml；血清替代物❶ 50ml；200mmol/L L-谷氨酰胺❷＋2-巯基乙醇溶液，1.25ml；非必需氨基酸 100×溶液，2.5ml；b-FGF 溶液，5ml。所有组分都加入 250ml 培养瓶中，用 0.22μm 滤器过滤除菌。培养基最好在 2 周内使用。

(2) 200mmol/L L-谷氨酰胺＋2-巯基乙醇溶液的配制 200mmol/L L-谷氨酰胺❷，5ml；2-巯基乙醇，7μl。

混匀。

(3) b-FGF 的配制 b-FGF，10μg；0.1%BSA（无菌），5ml。

溶解后按 0.5ml 每份分装冷冻保存。

(4) 中胚层诱导培养基的配制 Stemline Ⅱ（Sigma-Aldrich），97ml；BMP4（1μg/ml 储存液），1ml；hVEGF（1μg/ml 储存液），1ml；b-FGF（1μg/ml 储存液），1ml。

(5) 流式洗液的配制 HBSS（1×），196ml；胎牛血清，4ml。

用 0.22μm 滤器过滤除菌，4℃保存。使用前放置在冰上，预冷。

(6) 内胚层诱导培养基的配制 Advanced RPMI1640 培养基，100ml；胎牛血清，0.2ml；200mmol/L L-谷氨酰胺，1ml；Activin A（100μg/ml 储存液），100μl；Wnt3a（50μg/ml 储存液），100μl。

所有组分都加入 250ml 培养瓶中混匀，用 0.22μm 滤器过滤除菌。培养基最好在 2 周内使用。

(7) 肝上皮诱导培养基 Ⅰ 的配制 DMEM 培养基，100ml；FGF2（10μg/ml，以储存液计），100μl；BMP4（50μg/ml，以储存液计），100μl；200mmol/L L-谷氨酰胺，1ml。

(8) 肝上皮诱导培养基 Ⅱ 的配制 DMEM 培养基，100ml；FGF1（50μg/ml，以储存液计），100μl；FGF4（10μg/ml，以储存液计），100μl；FGF8b（25μg/ml 储存液），100μl；200mmol/L L-谷氨酰胺，1ml。

(9) 肝上皮诱导培养基 Ⅲ 的配制 DMEM 培养基，100ml；HGF（20μg/ml，以储存液计），100μl；Follistatin（100μg/ml，以储存液计），100μl。

(10) EGM-2 完全培养基（Lonza）

(11) 造血内皮诱导培养基的配制 DF12 培养基，90ml；胎牛血清，10ml；GlutaMAX™-Ⅰ（100×，Invitrogen），1ml；SCF（50μg/ml，以储存液计），100μl；Flt-3（10μg/ml，以储存液计），100μl；TPO（10μg/ml，以储存液计），100μl；VEGF（10μg/ml，以储存液计）100μl；IL-3（50μg/ml，以储存液计），100μl；EPO（2000U/ml，以储存液计），100μl；SB-431542（5mmol/L 储存液，Sigma-Aldrich），100μl。

所有组分都加入 250ml 培养瓶中混匀，用 0.22μm 滤器过滤除菌。培养基最好在 2 周内使用。

(12) 半固体培养基 MethoCult medium（Stem Cell Technologies）

(13) SMGM-2 完全培养基（Lonza）

(14) 心肌诱导培养基配制 SMGM-2 培养基，50ml；EGM-2 培养基，50ml；DKK-1

---

❶ 按 50ml 分装后冷冻保存，使用前融化。

❷ 使用前冷冻保存。

（150μg/ml，以储存液计），100μl。

所有组分都加入 250ml 培养瓶中混匀，用 0.22μm 滤器过滤除菌。培养基最好在 2 周内使用。

（15）神经诱导培养基的配制　神经细胞培养基（Neurobasal Medium），100ml；B27 添加物（50×），2ml；Noggin（250μg/ml，以储存液计），100μl。

所有组分都加入 250ml 培养瓶中混匀，用 0.22μm 滤器过滤除菌。培养基最好在 2 周内使用。

【实验方案】

（一）ESC 的准备

1. 开始前准备

① 人胚胎干细胞（hESC）的准备，提前检测用于诱导的 hESCs，要确保用于诱导的 ESC 具有正常的核型；表达多能标志物 SSEA4 和 OCT4，具有碱性磷酸酶活性（AKP）。

② 培养用的 6 孔板在实验开始前 1h，用 Matrigel（少生长因子，无酚红，BD Bioscience）预包被。

2. 实验操作

① 用 StemPro EZPassage 工具（Invitrogen）将 ESC 的克隆切割成大小基本一致的细胞团，轻轻吹打，使细胞团与培养皿表面脱离。

② 将 ESC 的细胞团转移到 Matrigel 预处理的 6 孔板中，每孔加 2.5ml 胚胎干细胞培养基。

③ 放入培养箱培养 1~2d，待胚胎干细胞汇合至 50%~60% 时，开始诱导培养。

（二）内胚层细胞诱导

1. 开始前准备

① Matrigel 包被 6 孔板。Matrigel 在 4℃ 融化，冰上预冷。在 6 孔板的每个孔加入 1ml Matrigel，在 37℃ 培养箱中放置 0.5h 以上。

② 或者 MEF 饲养层的制备。

2. 实验操作

① 将分离收集的 ESC 克隆，加入 Matrigel 包被的培养板或加 MEF 饲养层的培养板中。

② 6 孔板的每个孔加 2.5ml 内胚层诱导培养基，放入培养箱培养。培养 6d。

③ 每隔 2~3d 换一次新鲜诱导培养基。

④ 诱导开始第 6 天时，换肝上皮诱导培养基Ⅰ，继续培养 4d。

⑤ 每隔 2~3d 换一次新鲜诱导培养基。

⑥ 诱导开始第 10 天时，换肝上皮诱导培养基Ⅱ，继续培养 4d。

⑦ 每隔 2~3d 换一次新鲜诱导培养基。

⑧ 诱导开始第 14 天时，换肝上皮诱导培养基Ⅲ，继续培养 1 周。

⑨ 每隔 2~3d 换一次新鲜诱导培养基。

⑩ 待诱导 3 周时，镜下观察诱导细胞的形态，呈肝细胞样多角形细胞。

（三）中胚层造血细胞、心肌细胞、平滑肌细胞诱导

1. 中胚层诱导

（1）诱导开始　去除原培养上清液，加入 2.5ml 的中胚层诱导培养基，补充 100× 的 Activin A 储存液（1μg/ml）25μl。

（2）诱导第 2 天　换新鲜的中胚层诱导培养基，每孔 2.5ml。

（3）待诱导的第 3.5 天　流式分选 $CD326^- CD56^+$ 细胞。

① 去除诱导培养基,加 1ml PBS 洗一遍。
② 加入 1ml 胰蛋白酶,孵育 1~2min。
③ 掌拍培养板 3~5 次,直至细胞从培养表面脱离。
④ 倒置显微镜下观察,看到克隆周边出现皱褶,细胞间隙增大时,加入 1ml MEF 培养基中止胰蛋白酶活性。用移液管反复吹打,使细胞完全散开。注意:不要产生气泡。
⑤ 将培养板中的细胞悬液收集到 15ml 离心管。
⑥ 每个孔加 1ml 中胚层诱导培养基Ⅰ,冲洗,并将洗液也一起收集到 15ml 离心管中。
⑦ 细胞悬液 200g 离心 5min。
⑧ 轻轻将细胞团拍散,用 5ml 流式洗液重悬。
⑨ 200g 离心 5min 洗一遍。
⑩ 轻轻将细胞团拍散,用 1ml 流式洗液重悬,将细胞置于冰上,细胞计数。
⑪ 200g 离心 5min,加流式洗液重悬,调整细胞浓度为 10^6 个/100μl。
⑫ 抗体标记:加入 PE 标记的抗人 CD326 抗体和 FITC 标记的抗人 CD56 抗体,抗体浓度根据产品说明书的要求确定。
⑬ 冰上避光放置 30min。
⑭ 加 10ml 流式洗液 200g 离心 5min。
⑮ 加 10ml 流式洗液 200g 离心 5min 再洗一次。
⑯ 按前面计数的细胞数量,用流式洗液重悬细胞,调整细胞浓度为 10^6 个/0.5ml,按终浓度 2μg/ml 加入碘化丙啶(PI),置于冰上,避光,待上机。
⑰ 无菌流式细胞仪分选,根据 PI 摄取量去除死细胞后,根据荧光强度分选 $CD326^-$ $CD56^+$ 细胞群。
⑱ 将分选得到的细胞,300g 离心 10min。
⑲ 轻轻拍散细胞团,用不同的诱导培养基重悬。

2. 造血诱导

(1) 开始前准备 诱导前 1d,在诱导培养用的 48 孔培养板中预先铺上照射处理后失活的 OP9 细胞系,处理步骤可参见饲养层细胞的制备部分。

(2) 实验操作

① 用 48 孔板培养的饲养层,每个孔加 0.5ml PBS,轻轻晃动。注意:PBS 处理 OP9 细胞的时间不要超过 6~10min。
② 将分选后 $CD326^-CD56^+$ 细胞,用 EGM-2 完全培养基按 2×10^4~4×10^4 个/ml 的细胞浓度重悬。
③ 去除 48 孔培养板中的 PBS,每个孔加入 0.5ml $CD326^-CD56^+$ 细胞悬液,用移液管轻轻混匀。
④ 每 3d 换一次 EGM-2 完全培养基。连续培养 7d。
⑤ 换造血内皮诱导培养基前,先去除培养上清液,每个孔加 0.5ml PBS,轻轻晃动。
⑥ 去除 48 孔培养板中的 PBS,每孔加入 0.5ml 造血内皮诱导培养基。
⑦ 每 3d 换一次造血内皮诱导培养基,诱导培养 7d。
⑧ 将诱导后的细胞进行造血细胞分析,计数,用半固体培养基重悬细胞,调整细胞浓度为 5×10^3 个/ml。
⑨ 在 6 孔板进行造血诱导鉴定,将上述细胞悬液按每孔 2ml 加入 6 孔板中。放入培养箱长期培养。
⑩ 连续培养 3 周。

3. 平滑肌和心肌细胞诱导

(1) 开始前准备 诱导培养基的配制。

(2) 实验操作

① 将分选后 CD326⁻CD56⁺ 细胞 300g 离心 5min，重新沉淀。

② 用预冷的诱导培养基重悬，调整细胞浓度为 $1×10^4$ 个/50μl。

③ 在 96 孔板中进行诱导，每孔加入 50μl 细胞悬液。

④ 放入培养箱，37℃培养 2h。

⑤ 取出培养板。

a. 平滑肌细胞诱导：将重新聚集成团的细胞转移到 Matrigel 包被的培养腔室玻片（chamber slide）上，加 SMGM-2 完全培养基。

b. 心肌细胞诱导：将细胞接种到明胶包被的培养板中，加心肌诱导培养基。

⑥ 连续诱导培养 10~14d。一般情况下隔天换新鲜诱导培养基。

(四) 外胚层神经细胞诱导

1. 开始前准备

① 胚胎干细胞克隆消化后制备的细胞悬液。

② Matrigel 包被 6 孔板。Matrigel 在 4℃融化，冰上预冷。在 6 孔板的每个孔加入 1ml Matrigel，在 37℃培养箱中放置 0.5h 以上。

③ 或者 MEF 饲养层的制备。

2. 实验操作

① 将消化下来的 ESC 克隆，加入 Matrigel 包被的培养板或加 MEF 饲养层的培养板中。

② 6 孔板的每个孔加 2.5ml 神经诱导培养基。

③ 连续培养 3 周。

【注意事项】

① 诱导培养的时间较长，一定要注意无菌操作，在长期培养过程中，还要注意培养环境的稳定性。

② 诱导过程中，注意观察细胞形态的变化，不同批次的诱导，在诱导时机的掌握中，需要根据实际诱导过程中细胞诱导状态随时调整诱导方案。

③ 目前所有报道的诱导体系都尚未成熟，需要操作者在实际诱导过程中，积累经验，改善诱导方案。

【实验结果及分析】

判断诱导是否成功，首先是通过诱导过程中，细胞形态的变化来判断的；其次，可以借助诱导过程中全能性基因、胚层阶段特异性基因及成熟细胞特异基因的变化和细胞功能评价等方面，鉴定诱导分化的效果。

以肝上皮诱导鉴定为例，鉴定的内容包括以下几方面。

(1) 细胞形态的改变 随诱导过程，最后呈肝细胞样多角形细胞。

(2) 相关基因表达的相对定量检测

① 诱导过程中，鉴定内胚层/中胚层/外胚层特异基因上调，包括 GSC、BRACHYμRY、EOMES、MIXL1、CXCR4，通常在诱导第 2 天、第 4 天、第 6 天上调到最高峰，诱导第 10 天时，又回到基线。

② 肝细胞特异表达的转录因子，例如 PROX1、HNF1a、HNF1b、HNF4a、HNF6 和 FOXA2 被诱导表达。

③ 成肝细胞或肝母细胞或肝祖细胞的标志分子表达，例如肝母细胞的转录因子甲胎蛋

白（α-fetoprotein，AFP）和甲状腺素转运蛋白（transthyretin，TTR）在诱导后第 6 天和第 10 天开始上调，诱导第 14 天时，达到最大表达水平。

④ 白蛋白（albumin，ABL）和抗胰蛋白酶（α1-antitrypsin，AAT）表达逐渐提高，第 20 天表达最高，但仍低于成熟的肝细胞。

⑤ 成熟肝细胞基因在第 14 天和第 20 天有最大表达，包括 cytochrome P450 isotypes（CYP3A4/5/7，CYP7A1）、connexin-32（CX32）、葡萄糖-6-磷酸酶（glucose-6-phosphatase，G6Pase）、磷酸烯醇式丙酮酸羧激酶（phosphoenolpyruvate carboxykinase，PEPCK1）、凝血相关基因［FACTOR Ⅴ，FACTOR Ⅶ、protein C（PROC）］。

⑥ ESC 全能相关基因 *Oct4* 的表达逐渐降低，在第 20 天仍有低水平表达。

⑦ 胰腺祖细胞和内分泌祖细胞的转录因子没有上调，包括 PTF1A，NKX6.1，PDX1 和 GN3。

(3) 肝细胞功能检测

① 合成功能　胆固醇 7-α-羟化酶（CYP7A1，cholesterol 7-α-hydroxylase），是肝细胞从胆固醇合成胆汁酸的限速酶，第 20 天胆固醇 7-α-羟化酶的表达量能显著升高，是成熟肝细胞水平的 1/10；CYP3A4/5/7 转录产物（phase 1 enzymes）也升高；CYP3A4/5/7 活性可通过 500μmol/L 苯巴比妥诱导；第 6 天～第 10 天期间，硫酸化和糖脂化相关的酶也开始表达，UDP-葡萄苷酸化（UGT1A1）和谷胱甘肽-S-转移酶（glutathione-S-transferase，GST）。

② 储存功能　糖原储存功能从第 6 天开始升高，到第 20 天时，储存功能超过成熟的肝细胞。糖原含量的测定——分光光度测定蒽酮法。

③ 解毒功能　对 1mmol/L 氨水的反应，从第 14 天开始，尿素合成增加，第 20 天达到最大量。

④ 分泌功能　白蛋白分泌（用 ELISA 方法检测），尿素分泌，细胞色素 P450 活性。

（韩　钦）

基本方案 3　肿瘤干细胞的分离纯化

【原理与应用】

分离肿瘤干细胞的主要思路与分离成体干细胞的思路类似，包括根据特殊的表面标志分子进行分选和侧群（SP）细胞分离，其中依赖干细胞表面标志分离的可供选择的分选系统为免疫磁珠分选系统和荧光激活细胞分选（fluorescence-activated cell sorting，FACS）技术。

（一）免疫磁珠-AC133[+]脑肿瘤干细胞分选

【实验用品】

(1) 材料　抗人 AC133 磁珠及 MS 分离柱。

(2) 设备　磁性细胞分选器（MACS）或全自动磁性细胞分选仪（AutoMACS）表面酒精消毒，提前 30min 放入超净台中紫外线消毒；一次性无菌移液管，15ml 和 50ml 离心管等。

【试剂配制】

(1) 组织保存液的配制　TC199 培养基，100ml；青霉素（10000U/ml），4ml；链霉素（10000μg/ml），4ml。

用 0.22μm 滤器过滤除菌。4℃保存。

(2) MACS 缓冲液的配制　PBS，200ml；牛血清白蛋白，1g；EDTA-Na_2，0.159g。

调节 pH 值至 7.2，用 0.22μm 滤器过滤除菌。4℃保存。

【实验方案】
1. 开始前准备
脑肿瘤手术样本，取材后在保存液中 4℃保存，尽快进行下一步实验。
2. 磁珠标记
① 按实体肿瘤细胞培养章节中的方法制备出脑肿瘤的单细胞悬液。
② 300g 离心 6min。
③ 磁性标记细胞。去除上清液，拍散沉淀的细胞团，用预冷的缓冲液重悬细胞，调整细胞浓度为 1×10^7 个$/80\mu l$ 缓冲液（少于 1×10^7 个细胞时也用 $80\mu l$ 缓冲液重悬），每 $80\mu l$ 细胞悬液中加入 $20\mu l$ 抗人 AC133 磁珠。注意：标记过程要快速，保持冰上操作，以防止抗体非特异性结合。
④ 轻轻混匀，4℃孵育 20min。
⑤ 加入 10 倍或 20 倍标记容积的缓冲液，300g 离心 10min。
⑥ 完全去除上清液。每 10^8 个细胞用 $500\mu l$ 缓冲液重悬。
3. 磁珠分离
① 将无菌分离柱从包装中取出，固定在 MACS 磁场内。注意分离柱的无菌。
② 分离柱下放一收集管。
③ 先用 $500\mu l$ 无气泡的缓冲液润洗分离柱，使其流过分离柱，但勿使其干燥，去除流出物，更换收集管，准备分离。
④ 缓慢将标记的细胞悬液加入分离柱，收集流出物，作为阴性部分。
⑤ 待细胞悬液全部进入分离柱后，立即加入缓冲液冲洗。每次用 0.5ml 缓冲液洗涤分离柱，共三次。注意：每次加缓冲液的时机必须是前面的液体刚全部进入分离柱，但柱子尚未干燥前。
⑥ 待液体流尽后，将分离柱移出磁场，加入 1ml 缓冲液于分离柱内，加压洗脱，收集洗脱的阳性细胞。
⑦ 细胞纯度的检测：用 FITC 标记的 AC133 抗体标记细胞，4℃孵育 30min，离心洗涤两次，用 0.5ml 生理盐水重悬，上机检测。细胞纯度可达 95%～99%。
⑧ 对分离获得的脑肿瘤干细胞进行生物学鉴定。

【注意事项】
① 免疫磁珠细胞分选具有快速、纯度好、产量高、对细胞活力损伤小等优点。
② 磁珠标记策略有直接标记和间接标记。间接磁性细胞标记时，选择未结合抗体、生物素化抗体或者荧光素标记抗体作为一抗标记细胞，再使用抗免疫球蛋白微珠、抗生物素或链霉亲和素微珠、抗荧光素微珠作为二抗磁性标记细胞。间接标记主要适用于没有直标磁珠时，或实验需要用几种抗体的混合物同时分选或去除多种类型的细胞，或使用自备抗体或者配体的磁珠分选，此外间接标记有放大作用，因此可在磁珠分选抗原表达弱的目的细胞时使用。
③ 磁珠分选策略分为阳性分选和阴性分选。阳性分选策略是用免疫磁珠直接从细胞混合物中分离靶细胞的方法，适用于分选标志明确的肿瘤干细胞。阴性分选策略是用免疫磁珠去除无关细胞，使靶细胞得以纯化的方法，适用于缺乏针对目的细胞的特异性抗体，把已知的成熟细胞组分去除后，达到富集肿瘤干细胞的目的。在分选阳性比例很低的肿瘤干细胞时，还经常联合使用阳性分选和阴性分选，以得到高纯度的肿瘤干细胞。

【实验结果及分析】
（1）细胞标记　用 FITC 标记的抗 AC133 抗体对分选得到的细胞进行标记，流式细胞术鉴定阳性比例。

(2) 生物学鉴定　对分离获得的脑肿瘤干细胞进行生物学鉴定,以明确其是否具有普通肿瘤细胞所不具备的干细胞特征,即自我更新和分化能力。

① 一般生物学特征鉴定。主要观察肿瘤干细胞的形态、生长特征及核型分析。肿瘤干细胞的形态多为圆形,大小不一。与普通肿瘤细胞相比,肿瘤干细胞具有倍增时间较短、细胞生长密度增加、细胞核分裂指数较高,并且具有增殖能力强、细胞侵袭能力较强等特征。细胞周期分析,大部分肿瘤干细胞处于 G_0 期。

② 体外克隆形成能力或肿瘤球形成能力鉴定。这是肿瘤干细胞鉴定的一个重要指标。

a. 克隆形成实验:在克隆形成实验中,将分选的阴性及阳性细胞分别以低浓度移植到 96 孔培养板,每孔植入 100～200 个细胞,大约 7d 后观察其各自克隆形成情况,由此证明分选的细胞形成克隆的能力。

b. 集落形成实验:白血病干细胞可进行集落形成实验,将分离的阴性及阳性细胞分别接种到合适的集落培养基中进行培养,一般 14d 后观察集落(>20 个细胞)形成数量。与普通组细胞所形成的集落相比,白血病干细胞能够形成小的分散的集落,并且很少发生红系细胞分化。

c. 实体瘤干细胞的肿瘤球形成实验:实体瘤干细胞在体外培养时常常形成肿瘤球。将分离得到的肿瘤干细胞重悬于合适的培养基中,进行倍比稀释,并接种到 96 孔培养板,最终细胞稀释的范围为 200～1 个细胞/孔。培养 7d 后,对总的肿瘤球形成数目进行计算,并计算比例。与分离的阴性细胞相比,肿瘤干细胞形成肿瘤球能力更强,得到肿瘤球的比例也越高。

③ 分化能力鉴定。肿瘤干细胞的一个重要特征就是具有分化能力。

a. 体外分化能力的鉴定:可对分离的肿瘤干细胞和在合适培养基中继续培养一段时间后的肿瘤细胞进行干细胞相关和分化相关的分子检测。可采用免疫组化,流式细胞仪分析以及 RT-PCR 的手段进行研究。

b. 体内移植实验:体内实验是对肿瘤干细胞自我更新与增殖分化能力的直接验证。将肿瘤干细胞注射到严重免疫缺陷的实验小鼠体内(例如一次性注射 100 个、200 个、500 个、1000 个细胞)观察其体内成瘤的情况和免疫组织化学检测,由此推断目的细胞形成肿瘤组织和增殖分化出不同成熟细胞的能力。肿瘤干细胞移植到非肥胖糖尿病/重症联合免疫缺陷病(NOD/SCID)小鼠体内,可以在受体鼠内连续传代,分离出的肿瘤干细胞二次移植时仍能产生具有异质性癌细胞的肿瘤,并可多次重复,得到的肿瘤与原代肿瘤一致。

④ 肿瘤干细胞相关分子表达的检测。肿瘤干细胞和成体干细胞之间有很多的相关性,肿瘤干细胞也能检测到与干细胞自我更新和分化相关的基因表达。已经有报道脑肿瘤干细胞除了表达 CD133,还具有 Sox-2、musashi-1、Bmi-1、巢蛋白(nestin)、melk、PSP、磷酸丝氨酸磷酸化酶等神经干细胞和其他干细胞的基因特征。

(二) 流式细胞仪法分选 $CD34^+CD38^-Thy-1^-$ 的急性粒细胞白血病干细胞

【实验用品】

(1) 材料　淋巴细胞分离液(Ficoll-hypaque,密度为 1.077g/ml)。

(2) 设备　流式细胞分选仪,提前消毒;一次性无菌移液管,15ml 和 50ml 离心管等。

【试剂配制】

(1) 血制品保存液的配制　TC199,100ml;肝素,4000U;青霉素(10000U/ml),4ml;链霉素(10000μg/ml),4ml。

用 0.22μm 滤器过滤除菌,每份 5ml 分装,4℃保存,1 个月内使用。

(2) 流式洗液的配制　1×HBSS,200ml;胎牛血清(FCS),4g。

用 0.22μm 滤器过滤除菌,4℃保存,1 个月内使用。

【实验方案】
1. 开始前准备
① 急性髓细胞性白血病（AML）患者的外周血可在 4℃保存，24h 内分离。
② D-Hanks 液或生理盐水，室温。
2. 实验操作
① 取 AML 患者的外周血 5ml，与 5ml 无菌保存液混匀，立即送实验室分离单个核细胞。
② 加 10ml 室温 D-Hanks 液或生理盐水稀释外周血。
③ 取 Ficoll-hypaque（有成品供应，密度为 1.077g/ml±0.001g/ml）3～4ml，放入 15ml 离心管中。
④ 将稀释后的外周血沿试管壁缓缓加入，使稀释血液重叠于分层液上，稀释的血液与分离液体积比例约为（1:1）～（2:1）。注意：一定要细心，动作要轻，避免冲散分层液面或与分层液混合而影响分离结果。
⑤ 用水平离心机以 $300g$ 离心力，室温离心 20min。
⑥ 离心后管内容物分为三层，上层为血浆（内含血小板），中间层为分层液，底层为红细胞和多核细胞。在上、中层液体界面处可见到乳白色混浊的单个细胞层，呈白膜状。用毛细吸管轻轻插到白膜层，沿试管壁边缘吸取界面层单个核细胞，移入 50ml 试管中。
⑦ 加入 5 倍以上体积 D-Hanks 液，混匀，$200g$ 离心 10min。
⑧ 吸弃上清液，轻轻拍散沉淀的细胞团，加 20ml D-Hanks 液，$200g$ 离心 10min。
⑨ 步骤⑧重复一次。
⑩ 吸弃上清液，轻轻拍散沉淀的细胞团，加 20ml 流式洗液，$200g$ 离心 10min。
⑪ 将细胞置于冰上，用流式洗液按 10^6 个$/100\mu l$ 的细胞浓度重悬。
⑫ 细胞染色：加入 Cy5 标记的抗人 CD34 抗体，PE 标记的抗人 Thy-1 抗体和 FITC 标记的抗人 CD38 抗体，抗体浓度根据产品说明书的要求确定。
⑬ 冰上避光放置 30min。
⑭ $200g$ 离心 10min。
⑮ 去除上清液，轻轻拍散细胞团，加 10ml 流式洗液，$200g$ 离心 10min。
⑯ 步骤⑮重复一次。
⑰ 用适当体积（10^6 个$/0.5ml$）的流式洗液重悬细胞，按终浓度 $2\mu g/ml$ 加入碘化丙啶（PI），置于冰上，避光，待上机。
⑱ 流式细胞仪分选，根据 PI 摄取量去除死细胞后，根据荧光强度分选 $CD34^+CD38^-Thy-1^-$ 细胞亚群，分选出的细胞用含有 50%FCS 的 IMDM 培养基重悬。
⑲ 分析纯度，通常要求在 95%以上。将分选得到的细胞接种培养或进行相关生物学检测。
⑳ 根据分选结果 $CD34^+CD38^-Thy^-$ 细胞比例可以得到肿瘤干细胞的比例。
㉑ 肿瘤干细胞分离后，需要进行一系列的生物学鉴定，以确定分离得到的这部分细胞具有普通肿瘤细胞所不具备的自我更新和分化能力。

【注意事项】
① 分离外周血单个核细胞吸取白膜层时，应避免吸出过多的上清液导致血小板污染，或过多的分层液导致细胞获得率下降。本法分离单个核细胞纯度可达 95%，细胞获得率可达 80%以上，得率的高低与骨髓液的稀释、白膜层的吸取及室温有关，室温超过 25℃时会影响细胞获得率。
② 整个流式细胞分选前的细胞染色过程中，注意冰上操作，以最大限度地保持细胞活性；整个过程注意避光；若分离得到的细胞还要进行无菌培养，在整个操作过程中要注意无菌。

【实验结果及分析】

对分选获得的细胞进行细胞计数,并进行肿瘤干细胞生物学鉴定(见上文)。

(三) SP 细胞的分选

SP(side population)细胞又称为侧群细胞。用结合 DNA 的荧光染料 Hoechst 33342 处理细胞,利用肿瘤干细胞可将染料泵出细胞的性质,经过荧光激活细胞分选系统(fluorescence-activated cell sorting,FACS)的分析,将不被染色或低染色的肿瘤干细胞筛选出来。已经有报道从肿瘤细胞系和实体瘤中都能分离出 SP 细胞,并且这群细胞具有肿瘤干细胞的特征。以乳腺癌为例,介绍分离 SP 细胞的方法。

【实验用品】

流式细胞分选仪,提前消毒;一次性无菌移液管,15ml 和 50ml 离心管等。

【试剂配制】

(1) 1000×Hoechst 33342 储存液(5mg/ml,−20℃长期保存)

(2) 1000×PI 储存液(2mg/ml,−20℃长期保存)

(3) 组织保存液的配制 TC199 培养基,100ml;青霉素(10000U/ml),4ml;链霉素(10000μg/ml),4ml。

用 0.22μm 滤器过滤除菌。4℃保存,1 个月内使用。

(4) 流式洗液的配制 1×HBSS,200ml;胎牛血清,4g。

用 0.22μm 滤器过滤除菌,4℃保存,1 个月内使用。

【实验方案】

1. 开始前准备

乳腺癌手术样本,浸泡在样品保存液中,分离前 4℃保存,最长时间不超过 24h。

2. 实验操作

① 按实体肿瘤细胞培养章节的方法分离乳腺癌单细胞悬液,按 $1×10^7$ 个/ml 的细胞浓度重悬在 1×HBSS 中。

② 按照 5μg/ml 的终浓度逐滴加入 Hoechst 33342,轻轻混匀。

③ 37℃温箱中孵育 90min。

④ 200g 离心 10min。

⑤ 去除上清液,轻轻拍散沉淀的细胞团。用流式洗液重悬细胞,细胞浓度调整为 10^6 个/0.5ml。

⑥ 按照 2μg/ml 的终浓度滴加 PI 染料,置于冰上,避光,待上机。

⑦ 从乳腺癌组织中分离 SP 细胞的阳性率较低,一般在 1% 左右。

SP 细胞的流式细胞分选图如图 6-1 所示。

【注意事项】

① 乳腺癌手术样本取材时要注意材料越新鲜,肿瘤干细胞分离成功的概率越大,一般样本必须在外科手术 1h 之内得到。手术或活检切取的样本应尽早浸入无血清的培养基(用 M199、RPMI1640 等基础培养基均可,可适当添加青霉素或链霉素,减少污染)中保鲜。此外应注意取未经治疗和没有坏死的标本进行分离为宜。

② 流式分选前,取出一小部分细胞进行计数,观察细胞是否仍保持单细胞,若观察到有细胞成团,用 40μm 尼龙网过滤,避免成团的细胞影响流式细胞仪分选。

【实验结果及分析】

对分选获得的细胞进行细胞计数,并进行肿瘤干细胞生物学鉴定 [见(一)免疫磁珠-AC133$^+$ 脑肿瘤干细胞分选]。

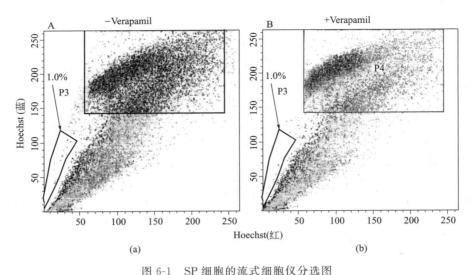

图 6-1 SP 细胞的流式细胞仪分选图

(a) 1.0%为 SP 细胞群；(b) 在 Hoechst 染色的整个过程中加入终浓度为 50～100μmol/L 的维拉帕米（Verapamil），经维拉帕米处理后，SP 细胞群消失，证实 SP 细胞染色正确

（韩 钦）

备择方案 1　诱导多能干细胞

【原理与应用】

2006 年日本科学家 Yamanaka 最先在《细胞》(*Cell*) 发表文章报道诱导多能干细胞 (induced pluripotent stem cells，iPSC)。iPS 细胞技术是干细胞研究领域的一次革命，不仅解决了胚胎干细胞来源引起的伦理问题，而且自体 iPS 细胞可以避免异体来源胚胎干细胞移植引起的免疫排斥反应。目前就成体细胞诱导产生 iPS 细胞相关的几种转录因子以及诱导方法、如何提高诱导产生 iPS 细胞的效率以及 iPS 细胞临床应用方面不断有新的研究结果报道，但都是在 Yamanaka 报道的诱导方案基础上的改良。以经典的"Yamanaka"法为例介绍 iPSC 的诱导过程。

【实验用品】

(1) 材料　提前制备好的饲养层细胞。

(2) 设备　37℃水浴、一次性无菌培养皿、一次性无菌移液管、T75 培养瓶、15ml 离心管、注射器和针头以及涂有明胶的 6 孔板等。

【试剂配制】

(1) MEF 培养基的配制　DMEM 培养基，450ml；胎牛血清（56℃热灭活 30min），50ml；200mmol/L L-谷氨酰胺❶，5ml；非必需氨基酸，5ml。

将所有组分混合后，用 0.22μm 滤器过滤除菌，4℃保存，保持无菌。

(2) 胚胎干细胞培养基的配制　DF12 培养基，200ml；血清替代物❷，50ml；200mmol/L L-谷氨酰胺❶+2-巯基乙醇溶液，1.25ml；非必需氨基酸 100×溶液，2.5ml；b-FGF 溶液，5ml。

---

❶ 使用前冷冻保存。

❷ 按 50ml 分装后冷冻保存，使用前融化。

所有组分都加入 250ml 培养瓶中，用 $0.22\mu m$ 滤器过滤除菌。培养基最好在 2 周内使用。

(3) 200mmol/L L-谷氨酰胺+2-巯基乙醇溶液的配制 200mmol/L L-谷氨酰胺（使用前冷冻保存），5ml；2-巯基乙醇，$7\mu l$。

混匀。

(4) b-FGF 的配制 b-FGF，$10\mu g$；0.1%BSA 无菌，5ml。

溶解后按 0.5ml 每份分装，冷冻保存。

【实验方案】

1. 开始前准备

(1) 小鼠胚胎成纤维细胞的获得 通过同源重组的方法将双选择标记系统，如 βgeo（neo 用于 G418 筛选，βGal 用于显影）基因盒，同源重组到小鼠 Nanog 基因位点，使 βgeo 受内源性 Nanog/Oct 启动子控制，由于 Nanog 只在 ESC 中表达，所以来源于 $Fbx15^{\beta geo/\beta geo}$ 小鼠的体细胞由于缺乏 ES 特性，不能在 G418 中生长。按 MEF 制备方法，从 $Fbx15^{\beta geo/\beta geo}$ 小鼠中分离培养 $Fbx15^{\beta geo/\beta geo}$ 来源的 MEF。

(2) 经典的 Yamanaka 法 Oct4，Sox2，Klf4，c-Myc 病毒的准备。

(3) MEF 饲养层细胞的制备

2. 实验步骤

① 感染前一天，将处于对数生长期的 $Fbx15^{\beta geo/\beta geo}$ 来源的 MEF 细胞铺于 6 孔培养板，使感染时细胞达到 80% 的汇合。

② 按测定的病毒滴度，以 10 个 pfu/细胞加入适量浓缩病毒上清液，用 MEF 培养基补齐至每个孔 2.5ml 体积，再加入终浓度为 $8\mu g/ml$ 的聚凝胺（polybrene），混合均匀。

③ 弃去 $Fbx15^{\beta geo/\beta geo}$ 来源的 MEF 细胞的培养上清液，加入上步制备的病毒溶液，6 孔培养板每孔加 2.5ml 的病毒溶液。37℃ 孵育 4h 到过夜。

④ 换新鲜胚胎干细胞培养基。

⑤ 感染后 3d，向培养基中添加终浓度为 0.3mg/ml 的 G418。

⑥ 每 2~3 天换新鲜胚胎干细胞培养基，添加终浓度为 0.3mg/ml 的 G418，进行克隆筛选，持续 2~3 周。

⑦ 在培养过程中，观察克隆形成情况。将其中与 ES 细胞形状相似克隆按 ESC 培养方法扩增传代，并进行鉴定。

【注意事项】

① 目前已经报道的转录因子的组合有很多，在 Yamanaka 四因子基础上，还报道的组合有 Oct4，Sox2，Nanog 和 Lin28；Oct4，Sox2 和 Klf4；Sox2，c-Myc 和 Klf4；Oct4 和 Sox2，加 VPA 等。

② 目前用于过表达上述核心转录因子的手段有很多，包括反转录病毒载体，腺病毒载体，转染质粒，重组蛋白诱导方法，化学小分子 [例如 G9a 组蛋白甲基转移酶的小分子抑制剂 BIX-01294(BIX)] 等。

③ 对于提高诱导效率方面，MSC 作为诱导细胞，其诱导成为 iPS 细胞的效率较皮肤来源成纤维细胞的比率高；组蛋白脱乙酰基酶抑制剂丙戊酸（VPA）和最新报道的维生素 C 能显著提高 iPS 的诱导比率。

④ 阳性克隆的筛选方法包括报告基因筛选和形态学标准筛选。报告基因筛选方法是指用基因重组技术建立具有药物抗性基因的小鼠成纤维细胞，抗性受内源性 Nanog 或 Oct4 表达调控，通过压力筛选，表达耐药基因的克隆优势生长。

【实验结果及分析】

诱导成功的 iPS 需进行多能性的鉴定，鉴定的内容包括以下几方面。

（1）形态学标准

（2）生长特性

（3）发育潜能　2N 囊胚注射，获得嵌合体并能通过生殖系遗传给后代（形成三胚层细胞并能够形成配子细胞遗传给下一代）；4N 囊胚注射，通过此方法获得的小鼠，胚外组织来源于 4N 的细胞，而小鼠则完全来自 iPS 细胞。

（4）标志分子表达

（5）表观遗传学特性

（韩　钦）

备择方案 2　类器官的培养与传代

类器官是一种新型的体外细胞培养模型，其本质是从原代组织中培养出来的小型组织，培养在三维（3D）细胞外基质中来模拟复杂的人体生理环境。与传统 2D 细胞培养相比，类器官不仅展现了更丰富的生理和遗传多样性，还高度还原了体内组织的结构和功能特征。这得益于组织驻留干细胞在培养条件下的自我更新与定向分化能力，这些干细胞能够自发组装成微型的三维组织，涵盖各种组织特异性细胞谱系。

尽管类器官在某些方面可能缺少完整的基质、血管、神经系统和免疫细胞构成，它们依然能够有效地复现许多组织的关键属性。通过利用现代细胞培养技术及设备，研究人员能够从冷冻保存的生物材料出发，成功启动并长期维护类器官的生长，甚至进行大规模扩增和冷冻保藏，为持续研究和药物筛选提供了宝贵的资源。

大多数情况下，类器官模型的构建流程始于从正常或病变组织（例如，肿瘤组织或活组织检查样本）中提取的细胞或组织片段，这些原材料被嵌入人工提取的细胞外基质中，形成微小的凝胶状结构，随后置于标准培养皿上促进其自然聚合与成熟。凝胶固化之后，再添加富含特定生长因子的培养基作为必要的营养补给。这一创新体系使得原本难以在传统培养中维持的细胞类型得以扩增，同时保留了它们的体内特性，包括复杂组织架构、特异功能表现及疾病相关的表型特征，极大促进了对正常生理过程、疾病发生发展机制的理解及新药开发的进程。

【原理与应用】

肝类器官是由肝细胞、内皮细胞、枯否氏细胞等组成的三维微器官结构，其培养过程是基于干细胞的三维自我组装能力，能够在体外模拟肝脏的部分生理功能，如药物代谢、解毒等。类器官通常被培育在一定比例的基质胶中，通过机械和酶解结合进行传代。解离后的类器官在新鲜的细胞外基质（ECM）中重新悬浮。类器官的传代周期需要根据其大小和增殖速率来决定，通常会按照一致的培养时长进行传代，一般在 7～14 天。

【实验用品】

1. 材料

小鼠新鲜肝脏。

2. 试剂

（1）基础培养基　DMEM/F12 培养基，预冷。

（2）完全培养基　商品化肝类器官培养基，预冷。

（3）基质胶　小鼠肉瘤的可溶性基底膜提取物，预冷，全程保持低温。

（4）胰蛋白酶 TrypLE™ Express，提前恢复至室温。

（5）包被液 DMEM/F12＋1%BSA。

（6）解离混合液 7.5ml 胶原酶Ⅵ＋7.5ml Dispase（分散酶）＋45ml DMEM/F12，提前恢复至室温。

3. 仪器与设备

无菌工作台，离心机，倒置显微镜，恒温培养箱，37℃水浴锅，24孔培养板，移液枪与配套吸头。

【实验方案】

1. 新鲜肝组织原代类器官培养

① 根据标准的操作处死小鼠并分离小鼠肝脏，置于PBS中清洗一次。

② 使用镊子将肝脏转移到含有预冷的基础培养基的培养皿中，用无菌剪刀将肝脏剪切成小块。

③ 使用移液管转移肝脏碎片和培养基至50ml离心管中，室温沉降2min后弃去上清液。

④ 向沉淀物中加入10ml室温的解离混合液，37℃水浴20min。

⑤ 取出离心管，使用10ml移液管吹打混合数次，室温沉降1min，弃去上清液。

⑥ 再次向沉淀物中加入10ml室温的解离混合液，37℃水浴20min。

⑦ 取出离心管，使用10ml移液管吹打混合数次，室温沉降1min，保留上清液于一支新的50ml离心管中，将离心管置于冰上。

⑧ 重复步骤⑥～⑦，将收集到的上清液置于冰上的50ml离心管中，继续重复消化4次，直至看不见肝脏碎片的残留。

⑨ 使用70μm细胞筛网过滤合并的上清液，保留过滤后收集的滤液。

⑩ 使用37μm细胞筛网过滤步骤⑨中收集的滤液，弃去滤液，将筛网反转后倒置于50ml离心管上，离心管需提前使用包被液润洗一次，使用10～12ml预冷的基础培养基冲洗筛网并收集细胞，如果仍有碎片残留，可使用移液管轻轻刮下并转移至离心管中。

⑪ 吹打混匀细胞悬液3～5次，将悬液平分至4支15ml离心管中，300g离心5min，小心弃去上清液，离心管中保留10～20μl左右的悬液。

⑫ 向每支离心管中快速加入30μl预冷的基质胶并混匀，将悬液缓慢匀速滴至24孔培养板培养孔中央位置，滴加过程中枪头应随液面一同缓慢上移，使液滴形成一个半圆形穹顶，避免产生气泡，重复操作直至完成所有类器官的接种。

⑬ 室温静置2min待胶滴微微定型后，快速小心倒置培养板，室温继续静置5min，之后保持倒置状态小心转移培养板至37℃培养箱，再次静置20min使胶滴完全凝固。

⑭ 取出并正置培养板，按照600μl/孔的比例贴壁缓慢加入完全培养基，避免扰动胶滴，37℃、5%CO_2培养箱培养，每2～3天进行一次培养基更换并记录类器官形态。

2. 类器官的传代及回收类器官

① 吸出并丢弃24孔培养板中的旧培养基，注意吸取培养基时避免扰动胶滴。

② 按照500μl/孔的量加入预冷的基础培养基，使用1ml枪头反复吹吸至胶滴完全溶解，转移至15ml离心管（与类器官接触的枪头和离心管在使用前需使用包被液润洗一次），每管内收集的类器官不超过3孔。

③ 再次按500μl/孔的量加入预冷的基础培养基，用枪头轻轻刮下孔板底部的细胞，合并入15ml离心管中。

④ 300g离心5min，此时可能会观察到细胞沉淀覆盖有一层朦胧的ECM层，小心吸出并弃去上清液，避免扰动沉淀和ECM层。

3. ECM 的去除和洗涤

① 根据每管内收集类器官的孔数，按照 1ml/孔 的比例加入胰蛋白酶，37℃水浴消化 5min，其间每 2min 使用显微镜观测类器官解离情况，当类器官解离至小的团块或碎片时停止，避免完全解离成单细胞。

② 加入基础培养基至 10ml（加入的培养基至少为胰酶体积的 2 倍）终止消化，混匀后 300g 离心 5min，小心弃去上清液收集沉淀。

4. 类器官传代接种

① 计算完全培养基与基质胶的用量：接种时至 24 孔培养板的胶滴体积为 $50\mu l$，每个胶滴中完全培养基与基质胶的比例为 2∶3，每孔类器官推荐按照 1∶3 的比例进行传代（即收集到的每孔类器官应使用 $60\mu l$ 完全培养基＋$90\mu l$ 基质胶进行重悬，并接种至 3 孔中）。

② 将细胞沉淀重悬于所需体积的完全培养基中，吹打混匀，避免产生气泡。

③ 快速加入所需体积的基质胶并立即吹打 5~10 次进行混匀。

④ 吸出 $50\mu l$ 液滴，缓慢匀速滴至培养孔中央位置，滴加过程中枪头应随液面一同缓慢上移，使液滴形成一个半圆形穹顶，避免产生气泡。

⑤ 重复步骤④中的操作直至完成全部类器官的接种。

⑥ 室温静置 2min 待胶滴微微定型后，快速小心倒置培养板，室温继续静置 5min，之后保持倒置状态小心转移培养板至 37℃培养箱，再次静置 20min 使胶滴完全凝固。

⑦ 取出并正置培养板，按照 $600\mu l$/孔 的比例贴壁缓慢加入完全培养基，避免扰动胶滴，置于 37℃、5% CO_2 培养箱中培养，每 2~3 天进行一次培养基更换并记录类器官形态。

【注意事项】

① 所有操作均须在无菌条件下进行，以防止污染。

② 与肝类器官接触的离心管和移液枪头需预先用包被液湿润，以防细胞黏附损失。

③ 回收的类器官首次离心后，可能会在细胞沉淀上观察到朦胧的 ECM 层，去除上清液时避免接触以免类器官损失。

④ 基质胶在 4℃可保持液态，而在室温会迅速凝固，因此接种过程需全程保持低温，与基质胶接触的培养基与枪头需要预冷。

⑤ 当接种完毕，胶滴完全凝固后，添加与换液使用的培养基需完全恢复至室温，避免造成基质胶溶解而破坏胶滴。

【实验结果及分析】

按照实验步骤，培养至第 7 天时，显微镜观察并测量类器官直径，最大类器官直径应在 $400\sim700\mu m$ 附近。如果正常类器官生长，就证明实验成功；若没有类器官的形成，则证明实验失败。肝类器官的培养过程如图 6-2 所示。

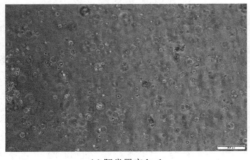
(a) 肝类器官day1

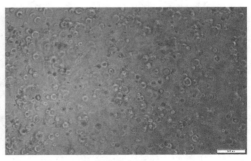
(b) 肝类器官day3

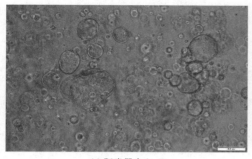
(c) 肝类器官day5

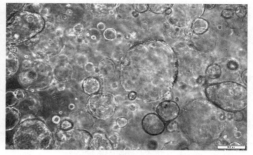
(d) 肝类器官day7

图 6-2 肝类器官的培养过程

（朱星雨）

支持方案　小鼠胚胎成纤维细胞（MEF）的分离及饲养层的制备

【原理与应用】

小鼠胚胎成纤维细胞是胚胎干细胞体外培养时最理想的饲养层，用于小鼠、人来源胚胎干细胞培养，也广泛用于诱导多能干细胞（iPSC）培养的饲养层细胞。

【实验用品】

(1) 材料　75%乙醇浴（预先将其倒入烧杯至预计能将孕鼠整个淹没的高度），无菌的手术器械的高压灭菌，能提供8000rad❶射线的照射源。

(2) 设备　一次性无菌培养皿，一次性无菌移液管，T75培养瓶，15ml、50ml离心管，注射器和针头，1.5ml冻存管以及涂有明胶的6孔板等。

【试剂配制】

(1) 麻醉剂 2.5% Avertin 配制　三溴乙醇（tribromoethanol），10g；2-甲基-2-丁醇（叔戊醇），10ml；PBS，390ml。

混匀后，4℃避光保存。

(2) 0.05%胰蛋白酶的配制　PBS，100ml；胰蛋白酶，0.05g；EDTA-Na_2，0.004g。

待胰蛋白酶和EDTA充分溶解后，用0.22μm滤器过滤除菌，-20℃保存，保持无菌。

(3) 0.1%明胶溶液的配制　PBS，100ml；明胶粉剂，0.1g。

高压灭菌，4℃保存，1个月内使用。注意：明胶不易溶于PBS，高温灭菌后能充分溶解，呈透明液体。

(4) MEF培养基的配制

① MEF-I培养基（MEF原代分离时使用）　DMEM培养基，880ml；胎牛血清（56℃热灭活30min），100ml；非必需氨基酸，10ml；100×青霉素-链霉素溶液，10ml。

将所有组分混合后，用0.22μm滤器过滤除菌，4℃保存，保持无菌。

② MEF-C培养基（MEF培养时使用）　DMEM培养基，440ml；胎牛血清（56℃热灭活30min），50ml；200mmol/L L-谷氨酰胺（使用前冷冻保存），5ml；非必需氨基酸，5ml。

将所有组分混合后，用0.22μm滤器过滤除菌，4℃保存，保持无菌。

(5) 冻存液的配制　DMEM培养基，70ml；DMSO，10ml；胎牛血清（56℃热灭活30min），

---

❶　1rad=10mGy。

20ml。将所有组分混合后，用 0.22μm 滤器过滤除菌。每次使用前新鲜配制。

【实验方案】

（一）MEF 的原代分离与冻存

1. 开始前准备

① 孕鼠，ICR 系，孕 13～14d。

② 提前 20min，将 PBS 预温到 37℃，每只孕鼠准备 100ml。

2. 原代 MEF 细胞的分离

① 给每只孕鼠腹腔注射 0.5ml Avertin，待小鼠麻醉后，进行断颈处死。

② 放入盛有 75％乙醇中浸泡 2～5min 消毒。

③ 用一副无菌的剪刀镊子剪开孕鼠腹腔皮肤，暴露腹腔，注意不要剪开腹膜。

④ 换一副无菌的剪刀镊子剪开腹腔取出子宫，放在预先准备好的无菌平皿中。处理掉孕鼠的尸体。

⑤ 用吸管将子宫用 10ml PBS 冲洗三遍。

⑥ 用眼科剪和眼科镊切开囊胚，将胚胎游离。

⑦ 将胚胎放入新的无菌培养皿中，用 10ml PBS 洗三遍。

⑧ 计数分离得到的胚胎数。

⑨ 去除胚胎的头、尾、四肢及内脏组织。注意：内脏组织颜色较深。

⑩ 将胚胎放入新的培养皿中用 10ml PBS 洗三遍。

⑪ 吸去多余的 PBS。

⑫ 使用弯头眼科剪将组织剪成小颗粒。注意：大约用 6～10min 剪切组织。剪碎时，用一个手顶住培养皿，与桌面保持小角度，使组织集中在培养皿的一侧，提高剪切的效率。

⑬ 加 2ml 胰蛋白酶，继续剪切几分钟，使组织颗粒更小。

⑭ 再补加 5ml 胰蛋白酶，用吸管充分将组织和胰蛋白酶混匀，将培养皿 37℃ 孵育 20～30min，中间可取出用无菌 25ml 吸管反复吹吸几次。注意：在孵育过程中，可以从第一步开始对另一只小鼠进行处理和制备。

⑮ 消化结束，加大约 20ml MEF-I 培养基，用 10ml 移液管把黏性物质混匀，使黏性物质基本分散，吸取上面的细胞悬液。剩余团块不能再用胰蛋白酶消化，否则细胞活力下降。

⑯ 用 200 目的筛网过滤，注意别让黏性物质堵塞网孔。

⑰ 过滤后，将组织消化液转移入 50ml 离心管中，200g 离心 5min。

⑱ 去上清液，用 MEF-C 培养基重悬，分装入 T75 培养瓶或 10cm 培养皿中培养，每个瓶或皿原代培养大约 10 个胚胎消化得到的细胞。

⑲ 培养过夜，显微镜下观察，如细胞汇合已超过 90％，可直接进行收集和冻存；如细胞汇合还不足 90％，继续培养一天。

⑳ 吸去多余的培养基，加入新鲜 MEF-C 培养基 10ml。

㉑ 培养细胞直至培养瓶中细胞汇合超过 90％。注意：细胞中可能会混有部分组织块。

3. MEF 的消化冻存

① 收集 MEF 细胞，培养的细胞去除培养基后，用 PBS 洗一遍。

② 加入 3～4ml 胰蛋白酶，以能覆盖整个培养瓶（皿）底为宜，孵育 5min。

③ 掌拍培养瓶（皿）3～5 次，直至细胞从培养瓶表面脱离。注意：掌拍前要确保培养瓶盖是拧紧的。

④ 每个 T75 培养瓶加 5ml MEF-C 培养基，与胰蛋白酶混合，中止胰蛋白酶活性。用 10ml 移液管反复吹打，使细胞团完全散开。注意：不要产生气泡。

⑤ 将培养瓶内的细胞悬液收集到 50ml 离心管，弃去较大的组织块。可以将细胞悬液重新转移到一个新的 50ml 离心管内，弃去多余的组织块。

⑥ 细胞悬液 200g 离心 5min。

⑦ 弃去上清液，将细胞团拍松散后用新鲜的 MEF-C 培养基重悬。一般一个 T75 培养瓶冻 3 支，重悬时每个 T75 培养瓶的细胞加 1.5ml MEF-C 培养基。

⑧ 逐滴加入等量的冻存液，混匀。

⑨ 迅速将 1ml 细胞悬液装入 1.5ml 冻存管。盖紧后放入异丙醇冻存盒中。

⑩ 立即转入 −80℃ 冰箱，保存过夜。

⑪ 次日将冻存的细胞转入液氮罐保存。

（二）MEF 的复苏和饲养层的制备

1. 开始前准备

① 37℃ 水浴。

② 95% 乙醇浴。

2. MEF 的复苏

① 将冻存的 MEF 从液氮中取出，浸入 37℃ 水浴，轻轻转动，注意冻存管盖不要没入水中。

② 当只剩一个小冰晶时，将冻存管从水浴中取出。

③ 将冻存管浸入 95% 乙醇浴消毒，在无菌超净台中晾干。

④ 将细胞从冻存管中转入 15ml 离心管中，逐滴加入 4ml MEF-C 培养基，轻轻混匀。

⑤ 200g 离心 5min，去除上清液。

⑥ 将细胞团轻轻拍散，加 10ml MEF-C 重悬细胞。

⑦ 将细胞悬液转移到无明胶包被的 T75 培养瓶中。

⑧ 放入培养箱，每天观察细胞密度。

3. MEF 细胞的传代（按 1:5 传代）

① 吸弃 T75 培养瓶内的 MEF-C。

② 加 5ml PBS，洗一遍。吸弃 PBS。

③ 加入 2ml 胰蛋白酶-EDTA 溶液，放置 3~5min，镜下观察，看细胞间接触由致密逐渐变松散。

④ 轻拍培养瓶 3~5 次，直至细胞层从培养瓶表面脱离。

⑤ 加 5ml MEF-C 中止胰蛋白酶消化。

⑥ 混匀细胞悬液，加入 40ml MEF-C，至总体积 50ml。混匀。

⑦ 将 50ml 细胞悬液，按每个新 T75 培养瓶 10ml 细胞悬液分瓶。

4. MEF 饲养层的制备

① 按细胞传代步骤消化 MEF 细胞。

② 取 0.6~1ml 混匀的细胞悬液，放入 1.5ml EP 管。注意：一定要彻底混匀，以避免细胞不均匀造成很大的细胞计数误差。

③ 剧烈吹打细胞悬液，使细胞团彻底打散。

④ 每次取 10μl 进行细胞计数，计三次，取均值。

⑤ 计数出细胞悬液的细胞浓度，按需要的细胞数，取相应体积的细胞悬液体积。

⑥ 将计数好的细胞悬液转入 15ml 离心管。注意：每个离心管的细胞悬液体积不要超过 10ml，不要离心使细胞沉淀。

⑦ 照射细胞，摸索合适的照射剂量。注意：要达到 MEF 细胞的失活所需要的照射剂量变化很大，需要摸索。5500~8000rad 是经验开始剂量。

⑧ 照射结束后，200g 离心 5min。
⑨ 去除上清液，轻轻拍散沉淀的细胞团，按照射前计算好的细胞数，用 MEF-C 重悬细胞，调整细胞浓度为 $1×10^6$ 个/ml。
⑩ 进一步稀释细胞悬液到需要的细胞浓度。注意：用于饲养层时，细胞的浓度为 $0.75×10^6$ 个/ml，6 孔板每个孔加 2.5ml 细胞悬液。
⑪ 预先用明胶包被 6 孔板。在 6 孔板的每个孔加入 1ml 0.1%明胶溶液，在 37℃ 培养箱中放置 0.5h 以上。
⑫ 将培养板从培养箱取出，吸去多余的明胶。
⑬ 6 孔板每个孔加入 2.5ml 细胞悬液。
⑭ 培养过夜，使细胞重新贴壁。

【注意事项】
① 操作过程中始终注意无菌概念：取胚胎的时候，酒精灯一定放在旁边。
② 剪胚胎时，要充分点，不能有大的组织块。
③ 去内脏和血块要彻底，血液会影响胰蛋白酶消化。
④ 消化时间要控制好，不宜太长，时间越长团块越黏，细胞不容易被离出。
⑤ 吹打黏性物质一定要轻，不能太猛烈，否则影响细胞活力，团块更吹不散。
⑥ 黏性物如果真吹不散，可以先过滤上层液，再用 30ml 或 50ml 的针筒，轻轻地吹 2～3 次，切勿用力吹，以免细胞死亡，再换滤网过滤，同时用培养液冲洗。
⑦ 一般 MEF 培养 1～2 代冻存备用。
⑧ 照射处理后的 MEF 尽快使用，一般不使用超过 5d 的饲养层细胞。

【实验结果及分析】
每一批饲养层制备好后，需要进行胚胎干细胞培养，鉴定其支持干细胞生长的能力。

（韩　钦）

第七章　外泌体的提取和鉴定

　　胞外囊泡（extracellular vesicle，EV）是多种细胞分泌的双层脂膜结构的小囊泡，其直径在 30～5000nm 之间。这些囊泡包含着细胞内的多种生物活性分子，包括蛋白质、核酸和脂质，可以在细胞之间传递信息。胞外囊泡在细胞间通信、疾病发展和治疗等领域具有广泛的研究价值，被认为可能成为生物标志物、药物传递系统及疾病治疗的潜在靶点。

　　胞外囊泡习惯上主要分为三类：外泌体（exosome）、微囊泡（microvesicle）和凋亡小体（apoptotic body）。外泌体是最小的，直径约为 30～150nm，起源于细胞内的内体（endosome）。微囊泡直径约为 50～1000nm，来源于细胞膜。凋亡小体是最大的，直径可达 1000nm 以上，通常在细胞凋亡时释放。

　　目前根据国际胞外囊泡研究协会（ISEV）针对囊泡研究提出的 MISEV2018/2024 指南（定义胞外囊泡及功能的最低实验要求），术语"胞外囊泡"（EV）是指从细胞中释放出来的、由脂质双分子层限定的、不能独立复制（即不含功能性细胞核）的颗粒。目前的 EV 定义保留了 MISEV2018 中的定义，但删除了 2018 年使用的"naturally"（如"自然释放"）一词。总的来说，ISEV 建议使用通用术语"EV"和该术语的操作扩展，而不是使用定义不一致且有时具有误导性的术语，如"外泌体"，这些术语与难以确定的生物生成途径有关。

　　虽然 ISEV 不推荐使用"外泌体"这个术语，但因为习惯问题，目前国内很多研究人员依然采用这一术语，本文也继续使用外泌体，特此说明。

基本方案1　细胞上清液准备

【原理与应用】

　　外泌体可以从细胞培养上清液和多种体液中提取，包括：血液、尿液、脑脊液、胸腔积液、腹腔积液、唾液、乳汁、精液。本方案以细胞培养上清液为例。

【实验用品】

（1）材料　细胞培养上清液。

（2）试剂　PBS（磷酸盐缓冲液），胎牛血清，DMEM/F12 培养基，双抗（青霉素加链霉素）。

（3）仪器与设备　细胞培养皿，无菌离心管，无菌工作台，离心机，倒置显微镜，恒温培养箱，移液枪与配套吸头。

【实验方案】

（1）配制无血清培养基（200ml）

试剂名称	试剂剂量
DMEM/F12 培养基	199ml
双抗(青霉素加链霉素)	1ml

（2）换无血清培养基　当目的细胞浓度达到 70%～90% 时（根据细胞的生长状况决定），弃去原培养基。

（3）清洗细胞　超大皿每次使用 20ml 无菌 PBS 清洗细胞 2 次。

(4) 弃去 PBS
(5) 继续培养　每皿加入 20ml 无血清培养基，根据细胞的生长特性，继续培养 24～48h。
(6) 收集细胞培养上清液　转移至 50ml 离心管中。
(7) 去除细胞碎片　3000r/min 离心 20min，去除培养上清液中的细胞及细胞碎片。

【注意事项】

① 根据目的细胞的生长情况选择是否采用无血清培养基。若细胞在无血清培养基中不耐受，可以采用去外泌体血清配制的培养基。

② 若不能及时进行后续实验，可将上清液置于 －20℃ 冰箱中储存备用，为保持外泌体活性，应尽快完成外泌体的提取。

【实验结果及分析】

观察细胞上清液的体积，一次收集量尽量大于 100ml。

（王世华）

基本方案 2　采用超速离心法提取外泌体

【原理与应用】

超速离心法是一种常用的方法，用于从细胞培养上清液或生物体液中提取外泌体。其原理是基于外泌体与其他细胞碎片和大颗粒物质的密度不同，在不同的离心力作用下沉淀。通常在 10000g 离心时，微囊泡（microvesicle）等大颗粒可以沉淀，而外泌体仍留在悬液中，在 110000g 离心时，外泌体则可以沉淀下来。

【实验用品】

(1) 材料　经过 3000r/min 离心 20min 的细胞上清液。
(2) 试剂　PBS（磷酸盐缓冲液）。
(3) 仪器与设备　L-100XP 低温超速离心机，移液枪与配套吸头，与离心机配套的超速离心管。

【实验方案】

① 将经过 3000r/min 离心 20min 的细胞上清液转移到圆底 50ml 离心管，于低温超速离心机中 10000g 离心 30min，以去除更小碎片和较大的囊泡等。

② 将上清液转至低温超速离心机配套的离心管，110000g 低温超速离心 70min，以使外泌体形成沉淀。

③ 完全弃去上清液。

④ 重悬：用微量移液器将每个试管中的沉淀重悬于 1ml 的 PBS 中。

⑤ 将所有含有来自相同细胞的上清液的试管中重新悬浮的沉淀集中到一个离心管中。

⑥ 加入 PBS，使其完全充满离心管。

⑦ 110000g 低温超速离心 70min。

⑧ 尽量完全去除上清液。

⑨ 用 PBS 重悬沉淀（PBS 用量根据起始细胞上清液的量和目的细胞种类而定）并收集。

⑩ 过滤除菌：采用 0.22μm 滤器过滤除菌（如能保证全程无菌操作，可不经过滤）。

【注意事项】

① 超速离心过程中涉及高速旋转的离心机，因此必须遵守安全操作规程。确保离心机的盖子牢固关闭，并在使用过程中保持稳定。遵循实验室安全准则，戴上适当的防护手套和眼镜。

② 所有离心均应在 4℃ 下进行。

③ 去除上清液时动作要轻柔，避免将沉淀冲散。
④ 用PBS重悬外泌体沉淀时轻轻吹打，避免产生过多气泡。
⑤ 确保操作环境的清洁，避免灰尘和其他污染物进入样品中。

【实验结果及分析】
外泌体高速离心后会沉积到离心管的底部，沉淀的外观可能因其来源、组成和纯度而有所不同，通常呈现为白色或乳白色的沉淀物。

（王世华）

基本方案3　采用超滤法提取外泌体

【原理与应用】
超滤法是一种常用于提取外泌体的方法，其实验原理基于膜分离技术，利用不同孔径的膜对不同大小分子的选择透过性。在超滤装置中，施加适当的压力或离心力，使得上清液能够通过膜，而外泌体等大分子物质被截留在膜上。这样可以实现对外泌体的富集和提取。

【实验用品】
（1）材料　经过3000r/min离心20min的细胞上清液。
（2）试剂　PBS（磷酸盐缓冲液）。
（3）仪器与设备　低温台式离心机，100kDa分子超滤管，离心管，无菌滤器（0.22μm），移液枪与配套吸头。

【实验方案】
（1）将经过3000r/min离心20min的细胞上清液转移到50ml离心管中。
（2）使用0.22μm滤膜对细胞上清液进行过滤并收集，进一步去除上清液中的大胞外囊泡。
（3）将离心机预冷至4℃。
（4）使用100kDa分子超滤管离心过滤上清液，弃去下管中的液体，外泌体被富集浓缩在上管中的滤膜上。离心速度及离心时间按照4000g，30min，终产品体积通常大约500μl（30倍浓度）。
（5）清洗：细胞上清液过滤结束后，加满PBS继续离心过滤。
（6）PBS重复清洗外泌体2次，尽量去除上管滤膜上残余的培养基成分。
（7）重悬：使用PBS轻轻吹打滤膜，使黏附在滤膜上的外泌体重悬至PBS中。

【注意事项】
（1）在操作过程中要遵循实验室安全规范，包括佩戴个人防护装备（如手套、实验室大衣、护目镜等）。
（2）选择适合实验要求的合适膜材料和孔径大小，确保膜的清洁和完整性，避免膜的堵塞或破损。
（3）由于细胞类型不同，细胞上清液的性质、流速和离心时间可能会有所不同。对于样品体积和终体积的估计，请参阅对应厂家的超滤管使用说明书。
（4）一般情况下，重悬体积可视情况调整，使滤膜上的外泌体尽量被完全重悬，也要保证重悬后的外泌体浓度不会过低，最后将所有外泌体收集在离心管中。

【实验结果及分析】
超滤后的外泌体悬液通常会呈现为浑浊的液态。

（王世华）

基本方案 4　采用电镜观察外泌体形态

【原理与应用】
电子显微镜具有远高于光学显微镜的分辨率，可以观察到更小的结构细节。外泌体作为微小的囊泡结构，大小通常在 30~150nm，使用电子显微镜可以更清晰地观察其形态。

【实验用品】
（1）材料　超速离心或者超滤获得的外泌体样本。
（2）试剂　PBS（磷酸盐缓冲液），1%乙酸双氧铀。
（3）仪器与设备　透射电子显微镜，载样铜网，滤纸。

【实验方案】
① 取新鲜提取的外泌体，用 PBS 做不同梯度的稀释（如 1 倍、10 倍和 30 倍）。
② 将载样铜网置于封口膜上，封口膜置于滤纸上。
③ 将样品滴加于载样铜网，使载样铜网浸于液滴内部，静置 2min。
④ 用滤纸吸去多余样品，再将铜网一面置于滤纸上，放于日光灯下干燥 5min 晾干。
⑤ 将载样铜网放于封口膜，滴加 1%乙酸双氧铀负染 2min，之后吸去多余染液，日光灯下干燥 40min。
⑥ 透射电镜下观察并照相记录。

【注意事项】
① 外泌体样品的制备需要小心操作，以避免外泌体的结构和形态受到破坏。通常建议使用新鲜制备的外泌体。
② 在将样品放入透射电子显微镜中观察时，需要精确控制电子束的参数，如加速电压、聚焦和对比度等，以获得清晰的图像。

【实验结果及分析】
图 7-1 所示为电镜下外泌体呈现双层脂膜结构的囊泡。

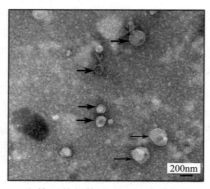

图 7-1　电镜下外泌体呈现双层脂膜结构的囊泡

（王世华）

基本方案 5　采用纳米颗粒跟踪分析（NTA）鉴定外泌体粒径

【原理与应用】
用纳米颗粒跟踪分析仪（Zetaview，Particle Metrix）评估 MSC-sEV 的尺寸分布。基于布朗运动和扩散系数，颗粒被自动追踪和定型。

【实验用品】
(1) 材料　超速离心或者超滤获得的外泌体样本。
(2) 试剂　PBS（磷酸盐缓冲液），去离子水。
(3) 仪器与设备　Zetaview 纳米颗粒跟踪分析仪。

【实验方案】
(1) 外泌体的稀释　使用预冷的 PBS 将新鲜提取的外泌体稀释 500 倍或者 1000 倍，具体稀释倍数可根据外泌体的黏稠程度适当调整。
(2) 清洗　使用去离子水冲洗 Zetaview 纳米颗粒跟踪分析仪的通道，去除通道上残余的颗粒。
(3) 检测　吸取 1ml 稀释后的外泌体，缓慢推入通道。
(4) 观察　各检测点颗粒分布均匀后，调节仪器对焦，外泌体颗粒浓度在检测范围内则开始检测，若外泌体颗粒浓度不在检测范围内则调整稀释倍数重新检测。
(5) 清洗　检测结束后，使用去离子水清洗通道，去除残余的外泌体颗粒。
(6) 分析　根据 Zetaview 纳米颗粒跟踪分析仪检测出示的报告，使用 GraphPad Prism 对外泌体的颗粒大小分布情况进行分析。

【注意事项】
① 外泌体样品的制备需要特别小心，以避免外泌体的结构和形态受到破坏。
② 在进行纳米颗粒跟踪分析之前，外泌体样品通常需要进行适当的稀释，以确保样品浓度在仪器检测范围内。
③ 需要注意避免使用可能影响分析结果的样品处理方法，如超声处理。

【实验结果及分析】
NTA 显示间充质干细胞外泌体的粒径分布范围（图 7-2）。

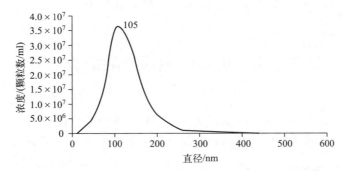

图 7-2　NTA 显示间充质干细胞外泌体的粒径分布范围

（王世华）

第八章 细胞周期分析

细胞分裂是一个复杂而精确的生命活动过程,包括分裂前的物质准备(如DNA复制、新合成组蛋白装配成染色质以及组装新的中心体等)及分裂过程。这种细胞物质积累与细胞分裂的循环过程称为细胞周期(cell cycle)。标准的细胞周期一般分为4个时期:G_1期、S期、G_2期和M期。

本章介绍的第一部分内容是常用的细胞周期检测方法,即细胞用荧光染料(如PI)染色后,用流式细胞仪根据DNA含量差异检测细胞所处时相。另外不同的周期蛋白依赖性激酶(CDK)在细胞周期的不同时期被激活,使得CDK家族成员的活性可作为诊断细胞所处细胞周期状态的明确标记。所以本章备择方案2将介绍通过分析CDK活性来检测细胞周期的方法。

当需要研究细胞周期中某一时相所发生的事件、测量细胞周期各时相的长度或使药物处理细胞能得到稳定的效果等时,往往需要将特定细胞群体进行处理,使其中的个体同步地进行细胞分裂。细胞同步化的方法多样,包括温度休克法、短时间饥饿法、药物抑制法及离心淘洗法等。本章备择方案1介绍了血清饥饿法、胸苷法和有丝分裂摇落法,它们可以将细胞分别停留于G_0/G_1、G_1/S期交界和M期。

细胞周期与细胞生长、繁殖、分化、衰老、凋亡、突变(尤其是癌变)等息息相关,其重要性不言而喻。2001年诺贝尔生理学或医学奖授予三位从事细胞周期研究的科学家,即Lee Hartwell、Paul Nurse和Tim Hunt。但细胞周期的奥秘并未彻底揭示,有许多调控因子(尤其是调控基因)、信号通路等仍需探索。本章所介绍的一些方法是一些基本手段,更多技术有待人们去开发。

基本方案 流式细胞仪检测细胞周期

【原理与应用】

流式细胞仪(flow cytometer,FCM)又称荧光激活细胞分选仪(fluorescence activated cell sorter,FACS),由光学系统、电子控制系统及计算机分析系统三个部分组成。其工作原理是荧光素标记的细胞或生物微粒从$50\sim100\mu m$的喷嘴中逐个高速喷出,由激光光源激发荧光,通过荧光检测器和前向散射检测器分别检测荧光和散射光,经计算机分析和处理获得的信息参数(见图8-1),可用于细胞计数、不同细胞类型的计数和分选、细胞周期测定等,尤其该仪器的分选过程可以在无菌条件下进行,因此所分选得到的细胞不仅可保持它们的活性,而且可继续在体外培养与增殖。因此近年来FCM在细胞生物学、免疫学、肿瘤生物学、病理学及临床诊断中得到广泛应用。

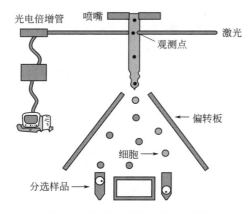

图8-1 流式细胞仪工作流程图

流式细胞仪检测细胞周期的原理是根据细胞

在不同的细胞周期时相中 DNA 含量存在差异的特点，应用 DNA 荧光染料染色，检测细胞内 DNA 荧光强度变化，判断细胞所处的细胞周期（见图 8-2、图 8-3）。常用碘化丙啶（PI）作为染料。PI 为核酸嵌入型染料，可以插入双股螺旋多聚核苷酸结构中，导致 DNA 和 RNA 着色。由于 PI 也能与 RNA 结合，因此实验过程中需要用 RNA 酶将 RNA 去除，以排除 RNA 的干扰。

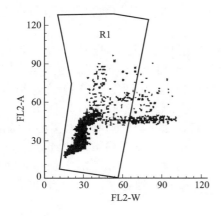

图 8-2　流式细胞仪测定细胞周期的散点图

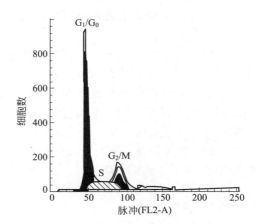

图 8-3　流式细胞仪测定细胞周期

【实验用品】

(1) 材料　HeLa 细胞。
(2) 试剂　0.25% 胰蛋白酶溶液、PBS、RNA 酶、PI 染液、70% 乙醇溶液。
(3) 设备　移液器、枪头、离心管、离心机、流式细胞仪、水浴锅。

【试剂配制】

PI 染液　15mg PI；柠檬酸钠 0.1g；NP-40，0.3ml；加蒸馏水至 100ml。

【实验方案】

① 取培养细胞 1 瓶，用胰蛋白酶消化，用 PBS 制备成细胞悬液。
② 1000g 离心 10min，弃上清液。加入 70% 乙醇固定液重悬细胞，固定 30min。
③ 1000g 离心 10min 后，用 PBS 离心洗涤 2 次。
④ 离心后，用 RNA 酶消化细胞，室温 30min。
⑤ 重复步骤③。
⑥ 用 PI 染液处理细胞 20min。
⑦ 同步骤③用 PBS 洗涤细胞。
⑧ 在流式细胞仪 488nm 激发波长下测定。

【注意事项】

① PI 为致癌物质，避免用手直接接触。
② 细胞数目应该达到 2×10^4 个，细胞数目过少影响实验结果的准确性。
③ 在制备时，离心次数不宜过多，防止细胞丢失。
④ 以正常淋巴细胞调试流式细胞仪。

【实验结果及分析】

参考图 8-3，观察并记录处于各细胞周期 G_1/G_0、S 以及 G_2/M 期的细胞百分数。

（黄　辰）

备择方案1　细胞同步化实验

【原理与应用】

在细胞培养过程中，细胞多处于不同的细胞周期时相中。不同时相的细胞对药物干预存在不同的反应，会影响实验的重复性，因此需要制备细胞周期一致的细胞。细胞同步化是解决该问题的好办法。

细胞同步化是利用药物或其他方法使细胞停止在细胞周期的某个时相的技术，其基本原则是使细胞停留在细胞周期的特定时相上；停滞过程可以通过调节，恢复细胞周期；恢复后所有细胞以一致的步调在细胞周期中运行。细胞同步化实验为特定细胞周期转变、细胞动力学、细胞周期调控及细胞在不同时相中对药物的敏感性研究奠定基础。

细胞同步化的方法多样，包括温度休克法、短时间饥饿法、药物抑制法及离心淘洗法等。不同处理使细胞停留在不同的分裂时相中，血清饥饿、异亮氨酸剥夺和洛伐他汀（lovastain）使细胞停留在 G_0 和 G_1 期；艾菲地可宁（aphidicolin）、羟基脲（hydroxyurea）和胸苷（thymidine）可将细胞阻滞于 S 期；诺考达唑（nocodazole）使细胞停止在 M 期。

【实验用品】

（1）材料　HeLa 细胞。

（2）试剂　无血清培养基、胎牛血清、RPMI-1640 培养液、0.25％胰蛋白酶溶液、PBS。

（3）设备　培养瓶、移液器、枪头、小烧杯、10ml 吸管橡皮头、超净工作台、CO_2 孵育箱、倒置相差显微镜、离心机。

【实验方案】

1. 血清饥饿法（将细胞周期阻滞在 G_0/G_1 期）

① 用 0.25％胰蛋白酶消化对数生长期 HeLa 细胞，收集细胞，600g 离心 5min，弃上清液。

② 用 37℃预温 pH 7.4 的 PBS 或无血清培养基洗涤细胞 2 次，重悬于培养液中。培养液中血清浓度低于 0.5％。

③ 在 CO_2 孵育箱中 37℃、5％CO_2 及饱和湿度的条件下，培养 24～48h。

④ 弃去无血清培养基，加入正常血清浓度的培养液，使细胞重新进入细胞周期。细胞约在 12h 后进入 S 期。

2. 胸苷法（诱导细胞停滞在 G_1/S 期交界）

① 添加含 2mmol/L 胸苷的新鲜培养液于培养对数生长期 HeLa 细胞的培养瓶中。

② 在 CO_2 孵育箱中 37℃、5％CO_2 及饱和湿度的条件下，培养 12h。

③ 弃去含有胸苷的培养液，用等量的完全培养液洗涤贴壁细胞 2 次。更换新鲜培养液，在 37℃的 CO_2 孵育箱中孵育 16h。

④ 弃去培养液，再加入 2mmol/L 胸苷的新鲜培养液，并孵育 12～14h。

⑤ 重复步骤③。

3. 有丝分裂摇落法（将细胞截获于 M 期）

① 取覆盖瓶底（汇合度）达 70％～80％的 HeLa 细胞 1 瓶，弃去原培养液，用无血清培养液冲洗。然后加入 3ml 0.1％胰蛋白酶消化 5min。轻扣培养瓶，使松动细胞游离下来。

② 600g 离心 5min，并调整细胞浓度至 $2.5×10^5$ 个/ml，种入培养瓶，于 37℃的 CO_2 孵育箱中孵育 6h。

③ 摇动培养瓶，弃去未贴壁的细胞，更换培养液2次。加入培养液继续培养10h。

④ 在10h结束，轻轻摇动或轻扣培养瓶，收集M期细胞，600g离心5min，并用培养液将细胞浓度调整到 $2.5×10^5$ 个/ml。

⑤ 种入培养瓶，于37℃的 CO_2 孵育箱中孵育2h，细胞进入 G_1 期。

以上方法可应用流式细胞仪检测获得细胞的细胞周期（见流式细胞仪检测细胞周期）。

【注意事项】

① 血清饥饿法必须注意无血清培养液处理细胞的时间，时间过长将引起细胞不可逆进入 G_0 期或凋亡。

② 有丝分裂摇落法必须注意胰蛋白酶的消化时间，过长的消化时间将引起其他周期的细胞数目增加。

【实验结果及分析】

通过以上三种方法得到不同时相的同步化细胞，用流式细胞仪检测细胞群体的细胞周期的均一性，具体操作参见本章基本方案。

（黄　辰）

备择方案2　通过分析CDK的活性检测细胞周期

【原理与应用】

由于不同的细胞周期蛋白依赖性激酶（CDK）在细胞周期的不同时期被激活，所以CDK家族成员的活性可作为诊断细胞所处细胞周期状态的明确标记。

细胞周期的特定时期可以根据下述的细胞周期蛋白-CDK复合物存在和活化来鉴定：细胞周期蛋白 E-CDK2 活性出现于晚 G_1 期，消失于早 S 期；细胞周期蛋白 A-CDK2 活性出现于早 S 期，消失于早 M 期；某些细胞类型中，细胞周期蛋白 A-CDK1 活性出现于 G2 期，消失于早 M 期；细胞周期蛋白 B-CDK1 活性出现于 G_2 期，消失于中 M 期。

该方案将很好地指示细胞周期的时期，细胞周期蛋白A、B和E以及它们的"搭档"激酶CDK1和CDK2都很适合于该方法，不过，细胞周期蛋白D和CDK4或CDK6的复合物不能用该法分析。

【实验用品】

(1) 材料　生长于6cm组织培养皿的细胞。

(2) 试剂　1×PBS，冰冷；裂解缓冲液，冰冷；蛋白 A-Sepharose 或蛋白 G-Sepharose（Amersham Pharmacia Biotech）偶联的或甲醛处理的金黄色葡萄球菌（Pansorbin, Calbiochem）；抗细胞周期蛋白抗体，抗CDK抗体或Cks-Sepharose珠偶联物（Upstate Biotechnology）；激酶缓冲液，冰冷；组蛋白 H_1 溶液或一致的cdc2肽段（New England Biolabs）；1mmol/L ATP（100mmol/L ATP用蒸馏水稀释）；2000Ci/mmol [$γ-^{33}P$] ATP 或 3000Ci/mmol [$γ-^{32}P$] ATP；100mmol/L EDTA；2×SDS样品缓冲液；PKA抑制性肽段；50mmol/L 周期蛋白依赖性激酶抑制剂 roscovitine 或 100mmol/L 抑霉素（olomoucine）（Calbiochem）的DMSO溶液（两种溶液都分装保存在-20℃可达1年，只溶解1次；抑霉素避光保存）；免疫沉淀下来的免疫前血清或抗IgG抗体（阴性对照）；纯化的细胞周期蛋白B-CDK1（阳性对照）；75mmol/L磷酸；96%乙醇；15%～20%SDS聚丙烯酰胺凝胶；考马斯亮蓝G250染液；脱色液（10%乙酸，体积分数）。

(3) 设备　1ml注射器和21G针头，预冷到4℃；1.5ml微型离心管，预冷到4℃；1ml吸头，预冷到4℃；磷酸纤维素单位膜（Pierce）或 $1.5cm^2$ 的磷酸纤维素P81滤纸（Whatman）；

微型离心机；翻滚式旋转器或旋转轮；Whatman 3MM 滤纸；液体闪烁计数器（液闪仪）；磷屏成像仪（可选）。

【试剂配制】

（1）1×PBS　NaCl，8.0g；KCl，0.2g；$Na_2HPO_4 \cdot 12H_2O$，2.9g；KH_2PO_4，0.2g；双蒸水定容至1000ml。高压消毒（通常在 $1.034×10^5$ Pa下灭菌30min）。

（2）裂解缓冲液　30ml 5mol/L NaCl（终浓度0.15mol/L）；12ml 0.5mol/L Na_2HPO_4；8ml NaH_2PO_4；10ml 0.5mol/L EDTA（终浓度5.0mmol/L）；10ml NP-40（终浓度1.0%，体积分数）；10g 脱氧胆酸钠（终浓度为10g/L）；1g SDS（终浓度为1g/L）；2.1g NaF（终浓度50.0mmol/L）；0.18g Na_3VO_4（终浓度1.0mmol/L）；10ml 抑肽酶（终浓度1.0%，体积分数）；928ml 双蒸水。用 0.45μm 孔径的膜进行过滤，4℃保存1个月。

（3）激酶缓冲液　250μl 1mol/L Tris-HCl，pH7.5（终浓度25mmol/L）；300μl 5mol/L NaCl（终浓度150mmol/L）；100μl 1mol/L $MgCl_2$（终浓度10mmol/L）；100μl 0.1mol/L 二硫苏糖醇（DTT，终浓度1mmol/L）。分装保存在−20℃可达半年。

（4）组蛋白 H_1 溶液　10mg/ml 小牛胸腺组蛋白 H_1（Boehringer Mannheim）；10mmol/L Na_3PO_4，pH 7.2；分装保存在−20℃可达1年。

（5）100mmol/L ATP　1g ATP加入12ml水，用1mol/L NaOH调节到pH 7.0，然后用水补足体积到19.7ml。分装保存在−20℃可达1年。

（6）考马斯亮蓝 G-250 染液　5g/L 考马斯亮蓝 G-250；30%（体积分数）甲醇；10%（体积分数）乙酸。

（7）PKA 抑制性肽段　1mmol/L 肽（溶于10mmol/L 磷酸钠，pH 7.2），−20℃可保存达1年。

【实验方案】

① 将含有细胞的6cm 组织培养皿置于冰上的玻璃盘上，最好是在冷室中。用巴斯德吸管吸去培养基，加入 3ml 冰冷 PBS，维持在冰上 1min。倾斜培养皿，用巴斯德吸管除去PBS。用冰冷PBS重复洗涤，通过引流，小心地从培养皿中取出尽量多的 PBS。

② 加入1ml 裂解缓冲液，将培养皿置冰上 20min。倾斜培养皿，用橡皮刮铲或细胞刮刀将裂解物刮到一边。

③ 用装有预冷 21G 针头的预冷 1ml 注射器吸出裂解液，转移到一个预冷的 1.5ml 微型离心管中。用针头吹吸裂解物3次以剪切 DNA。也可以对离心管进行超声，注意始终维持裂解物冰冷状态。

④ 裂解液中加入10μl 蛋白 A-Sepharose 或蛋白 G-Sepharose 偶联的或甲醛处理的金黄色葡萄球菌细胞。盖上盖子，10000g、4℃ 离心 20min 净化裂解液。用预冷的1ml 吸头取出裂解液（约900μl），小心不要扰动沉淀。如果需要，裂解液冷冻并保存于−80℃；仅溶解1次，不要再次冰冻。

⑤ 将裂解液（约900μl）加入冰上装有适量的抗细胞周期蛋白抗体、抗 CDK 抗体（或 Cks-Sepharose 珠）的预冷的 1.5ml 微型离心管中，4℃孵育 1h 或过夜，在翻转式旋转器或旋转轮（用于 Cks-Sepharose 珠）上不停地混合。

⑥ 10000g、4℃ 离心5min。裂解液转移到一个新的、装有 30~50μl 50%蛋白 A-Sepharose 或蛋白 G-Sepharose（悬于冰冷裂解缓冲液中）混合物的预冷 1.5ml 微型离心管中。在翻转式旋转器或旋转轮上 4℃ 混合 30~45min。

⑦ 4℃ 最大速度离心 5s。用连接在抽吸器上的1ml 吸头或 21G 针头吸去裂解液。沉淀中加入 700μl 冰冷裂解液重悬，10000g、4℃ 离心 5min。重复离心3次，每次都用 700μl 冰

冷裂解液重悬。

⑧ 去除上清液，沉淀中加入 1ml 冰冷激酶缓冲液，10000g，4℃离心 5min。若用于 SDS-PAGE 分析，则将最后一次洗涤液中的 Sepharose 珠子转移到一个螺旋盖式微型离心管中。

⑨ 准备激酶分析混合物。80μl 激酶缓冲液，4μl 1mmol/L ATP（终浓度 40μmol/L），4μl 10μCi/μl [γ-^{33}P] ATP（2000Ci/mmol）或 [γ-^{32}P] ATP（3000Ci/mmol），0.5μl 10mg/ml 组蛋白 H_1（终浓度 50μg/ml），9.5μl 双蒸水。

⑩ 从沉淀中尽可能多地去除最后的洗涤液，但不能使沉淀完全变干。向冰上的免疫沉淀或 Cks-Sepharose 珠子中加入 20μl 激酶分析混合物，30℃孵育 30min。阴性对照免疫沉淀和阳性对照中也加入 20μl 激酶分析混合物。

⑪a 用闪烁计数法分析

a. 样品中加入 100μl 100mmol/L EDTA 停止反应。将磷酸纤维素单位膜装在架子上，用一个吸管将样品吸到磷酸纤维素单位膜上，小心吸管头不要触及膜面。也可以将样品点到放在玻璃皿中的 1.5cm² 的磷酸纤维素 P81 纸上。磷酸纤维素单位膜和 P81 纸带负电荷；因此，底物中必须含有一些带正电的残基（组蛋白 H_1 或一致性 cdc2 肽段）。

b. 磷酸纤维素单位膜在室温下 10000g 离心 30s。加入 500μl 75mmol/L 磷酸并再次快速旋转。将磷酸纤维素单位膜转移到新的微型离心管中，加 500μl 75mmol/L 磷酸，再次快速旋转。也可以用 5ml 75mmol/L 磷酸漂洗 P81 方片纸 3 次，并用 5ml 96%乙醇漂洗 1 次。

c. 将磷酸纤维素单位膜或 P81 滤纸转移到闪烁管中，加入 2~10ml 闪烁液，如果使用 ^{32}P 则在 ^{32}P 通道，如果用 ^{33}P 则在 ^{35}S 通道计数。

⑪b 用 SDS-PAGE 分析

a. 样品中加入 10μl 2×SDS 样品缓冲液以终止反应。在螺旋管帽的离心管（减少放射性同位素蒸发的危险）中煮沸样品 3min。

b. 样品在 15%~20%SDS-聚丙烯酰胺凝胶上运行。

c. 将凝胶放置在平底容器中，加入 500ml 染液，室温下维持 15min。去除染液并加入 500ml 脱色液，脱色 20min。用 250ml 脱色液重复脱色 3 次，每次 15min。

d. 将凝胶放在 Whatman 3MM 滤纸上，用塑料纸包裹，用凝胶干燥仪在 80℃干燥凝胶 1h。凝胶用磷屏成像仪或 X 射线胶片曝光（磷酸化组蛋白 H_1 通常可以用手持式 β 计数器在干胶上检测到。如果使用 ^{32}P，将一块打有孔的铅屏盖在凝胶上，来估计单一泳道的放射性同位素量。如果使用 ^{33}P，使用另一块 X 射线胶片阻挡其他泳道的信号）。

e. 用磷屏成像仪或曝光胶片光密度计测量掺入标记的量。标记的组蛋白 H_1 将作为一组双带出现在约 30kDa 处。

【注意事项】

① 因为许多 CDK 可以结合一种以上的细胞周期蛋白，因此相对于细胞周期蛋白所识别的 CDK 抗体，使用直接针对细胞周期蛋白的抗体将对细胞周期时期给出一个更精确的指示。遗憾的是，大多数抗细胞周期蛋白的抗体具有相当的种属特异性，可能是因为细胞周期蛋白的一级结构的保守性与 CDK 相比差得多。

② 细胞周期蛋白和 CDK 的一些结构域在活性复合物中是被遮蔽的。针对 CDK 的保守部分 PSTAIRE 模体制备的抗体只能识别未结合的、没有活性的激酶，故其仅用于免疫印迹，而激酶分析时不能应用。同样，针对细胞周期蛋白的 C 末端制备的抗体也不能应用，因为它们常常只识别单体蛋白质。

【实验结果及分析】

根据细胞周期蛋白 A、B、E 及其相应 CDK 的活性,即液闪仪的测定值或磷屏成像仪/曝光胶片光密度计的测量值,结合"原理"中介绍的组合规律,即可知细胞所处细胞周期中的时期。

(赵永娟)

第九章 细胞成分的分离与分析

出于不同的研究目的，人们会需要分离细胞的不同次级组分，包括细胞核、质膜、线粒体、溶酶体和微粒体等，只有这样人们才能对分离得到的组分分别进行进一步的分析。

由于不同细胞和细胞内的各种细胞器大小和密度不同，所以在同一离心场内的沉降速度也不相同。根据该原理，可用差速离心法、密度梯度离心法或密度梯度平衡离心法来分离细胞及细胞器。本章介绍了前两种方法用于分离细胞组分，并提供了鉴定所得细胞组分的技术。另外，本章还描述了蛋白质的分离鉴定方法，其他有关核酸等细胞成分的分离鉴定在本书第十三章有详细叙述。

基本方案1 差速离心法分离细胞和细胞器

【原理与应用】

各种不同的细胞和细胞内的各种细胞器的大小、密度不同，在同一离心场内的沉降速度也不同。根据这一原理，可用差速离心法、密度梯度离心法或密度梯度平衡离心法来分离细胞及细胞器。其中差速离心法是以从低到高不同的转速离心，使较大的颗粒先在低转速中沉淀，再用较高的转速将原来悬浮在上清液中的小颗粒物质沉淀下来，从而达到逐级分离细胞（细胞器）的目的。

【实验用品】

（1）材料　大白鼠。

（2）试剂　生理盐水、0.25mol/L的蔗糖溶液、0.34mol/L的蔗糖溶液、51g/L的蔗糖溶液、51.5g/L的蔗糖溶液、95%乙醇、甲基绿-派洛宁染液、纯丙酮、0.2%的詹纳斯绿B。

（3）设备　玻璃匀浆器、低温离心机、天平、显微镜、相差显微镜、离心管（Eppendorf管）、载玻片、10ml滴管、冰盒、冰块、尼龙布、染缸、20ml烧杯。

【实验方案】

1. 组织匀浆制备

（1）取材　将空腹12h的大鼠拉颈处死。剖开腹部，迅速取出肝脏，用生理盐水洗净血污，滤纸吸干。

（2）制备匀浆　称取约2g的肝组织，用预冷的0.25mol/L的蔗糖溶液冲洗数次，再剪碎。以预冷的0.25mol/L的蔗糖溶液悬浮剪碎的组织（每克组织加9ml蔗糖溶液），倒入匀浆器内，在冰浴条件下匀浆。匀浆完成后，用双层尼龙布过滤，即制得肝细胞匀浆，备用。

2. 差速离心法分离细胞器

（1）细胞核的分离　将制备好的肝匀浆移入离心管，沿管壁小心加入等量的0.34mol/L的蔗糖溶液覆盖于上层，700g离心10min（最好在低温离心机中进行）。将上清移入离心管内并置于冰浴中待用。沉淀用0.25mol/L的蔗糖溶液洗涤悬浮后以1000g离心10min，共2次。

（2）质膜的提取　吸取上述细胞核沉淀中较疏散的上层，悬于密度为51g/L的蔗糖溶液，移入离心管，沿管壁注入密度为51.5g/L的蔗糖溶液覆盖于液面上，低温离心机中700g离心

10min，于两层溶液的界面处吸取质膜成分。

（3）线粒体的分离　将分离细胞核时收集的上清液低温下 3300g 离心 10min，将上清液移入离心管内并置于冰浴中待用。沉淀用 0.25mol/L 的蔗糖溶液悬浮后，在低温离心机中以 3300g 离心 10min，共 2 次。取沉淀。

（4）溶酶体的分离　将分离线粒体时收集的上清液在低温离心机中以 16300g 离心 10min，将上清液移入离心管内并置于冰浴中待用。沉淀用 0.25mol/L 的蔗糖溶液悬浮后，16300g 离心 20min，共 2 次。取沉淀。

（5）微粒体的分离　将分离溶酶体时收集的上清液在低温离心机中以 100000g 离心 30min，取沉淀。

差速离心形成的沉淀物的细胞器成分见表 9-1。

表 9-1　差速离心形成的沉淀物的细胞器成分（肝脏）

RCF/g	时间/min	沉淀物	RCF/g	时间/min	沉淀物
700~1000	10	细胞核,细胞膜	10000~16000	10	溶酶体,过氧化物酶体
3000~3300	10	线粒体,细胞膜碎片	100000	10	微粒体
6000	10	线粒体,高尔基体			

3. 分离细胞器的鉴定

（1）细胞核的鉴定　分离后的细胞核涂片，空气干燥，浸入 95% 的乙醇固定 5min。浸入含有甲基绿-派洛宁染液的染缸内 10~20min，浸入纯丙酮 30s 分色，蒸馏水漂洗数秒钟，空气干燥后镜检。细胞核 DNA 呈蓝绿色，核仁和混杂的胞质 RNA 呈红色。

（2）线粒体的鉴定　线粒体涂片，0.2% 的詹纳斯绿 B 染 20min，相差显微镜观察，线粒体呈亮绿色。

（3）溶酶体、微粒体和质膜可用酶学方法检测　哺乳动物细胞生物膜的主要酶学特点见表 9-2。

表 9-2　哺乳动物细胞生物膜的主要酶学特点

膜成分	标记酶	膜成分	标记酶
内质网	NADH-细胞色素 c 还原酶	线粒体	细胞色素氧化酶,琥珀酸脱氢酶
溶酶体	β-半乳糖苷酶,酸性磷酸酶	过氧化物酶体	过氧化氢酶,尿酸氧化酶

【注意事项】

细胞器的分离过程包括两个主要的阶段：破碎细胞和细胞成分的分离。组织匀浆时要尽量使细胞完全破碎。经差速离心后所得的沉淀中会存在"交叉污染"，如沉降慢的物质会由于抱载现象而随大量沉降快的物质一起沉降，通过洗涤沉淀物，可以解决这个问题。由于质膜碎片的大小不等，所以在各沉降速度下都有下沉，可能对各亚细胞器分离后的鉴定有所影响。

【实验结果及分析】

按照实验步骤分离所需的细胞器（图 9-1），进行相应的形态学及酶学检测。如果分离到的细胞组分符合其形态学及酶学特征，而且没有其他组分的污染，则证明分离操作成功；反之则为失败。

第九章 细胞成分的分离与分析 141

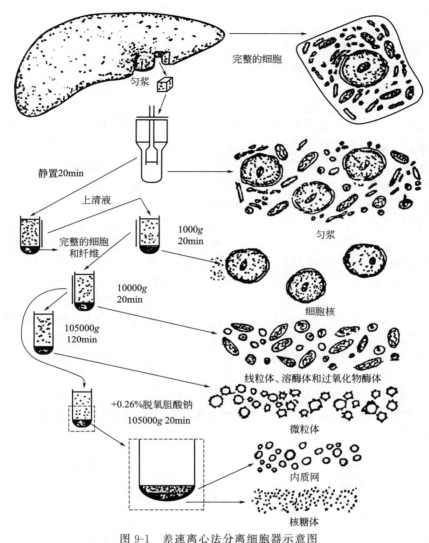

图 9-1 差速离心法分离细胞器示意图

(刘 雯)

基本方案 2 密度梯度离心法分离细胞组分

【原理与应用】

  细胞内的各种成分密度不一样，在同一离心场内的沉降速度也不同，为了得到较纯的细胞组分，将差速离心分离得到的沉淀物进行密度梯度离心，即将梯度介质从离心管底到管口制成几级不同的浓度的区带，当形状、大小和密度不同的细胞成分加入管面，经超速离心后，就会集中于不同的区带，可从不同的区带中分别收集到纯度很高的细胞器或细胞组分。

【实验用品】

  (1) 材料　鼠肝。

  (2) 试剂　0.25mol/L 的蔗糖溶液、0.34mol/L 的蔗糖溶液、0.5mol/L 的蔗糖溶液、1.0mol/L 的蔗糖溶液、1.2mol/L 的蔗糖溶液、1.23mol/L 的蔗糖溶液、1.3mol/L 的蔗糖

溶液、2.0mol/L 的蔗糖溶液。

（3）设备　玻璃匀浆器、低温离心机、天平、离心管（Eppendorf 管）。

【实验方案】

1. 组织匀浆制备

见本章基本方案 1。

2. 密度梯度离心法分离细胞器

（1）细胞核的分离　组织匀浆 2000g 离心 15min；将分离所得沉淀以适量的 0.25mol/L 的蔗糖溶液悬浮；离心管内铺制梯度液，2.0mol/L 和 1.3mol/L 的蔗糖溶液各 4mm，将细胞核悬液铺于离心管液面上，100000g 离心 30min，取沉淀，即得细胞核。

（2）线粒体和溶酶体的分离　将获取细胞核后所得的上清液以 15000g 离心 25min，取沉淀，以 0.25mol/L 的蔗糖溶液悬浮；离心管内铺制梯度液，从上至下分别铺制 0.5mol/L、1.2mol/L 和 1.3mol/L 的蔗糖溶液各 2mm，将悬浮液加入离心管内，100000g 离心 3h，在 0.5mol/L 与 1.2mol/L 的界面处可得线粒体，在 1.2mol/L 和 1.3mol/L 的蔗糖溶液界面处可得溶酶体。

（3）质膜、高尔基体和微粒体的分离　将步骤（2）中 100000g 离心 3h 后所得沉淀以蔗糖溶液悬浮；离心管内从上至下铺制 1.0mol/L 和 2.0mol/L 的蔗糖梯度液，将悬浮液加入管内液面上，200000g 离心 6h，可在 1.0mol/L 和 2.0mol/L 蔗糖梯度液交界面提取到高尔基体，在 2.0mol/L 蔗糖溶液中提取到微粒体，在 1.0mol/L 蔗糖溶液中提取到质膜。

【注意事项】

铺制梯度液时要轻轻地将蔗糖溶液铺于管内的液面上，应见到明显的界面，否则会影响分离效果。

【实验结果及分析】

按操作步骤分离各类细胞器（图 9-2），将分离得到的组分按照本章基本方案 1 的方法鉴定分离是否成功。

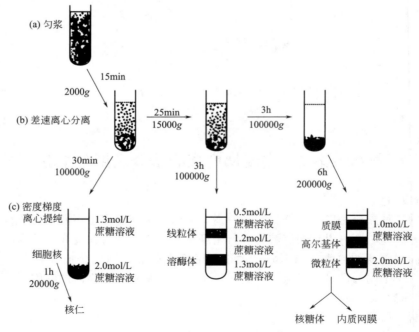

图 9-2　密度梯度离心法分离细胞器

（刘　雯）

基本方案 3 SDS-聚丙烯酰胺凝胶电泳分离蛋白质

【实验原理】
蛋白质在 SDS 和巯基乙醇的作用下，分子中的二硫键还原，氢键打开，形成带负电荷的 SDS-蛋白质复合物，聚丙烯酰胺（PAGE）是一种具有三维结构的网状聚合物，具有分子筛的作用。蛋白质在 PAGE 电泳中向正极迁移，迁移速率取决于分子的大小、电荷及其空间结构。SDS 带有较强的负电荷，不同的蛋白质与之结合后具有相同的荷质比，并具有相似的空间构象，使得 SDS-蛋白质复合物在 PAGE 中的迁移速率只与蛋白质的分子大小相关。

【实验用品】
（1）材料　培养细胞。
（2）试剂　0.025%胰蛋白酶、0.1mol/L PBS（pH 7.2）、30%PAGE、1mol/L Tris-HCl（pH 6.8）、1.5mol/L Tris-HCl（pH 8.8）、10%SDS、10%过硫酸铵、考马斯亮蓝 R250、甲醇、冰醋酸、去离子水、TEMED、蛋白质分子质量标准参照物。
（3）设备　稳压直流电源、垂直电泳槽、边条、梳子、电泳玻璃板、注射器。

【试剂配制】
（1）细胞裂解液　TrisCl（pH 8.0）50mmol/L，NaCl 150mmol/L，叠氮化钠 0.02%，SDS 0.1%，苯甲基磺酰氟（PMSF）100μg/ml，牛胰蛋白酶抑制剂（aprotinin）1μg/ml，NP-40 1%，脱氧胆酸钠 0.5%。
（2）上样缓冲液　1mol/L Tris-HCl（pH 6.8）1.5ml，SDS 0.6g，溴酚蓝 30mg，甘油 3ml，加水至 100ml，临用时加 DTT（二硫苏糖醇）至终浓度为 0.2mol/L。
（3）电泳缓冲液　250mmol/L 甘氨酸，0.1%SDS。
（4）5%成层胶（8ml）　30%丙烯酰胺溶液 1.3ml，1.0mol/L Tris-HCl（pH 6.8）1ml，10%SDS 0.08ml，10%过硫酸铵 0.08ml，TEMED 0.008ml，水 5.5ml。
（5）8%分离胶（15ml）　30%丙烯酰胺溶液 4ml，1.5mol/L Tris-HCl（pH 8.8）3.8ml，10%SDS 0.15ml，10%过硫酸铵 0.15ml，TEMED 0.009ml，水 6.9ml。
（6）考马斯亮蓝染液　0.1g 考马斯亮蓝 R250，50ml 甲醇，10ml 冰醋酸，加去离子水至 100ml，混匀后过滤。
（7）脱色液　5ml 甲醇，7.5ml 冰醋酸，加去离子水至 100ml。

【实验方案】
1. 提取蛋白质
① 将培养细胞用 PBS 洗 1 次。
② 0.025%胰蛋白酶消化细胞至细胞呈疏松状态，倒掉胰蛋白酶。
③ PBS 吹打细胞，收集于离心管。
④ 转入 Eppendorf 管内，用 PBS 洗 1 次。
⑤ 加入 100μl 细胞裂解液，打匀。
⑥ 冰浴 20min。
⑦ 13000r/min 离心 5min。
⑧ 吸上清液，加等量上样缓冲液。
⑨ 煮沸变性 5min，−20℃ 保存。

2. 电泳
（1）灌胶　将电泳玻璃板安置于电泳槽上，灌制 8%分离胶 15ml，分离胶上以 5ml 正丁醇或 0.1%SDS 覆盖；待胶凝固后，倒去覆盖物，细胞总蛋白提取物用去离子水冲洗凝胶上部；将成层胶 8ml 灌注于分离胶上，插入梳子。

（2）上样　1ml 上样缓冲液加入 9μl 巯基乙醇；待测样品与上样缓冲液以 1∶2 混合，100℃煮沸 5min；成层胶凝固后拔出梳子，电泳缓冲液冲洗梳空；将蛋白质分子质量标准参照物和样品上样。

（3）电泳　样品侧接负极，电流 10mA，样品进入分离胶后，电流加大到 20mA，电泳 4～6h 左右，直到染料达分离胶底部。

（4）染色与脱色　将凝胶取下置于白搪瓷盘中，考马斯亮蓝染液振荡染色 1～2h；倒去染液，加入脱色液，45℃振荡脱色。

【注意事项】

上样后，可用毛细吸管轻轻在其顶部加入少许覆盖物（丙烯酰胺浓度小于 8%时用 0.1%SDS，大于 10%时用异丁醇，也有人建议用去离子水作覆盖物），阻止空气中的氧气对凝胶聚合的抑制作用。加样要注意适量，0.25μg 蛋白质即可观察到电泳带，如果样品量高达 20～100μg，会造成泳道超载。电泳时电泳速度越大则电泳带越清晰，但电流太大，玻璃板会因受热而破裂，故合适的电流应该是玻璃板热而不烫。脱色时间过长，蛋白质带的着色深度将会变淡而影响观察；染色过的凝胶不应储存在脱色液中，否则将导致蛋白质带褪色。

【实验结果及分析】

按照步骤将 SNU601 细胞及 K562 细胞的总蛋白提取物用 SDS-PAGE 分离，经过染色以及脱色处理后，可得到如图 9-3 所示的结果。

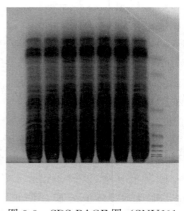

图 9-3　SDS-PAGE 图（SNU601 细胞总蛋白提取物）

（刘　雯）

基本方案 4　Western 印迹技术

【原理与应用】

Western 印迹技术即蛋白质免疫印迹技术，将经聚丙烯酰胺凝胶分离的蛋白质转移至硝酸纤维素膜，然后将膜片与特异的抗体作用，抗体与膜片上的蛋白质的条带结合后可被进一步检测到，如用酶标的二抗进行作用，可再以化学发光试剂 ECL 显色。

【实验用品】

（1）试剂　一抗、HRP 标记的二抗、羊血清、ECL 显影试剂盒。

（2）设备　硝酸纤维素膜、Whatman 3MM 滤纸、电转移仪。

【试剂配制】

（1）转移缓冲液　12g Tris 碱、57.65g 甘氨酸加甲醇溶解后，最后加水定容至 1L，调 pH 至 8.3。

（2）TTBS　10mmol/L Tris（pH 8.3），150mmol/L NaCl，0.05%Tween-20。

（3）0.5%丽春红 S 染料溶液　丽春红 S 0.5g，冰醋酸 1ml，溶解后加水定容至 100ml，用前配制。

（4）封闭缓冲液　脱脂奶粉 10g；TTBS 70ml；充分溶解后定容至 100ml，加入 10%叠氮化钠 200μl（终浓度为 0.02%），4℃保存。

（5）ECL 试剂盒　溶液 A 和溶液 B 在显影前以 1∶1 比例混合，混匀后立即使用。

【实验方案】

1. SDS 聚丙烯酰胺凝胶

见本章基本方案 3。

2. 转膜

① 将凝胶拆下，左上角切下做标记，凝胶、PVDF 膜、滤纸在转膜缓冲液中平衡 30min。

② 安装转膜装置（图 9-4）如下。

阳极：浸过转膜缓冲液的滤纸数层，PVDF 膜，凝胶（防短路，在凝胶与膜间边缘封一层封口膜）。

阴极：浸过转膜缓冲液的滤纸数层，每层间必须赶尽气泡。

③ 接通电源，恒流状态，按膜大小选择电流，$\leqslant 0.8mA/cm^2$，转膜 6h。

④ 取出 PVDF 膜，左上角剪切口做标记，TTBS 洗膜 5min，3 次，除去 Tris 及甘氨酸。

⑤ 丽春红 S 染色 5min，水脱色 2min，可以看到膜上的电泳条带，据蛋白质分子质量标准参照

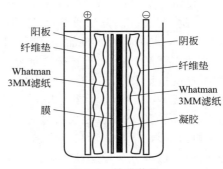

图 9-4　转膜装置

物，在与所测蛋白肌动蛋白相应分子质量中间将膜剪上下两半，再脱色 10min，使其完全褪色。

⑥ 把膜放入可热封的塑料袋，按滤膜面积加入封闭液，$0.1ml/cm^2$，密封，4℃过夜。

3. 抗体反应

① 过夜后的膜，TTBS 洗膜 10min，3 次。

② 分别加入用封闭液稀释的一抗，抗体稀释倍数为（1∶200）~（1∶2000）（视抗体效价的高低而定），25℃平缓摇动孵育 1h。

③ TTBS 洗膜 10min，3 次。

④ 将膜转入另一热封的塑料袋中，加入二抗工作液（1∶1000），$0.1ml/cm^2$，25℃，摇动孵育 45min。

⑤ TTBS 洗膜 10min，3 次。

⑥ ECL 试剂盒显影。

【注意事项】

Western 印迹技术结合了凝胶电泳的高分辨率和固相免疫测定的特异敏感性，即使低至 1~5ng 的蛋白质也可被检测到。转膜时应注意硝酸纤维素膜和 3MM 滤纸事先要用转移缓冲液湿润，膜与滤纸都不要用手直接拿，因为皮肤上的油脂和分泌物会阻止蛋白质从凝胶向膜转移。滤纸和膜的大小须裁减得与胶一样大小，如果滤纸或膜面积大于凝胶，滤纸和膜的边缘有可能相接触而引起短路。膜片与一抗和二抗作用后，要用缓冲液冲洗干净。根据蛋白质的分子质量不同，可选用不同的转膜装置，而转膜时间则随转膜装置的不同而异，如使用一种半干式碳板转移电泳槽，150mA 只需转移 2h 左右。

图 9-5　PC12 细胞中 p53 和肌动蛋白的表达转移

【实验结果及分析】

使用抗 p53 和抗肌动蛋白的抗体分别与 PVDF 膜杂交，将条带（图 9-5）与标准分子质量蛋白条带比较，即可确定所测总

蛋白中是否含有目标蛋白 p53 和肌动蛋白。如果有条带且条带位置（蛋白质大小）正确，则说明检测为阳性；反之则为阴性。图 9-5 所示的样品两个结果均为阳性。

（刘　雯）

备择方案　免疫沉淀法

【原理与应用】

免疫沉淀法（immuno-precipitation）是利用特异的抗体从细胞裂解物中分离目的蛋白的一种沉淀方法。该方法首先要制备细胞裂解液，然后将特异性抗体加到细胞裂解液中，4℃下孵育一定时间后，再加入可以与特异性抗体结合的固相化分子使之形成不溶性抗原-抗体复合物而沉淀。将沉淀下来的抗原-抗体复合物在含有 SDS 和 DTT 的缓冲液中加热后，使被沉淀的抗原释放出来，经电泳分离后即可用各种方法检测。免疫沉淀法是蛋白质定性研究的一个有效方法，通常使用同位素标记的细胞裂解物，即放射性免疫沉淀检测法（RIPA）。沉淀后的样品经变性处理进行 SDS-聚丙烯酰胺凝胶电泳分离，然后烘干凝胶，进行放射自显影，根据放射自显影结果可以分析得到蛋白质的分子质量。由于使用了同位素标记蛋白质，这种方法敏感性很高。对于一些细胞内含量相对较高的蛋白质，可以不用放射性同位素标记细胞裂解物，实验方案方法相同，只是免疫沉淀后目的蛋白的检测是用 Western 印迹技术，而不是放射自显影。

【实验用品】

（1）材料　^{35}S-甲硫氨酸标记的 HeLa 细胞裂解物。

（2）试剂　NaCl、Triton X-100、SDS、去氧胆酸钠、EDTA、Tris、金黄色葡萄球菌 A 蛋白、NP-40、叠氮化钠、DTT、甘油、溴酚蓝、抗细胞色素 c 特异抗体、放射自显影强化液、蛋白质分子质量标准。

（3）设备　电泳仪、垂直板电泳槽、干胶机、放射自显影用胶片盒。

【试剂配制】

（1）含 0.5mol/L NaCl 的 RIPA 缓冲液　NaCl（0.5mol/L），29.22g；Triton X-100（1%），10ml；SDS（0.1%），1g；去氧胆酸钠（1%），1g；EDTA（5mmol/L），1.86g；10mmol/L Tris-HCl（pH 7.5），定容至 1000ml。

（2）含 0.15mol/L NaCl 的 RIPA 缓冲液　NaCl 为 8.77g，其他成分与（1）缓冲液相同。

（3）NET 缓冲液　NaCl（0.15mol/L），8.77g；EDTA（5mmol/L），1.86g；叠氮化钠（0.002%），20mg；50mmol/L Tris-HCl（pH 7.5），1000ml。

（4）Laemmli 缓冲液　SDS（2%），0.2g；DTT（50mmol/L），77mg；甘油（10%），1ml；溴酚蓝（0.01%），1mg；0.625mol/L Tris-HCl（pH 6.8）加至 10ml。

【实验方案】

1. 固定蛋白 A、G 或抗体的处理

固定蛋白 A、G 或抗体可以使用多种固相载体。预先包被过的葡聚糖微珠市场上有售。金黄色葡萄球菌 A 蛋白（Sp-A）方法是一个便利的办法，某些金黄色葡萄球菌外表面有蛋白 A，可用固定的细菌作为不溶性的蛋白 A。

① 将 Sp-A（整个细菌细胞）悬于水中，形成 10% Sp-A 的混悬液，以每管 100μl 分装，贮存在 −20℃ 待用。

② 临用前取出 Sp-A 的混悬液 12000g 离心 1min，弃上清液。

③ 将沉淀重悬于 1ml 含 0.5% NP-40 的 NET 缓冲液中。
④ 室温下孵育 20min。
⑤ 12000g 离心 15min，弃上清液；沉淀重悬于 1ml 含 0.05% NP-40 的 NET 缓冲液中。
⑥ 室温下孵育 20min。
⑦ 12000g 离心 1min，弃上清液；沉淀重悬于 100μl 含 0.05% NP-40、1mg/ml 鸡卵清蛋白的 NET 缓冲液中。以下可进行 RIPA。

2. 免疫沉淀
① 取出 100μl ^{35}S-甲硫氨酸标记的细胞裂解物，加入 10μl 特异的抗体，在 Eppendorf 管混匀。
② 4℃孵育至少 60min，必要时孵育过夜。
③ 加入 100μl 经过处理的 10% Sp-A，4℃下轻轻旋摇孵育 60min。
④ 4℃，12000g 离心 15~20s，弃上清液。
⑤ 用含有 0.5mol/L NaCl 的 1ml RIPA 缓冲液重悬沉淀。
⑥ 涡旋、振荡后，12000g 离心 15s，弃上清液。
⑦ 用同样的 RIPA 缓冲液洗涤 3 次。
⑧ 用含有 0.15mol/L NaCl 的 RIPA 缓冲液洗涤 3 次。
⑨ 在 50μl Laemmli 缓冲液中重悬沉淀物。
⑩ 煮沸 5min。
⑪ 12000g 离心 3min，将上清液移至一支新试管中，-20℃冻存待用。
⑫ 将上清液 10μl、蛋白质分子质量标准 10μl 加样到 15% SDS-PAGE 凝胶上，40~50V 条件下电泳，直至染料前沿至凝胶的边沿。
⑬ 将凝胶浸泡在放射自显影强化液中 30min 并不断搅动。用干胶机使凝胶干燥，将胶放在胶片上曝光保存。

【注意事项】
① 在 HeLa 细胞培养过程中用 ^{35}S-甲硫氨酸标记合成中的蛋白质，要求条件较高，由有经验的人员来完成。
② 因使用放射性物质，操作者需要经过培训并需严格按规定操作，避免放射污染等意外的发生。

【实验结果及分析】
参照凝胶上自动显色的蛋白质分子质量标准，胶片上相对应泳道 12400Da 处显一条带，即为 HeLa 细胞的细胞色素 c 蛋白。

（黄东阳）

支持方案　蛋白质的双向聚丙烯酰胺凝胶电泳

【原理与应用】
高分辨的双向聚丙烯酰胺凝胶电泳（2D-PAGE）首先由 O'Farrell 于 1975 年创立，后经过 Anderson 实验室及其他实验室的改进与提高，这一技术日趋完善。其原理是根据蛋白质的两个一级属性——等电点和分子质量的特异性，将蛋白质混合物在电荷（等电聚焦，IEF）和分子质量（SDS-聚丙烯酰胺凝胶电泳，SDS-PAGE）两个水平上进行分离。2D-PAGE 的第一向电泳是等电聚焦电泳（IEF），根据蛋白质因所带净电荷的不同而被分离开；然后对蛋白质进行第二向电泳——SDS-PAGE，在 SDS-PAGE 中，不同分子质量的蛋白质相互间被分离开。由于蛋白质的分子质量和所带净电荷是两个彼此不相关的重要性质，2D-PAGE 同时利用不同蛋白质在这两个性质上的差异分离蛋白质，因此 2D-PAGE 的分离能力非常强大，它甚至能轻易地将细胞中的 5000 种蛋白质分离开。正是由于它的强大分离能力，2D-PAGE 可用于研究基因突变、基因的表达和调控、蛋白质翻译后的修饰（如磷酸化、糖基化）。2D-PAGE 与微量蛋白质的质谱分析、自动氨基酸序列分析等其他生物技术相结合，可以快速准确地发现或鉴定蛋白质。

【实验用品】

(1) 材料　食管癌细胞（EC109）或 NIH3T3 等细胞。

(2) 试剂　40%两性电解质（pH 4~8）、20%两性电解质（pH 3~10）、丙烯酰胺、N,N'-亚甲基双丙烯酰胺、尿素、二硫苏糖醇（DTT）、十二烷基硫酸钠（SDS）、过硫酸铵、四甲基乙二胺（TEMED）、溴酚蓝、甘油、琼脂糖、Tris 碱、NP-40、甲醇、乙醇、冰醋酸、考马斯亮蓝 R250。

(3) 设备　柱状胶玻璃管（1.5mm×160mm）、平底量筒（可装 15 支玻璃管）、等电聚焦电泳槽（可装 20 支柱状胶）、平板胶玻璃架（15mm 厚×180mm 高×180mm 宽）、平板胶盒和梯度混合器、SDS-PAGE 电泳槽、50ml 的锥形瓶（可抽真空）、电泳仪。

【试剂配制】

(1) IEF 细胞裂解缓冲液（100ml）　尿素（9mol/L），54g；两性电解质（pH 3~10，2%），10ml；NP-40（4%），4ml；DTT（1%），1g；去离子水加至 100ml。

(2) 0.02mol/L NaOH 溶液　用 10mol/L NaOH 储存液稀释 500 倍。

(3) 0.01mol/L 磷酸溶液　用 85%磷酸稀释 1000 倍。

(4) 平衡缓冲液 [0.125mol/L Tris-HCl（pH 6.8）、10%甘油、2.1%SDS、微量的溴酚蓝、86mmol/L DTT]　Tris 碱，1.51g；甘油，10ml；SDS，2.1g；溴酚蓝，微量；DTT，1.33g；0.125mol/L Tris-HCl（pH6.8）加至 100ml。

(5) 30%丙烯酰胺/1.8%N,N'-亚甲基双丙烯酰胺溶液　丙烯酰胺，30g；N,N'-亚甲基双丙烯酰胺，1.8g；加入 60ml 去离子水，37℃溶解后，定容至 100ml，过滤除菌。

(6) 30%丙烯酰胺/0.8%N,N'-亚甲基双丙烯酰胺溶液　丙烯酰胺，30g；N,N'-亚甲基双丙烯酰胺，0.8g；加入 60ml 去离子水，37℃溶解后，定容至 100ml，过滤除菌。

(7) L 缓冲液（1.5mol/L Tris-HCl，pH8.6）　Tris 碱，18.15g；加入 80ml 去离子水，用 HCl 调 pH 至 8.6，定容至 100ml。

(8) L10 缓冲液　取 3 份 L 缓冲液，加入 5 份水。

(9) L20 缓冲液　取 3 份 L 缓冲液，加入 1 份甘油。

(10) 电泳缓冲液（0.025mol/L Tris、0.192mol/L 甘氨酸、0.1g/100ml SDS，pH 8.6）　Tris 碱，3.03g；甘氨酸，14.41g；SDS，1g；去离子水加至 1000ml。

(11) 0.5g/100ml 琼脂糖　琼脂糖，0.5g；电泳缓冲液，100ml。

(12) 50%甘油　甘油，50ml；溴酚蓝，微量；水，50ml。

(13) 固定液Ⅰ　40%乙醇、10%乙酸、50%超纯水。

(14) 固定液Ⅱ　30%乙醇、4.1%无水乙酸钠、0.32%硫代硫酸钠，补超纯水到指定浓度。

(15) 银染液 [0.1%硝酸银，0.05%（体积分数）甲醛]　0.1g 硝酸银加入 100ml 超纯水。此溶液需新鲜配制。

(16) 显色液 [2.5%无水碳酸钠，0.05%（体积分数）甲醛]　称 2.5g 无水碳酸钠，溶于 80ml 超纯水，完全溶解后定容到 100ml 并加入甲醛，此溶液需要新鲜配制。

（17）终止液（5%乙酸） 乙酸 5ml 溶于 95ml 超纯水中。
（18）凝胶保存液（7%乙酸） 乙酸，140ml；去离子水，1860ml。

【实验方案】

1. 准备样品

① 细胞培养、处理和收集。取对数生长期细胞（约 $3×10^7 \sim 5×10^7$），用胰蛋白酶消化后，清洗，1000r/min 离心 10min，去上清液。

② 加入 1ml IEF 裂解缓冲液重悬细胞，反复吹打 3~5min。4℃静置 20min，充分裂解细胞。

③ 将样品于 4℃、10000g 离心 1min，去除不溶的细胞碎片和 DNA，将上清液置于一只新的 Eppendorf 管中保存。

④ 测定并调节样品蛋白质浓度为 10~20mg/ml。

⑤ 将样品在 -80℃条件下保存以待进一步分析。

2. 第一向等电聚焦电泳

① 配制 10ml 凝胶溶液 将 5.4g 的尿素（9mol/L）、0.5ml pH3~10 两性电解质（2%）、12ml 30%的丙烯酰胺/1.8%的 N,N'-亚甲基双丙烯酰胺溶液、3.6ml 水加入一个 50ml 的锥形瓶（可抽真空），置锥形瓶于 37℃水浴使尿素溶解，然后抽真空排气 2min，再加入 1.0ml 的 20%NP-40（2%）、50μl 10%过硫酸铵（0.05%）、5.0μl TEMED（0.05%），立即混匀。

② 将上述制备好的溶液倒入一个特制的平底小量筒内至所需高度。

③ 将 12 支柱状胶玻璃管放入量筒内然后用封口膜将量筒密封，将量筒在室温下放置 2h 以上，待凝胶充分聚合。

④ 在准备加样前几分钟，将玻璃管从小量筒中取出，清洁管塞外的凝胶。

⑤ 挑选 10 支玻璃管装入电泳的玻璃管支架上。

⑥ 将上电泳槽装入真空除气过的 0.02mol/L NaOH 溶液，使溶液液面高于玻璃管上端 0.5~1.0cm。

⑦ 用金属的微量注射器针头将玻璃管内的气泡除去。

⑧ 用微量注射器将 5~10μl 的样品蛋白质加在玻璃管内的凝胶上端。

⑨ 在下电泳槽内加满 0.01mol/L 的磷酸溶液。

⑩ 将玻璃管支架置入下电泳槽内，接通电源，然后调电压至 100~450V，电泳过夜，最后将电压调至 1000V，继续电泳 2h。

3. 第二向 SDS-聚丙烯酰胺凝胶电泳（10%~16%的梯度凝胶）

① 将 10 副平板胶玻璃架装入平板胶盒内。

② 按照表 9-3 顺序，配制 10%和 16%的凝胶溶液。

表 9-3 凝胶溶液的配制

试剂	10%凝胶	16%凝胶
30%丙烯酰胺-0.8%N,N'-亚甲基丙烯酰胺溶液	98ml	152ml
L10 缓冲液（Tris,0.36mol/L）	191ml	—
L20 缓冲液（0.36mol/L Tris,8.15%甘油）	—	91ml
双蒸水	—	38ml
10%SDS 溶液	3ml	3ml
10%过硫酸铵溶液	2.3ml	1.3ml
TEMED	45μl	8μl

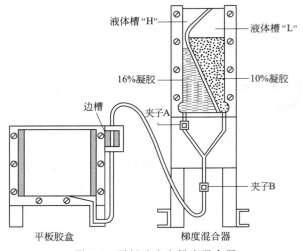

图 9-6 平板胶盒和梯度混合器

③ 将梯度混合器上的 A、B 两个夹子夹紧（见图 9-6）。

④ 将 10% 和 16% 的凝胶溶液分别倒入梯度混合器的右、左两边至所需高度。

⑤ 将夹子 B 松开，使溶液从梯度混合器的右边流入所连的管道内，等管内充满液体后，将夹子 B 夹紧，然后将夹子 A 部分放松，使液体流入连接梯度混合器的左边管道内，待管内充满液体后，将 A 夹紧。

⑥ 先将夹子 B 完全松开，待梯度混合器两边的液面高度一致时，立即将夹子 A 松开。

⑦ 当梯度混合器内的液体全部流入平板胶盒内时，将夹子 B 夹好。

⑧ 在平板胶盒的边槽内，加入 50～100ml 50% 的甘油溶液，然后将梯度混合器与平板胶盒边槽之间的管子从边槽内拔出，边槽内的甘油溶液随即流入平板胶盒内。

⑨ 在胶面上密封覆盖一层水饱和的异丁醇或 50% 的乙醇溶液，在室温下让凝胶充分聚合至少 3h 或放置过夜。

⑩ IEF 结束前 1h，将平板胶从平板胶盒内取出，清洁玻璃板外的凝胶，用去离子水将凝胶上端及表面淋洗一遍，然后将凝胶倒置，使凝胶表面和玻璃板内壁上的水引流干净。

⑪ 加热熔化 0.5g/100ml 的琼脂糖凝胶。

⑫ 将蛋白质分子质量标准与 0.5g/100ml 的琼脂糖凝胶混合均匀，装入一支柱状胶玻璃管内（玻璃管的一端先用封口膜封住），待胶冷却凝固数分钟。

⑬ 等电聚焦电泳结束时，切断电源，将柱状胶玻璃管支架从下电泳槽取出，将上电泳槽内的氢氧化钠溶液倒去，用水流将柱状胶从玻璃管内冲出，装入一个 5～15ml 的小瓶或试管内。

⑭ 在装胶的小瓶或试管内，加入足量的平衡缓冲液，轻摇，平衡约 8min。

⑮ 在每块平板胶表面放 1 根柱状胶，平板胶和柱状胶之间不能有气泡。

⑯ 将蛋白质分子质量标准琼脂糖凝胶从玻璃管内取出，切成 0.5～1.0cm 长的小段，在每块平板胶的一端放上一段。

⑰ 取 0.2～0.3ml 熔化的 0.5g/100ml 琼脂糖凝胶，将柱状胶固定在平板胶上。

⑱ 将平板胶放入 SDS-PAGE 电泳槽内，加满电泳缓冲液。

⑲ 接通电泳仪，以 300mA 电流电泳过夜。

⑳ 当溴酚蓝溶液完全电泳出平板胶时，电泳结束。平板胶可作蛋白质印迹分析，或用固定液固定后作各种蛋白质染色。

4. 凝胶固定与银染

① 将凝胶放在固定液Ⅰ中，轻微摇荡至少 0.5h。

② 将凝胶放在固定液Ⅱ中，摇荡过夜或至少 0.5h。

③ 超纯水洗凝胶 3 次，每次 10min。

④ 银染液孵育 40min。

⑤ 显色液显色 15min 后蛋白点显色清楚后，终止液终止显色反应。并放置于保存液中

保存凝胶。

【注意事项】
① 整个实验过程较复杂，实验前应做好充分的准备。
② 使用高纯度试剂。
③ 过硫酸铵溶液使用前配制。
④ 平板胶凝胶聚合 3~12h，不宜超过 24h。
⑤ 固定与显色的所有步骤均在室温进行。

【实验结果及分析】
样品中的蛋白质根据等电点和分子质量的大小，被分离成大小不一、位置不同的蛋白质斑点。根据上样品量的不同与染色法的不同（考马斯亮蓝 R250 与银染色），可观察到 600~1000 个蛋白质斑点，如图 9-7 所示。

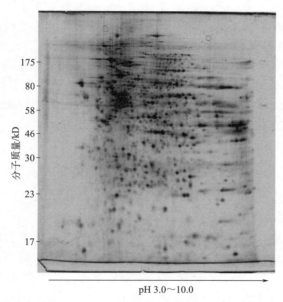

图 9-7　食管癌细胞（ECa109）总蛋白提取物的 2D-PAGE（pH 3.0~10.0）
由汕头大学医学院李冠武副教授提供

（黄东阳）

第十章　细胞工程基础技术

　　细胞工程是指在细胞水平上的遗传操作，即通过细胞融合、核质移植、染色体或基因移植以及组织和细胞培养等方法，快速繁殖和培养出人们所需要的新物种的技术。细胞工程的优势在于避免了分离、提纯、剪切、拼接等基因操作，只需将细胞遗传物质直接转移到受体细胞中就能够形成杂交细胞，因而能够提高基因转移效率。此外，细胞工程不仅可以在植物与植物之间、动物与动物之间、微生物与微生物之间进行杂交，甚至可以在动物、植物、微生物之间进行融合，形成前所未有的杂交物种。通过细胞融合技术发展起来的单克隆抗体技术已取得了重大成就。事实上，克隆动物或克隆人技术都是建立在细胞工程基础上的。

　　本章介绍了细胞工程所涉及的数项基本技术，包括细胞融合（鸡血细胞和鼠细胞，PEG 为融合剂）、染色体提前凝集标本的制备（应用于细胞周期分析、正常细胞和肿瘤细胞染色体的微细结构的研究、多种因素作用细胞使染色体损伤及修复效应的研究等方面）、单克隆抗体的制备（小鼠杂交瘤制备及筛选，已得到广泛应用）、显微注射技术（应用于动物克隆或动物转基因操作等）、DNA 转染（介绍磷酸钙转染法、脂质体转染法和电穿孔法）和体外受精技术（介绍常见动物及人的异种和同种体外受精技术）。

基本方案 1　细胞融合实验

【原理与应用】

　　细胞融合（cell fusion）是指在自然条件下或用人工诱导的方法将两个或两个以上的细胞合并成一个细胞的过程，包括质膜的连接与融合、胞质合并，细胞核、细胞器和酶等互成混合体系。细胞融合可分为同种细胞的融合和异种细胞的融合。其中异种细胞的融合也称体细胞杂交（somatic hybridization），是指在离体条件下用人工方法把不同种的细胞通过无性方式融合成一个杂交细胞的技术。即使是异种细胞的融合，也可能产生两类多核细胞，一类来源于同种亲本核的同核体；另一类来自不同亲本核的异核体。异核体或者于短期培养后死亡，或者存活下来。存活的异核体经有丝分裂、双亲染色体混合，进而形成单核杂种细胞。自然情况下，精卵结合虽也是一种融合，但它是有性的，且须在种内进行。不同生物的远源杂交一般要受到严格限制，如马驴杂交所生的骡是不育的。体细胞的无性杂交才是真正意义的细胞融合技术。

　　细胞融合的方法有生物法、化学法和物理法。生物法常指病毒诱导法（如仙台病毒），主要以病毒为媒介，使单个细胞间发生凝聚，并在病毒酶作用下产生融合细胞。化学法常用的是化学诱导剂聚乙二醇（polyethylene glycol，PEG）结合高 pH、高钙离子法。该法操作方便，目前已成为人工诱导细胞融合的主要手段。物理法有显微操作、电融合法等，操作也较简便，但需要专用的设备。其中电融合法具有可控、高效、无毒等优点，目前已有较多应用。

　　本实验主要介绍 PEG 介导的细胞融合。一般认为，PEG 使细胞相互接触部位的膜结构发生重排，加之膜脂双层的相互亲和以及彼此间表面张力的作用，引起相邻质膜在修复时相互合并在一起，导致细胞之间发生融合。PEG 介导的细胞融合率受下述因素影响。①PEG 的分子量与浓度：分子量及其浓度与融合率成正比；但分子量越大、浓度越高，对细胞的毒性也就越大。为了兼顾二者,常用的 PEG 分子量为 1000～4000,浓度为 40%～60%。②PEG 的 pH 值:pH 值在 8.0～8.2 之间融合效率最高。③融合时的温度:由于生物膜的流动性与温度成正比,在细胞可承受的温度范围内适当提高温度,可提高融合率。④处理时间:处理时间越长,融合率越高,但对细胞的毒害也越大。故一般将处理时间限制在 1.0～1.5min 之内。若融合后不继续培养,可将处理时间延长至 20min。

细胞融合不仅可用于核质关系、基因定位、体细胞的遗传和发育等生物学的基础理论研究,而且在生产实践上还有重要的应用价值,目前已成功应用于单克隆抗体的制备、新品种的培养、性状的改良、疾病的治疗和潜伏病毒的研究等领域。

(一) 鸡血细胞的融合

【实验用品】

(1) 材料　健康成年鸡。

(2) 试剂　肝素钠、Alsever 溶液、0.85%生理盐水、GKN 溶液、PEG(分子量为 4000)(50%)、詹纳斯绿(Janus green)染液。

(3) 设备　天平、普通低速离心机、恒温水浴锅、普通光学显微镜、滴管、5ml 刻度离心管、盖玻片、载玻片、一次性注射器、烧杯、血细胞计数板。

【试剂配制】

(1) Alsever 溶液　葡萄糖 2.05g,柠檬酸钠 0.80g,NaCl 0.42g,溶于双蒸水中,定容至 100ml。

(2) GKN 溶液　NaCl 8g,KCl 0.40g,$Na_2HPO_4 \cdot 12H_2O$ 3.77g,$NaH_2PO_4 \cdot 2H_2O$ 0.78g,葡萄糖 2g,酚红(phenol red)0.01g,溶于双蒸水中,定容至 1000ml。

(3) 詹纳斯绿染液　称取 30mg 詹纳斯绿染料,溶于 100ml 生理盐水中,混匀,即可得到 0.03%的染液。

(4) 50%PEG 溶液　称取 10g PEG,15lbf/in² (103.4kPa) 高压灭菌 20min,待冷却至 50～60℃时加入 10ml 温热的 GKN 溶液并混匀。如配制过程中 PEG 发生凝固,重新加热使其熔化。用 $NaHCO_3$ 调 pH 至 8.0。4℃保存备用,临用前置 37℃预温。最好现用现配。

【实验方案】

① 将新鲜的鸡血直接注入加有一支肝素钠的烧杯中,混匀抗凝。

② 用量筒量取一定量的上述抗凝鸡血,加入 Alsever 溶液,配制成 1∶4 细胞悬液备用或 4℃冰箱保存(3～4d 内可用)。

③ 用 1 只 5ml 刻度离心管取 0.5～1ml 上述鸡血悬液,加入 0.85%生理盐水至 5ml,混匀平衡后,800g 离心 5min,弃上清液。再按上述条件重复离心 2 次。最后,弃上清液,加 GKN 溶液至 5ml,800g 离心 5min。

④ 弃上清液,加适量 GKN 溶液,吸管吹打混匀,制成 10%细胞悬液。

⑤ 取以上悬液以血细胞计数器计数,若细胞密度过大,用 GKN 溶液稀释至 (3～4)× 10^7 个/ml(此步也可省略)。

⑥ 取以上细胞悬液 1ml 于离心管,或在原离心管中弃去一部分悬液,保留 1ml 于原离心管中。将离心管放入 37℃(39℃更佳)水浴锅中预热。

⑦ 待温度恒定后,向上述 1ml 细胞悬液中缓慢逐滴加入 0.5ml 预热的 50%PEG 溶液(慢慢沿离心管壁流下融合剂),且边加边轻摇离心管混匀,最后用吸管轻轻吹打混匀。放入水浴锅中静置孵育。

⑧ 细胞融合一段时间(10～20min)后,加入 GKN 溶液至 5ml,静置于水浴锅中继续孵育 20min 左右。

⑨ 取出离心管，800g 离心 5min，使细胞完全沉降。弃上清液，加 GKN 溶液至 5ml，重悬沉淀，重复离心 1 次。

⑩ 弃上清液，加入少量（0.5ml 左右）GKN 溶液，混匀，取少量悬液于载玻片上，加入詹纳斯绿染液，用牙签搅匀，染色 5min（也可用吉姆萨染液染色 5~10min）。盖上盖玻片，观察细胞融合情况并计算融合率。

【注意事项】

① 滴加 50%PEG 时，应缓慢、逐滴加入，其间最好轻弹试管底部，滴加完毕后用滴管充分温和混匀。

② 镜检观察时要注意区分融合细胞与重叠细胞。

③ 在实验中统计融合率时，要进行多个视野计数，然后进行平均，以使统计更为准确。

【实验结果及分析】

在显微镜下观察，可以观察到处于多种融合状态的细胞，如图 10-1 所示。

对视野内发生融合的细胞核以及所有细胞核进行计数，计算融合率：

$$融合率 = \frac{视野内发生融合的细胞核总数}{视野内所有细胞核总数} \times 100\%$$

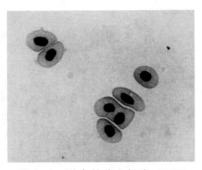

图 10-1 融合的鸡血细胞（PEG 介导细胞融合，HE 染色）

(二) 脾细胞与骨髓瘤细胞的融合

【实验用品】

(1) 材料 鼠、培养的骨髓瘤细胞。

(2) 试剂 PBS、HAT 选择培养液、HT 培养液、PEG（分子量为 4000）（50%）。

(3) 设备 普通低速离心机、恒温水浴锅、普通光学显微镜、血细胞计数板、天平、剪刀、镊子、50ml 无菌离心管、96 孔培养板、培养皿、烧杯、吸管、盖玻片、载玻片。

【试剂配制】

(1) HAT 选择培养液 常用两种储存液（100×HT 和 100×A）来稀释配制 HAT 培养液。

① 100×HT 称取次黄嘌呤 136.1mg 和胸腺嘧啶核苷 38.8mg，加细胞培养用水至 100ml。若溶解不佳，加热（70℃）助溶。100 倍储存液中，次黄嘌呤浓度为 10mmol/L，胸苷为 1.6mmol/L。0.22μm 滤膜过滤除菌，分装，−20℃保存，可保存 1 年。

② 100×A 称取氨基蝶呤 1.76mg，溶解于细胞培养用水中。加 1.0mol/L NaOH 0.5ml 助溶，再用 1mol/L HCl 将 pH 调回至中性，定容至 100ml。注意勿调成酸性，因为氨基蝶呤对酸敏感。100 倍储存液中氨基蝶呤的浓度为 0.04mmol/L。0.22μm 滤膜过滤除菌，分装，−20℃保存，可保存 1 年。

③ 将 100×HT 和 100×A 各按 1∶100 比例加到含小牛血清的完全培养基中，即成 HAT 选择培养液。其中各成分的最终浓度分别为：H，$1×10^{-4}$ mol/L；A，$4×10^{-7}$ mol/L；T，$1.6×10^{-5}$ mol/L。

(2) 100×HT 培养液 10mmol/L 次黄嘌呤钠盐；1.6mmol/L 胸腺嘧啶脱氧核苷。

【实验方案】

1. 准备脾细胞

① 处死动物并用乙醇擦拭腹部，剖开腹部暴露脾脏。

② 用灭菌的镊子和剪刀取出脾脏，置于一盛有 50ml 灭菌 PBS 的烧杯中，洗去血污。

③ 把脾脏移入一个盛有 20ml 灭菌 PBS 的培养皿中。除去所有的多余组织和脂肪,并用 PBS 冲洗脾脏。

④ 把脾脏移入盛有 20ml 灭菌 PBS 的培养皿,用灭菌的剪刀、镊子剪碎组织,制成单细胞悬液。

⑤ 收集细胞于 50ml 离心管,用 10ml 灭菌的 PBS 清洗培养皿并转移入离心管。静置 1min。

⑥ 小心把细胞悬液移入一新的离心管,不要让管底的组织块一并转入。

⑦ 用 10ml 灭菌的 PBS 清洗有组织块的离心管,静置 1min 后小心移出细胞悬液,并和上一次的细胞悬液混合。

⑧ 室温下以 800g 离心 5min。

⑨ 小心弃上清液。用 50ml 灭菌的 PBS 重悬细胞,重复离心。

⑩ 小心弃上清液。在 10ml 灭菌的 PBS 中重悬细胞。

⑪ 取 1 滴进行细胞计数。

2. 准备骨髓瘤细胞

① 从 2～4 个培养瓶中收集处于对数生长期的骨髓瘤细胞。

② 用灭菌的 PBS 清洗细胞,800g 离心 5min。

③ 重复洗涤、离心一次。

④ 用 10ml 灭菌的 PBS 重悬细胞。

⑤ 取 1 滴进行细胞计数。

3. 融合步骤

① 以 (3∶1)～(5∶1)(脾细胞∶骨髓瘤细胞)的比例在 50ml 离心管中混合脾细胞和骨髓瘤细胞(细胞总数约为 10^6)。室温下 800g 离心 5min。

② 尽可能地弃去上清液。轻叩管底使沉淀松动,置 37℃(39℃更佳)水浴中预温。

③ 缓慢逐滴加入 1ml 37℃预温的 50%PEG 溶液,边加边轻摇混匀,加完后用吸管轻轻吹打混匀。37℃静置 1min。

④ 用 20ml 灭菌的 PBS 稀释 PEG。注意动作一定要缓慢,尤其是开始稀释时(最初 1ml 在 1min 内加完,之后可加快速度)。800g 离心 5min,弃上清液。

⑤ 重复洗涤、离心一次。

⑥ 弃上清液。在 HAT 培养液中重悬沉淀,使细胞密度为 5×10^5 个/ml。

⑦ 转入 96 孔培养板,每孔 0.2ml。在 CO_2 培养箱中 37℃培养 5～7d,其间根据需要换 HAT 培养液。

⑧ 观察细胞融合结果。

(刘晓颖)

基本方案 2 单克隆抗体的制备

【原理与应用】

机体在抗原刺激下产生免疫反应,由浆细胞(效应 B 淋巴细胞)合成并分泌的与抗原有特异性结合能力的免疫球蛋白被称为抗体。抗体有多克隆抗体和单克隆抗体之分。人类和其他哺乳动物体内都有许多 B 淋巴细胞,一种 B 淋巴细胞能接受一种抗原决定簇的刺激,分化繁殖为可分泌相应抗体的克隆系。这些存在于血清中的抗体被称为多克隆抗体(polyclonal antibody,PcAb)。而通过细胞融合技术(如 PEG 诱导法)将产生单一抗体的一种免疫动物 B 淋巴细胞与骨髓瘤细胞融合形成杂交瘤细胞，这种由单个克隆细胞产生的抗体分子称单克隆抗体（monoclonal antibody，McAb）。经 HAT 选择培养基的选择，只有融合成功的杂交瘤细胞（既具有骨髓瘤细胞无限增殖的能力，又具有免疫 B 淋巴细胞合成分泌特异性抗体的能力）才能继续生长，通过免疫学检测和单个细胞培养，最终获得既能产生单一抗体、又能不断增殖的杂交瘤细胞系。这种细胞经过扩大培养，再接种于小鼠腹腔，即可在其腹水中得到高效价的单克隆抗体。

经 HAT 的筛选，只有杂交瘤细胞生长，而未融合的骨髓瘤细胞和脾细胞不能繁殖而死亡。其原理为：HAT 含有次黄嘌呤（H）、氨基蝶呤（A）、胸腺嘧啶核苷（T），正常细胞合成 DNA 有主路和旁路两条途径，氨基蝶呤（A）能阻断正常细胞 DNA 主路合成中二氢叶酸到四氢叶酸途径，所以只有能利用次黄嘌呤（H）和胸腺嘧啶核苷（T）进行旁路 DNA 合成的野生型细胞才能存活。骨髓瘤细胞系是经筛选出的基因突变缺陷型瘤细胞株，即次黄嘌呤鸟嘌呤磷酸核糖转移酶缺陷型（$HGPRT^-$）或胸腺嘧啶核苷激酶缺陷型（TK^-）。未融合的骨髓瘤细胞由于 DNA 合成主路被氨基蝶呤阻断，又不能利用旁路合成 DNA，所以不能继续生长存活；免疫动物的脾淋巴细胞在普通培养液中不能增殖而将自然死亡。杂交瘤细胞由于含有来自亲代脾淋巴细胞的 $HGPRT^+$ 的补偿，可利用次黄嘌呤合成 DNA 而能够克服氨基蝶呤的阻断，故杂交瘤细胞可大量繁殖而被筛选出。

杂交瘤技术制备单克隆抗体的步骤包括：抗原制备，动物免疫，免疫脾细胞和骨髓瘤细胞的制备，细胞融合，杂交瘤细胞的选择培养，杂交瘤细胞的筛选，杂交瘤细胞的克隆化，单克隆抗体的鉴定，分泌单克隆抗体杂交瘤细胞系的建立，单克隆抗体的制备。

【实验用品】

（1）材料　Balb/c 雌性小鼠（8～12 周龄）、骨髓瘤细胞系（SP2/0 细胞）。

（2）试剂　绒毛膜促性腺激素（免疫小鼠用）、RPMI-1640 培养液、HAT 培养液、HT 培养液、台盼蓝染液、PEG-4000、秋水仙素、甲醇-冰醋酸、吉姆萨染液。

（3）设备　普通低速离心机、超净工作台、CO_2 恒温培养箱、倒置显微镜、移液器、灭菌眼科剪和小镊子、细胞计数板、96 孔细胞培养板、灭菌 200 目滤网、直径 5cm 灭菌平皿、10cm 灭菌平皿、无菌尖吸管、10ml 刻度离心管、50ml 刻度离心管、一次性注射器。

【试剂配制】

（1）完全培养液　含 RPMI-1640 培养液 80ml、小牛血清 20ml、青霉素 10000U、链霉素 10000μg、谷氨酰胺 2mmol/L，用 5.6％$NaHCO_3$ 调整 pH 至 7.2。

（2）HAT 选择培养基　见本章基本方案 1。

（3）HT 培养液　HAT 培养液中不加氨基蝶呤即可。

（4）50％PEG 溶液　称取一定量 PEG（分子量为 4000）放入烧杯，高压灭菌 20min，待冷却至 50～60℃时，加入等体积预热至 50℃的无菌培养液（RPMI-1640），混匀，调 pH 至 8.0。分装，每支 1ml，于 4℃保存。用前置 37℃预温。最好现用现配。

（5）4g/100ml 台盼蓝母液　称取 4g 台盼蓝，加少量蒸馏水研磨，用双蒸水定容至 100ml，滤纸过滤，4℃保存。使用时用 PBS 稀释至 0.4g/100ml。

（6）弗氏完全佐剂（Freund's complete adjuvant）及弗氏不完全佐剂（Freund's imcomplete adjuvant）。

【实验方案】

1. 小鼠的免疫

① 将抗原（如绒毛膜促性腺激素）配成浓度为 10～100μg/ml 的溶液，然后加等量的弗氏完全佐剂充分乳化。

② 将 0.5ml 上述乳化的佐剂抗原注射于 Balb/c 小鼠腹腔。
③ 2 周后再腹腔注射同量抗原加等量弗氏不完全佐剂。
④ 2~4 周后（一般在融合前 3~4d）静脉注射 50~500μg 不加佐剂的抗原以加强免疫。
⑤ 3d 后颈椎脱臼法处死小鼠，用 75%乙醇浸泡尸体 5min。无菌条件下取出脾脏置于无菌平皿中，剔除周围的结缔组织，用无血清的培养液冲洗干净。用灭菌剪刀将脾脏充分剪碎，用玻璃组织匀浆器轻轻研磨成糊状，用 5~10ml 无血清的 RPMI-1640 培养液制成细胞悬液。经灭菌 200 目滤网过滤入平皿中，制成脾细胞悬液，移入离心管。
⑥ 800g 离心 5min，弃上清液，用不含血清的 RPMI-1640 培养液清洗并离心 2 次。用 10ml 完全 RPMI-1640 悬浮细胞，计数并用台盼蓝测活（应>80%），调整细胞浓度至 $(0.5\sim2)\times10^8$ 个/ml，冰浴备用。

2. 骨髓瘤细胞准备
① 用含 20%小牛血清的 RPMI-1640 培养液扩大培养 SP2/0 细胞。
② 于融合当天镜检选择生长旺盛、细胞形状规则、大小均匀、轮廓清晰的瘤细胞作融合用。
③ 收集瘤细胞，800g 离心 5min，弃上清液。用培养液清洗细胞 2 次，计数并用台盼蓝测活（应>95%），调整细胞浓度至 $(1\sim5)\times10^5$ 个/ml。

3. 饲养层细胞的制备
在体外细胞培养中，单个或少数分散的细胞很难存活与繁殖，必须加入其他活细胞。因此，人们将这种加入的其他细胞称为饲养细胞。通常用小鼠腹腔巨噬细胞。
① 取 Balb/c 小鼠 1 只，颈椎脱臼处死，用 75%乙醇消毒腹壁。
② 腹腔注射 5ml HAT 培养液，轻揉腹部。
③ 抽取腹腔液（内含巨噬细胞），800g 离心 5min，弃上清液。用 HAT 培养液清洗 1 次，然后用 HAT 培养液调整细胞浓度至 2×10^5 个/ml。加于 96 孔培养板中，每孔 0.1ml，置 37℃、5%CO_2 培养箱中过夜，次日使用。

4. 细胞融合
① 取 1~2ml 骨髓瘤细胞和 10ml 脾细胞于 50ml 离心管中混合 [脾细胞：骨髓瘤细胞为 (4:1)~(10:1)，多用 5:1]，800g 离心 5min，尽可能地弃尽上清液（沉淀细胞尽量少含水分，以免使 PEG 稀释）。轻弹管底，使沉淀细胞略松动。置水浴锅中 37℃预温。
② 取 1ml 50%PEG（37℃预温），用滴管沿管壁逐滴缓慢加入，边加边轻轻用尖吸管吹打混匀，1min 内加完。37℃静置 90s。
③ 缓慢加入 20ml 37℃预温的无血清的培养液（开始 1ml 一定要缓慢逐滴加入，之后可以稍快，但动作一定要轻柔），以终止融合。轻轻温和混匀，以免破坏新形成的融合细胞。
④ 迅速以 800g 离心 5min，弃上清液。加 12ml HAT 培养液，轻轻混匀后滴加于预先铺有饲养细胞层的 96 孔板中，每孔 50μl，置 5%CO_2 培养箱中 37℃孵育。

5. 融合细胞的选择性培养及杂交瘤细胞的筛选
SP2/0 细胞与脾淋巴细胞融合后，培养物中主要有三种细胞：SP2/0 细胞、脾淋巴细胞和杂交瘤细胞。其中脾淋巴细胞不能长期生存，一般在 2 周内死亡；SP2/0 细胞不能在 HAT 培养液中繁殖，1 周内也将死亡；同样 SP2/0 细胞之间或脾细胞之间的融合细胞也不能繁殖；只有 SP2/0 细胞与脾细胞融合形成的杂交细胞，才可能获得瘤细胞持续生长的特点。由于杂交瘤从脾淋巴细胞获得 HGPRT 酶，从而获得旁路合成 DNA 的能力，可以在 HAT 培养液中生长。这种培养方法称为选择性培养。
① 融合细胞培养 3d 后，用倒置显微镜观察其生长情况。可观察到未融合的细胞开始死

亡，细胞质中出现粗颗粒，细胞逐渐固缩破碎。杂交瘤细胞则开始成堆生长，并分裂增殖。

② 间隔 2~3d 观察 pH 值、污染及克隆生长等情况。动作要快，以防 pH 值和温度变化而影响克隆生长。自融合始，每隔 3~4d 半量换 1 次 HAT 液，以补充营养和核酸合成旁路的原料（次黄嘌呤和胸腺嘧啶）。至第 10~14d，以 HT 培养液逐步替代 HAT，进行半量换液。

③ 当细胞集落长至 1/5~1/3 孔时，收集上清液进行特异性抗体检测，选出杂交瘤细胞生长旺盛、抗体反应强的做克隆化培养。如阳性孔的细胞集落较大，可吸出一部分移入已加有巨噬细胞的培养瓶中继续培养，多余的细胞可冷冻保存起来。

6. 杂交瘤细胞的克隆化培养

在筛选出的含阳性上清液的培养孔中通常会有 2 个以上的杂交瘤集落。有的集落可能不分泌抗体或分泌并非所需的抗体。所以必须用克隆培养方法把分泌特异性抗体的某一集落从中分出。另外在分泌抗体的杂交瘤中，有些细胞会因发生染色体丢失而失去抗体分泌能力，这些细胞生长速度较快，如不及时分开，会严重影响能分泌抗体的杂交瘤细胞的生长。对杂交瘤细胞进行克隆培养是保证阳性杂交瘤细胞处于优势生长的有效途径。较常用的方法是有限稀释法（limiting dilution）。

① 取杂交瘤细胞于刻度离心管中，对活细胞计数。取细胞悬液 0.5ml，加 HT 培养液至 5ml，每次做 10 倍稀释，直至杂交瘤细胞的终浓度为 5~10 个/ml。取 0.1ml 细胞悬液于预先铺有饲养层细胞的 96 孔板中（克隆前一天铺板），使每孔理论上含 0.5~1 个细胞。

② 置 CO_2 培养箱中培养，每 2~3d 半量换液 1 次，隔日观察并记录细胞生长情况。约 9~10d 检测培养液上清液。将分泌特异性抗体强的杂交瘤细胞再次挑出，按上述方法做第二次、第三次……克隆化培养。一般当每孔平均有 1 个细胞时，大约有 37% 的孔有细胞生长。经 3 次克隆化的杂交瘤细胞其特异性抗体检出阳性率可达 100%。一般要求经 5 次以上的克隆化和连续 3 次特异性抗体检出阳性率为 100% 后，扩大培养，正式建株。

当细胞融合约 9~10d，应逐孔检测特异性抗体，以便尽早发现阳性孔。若一次检测阴性时，可检测第二次、第三次，当然，如阳性克隆多，就不必如此。由于待测样品多，上清液量少且抗体含量低，故检测的方法必须灵敏、快速、特异且可靠，这样才能在短时间内完成大量样品的测定。常用的方法有酶联免疫吸附试验（ELISA）、放射免疫试验（RIA）、血凝试验、免疫荧光试验等。具体操作方法见有关实验。

7. 杂交瘤细胞的鉴定

可采用染色体计数法进行杂交瘤细胞的鉴定，杂交瘤细胞的染色体数目接近两种亲本细胞即小鼠脾细胞的染色体数目（40 条）与 SP2/0 细胞的染色体数目（62~68 条）之和。在稳定分泌抗体的杂交瘤细胞系中，具有相同染色体数（众数）的细胞比例较高。通过染色体分析可以深入了解杂交瘤细胞的染色体众数在持续培养中的动态变化，从而更好地把握杂交瘤细胞分泌抗体的稳定性及克隆化培养的最佳时机。

① 取杂交瘤细胞 $1×10^5$ 个/ml，加入秋水仙素 $0.2\mu g$/ml，37℃ 培养 2~4h。

② 取出后，以 1000g 离心 8min，弃上清液，加入 0.075mol/L KCl 溶液 6~8ml，立即用吸管将细胞团吹散打匀。室温下静置低渗处理 20min。

③ 低渗处理细胞后，以 1000g 离心 8min，弃上清液，沿管壁加 6~8ml 新配制的甲醇-冰醋酸（3:1）固定液，立即用吸管轻轻吹打混匀。静置固定 30min。1000g 离心 8min，弃上清液。然后重复固定、离心 1 次。

④ 用新配制的甲醇-冰醋酸（1:1）固定液再固定 20min 后，1000g 离心 8min，弃上清液。

⑤ 加适量（约 5 倍于细胞体积）的甲醇-冰醋酸（1∶1）固定液，制成细胞悬液。滴片、自然干燥，吉姆萨染液染色，镜检并进行染色体计数。具有众数的细胞所占的比例愈高，细胞株分泌抗体的稳定性愈大。

【注意事项】

① 本实验应用高纯度的 PEG，一般选择供气相色谱用的，使用前应做细胞毒试验。

② 本实验应严格无菌操作，避免细菌、霉菌，特别是支原体的污染。

③ 用于杂交瘤的培养液多采用 RPMI-1640 和 DMEM 作为基础液。

④ 饲养层细胞（巨噬细胞）加入的量和时间对杂交瘤细胞的生长影响明显。应结合不同的抗原系统、不同的实验条件，通过反复实验而定。

⑤ 由于杂交瘤细胞集落中可混有不分泌抗体的克隆，且其生长速度快于分泌抗体的克隆，故应及早进行抗体检测和克隆化培养以鉴定。

⑥ 饲养层细胞通常选用小鼠胸腺细胞和小鼠腹腔细胞（主要含巨噬细胞）。常用小鼠的腹腔细胞，不仅可吞噬清除死亡细胞，而且可供给杂交瘤细胞必要的生长条件，但不能用激活的巨噬细胞。

【实验结果及分析】

按实验步骤的要求详细记录和观察：详细记录小鼠免疫的时间和次数，细胞生长时间，换液的时间和次数。观察细胞生长和细胞融合情况和杂交瘤细胞染色体变化等，以判断杂交瘤细胞制备是否成功。对杂交瘤分泌抗体或者腹腔注射小鼠产生的腹水进行进一步鉴定，方可判断单克隆抗体制备的成败。

（刘晓颖）

备择方案 1 染色体提前凝集标本的制备

【原理与应用】

在间期细胞中，遗传物质以染色质的形式存在于细胞核，看不到分裂期（M 期）才出现的染色体。由于有丝分裂期促成熟因子（maturation promoting factor，MPF）的活性很高，用 M 期细胞和间期细胞进行融合，可以使间期细胞出现类似于有丝分裂期的形态变化：染色质凝集、核膜崩解、核仁消失等。这种经过诱导而在间期细胞中形成的染色体称为提前凝集染色体或早熟凝集染色体（prematurely condensed chromosome，PCC）。

M 期细胞和 G_1 期细胞融合，则 G_1 期细胞染色质就凝集为光学显微镜下可见的单股细而长的提前凝集染色体，即 G_1-PCC。其染色体的长短和粗细与细胞在 G_1 期所处的位置紧密相关：早 G_1 期的染色体短而粗，晚 G_1 期则细而长。S 期细胞正处于 DNA 复制阶段，大量的复制单位不同时启动复制，所以正在复制的染色质高度解螺旋，光学显微镜下不可见，而只能看到尚未进行复制或复制后又重新凝集的部分。M 期细胞诱导 S 期细胞的染色质凝集呈粉末状或粉碎颗粒状，在电镜下可见：颗粒状是染色质螺旋化程度高的部位，颗粒之间由纤细的染色质丝相连，并且可根据颗粒是单股或双股区分出是复制前还是复制后的染色质，从而断定细胞是处于早 S 期还是晚 S 期。G_2-PCC 的形态已接近于 M 期的染色体，只是螺旋化程度较低，所以其染色浅、细长、姐妹染色单体之间紧靠一起。

不仅同类 M 期细胞可以诱导 PCC，不同类的 M 期细胞也可以诱导 PCC 产生，如人和蟾蜍的细胞融合时同样有这种效果。

这项技术已应用于细胞周期分析、正常细胞和肿瘤细胞染色体的微细结构的研究、多种因素作用致染色体损伤及修复效应的研究、血液病的诊断及预后等临床实践方面。

【实验用品】

(1) 材料　HeLa 细胞。

(2) 试剂　PEG（分子量为 4000）（50%）、RPMI-1640 培养液、小牛血清、Hanks 液、秋水仙素（10μg/ml）、胰蛋白酶（0.25%）、KCl（0.075mol/L）、甲醇-冰醋酸（3∶1）（新鲜配制）、吉姆萨染液。

(3) 设备　普通光学显微镜、普通低速离心机、CO_2 恒温培养箱、超净工作台、5ml 刻度离心管、一次性滴管、载玻片、盖玻片、细胞计数板。

【实验方案】

1. M 期细胞的准备

① 按一般方法传代细胞。

② 在培养 2～3d，细胞生长旺盛并处于对数生长期时，加入秋水仙素（终浓度为 0.2～0.5μg/ml），继续在 CO_2 恒温培养箱中培养 3～4h。

③ 轻轻倾去培养液，用 5ml Hanks 液清洗细胞 2 次，弃去死细胞、细胞碎片和 Hanks 液。

④ 加入 5ml Hanks 液，反复振摇培养瓶 3～5min，或用吸管反复轻轻吹打细胞层。由于 M 期细胞呈球形，与瓶壁的接触面积变小，易脱落而悬浮于培养液中。把细胞悬液转移入 5ml 刻度离心管中，计数备用。

2. 间期细胞的准备

在上述收集过 M 期细胞的贴壁细胞中，加入终浓度为 0.25% 的胰蛋白酶溶液，消化 2～3min，弃去消化液，加入 5ml Hanks 液，用吸管反复吹打细胞层，把细胞悬液转移入 5ml 刻度离心管中，计数备用。

3. 细胞融合

① 将 M 期细胞和间期细胞按 1∶1 比例（各约 10^6 个）混合于 5ml 离心管中，800g 离心 5min，弃上清液。用 5ml Hanks 液重悬洗涤、离心 2 次，尽可能地弃尽上清液。

② 轻弹管底使沉淀松动，置 37℃（39℃左右更佳）水浴中预温，缓慢逐滴加入 0.5～1ml 37℃预温的 50%PEG 溶液，边加边用吸管轻轻混匀（也可在滴加过程中先轻摇混匀，最后再用吸管轻轻吹打混匀）。37℃静置 1min。

③ 加入 5ml 无血清的 RPMI-1640 培养液（开始 1ml 应缓慢逐滴加入），混匀（稀释以终止 PEG 溶液的作用）。800g 离心 5min（离心前可在 37℃静置 5～10min），弃上清液。

④ 加入含小牛血清的 RPMI-1640 生长培养液，轻轻吹打混匀使细胞悬浮。37℃、5% CO_2 培养 30～60min。

4. 制片

将上述细胞取出，800g 离心 8min，弃上清液。按常规方法制备染色体标本。经吉姆萨染液染色后观察结果。

【注意事项】

① 为了保证融合率，加 PEG 之前应尽可能地弃尽上清液；在滴加 50%PEG 时，应缓慢、逐滴加入，滴加过程注意要温和混匀。

② 在加完 PEG 并静置 1min 后，用培养液稀释 10 倍，手法要轻。在 37℃培养较长时间（30～60min），一般可获得高比例的 PCC。

【实验结果及分析】

低倍镜下可见未融合的间期细胞、已融合的双核和多核间期细胞、未融合的 M 期细胞以及 M 期和间期随机融合而诱导产生的不同形态的 PCC，在油镜下进一步观察各期的 PCC（见图 10-2）。

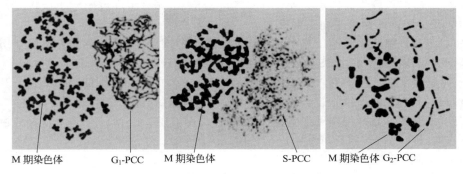

图 10-2　M 期染色体以及各种 PCC 形态

G_1-PCC 为单线状，因 DNA 未复制。早 G_1 期扭曲状的单股粗线状染色体，较短。晚 G_1 期细长而浅染的单股染色体，整个染色体部分呈线团状。

S-PCC 为粉末状，因 DNA 由多个部位开始复制。早 S 期浅染的粉末状，其中散在有一些深染的成对的染色体片段。晚 S 期深染的双线染色体片段增多并延长。

G_2-PCC 为双线染色体，说明 DNA 复制已完成。早 G_2 期为较细长的双线染色体。晚 G_2 期为较粗短的双线染色体，但比中期染色体细长，边缘光滑。

（刘晓颖）

备择方案 2　显微注射技术（核移植）

【原理与应用】

核移植（nuclear transfer）技术是哺乳动物克隆（mammalian cloning）技术的核心组成部分，从核移植成功之日就受到科学界的高度重视。世界上第一只成年体细胞克隆动物"Dolly"的诞生，在动物遗传学和动物胚胎学上取得历史性突破，引起科学家对动物克隆技术的极大关注。

核移植是通过显微操作技术将一个细胞的细胞核，移植到去核的卵母细胞或去核卵子内，组建成新的重组体，使供体细胞核在卵细胞胞质中发生发育程序重编（reprogramming），然后移植于受体动物，在其体内发育成为一个新个体。

血清对细胞的生长有促进作用，极低浓度血清的培养基仅能维持细胞处于某种状态，而不发生增殖。在核移植研究中，这种处理能协调供体和受体细胞的周期达到同步，有利于重组胚胎中供体核的重塑，从而促进核移植胚胎的发育。将大鼠成纤维细胞预先培养到对数生长期，去掉培养液，加入含 0.5% 血清的 RPMI-1640 培养基，培养 3～5d，备用。此时，$G_0 \pm G_1$ 期细胞约占 75%。

【实验用品】

（1）材料　同步化处理的大鼠成纤维细胞、供卵母鼠、凹载玻片、眼科器械、持卵器、移卵管、去核针、注核针。

（2）试剂　矿物油、小牛血清、胎牛血清、0.25% 胰蛋白酶、PBS、M16 培养液、细胞松弛素 B（CCB）、0.1% 透明质酸酶、无水乙醇。

（3）设备　体视显微镜、CO_2 培养箱、电融合仪、超净工作台、显微操作仪。

【实验方案】
1. 收集卵母细胞

① 将供卵雌鼠以颈椎脱臼法处死，75％乙醇浸泡 5min，腹卧位固定于鼠板上，由腰后背部横向剪开皮肤，用大镊子向头部撕开。

② 分别剪开背部两侧腹腔，将肠移至一侧，由脂肪垫捏住卵巢。在子宫角处切断，将卵巢和输卵管移入平皿，以 PBS 洗去血液和残渣。

③ 体视显微镜下，在含有 0.1％透明质酸酶的培养液中，用锋利的镊子或针破开膨大的输卵管壶腹部。卵丘-卵母细胞复合体团将释放入培养液，在酶的作用下缓慢分离。

④ 当卵分离后，立即将卵母细胞转移至 M16 培养液中，以 M16 培养液洗涤 3 遍，显微镜下挑选有明显第一极体的卵母细胞进行去核。

2. 卵母细胞的盲吸法去核

① 将有明显第一极体的卵母细胞放入含 $10\mu g/ml$ 细胞松弛素 B 的 M16 培养液中孵育 15min，移至显微操作仪上。

② 用持卵针在第一极体的对侧固定卵母细胞，将去核针于固定管的斜口调整靠近第一极体，刺破透明带，进入卵周隙，吸出第一极体及附近细胞质，吸出细胞质总量的 1/4～1/3。

③ 将去核后的卵母细胞在 37℃、5％CO_2 培养箱中培养 30min，凡具有完整细胞结构、细胞质未离散的卵母细胞可判断为去核成功。

3. 核移植

① 将同步化处理后的大鼠成纤维细胞用 0.25％胰蛋白酶进行常规消化，M16 培养液悬浮。

② 以移卵管转移至凹载玻片，卵母细胞移入同一液体，覆盖矿物油，防止蒸发。

③ 显微镜操作台上，持卵管固定去核的对面，用注核针在液体中反复吸取供体细胞，使供体细胞膜破溃，然后将供体细胞核由去核口注入受体细胞质。

4. 重组胚的激活

1800V/cm 电压，30ms 脉冲激活重组胚。

5. 重组胚的培养

将激活后的核移植重组胚移入 M16 培养液，37℃、5％CO_2 培养箱中培养。

【注意事项】

① 提前准备同步化处理的大鼠成纤维细胞。

② 提前准备供卵雌鼠。

③ 仔细操作，提高去核效率。

【实验结果及分析】

① 培养后 48h，观察重组胚的卵裂情况（图 10-3）。

② 培养后 72h，观察重组胚的继续发育，部分可发育至桑葚胚（图 10-4）。

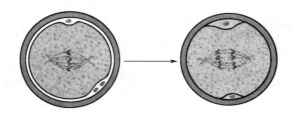

图 10-3　卵裂示意图　　　　　　　　图 10-4　桑葚胚示意图

（董子明）

备择方案 3 DNA 转染实验（绿色荧光蛋白）

运用物理或化学方法将外源 DNA 导入细胞的过程，称为 DNA 转染或基因转染（transfection）。采用该技术，既可将外源基因导入体外生长的细胞，用于研究基因的表达调控，亦可将外源基因导入体内细胞，用于基因治疗。

近年来，随着基因工程技术在理论上的不断发展和实践上的不断创新，已建立了多种基因转染方法，如磷酸钙转染法、脂质体转染法、DEAE-葡聚糖转染法、重组 DNA 病毒感染法、电穿孔法和显微注射法等。其中，磷酸钙转染法和脂质体转染法操作简单，无需昂贵的仪器设备，成本较低，已被许多实验室广泛采用；DEAE-葡聚糖转染法所需的外源 DNA 量较小，转染效果稳定，但该法只对少数细胞系转染效率高，且对细胞有毒性作用；重组 DNA 病毒感染法的反转录病毒载体可获得稳定、有效的转染，主要用于转染不易转化的细胞或原代培养细胞，但病毒 DNA 的序列有时会影响外源基因的表达，所插入的外源基因大小有一定的限制，不能超过 8kb，并且具有潜在的危险性；电穿孔法和显微注射法转染效率较高，但需要昂贵的仪器，且后者导入 DNA 时只能一个细胞一个细胞地注射，不适合大量细胞的基因导入。本实验介绍磷酸钙转染法、脂质体转染法和电穿孔法三种方法，将绿色荧光蛋白基因表达载体 pCMV-GFP 质粒 DNA（中国农业大学生物学院生物化学室提供）导入细胞。各学校可根据自己的实际情况选择其中的一种让学生进行实验。

绿色荧光蛋白（green fluorescent protein，GFP）是 1974 年由 Morise 等从发光水母体内提纯的一种吸收蓝光或紫外线（395nm）后能发出绿色荧光的天然蛋白质，分子质量约 27～30kDa。1992 年，野生型 GFP 基因被克隆鉴定，随后，在异体细胞或生物体中进行了表达研究，表明 GFP 所产生的荧光无种属特异性，不干扰细胞的生长与功能，可耐受光漂白，表达时不需要任何协同因子，也不需要底物。因此，目前 GFP 已被作为新型报告基因广泛应用于生物医学领域，进行基因的表达、调控、细胞分化及蛋白质在生物体内定位和转运等研究。

（一）磷酸钙转染法

【原理与应用】

在 pH 7.1 环境中，DNA 分子带负电荷，在静电引力的作用下，带正电荷的粒子可与 PO_4^{3-} 结合。当在溶液中加入 $CaCl_2$ 时，PO_4^{3-} 与 Ca^{2+} 形成磷酸钙，并与 DNA 共沉淀。待转染细胞可吞噬这些 DNA 沉淀，从而使 DNA 进入转染细胞中。

【实验用品】

(1) 材料 60ml 培养皿培养的 HeLa 传代细胞、0.1×TE（pH 8.0）稀释的 pCMV-GFP 质粒 DNA（0.5～1μg/μl）、1.5ml Eppendorf 管、20μl 微量移液器、100μl 微量移液器、2ml 移液器、吸头、吸管。

(2) 试剂 2×HEPES 溶液、2.0mol/L $CaCl_2$ 溶液、0.25%胰蛋白酶、PBS（pH 7.05）、超纯水、含 10%小牛血清的 DMEM 完全培养液。

(3) 设备 CO_2 培养箱、倒置显微镜、荧光显微镜（450～490nm）。

【试剂配制】

(1) 0.1×TE 缓冲液（pH 8.0） 1.0mmol/L Tris-HCl（pH 8.0）；0.1mmol/L EDTA（pH 8.0）。

(2) 2× HEPES（pH 7.05） HEPES，5.96g；NaCl，8.00g；KCl，0.37g；Na_2HPO_4，0.106g；葡萄糖，1.0g。加入超纯水 480ml，精调 pH 至 7.05，定容至 500ml，再测定 pH

并调准。用 $0.22\mu m$ 滤器过滤除菌后储存于 4℃，备用。

（3）2.0mol/L $CaCl_2$　称取 10.8g $CaCl_2\cdot 6H_2O$ 溶于 20ml 超纯水中，用 $0.22\mu m$ 滤器过滤除菌，分装成 1.0ml 小份，-20℃ 保存备用。

（4）含 10% 小牛血清的 DMEM 完全培养基　DMEM 培养基，补加 10% 小牛血清、100U/ml 青霉素、100mg/L 链霉素、2mmol/L 谷氨酰胺、0.3mmol/L 次黄嘌呤和胸腺嘧啶核苷、0.1mmol/L 甘氨酸和脯氨酸，pH 7.2。

【实验方案】

① 于转染前 24h，用 0.25% 胰蛋白酶溶液消化细胞。将 1×10^6 个细胞转接于 60ml 培养皿中，加 4ml 含 10% 小牛血清的 DMEM 完全培养液，置 37℃、5% CO_2 培养箱中培养。

② 转染前，取出培养液在倒置显微镜下观察，待细胞生长至 60%～70% 皿底面积时，挑取生长旺盛、细胞间有少量空隙的培养瓶，倒掉培养液，用 4ml PBS 洗 2 次，待用。

③ DNA 沉淀液的准备　首先将 pCMV-GFP 质粒 DNA 溶解在 $0.1\times TE$（pH 8.0）中，使浓度为 $0.5\sim 1.0\mu g/\mu l$。在 Eppendorf 管中依次加入重蒸水 $427.5\mu l$、pCMV-GFP 质粒 DNA 稀释液 $10\mu l$，充分混匀，强烈振荡下加入 $500\mu l$ 的 $2\times HEPES$ 溶液，最后缓慢滴加 2.0mol/L $CaCl_2$ $62.5\mu l$（加入 $CaCl_2$ 时应尽量缓慢，并不断轻轻敲击试管，以防形成结块）。

④ 于室温下放置 5min，出现轻度浑浊，20～30min 时，缓慢形成细微的沉淀颗粒（沉淀粗大会影响细胞的吞噬作用，导致转染失败）。

⑤ 将形成的 1.0ml 沉淀物加到用 PBS 洗过 2 次的培养瓶内的细胞表面，于室温下放置 10min，然后再于 37℃、5% CO_2 培养箱中孵育 30min，其间不断倾斜培养皿。

⑥ 然后，倒掉沉淀物，加入新的完全培养液，继续在 CO_2 培养箱中孵育 1～2d。

⑦ 24h 后，在 450～490nm 波长的光下用荧光显微镜观察细胞的转染率和荧光强度。

⑧ 记录、分析实验结果。

【注意事项】

① 该法对质粒 DNA 的质量要求极高，质粒溶液中不能含有杂蛋白及 RNA。

② 要制备出高效转染的磷酸钙-DNA 共沉物非常困难，其共沉物的粗细大小与转染效率的高低密切相关，通常以形成细密的沉淀为好。影响 DNA 沉淀形成的因素，除质粒 DNA 的纯度外，还与盐离子浓度、HEPES 缓冲液的 pH 值、反应温度、反应时间等因素关系很大，尤其是 HEPES 缓冲液的 pH 值必须严格限定在 7.05 ± 0.05。

（二）脂质体转染法

【原理与应用】

脂质体（liposome）是由脂质双分子层组成的、内部为水相的闭合囊泡结构。在脂质体的水相和膜内可包裹多种物质。DNA 与脂质体混合后可被包裹在脂质体的水相中。当脂质体与转染细胞的细胞膜相接触时，其脂质双分子层与细胞膜融合，脂质体水相中 DNA 进入细胞内部，细胞被转染。脂质体可以在实验室自己制备，也可购买成品试剂盒，如 Promega、Invitrogen 等公司都有成品试剂盒出售。

【实验用品】

（1）材料　35mm 培养皿培养的 HeLa 传代细胞、无血清 MEM 培养液稀释的 pCMV-GFP 质粒 DNA（$2\mu g/100\mu l$）、无血清 DMEM 培养液稀释的脂质体 Lipofectin（$2\mu g/\mu l$）、1.5ml Eppendorf 管、$20\mu l$ 微量移液器、$100\mu l$ 微量移液器、2ml 移液器、吸头、吸管、吸水滤纸。

（2）试剂　无血清 MEM 培养液、无血清 DMEM 培养液、胰蛋白酶溶液、含 10% 小牛血清的 MEM 完全培养液。

(3) 设备　普通离心机、小天平、超净工作台、CO_2 培养箱、荧光显微镜（450～490nm）。

【实验方案】

① 转染前 24h，用胰蛋白酶溶液消化收集 HeLa 细胞培养物，以 $5×10^4$ 个/平皿的细胞密度平铺细胞于 35mm 组织培养皿上，加入 3ml 含 10％小牛血清的 DMEM 完全培养基置于 5％～7％CO_2 的 37℃温箱内孵育。

② 配制溶液 A 和溶液 B　溶液 A：取 $2\mu g$ pCMV-GFP 质粒 DNA 用 $100\mu l$ 无血清无抗生素培养液稀释（$2\mu g/100\mu l$）。溶液 B：取 $20\mu l$ 脂质体 Lipofectin（$2\mu g/\mu l$）用 $100\mu l$ 无血清无抗生素培养液稀释。

③ 室温下孵育 10min。

④ 将溶液 A 逐滴加入溶液 B 中，用吸管吹打几次混匀，并于室温下孵育 10min。

⑤ 取出 HeLa 细胞培养皿，用无血清培养液将培养皿内细胞反复洗涤（400g，离心 3min，弃上清液）3 次。最后，加入 0.5ml 无血清培养液，暂置于 5％～7％CO_2 的 33℃温箱内孵育。

⑥ DNA-脂质体混合液孵育 10min 后，取 0.8ml 无血清培养液加入混合液中，混匀，室温下再孵育 10min。

⑦ 将孵育后的 DNA-脂质体混合液移至 HeLa 细胞培养皿中，置于 5％～7％CO_2 的 33℃温箱内孵育 5h。

⑧ 取出 HeLa 细胞培养皿，再用无血清的培养液将培养皿内细胞反复洗涤（400g，离心 3min，弃上清液）3 次。最后，加入 3ml 含 10％小牛血清的 DMEM 完全培养基，置于 5％～7％CO_2 的 33℃温箱内孵育 24～48h。

⑨ 24h 后，在 450～490nm 波长的光下用荧光显微镜观察 HeLa 细胞的转染率和荧光强度。

⑩ 记录、分析实验结果。

【注意事项】

① 准备转染的细胞在转染前 24h 传代，待细胞密度达 60％～75％满皿底时即可进行转染。如果转染前细胞生长不足 12h，细胞就不能很好地吸附在培养皿上，与脂类接触时易于脱落。

② 用 Lipofectin 转染时，不要用聚丙烯试管，因为 Lipofectin 中的阳离子脂类会与聚丙烯发生非特异性结合，而影响转染结果。

③ 在添加 DNA-脂质体混合液前，用无血清培养液充分洗涤待转染细胞很重要，因为血清会强力抑制转染；有些胞外基质复合物，如硫酸蛋白聚糖，也可抑制转染。

④ GFP 表达的影响因素主要为转染时的温度、pH 值和观察时间。同一表达载体转染同一种细胞后，分别在 33℃和 37℃条件下培养，则 33℃条件下培养者可观察到较强的荧光，而 37℃条件下培养者荧光较弱，其原因可能是 37℃时三肽环状结构不易形成。培养液的 pH 值也显著影响 GFP 的荧光特性，转染后的细胞于 33℃、5％CO_2 条件下培养，在培养液为碱性时荧光较强，培养液为酸性时荧光减弱。荧光强度一般在转染后 48h 最强，这可能是一方面与 GFP 的表达量有关，另一方面与细胞的生长状态有关。因此，在实验中应严格控制转染时的温度、pH 值和观察时间，以获得较好的实验结果。

（三）电穿孔法

【原理与应用】

利用脉冲电场将 DNA 导入培养细胞的转染方法称为电穿孔法（electroporation）。其基本原理是，当细胞处于较高电压的电场中时，瞬间的电脉冲可将细胞膜穿孔，处于电场中的DNA得以进入细胞。常见的电穿孔仪根据其不同放电波形分为两种类型：一种是方波放电，另一种是指数衰减波放电。电穿孔法所需的DNA量较少，转染的效率也比较高。由于电穿孔是一种物理方法，较少依赖细胞类型，可广泛应用于各种细胞的转染，包括细菌、酵母、植物和动物细胞；而且，电穿孔法与用化学物质或病毒法进行转染相比，几乎没有生物或化学副作用。该法的缺点是对设备条件要求较高，而且不同的细胞对电压的高低、电脉冲的长短要求不一样，要达到最佳效果，需要进行预实验加以确定。

【实验用品】

（1）材料 60mm培养皿培养的COS7细胞、PBS稀释的pCMV-GFP质粒DNA（1μg/1μl）、1.5ml Eppendorf管、20μl微量移液器、100μl微量移液器、2ml移液器、吸头、吸管、吸水滤纸。

（2）试剂 PBS（pH 7.4）、无血清DMEM培养液、含10%小牛血清的DMEM完全培养液、0.25%胰蛋白酶（用PBS稀释）。

（3）设备 普通离心机、天平、超净工作台、高压电击仪（Bio-Rad）、电击池、CO_2培养箱、倒置显微镜、荧光显微镜（450~490nm）。

【实验方案】

① 于转染前24h，用0.25%胰蛋白酶溶液消化细胞。将$1×10^6$个细胞转接于60ml培养皿中，加4ml含10%小牛血清的DMEM完全培养液，置37℃、5%CO_2培养箱中培养。

② 电穿孔前，在倒置显微镜下挑取对数生长期的细胞，倾去培养基，用PBS洗细胞2遍。

③ 加入1ml 0.25%胰蛋白酶，在37℃孵育4min。

④ 倾去消化液，加入2ml PBS终止消化，用吸管将COS7细胞吹下。

⑤ 300g离心5min。

⑥ 将细胞重新悬浮于1ml PBS中，细胞计数，1ml PBS中含有$1×10^7$个细胞用于转染。

⑦ 在细胞悬液中加入10μl pCMV-GFP质粒DNA（0.5~1μg/μl），混匀后，室温下作用5min。

⑧ 将DNA-细胞混合液移入灭菌的电击池中。

⑨ 按照预实验的结果，选择合适的电压和脉冲时间，电击细胞（按电击仪的操作程序操作）。

⑩ 电穿孔后，将DNA-细胞混合液在室温下放置10min，使其损伤恢复。

⑪ 将DNA-细胞混合液移至60ml培养皿中，加入4ml含10%小牛血清的完全培养基，37℃、5%CO_2培养箱中培养24h。

⑫ 24h后，在450~490nm波长的光下用荧光显微镜观察COS7细胞的转染率和荧光强度。

【注意事项】

① 电穿孔法转染不同的细胞，均需进行个别优化，选择合适的电压和脉冲时间，得到最优的转染条件。因为每种细胞的转染条件不同，不能从一种细胞的最优条件类推至其他细胞。

② 电穿孔时，电压高低和电脉冲的长短对转染效果影响很大。电压太小，细胞膜无变化，DNA不能进入转染细胞；电压太大，容易损伤细胞。因此，电击时所用的电压和脉冲时间应该通过预实验来决定。预实验的电压和脉冲时间应以60%~70%的细胞能存活下来为准。

③ 细胞的生长状态对电击转染的效率影响亦较大，一般以处于对数生长中期的细胞为佳。

④ 电穿孔法所用的 DNA 浓度一般在 $10\sim100\mu g/ml$ 范围内。线状 DNA 的转染效率通常比超螺旋 DNA 高。

【实验结果及分析】

对于以上每一种转染方法，都做以下分析。

如果转染成功，在转染结束 24h 后，在荧光显微镜下用绿色的滤光片可以观察到发出绿色荧光的细胞，此即为阳性。观察细胞发出的荧光强度，如果强度大则说明 GFP 的表达量较高。对视野中的阳性细胞与总的细胞群体（不加滤光片，普通光源）进行计数。然后计算转染效率。

$$转染效率=(发绿色荧光细胞数/细胞总数)\times100\%$$

（董子明）

支持方案　体外受精技术

【原理与应用】

体外受精（in vitro fertilization）是指在体外培养条件下离体哺乳动物的精子和卵子的融合过程。在体内，这一过程是受到许多因素的调节和控制的复杂过程。然而在体外，模仿体内的条件也能使离体精子获能，并能使离体卵子受精和继续发育。因而体外受精技术将成为研究胚胎早期发育、遗传和优生等的重要实验手段，已引起人们极大的重视。体外受精技术通常分为异种体外受精和同种体外受精。

所谓异种体外受精指来自不同种类动物的精子与卵子在体外进行受精的过程。在自然状态下，由于生态和性行为的障碍，不同种类之间的交配是不可能的。人工授精可以使一些相似的异种精、卵在体内受精，例如家兔与野兔，水貂与雪貂等，但是受精卵继续发育受阻，胚胎不能发生。然而在体外，当透明带完整的卵与获能或未获能的异种精子混合后，精子可以结合至卵透明带，但不能穿过透明带和卵膜使卵受精。只有当卵的透明带去除后（机械或酶解去除），异种精子才表现对卵的高度亲和性，并能穿透卵膜，形成雄性原核。因而认为哺乳动物卵细胞的透明带是异种间受精的主要障碍。卵细胞透明带在正常体内受精过程中起重要作用。精、卵的种族专一性识别和结合必须发生在透明带表面的受体上，也就是说，透明带表面有特异的受体，能对精子进行专一性的识别和结合。当去除透明带后，卵细胞的种族专一性立即消失，而表现对异种精子的接受能力。根据这一原理，Yanagimachi 等首次证明豚鼠精子能够穿透去除透明带的金黄地鼠卵。此后，人们又发现几种类型的精子，例如大鼠、小鼠、家兔，甚至人的精子，在体外获能后均可穿透无透明带的金黄地鼠卵，使之受精，并可以形成雄性原核，直至发生卵裂。这样，金黄地鼠卵可以替代人体的卵用于估计人体精子的受精能力，从而为发展体外观察人类精子遗传学效应提供了实验手段。

同种精、卵在体内的受精是一种正常的生理现象。而在体外，具有完整透明带的卵细胞也能够识别和接受同类的精子，因而在卵的卵丘细胞去除后，体外获能的精子能够穿过透明带进入卵内，使卵受精并能在培养液中继续发育。已有报道，体外培养的小鼠胚胎达 11d 之久。同种体外受精技术已在临床与畜牧业中得到广泛应用。1978 年英国医生从输卵管堵塞而不育的患者的输卵管中取出成熟卵细胞，使它同其丈夫的精子在试管中实行体外受精，然后把这颗受精卵再成功地移入患者的子宫中。经过 10 个月怀胎，这位不育症患者产下了世界上第一个"试管婴儿"。体外受精技术为患有上述类型不育症的妇女带来了福音。

人们现在还能将良种公畜的精子和母畜的卵子都取到体外进行受精，然后把受精卵分别移植到许多普通母畜的子宫中"借体怀胎"，这样的繁殖可以不必再受良种母畜数量的限制，从而大大地提高了良种母畜的繁殖率。综上所述，同种体外受精技术显示了无比的优越性，必将更多地造福于人类。

本实验介绍几种常见动物及人的异种和同种体外受精技术。

【实验用品】

(1) 试剂　BWW培养基、孕马血清（PMSG）、人绒毛膜促性腺素（HCG）、透明质酸酶、胰酶。

(2) 设备　离心机、血细胞计数板、凹形表玻璃若干、4号弯针头及注射器、眼科虹膜剪1把、钟表镊2把、微细吸管、小玻璃管、蜡纸、37℃恒温箱、立体显微镜等。

【试剂配制】

(1) BWW培养基原液　NaCl，5.540g；KCl，0.356g；$CaCl_2 \cdot 2H_2O$，0.250g；KH_2PO_4，0.162g；$MgSO_4 \cdot 7H_2O$，0.294g；酚红（0.5%），1.0ml；加三蒸水至1000ml。

(2) BWW培养基工作液（使用前配制）　BWW培养基原液，100ml；$NaHCO_3$，210mg；葡萄糖，100mg；丙酮酸钠，3mg；1mol/L HEPES缓冲液（pH7.2～7.4），2ml；青霉素，10000U；链霉素，1μg；乳酸钠，37μl；人血清白蛋白，300mg。

(3) BWW培养基精子获能工作液（每毫升培养基白蛋白浓度达18mg）　BWW培养基工作液，10ml；人血清白蛋白，150mg。

【实验方案】

1. 异种体外受精方法

(1) 精子的制备　一般采用手淫法收集2d内无性生活的人体精液，放室温（25℃左右）30～60min使精液完全液化。然后用8ml BWW培养液稀释精液，1000g离心5min，再用BWW培养液洗2次，最后用含高浓度人体血清白蛋白的BWW培养基调节精子数目达$1 \times 10^6 \sim 1 \times 10^7$个/ml。在精、卵混合之前，精子悬液应放在37℃温箱6h左右，使精子经过获能过程。一般认为，刚刚射出的精子是不能使卵子受精的，必须在雌性生殖道中孵育一段时间后，才能获得受精能力。精子在雌性生殖道中获得受精能力的过程即称为"精子获能"。很多研究者观察到体外精子在含高浓度白蛋白的BWW培养基孵育6h左右时，精子也能获得类似于体内的获能过程，即精子绳样摆动加速、活动力增强和顶体发生反应等获能现象。

(2) 卵细胞的制备　金黄地鼠卵的获取一般采用超排卵方法。成年8～12周龄雌性金黄地鼠于动情期第一天腹腔注射孕马血清（PMSG）25～30U。注意勿把药物注入膀胱或肠腔。48～54h后，腹腔再次注射HCG 30U，经过15～17h，处死，剪开腹腔，取出输卵管。在立体显微镜下，自输卵管伞部插入4号弯针头，接上注射器冲洗出包绕有卵丘细胞的成熟卵。分别用0.1%透明质酸酶和0.1%胰蛋白酶消化卵丘细胞和卵的透明带。用BWW培养基洗卵2～3次后，与精子混合。每只动物大约能获得40～60个卵。

(3) 体外受精　取预先孵育的精子悬液30μl左右放入培养皿，每个培养皿加8～12个无透明带的卵，然后用液体石蜡完全覆盖，或在小玻璃管内放入相同量的精、卵，用纸封口。把培养皿和小玻璃管孵育在37℃普通温箱3h。但有的实验室主要用含5%CO_2的温箱孵育。每份精液标本使用40～60个卵受精。

(4) 精子穿透能力的估计　精、卵孵育3h后，用微细吸管吸出卵细胞，在BWW培养基中洗去附着的精子，然后把卵细胞再吸放在载片上，在立体显微镜下观察。用四周涂有凡士林的盖玻片轻轻挤压卵细胞，压力要轻柔、适当，以免压碎卵细胞。然后用相差显微镜观察已压扁的卵细胞浆中有无穿透的精子存在。受精的阳性结果为卵细胞浆中精子头膨大,染色质散开呈颜色较深的圆形圈,并附有精子尾部。也可把卵细胞吸放在涂有蛋白-甘油的盖玻片上,用无水乙醇-冰醋酸(3:1)溶液熏干后,再放入固定液固定24h左右。然后用乙酸-洋红染色5~10min,蒸馏水洗2次后甘油明胶封片。

2. 同种体外受精方法

(1) 精子的制备　一般选用雄性小白鼠或大鼠。断颈处死后取附睾尾部,放在盛有0.5ml BWW培养基的凹形表玻璃中,并用虹膜剪将其剪碎,放入37℃恒温箱10~20min,待精子完全游离出来后,双层纱布过滤。用含高浓度人血清白蛋白的BWW培养基调节精子数目达 $1 \times 10^6 \sim 1 \times 10^7$ 个/ml。在精、卵混合前,精子悬液应放在37℃恒温箱6h左右,使精子经过获能过程。有的作者主张在精子悬液中加入cAMP或磷酸二酯酶抑制剂咖啡因等,加速精子获能。

(2) 卵细胞的制备　动物卵细胞的获取一般采用超排卵方法。于性未成熟、无动情期的雌性小鼠或大鼠腹腔内分别注射孕马血清(PMSG)5U或10U,48~72h后,腹腔内再次注射HCG 10~20U,经过18h,断颈处死,取出输卵管。在立体显微镜下观察,检查输卵管有无膨大的透亮处,然后用钟表镊于透亮处撕开输卵管管壁,拉出包裹有卵丘细胞的成熟卵块,用0.1%透明质酸酶消化卵丘细胞后,具有完整透明带的成熟卵细胞即可分离开。用BWW培养基洗卵2次,然后与精子混合。

(3) 体外受精　取预先孵育的精子悬液50ml放入小玻璃管内,然后加入10~20个卵细胞,用石蜡纸封口,放小玻璃管在37℃恒温箱中5h或更长的时间,亦可放在含 $5\%CO_2$ 的温箱孵育。

(4) 精子受精能力的观察　精、卵孵育后,用微细吸管吸出卵细胞,在BWW培养基中洗去附着的精子,然后把卵细胞再吸在涂有蛋白-甘油的盖玻片上,用无水乙醇-冰醋酸(3:1)溶液熏干后,再放入固定液固定24h左右。然后用醋酸-洋红染色5~10min。蒸馏水洗2次后甘油胶封片,用普通显微镜观察卵细胞浆内有无染色较深的膨大的精子头部及其附着的尾部。

【注意事项】

① 实验方案中要消毒严密,防止污染。

② BWW培养基及酶制剂通过过滤除菌,操作器皿要高压灭菌。

③ 体外受精技术既需精细的显微操作,又需特殊的化学和物理条件模拟体内的特殊微环境,这样才有利于精、卵结合。

④ 卵和精子的质量好坏是受精是否能成功的关键,因而,在用酶消化卵的透明带时,要密切观察,一旦透明带消失,要迅速吸出卵细胞,用含高浓度白蛋白的BWW培养基洗涤,以终止酶的继续作用,时间越快越好,以免酶解损伤卵细胞膜。

⑤ 选择活泼健壮、睾丸和附睾发育良好的雄性动物取精,因哺乳动物(小鼠和大鼠等)的精子易于丧失受精能力,它对外界条件反应较差,容易死亡。尤其是发育不好的动物,其精子更易损伤而不能受精。

⑥ 精子获能是受精技术的关键步骤。人体精子在含有高浓度人血清白蛋白的BWW培养基中预先孵育,6h左右即可获能。

⑦ BWW培养基中的丙酮酸钠、乳酸钠和葡萄糖是精子运动和获能的必需的供能物质,须在精子孵育前直接加入培养基中。因为这些物质在培养基中放置过久会影响其作用。

⑧ 同种体外受精时,只要无污染存在,精、卵孵育的时间可以更长一些,这样会有利于精子穿透而使卵受精。

【实验结果及分析】

1. 异种体外受精方法

① 用普通显微镜观察卵细胞浆内有无染色较深、界限明显的膨大的精子头部及其附着的尾部（图 10-5）。

② 正常具有生育能力的男性，其精子受精率为 100 个卵中有 15～100 个卵受精，即受精率为 15%～100%；而不育症患者，其精子受精率低于 14%。

2. 同种体外受精方法

当精、卵混合孵育后培养 30h 以上，可见卵裂后形成的双细胞或多细胞。

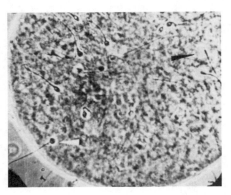

图 10-5　人精子穿入金黄地鼠卵（相差 400×）

右上方黑箭头示进入卵后精子头膨大，留有尾部在卵外，图中有 3 条精子穿入；
左下方白色箭头示精子与卵相接触，但未进入

（章静波）

第十一章 细胞凋亡的测定

　　细胞凋亡是区别于细胞坏死的一种细胞死亡形式，处于该状态的细胞在形态学、生物化学和分子生物学上都具有独特的性质。其检测方法大致可以分为四类：根据细胞凋亡的形态学（如凋亡小体的发生、染色质浓缩等）；根据细胞核 DNA 变化〔如测定高、低分子量 DNA 的变化和 DNA 梯状条带（DNA ladder）等〕；根据细胞膜通透性改变（如测定标记蛋白、标记核酸和标记酶的释放以及染料进入细胞等）；根据细胞膜成分外露（如测定磷脂酰丝氨酸等）。在测定细胞凋亡时往往多种方法联合使用。

　　本章分别介绍了八种常用的细胞凋亡测定方法的原理、操作步骤和应用。内容包括：第一类，将细胞用苏木精、伊红 Y 或吉姆萨染料染色后在光学显微镜下观察凋亡形态，细胞用 Hoechst 33258、吖啶橙或溴化乙锭（EB）染色后在荧光显微镜下观察细胞凋亡形态，以及用电子显微镜观察可以为细胞凋亡提供最确切的形态学证据；第二类，提取凋亡组织或细胞的 DNA，琼脂糖凝胶电泳检测 DNA 梯状条带的存在，或者用原位末端标记法检验 DNA 链是否存在缺口或断裂（适用于凋亡早期）；第三类，细胞 PI 染色后用流式细胞仪检测亚二倍体凋亡峰（适用于凋亡早期）；第四类，细胞用膜联蛋白 V-异硫氰酸荧光素（annexin V-FITC）染色后用流式细胞仪检测，常与 PI 染色联合使用以区分早期凋亡细胞和凋亡晚期细胞及坏死细胞。

基本方案 1　凋亡细胞的普通光镜观察

（一）苏木精-伊红（HE）染色方法

【原理与应用】

　　苏木精易溶于乙醇、甘油及热水中，本身与组织亲和力小，不能成为染液，只有加入复盐和氧化剂方能成为染液，此时苏木精被氧化为苏木红，且与铝离子结合形成一种蓝色、带正电荷的碱性染料，可与细胞核中的脱氧核糖核酸根（带负电荷）结合完成染色。伊红 Y 是一种红色酸性染料，为细胞质染色剂，一般配成 0.5%～1% 的乙醇溶液。在苏木精染色后，经伊红复染，95% 乙醇分色。苏木精-伊红染色简称 HE 染色。

　　细胞发生凋亡时，其形态产生一系列变化，如核染色质固缩、边集，染色较深，或核破裂甚至出现凋亡小体等，经 HE 染色，在普通光镜下即可观察到相应的变化。

【实验用品】

　　(1) 材料　HeLa 细胞（或别的细胞）、染色缸、载玻片（预先经多聚赖氨酸或其他贴片剂处理）、盖玻片、计数板、10ml 吸管、吸管橡皮球、15ml 离心管、微量移液器吸头。

　　(2) 试剂　凋亡诱导剂（根据情况自定）、固定液（4% 甲醛，或多聚甲醛）、磷酸盐缓冲液（PBS）、消化液（0.02%EDTA）、苏木精染液、1% 伊红 Y 的乙醇溶液、梯度乙醇、二甲苯、分化液（75% 乙醇-0.5% 盐酸）、中性树脂。

　　(3) 设备　细胞涂片离心机、超净台、37℃ CO_2 孵箱、相差倒置显微镜、普通显微镜、100μl 微量移液器。

【试剂配制】

　　苏木精染液　苏木精 1g、蒸馏水 100ml、碘酸钠 0.2g、钾矾 50g，加温溶解后加入水化氯醛 50g、柠檬酸 1g，搅拌溶解后可长期保存。

【实验方案】

细胞涂片的 HE 染色。

(1) 制备细胞涂片　培养细胞，诱导凋亡，然后消化细胞，制成单细胞悬液。将单细胞悬液移至离心管，离心（1000g）5min，弃上清液并用 PBS 洗细胞 1～2 次后，制备细胞悬液，并调整细胞数至 $(1～5)×10^4$ 个/ml，取 $100\mu l$ 细胞悬液，用细胞涂片离心机（1000g，1～2min）制成细胞涂片。4％甲醛（或多聚甲醛）固定 10min 后染色。

(2) 苏木精染色　苏木精染液染色 3min，自来水洗 1min。

(3) 分化　在分化液中分化 30s（提插数次）后用蒸馏水浸泡 5～15min。

(4) 伊红染色　伊红染液染色 2min。

(5) 脱水、透明　75％乙醇、80％乙醇、95％乙醇、100％乙醇（Ⅰ）、100％乙醇（Ⅱ）、二甲苯（Ⅰ）和二甲苯（Ⅱ）各 1min 以脱水透明。

(6) 中性树脂封片

(7) 普通显微镜观察

【注意事项】

① 甲醛、二甲苯均有毒，而且甲醛有致癌作用，所以相关操作应戴手套等、在通风橱进行。

② 制备细胞涂片过程中，应将在消化前已脱壁的细胞收集在内。

【实验结果及分析】

细胞核蓝色，细胞质红色。凋亡细胞的核染色质固缩、边集，染色较深，或核破裂。

（二）吉姆萨染色法

【原理与应用】

吉姆萨（Giemsa）是一种复合染料，含天青Ⅱ和伊红，适于血涂片、体外培养细胞和染色体等的染色。

【实验用品】

(1) 材料　HeLa 细胞（或别的细胞）、染色缸、载玻片（预先经多聚赖氨酸或其他贴片剂处理）、盖玻片、计数板、10ml 吸管、吸管橡皮球、15ml 离心管、微量移液器吸头。

(2) 试剂　凋亡诱导剂（根据情况自定）、固定液（4％甲醛，或多聚甲醛）、磷酸盐缓冲液（PBS）、消化液（0.02％EDTA）、梯度乙醇、二甲苯、分化液（75％乙醇-0.5％盐酸）、中性树脂。

(3) 设备　细胞涂片离心机、超净台、37℃ CO_2 孵箱、相差倒置显微镜、普通显微镜、$100\mu l$ 微量移液器。

【试剂配制】

(1) 甲醇-冰醋酸（3∶1）

(2) 吉姆萨染液原液　吉姆萨 0.5g，加入甘油 33ml，研磨后加入 33ml 甲醇，放入 37～40℃温箱中 12h，棕色瓶保存。

(3) 磷酸盐缓冲液（PBS，pH6.8）　M/15 磷酸氢二钠 49.6ml，M/15 磷酸二氢钾 50.4ml。

【实验方案】

(1) 制备细胞涂片　步骤同基本方案 1。

(2) 甲醇-冰醋酸固定 10min　充分晾干，或用吹风机吹干。

(3) 染色　滴加吉姆萨稀释染液（PBS 与吉姆萨原液体积比 10∶1），染色 3～10min。

(4) 分色　流水冲洗，磷酸盐缓冲液分色（镜下控制颜色），晾干。

(5) 透明　二甲苯（Ⅰ）和二甲苯（Ⅱ）分别 1min。

(6) 中性树脂封片

(7) 显微镜下观察

【注意事项】

应注意,在吉姆萨染色的第二步一定要充分晾干,否则将影响染色结果。

【实验结果及分析】

吉姆萨染色的标本:细胞核红紫色,细胞质蓝色。观察记录细胞的形态变化。凋亡细胞的核染色质固缩、边集,染色较深,或核破裂;细胞膜皱褶、卷曲,或出泡、芽生形成凋亡小体。

(米立国)

基本方案 2 凋亡细胞的荧光显微镜观察

(一) Hoechst 33258 染色法

【原理与应用】

细胞凋亡时,其核染色质的 DNA 出现缺口甚至断裂,致使染色质凝聚、边缘化甚至呈现 DNA 碎片。利用与 DNA 结合的荧光染料染色后,在荧光显微镜下即可观察到上述变化。Hoechst 33258 为与 A-T 结合的特异性 DNA 染料,对活细胞和固定细胞均能染色。

【实验用品】

(1) 材料　HeLa 细胞(或别的细胞)、载玻片、盖玻片、计数板、10ml 吸管、吸管橡皮球、10ml 离心管、微量移液器吸头、滴管、滴管橡皮头。

(2) 试剂　凋亡诱导剂(根据情况自定)、固定液(4%甲醛,或多聚甲醛)、磷酸盐缓冲液(PBS)、消化液(0.02%EDTA)、Hoechst 33258 染液。

(3) 设备　计数板、相差倒置显微镜、超净台(实验前紫外照射 30min)、离心机、37℃ CO_2 孵箱、荧光显微镜、微量移液器。

【试剂配制】

Hoechst 33258 染液　Hoechst 33258 1mg;加入蒸馏水 1ml。

【实验方案】

① 培养细胞,诱导凋亡(在超净台进行)。

② 收集细胞　先用滴管轻轻吹打,收集已脱落的细胞至离心管。加入适量的 0.02% EDTA(3~4ml)消化未脱壁细胞并收集至上述离心管。1000g 离心 5min,弃上清液(悬浮细胞直接收集)。

③ PBS(37℃)漂洗悬浮细胞。

④ 固定液(4℃)固定 5min,500~1000g 离心 5min,弃上清液。

⑤ 蒸馏水洗,500~1000g 离心 5min,弃上清液。

⑥ 调整细胞数至 $(0.5\sim2.0)\times10^6$ 个/ml。

⑦ 取 100μl 细胞悬液,加入 1μl Hoechst 33258 染液,10min。

⑧ 将 10μl 染色的悬浮细胞涂于载玻片,加盖玻片。

⑨ 荧光显微镜下观察。选用 UV 激发滤片和 400~500nm 阻断滤片。

【注意事项】

Hoechst 33258 染液应 4℃避光保存。提示学生小心甲醛。

【实验结果及分析】

Hoechst 33258 染色:细胞核呈蓝色。凋亡细胞的核染色质凝聚且边缘化,或玻珠化,并可呈现 DNA 荧光碎片(图 11-1)。

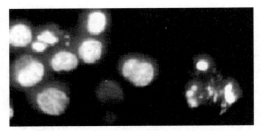

图 11-1 凋亡的平滑肌细胞（见彩图）

（二）吖啶橙-溴化乙锭（AO-EB）染色方法

【原理与应用】

吖啶橙（acridine orange，AO）能同时与 DNA 和 RNA 结合，对活细胞和死细胞均能染色。溴化乙锭（ethidium bromide，EB）插入双链核酸，对失去膜完整性的细胞染色。

【实验用品】

(1) 材料　HeLa 细胞（或别的细胞）、载玻片、盖玻片、计数板、10ml 吸管、吸管橡皮球、10ml 离心管、微量移液器吸头、滴管、滴管橡皮头。

(2) 试剂　凋亡诱导剂（根据情况自定）、固定液（4％甲醛，或多聚甲醛）、磷酸盐缓冲液（PBS）、消化液（0.02％EDTA）、AO 染液、EB 染液。

(3) 设备　计数板、相差倒置显微镜、超净台（实验前紫外照射 30min）、离心机、37℃ CO_2 孵箱、荧光显微镜、微量移液器。

【试剂配制】

(1) AO 染液　吖啶橙 100μg 加入 PBS 1ml。

(2) EB 染液　溴化乙锭 100μg 加入 PBS 1ml。

【实验方案】

① 培养细胞，诱导凋亡（在超净台进行）。

② 收集细胞。先用滴管轻轻吹打，收集已脱落的细胞至离心管。加入适量的 0.02％ EDTA（3～4ml）消化未脱壁细胞并收集至上述离心管。1000g 离心 5min，弃上清液（悬浮细胞直接收集）。

③ PBS（37℃）漂洗悬浮细胞。

④ 固定液（4℃）固定 5min，500～1000g 离心 5min，弃上清液。

⑤ 蒸馏水洗，500～1000g 离心 5min，弃上清液。

⑥ 调整细胞数至（0.5～2.0）×10^6 个/ml。

⑦ 取 25μl 悬浮细胞滴于载玻片上，加入 1μl AO-EB（1∶1）染液，轻微混合。

⑧ 直接用盖玻片封片。

⑨ 在装有荧光滤光片的荧光显微镜下观察。

【注意事项】

EB 为强诱变剂，有中度毒性。提示学生操作时应戴手套。EB 污染物及废弃液应单独存放。提示学生小心甲醛。

【实验结果及分析】

AO-EB 染色：细胞呈均匀的绿色。凋亡早期细胞的核中有鲜绿色的斑点。晚期凋亡细胞核呈红色，核染色质凝聚并常常裂解。

（米立国）

基本方案3 凋亡细胞的琼脂糖凝胶电泳检测——DNA梯状条带

【原理与应用】

凋亡出现时，细胞内源性的核酸内切酶被激活，将染色质 DNA 自核小体间降解，形成相差 180~200bp 的大小不等的寡核苷酸片段。提取凋亡组织或细胞的 DNA，经琼脂糖凝胶电泳，分离不同长度的 DNA 片段，再经 EB 染色，紫外灯下观察，可见特征性的梯状条带（ladder）。

【实验用品】

(1) 材料 HeLa 细胞（或别的细胞），500ml 的锥形瓶、1.5ml Eppendorf 管、移液器吸头、10ml 吸管、吸管橡皮球。

(2) 试剂 凋亡诱导剂（根据情况自定）、消化液（0.02% EDTA）、PBS、裂解液、蛋白酶 K（20mg/ml）、RNA 酶（10mg/ml）、苯酚-氯仿-异戊醇（25:24:1）、3mol/L 乙酸钠（pH 5.2）、100%乙醇、70%乙醇、TE 缓冲液、电泳缓冲液（TAE）、琼脂糖、EB（10mg/ml）、6× 上样缓冲液。

(3) 设备 水浴箱、微波炉、离心机、电泳仪、电泳槽、紫外灯、微量移液器。

【试剂配制】

裂解液 NaCl（100mmol/L，pH 8.0），Tris-Cl（10mmol/L），EDTA（25mmol/L，pH 8.0），SDS（5g/L）。

【实验方案】

① 将 5×10^6 个已诱导凋亡的细胞收集至 1.5ml Eppendorf 管中，600r/min 离心 5min，弃上清液。

② 冷 PBS（4℃）重悬细胞，1000r/min 离心，弃上清液。

③ 加入 497.5μl 裂解液、2.5μl 蛋白酶 K，重悬细胞。56℃水浴 3h（或 37℃过夜），水浴期间轻摇几次。

④ 加入等体积的苯酚-氯仿-异戊醇（500μl），轻摇 5min，20000r/min 离心 5min，将水相移至一新 1.5ml Eppendorf 管中。重复抽提一次。

⑤ 加入 1/10 体积的乙酸钠（3mol/L），2.5 倍体积的 100%乙醇，上下颠倒、混匀，冰浴 10~15min。20000r/min 离心 10min 沉淀 DNA，弃上清液。

⑥ 70%乙醇洗涤，晾干或真空抽干。

⑦ 加入 TE 缓冲液 30~50μl、RNA 酶 5μl，37℃水浴 30~60min［可重复步骤④~⑥，以去除 RNA 酶］。

⑧ 取 10μl，加 2μl 电泳缓冲液电泳于含 EB（终浓度为 0.5μg/ml）的 1%琼脂糖凝胶，电泳（电压为≤5V/cm）。紫外灯下观察结果。

【注意事项】

(1) 苯酚 有强腐蚀性，能引起烧伤。氯仿有致癌作用，对皮肤、眼睛、黏膜和呼吸道有刺激性。所以苯酚-氯仿-异戊醇相关的操作应戴手套、穿白大衣，在化学通风橱内操作。其废弃物应有专门的容器。

(2) EB EB 为强诱变剂，有中度毒性。提示学生操作时应戴手套。EB 污染物及废弃液应单独存放。

【实验结果及分析】

DNA 经琼脂糖凝胶电泳后出现梯状条带,可以判定细胞或组织出现凋亡。梯状条带是细胞凋亡较晚期的事件,而且只有当凋亡细胞在总的细胞中达到一定的比率时才能出现。

(米立国)

备择方案1 凋亡细胞的电镜观察

【原理与应用】

凋亡细胞除染色质发生变化外,其亚细胞结构也出现相应的变化,如核破裂,形成电子密度增强的膜包体;细胞膜芽生出泡,凋亡小体形成等。这些变化在分辨率较高的电子显微镜下能很好显示。

电子显微镜使用电子束来对样品成像,将分辨率自光镜的 $0.2\mu m$ 提高到约 $0.2nm$,可为细胞死亡类型提供最确切的证据。电子束与样品中的原子相互作用可产生弹性散射和非弹性散射,弹性散射和非弹性散射联合作用产生了最终的图像。用铅、铀和锇等重金属对生物样品的特定区域进行染色,可以增加该区域的弹性散射,加强图像的对比度。此外,透射电子显微镜样品的固定、脱水及切片厚度均与光镜不同。

【实验用品】

(1) 材料 已诱导凋亡的细胞、染缸、10ml 的锥形离心管、500ml 锥形瓶、塑料棒蕊、胶囊、10ml 吸管、吸管橡皮球。

(2) 试剂 消化液(0.02% EDTA)、PBS、蒸馏水、琼脂糖、乙醇-树脂(1:1)、树脂、醋酸铀-柠檬酸铅、4%多聚甲醛/0.1mol/L 磷酸盐缓冲液、1%锇酸(二甲胂酸钠缓冲液配制)、梯度乙醇。

(3) 设备 微波炉、离心机、恒温烤箱、超薄切片机、透射电镜(TEM)。

【试剂配制】

(1) 0.2mol/L 磷酸盐缓冲液(储备液) 甲液:磷酸氢二钠 $Na_2HPO_4 \cdot 12H_2O$ 35.61g,加蒸馏水至 1000ml;乙液:磷酸二氢钠 $NaH_2PO_4 \cdot 2H_2O$ 31.20g,加蒸馏水至 1000ml。

(2) 工作液(pH 7.2) 甲液(36.0ml)+乙液(14.0ml)总 50ml。

(3) 工作液(pH 7.4) 甲液(40.5ml)+乙液(9.5ml)总 50ml。

【实验方案】

(1) 制备琼脂离心管 用蒸馏水将琼脂配成 20g/L 溶液,加热溶解。灌入一支 10ml 的锥形离心管,其中央竖放一下端尖细的棒蕊,凝固后抽出棒蕊,备用。

(2) 收集细胞 将消化的贴壁细胞放入离心管,1000r/min 离心 5min,弃上清液,用冷 PBS(4℃)洗,5ml PBS 悬浮细胞并将其加入琼脂离心管。2000r/min 离心 15min,弃上清液。

(3) 固定琼脂块 加入适量的 4%多聚甲醛固定 15min 后取出离心管中的琼脂块,用刀修出含细胞团的琼脂块(可放入含 4%多聚甲醛的小瓶,在 4℃下长期保存)。

(4) PBS(4℃)洗 3×5min

(5) 1%锇酸(4℃)固定 30min

(6) 蒸馏水(4℃)洗 3×5min

(7) 脱水 30%乙醇、50%乙醇、70%乙醇、80%乙醇、90%乙醇、100%乙醇(Ⅰ)和 100%乙醇(Ⅱ)各 2min。

(8) 浸透 1:1 的乙醇:树脂 60min,100%的树脂 2×60min。

(9) 包埋 将胶囊放置60℃恒温烤箱2h，将包埋剂灌入胶囊并放置标签；将细胞团的琼脂块移至胶囊的中央，静置，使其自然沉降至胶囊的底部后，置于60℃恒温烤箱48h。

(10) 切片

(11) 醋酸铀-柠檬酸铅染色

(12) TEM下观察

【注意事项】

多聚甲醛、二甲胂酸钠、锇酸：吸入、摄入或经皮肤吸收有毒。提示实验人员相关操作应戴手套及防护镜，在化学通风橱进行。

【实验结果及分析】

早期凋亡细胞的核染色质边集于核膜周边呈新月形。随着凋亡进展，可观察到核固缩、电子密度增加，核形不规整；进而核破裂，形成电子密度增强的膜包体；细胞体积变小，胞浆浓缩且气泡化；细胞器完好或轻度增生，线粒体轻度肿胀且数目稍有增加；细胞膜完整，可出现芽生出泡现象。晚期凋亡细胞可见凋亡小体（图11-2）。

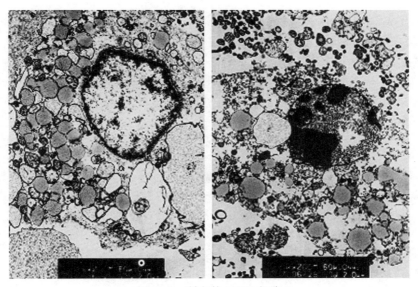

图 11-2 凋亡的 H9C2 细胞

（米立国）

备择方案2　凋亡细胞的原位末端标记法检测

【原理与应用】

在凋亡早期，激活的细胞内源性的核酸内切酶，作用于染色质核小体间的DNA，使其产生缺口，甚至断裂。末端脱氧核糖核酸转移酶（TdT）能催化DNA链的3′-OH端加脱氧核糖核苷酸（dNTP）的聚合反应。将地高辛配基偶联于dUTP（Dig-dUTP），在TdT的催化下，Dig-dUTP的核苷酸基加合到DNA缺口处或断端形成的3′-OH上，同时释放出焦磷酸（ppi）。使用辣根过氧化物酶标记的地高辛抗体，通过抗原抗体反应与地高辛配基结合，3′,3-二氨基联苯胺（DAB）显色，即可在普通光学显微镜下观察到其染色质DNA存在缺口或断裂的细胞。

【实验用品】

(1) 材料　HeLa 细胞（或别的细胞）、载玻片、盖玻片、计数板、10ml 吸管、吸管橡皮球、10ml 离心管、微量移液器吸头、滴管、滴管橡皮头、盖玻片、Parafilm 膜。

(2) 试剂　中性树脂凋亡诱导剂（根据情况自定）、消化液（0.02% EDTA）、PBS、4% 多聚甲醛（0.1mol/L PBS, pH 7.4）、3% H_2O_2（避光保存）、蛋白酶 K、孵育液、5×TdT 反应缓冲液、末端脱氧核糖核酸转移酶（TdT）(4U/μl)、Dig-dUTP（40~80μmol/L）、双蒸水、10×DAB-H_2O_2 显色液、苏木精染液。

(3) 设备　湿盒、微量移液器及其吸头、普通显微镜。

【试剂配制】

(1) 孵育液　100mmol/L 二甲胂酸钾（pH 7.2）、2mmol/L $CoCl_2$、0.2mmol/L DTT、150mmol/L NaCl、0.05% BSA。

(2) 蛋白酶 K　20μg/ml [10mmol/L Tris-HCl（pH 8.0）配制]。

(3) 5×TdT 反应缓冲液　500mmol/L 二甲胂酸钾（pH 7.2）、10mmol/L $CoCl_2$、1mmol/L DTT。

(4) 10×DAB-H_2O_2 显色液　0.1mol/L Tris-Cl（pH 7.6）、0.4% DAB、−20℃ 避光保存，用前稀释 10 倍并加入 H_2O_2。

【实验方案】

① 样品处理。玻片预先用多聚赖氨酸或 APES 进行处理。制备细胞涂片（见基本方案 1）：4% 多聚甲醛-0.1mol/L PBS（pH 7.4）室温固定 1h。

② PBS 洗 3×5min。

③ 3% H_2O_2 室温处理 10min，封闭内源过氧化物酶活性。PBS 洗 2×3min。

④ 蛋白酶 K 室温处理 10~60s，PBS 洗 3×3min。

⑤ 加 30μl 孵育液，Parafilm 膜覆盖，室温孵育 10min。取下 Parafilm 膜，用纸巾吸去水。

⑥ 4μl 5×TdT 反应缓冲液+1μl TdT+1μl Dig-dUTP+14μl 双蒸水，混匀后滴加在标本上，Parafilm 膜覆盖，37℃ 孵育 1~2h。取下 Parafilm 膜，PBS 洗 3×2min。

⑦ 加 20~50μl 5U/ml 的辣根过氧化物酶偶联的地高辛抗体，Parafilm 膜覆盖，37℃ 孵育 30min。取下 Parafilm 膜，PBS 洗 3×2min。

⑧ 0.04% 的 DAB 显色 5~10min，镜下控制时间。过量的水清洗。

⑨ 苏木精（或甲基绿）轻度复染 30s~3min。过量的水清洗。

⑩ 常规脱水、透明、封片。普通显微镜下观察。

【注意事项】

① 多聚甲醛、DAB：致癌。应戴手套，在通风橱操作。

② 废弃物和废液应单独存放。

【实验结果及分析】

凋亡细胞的细胞核中出现棕黄色或棕褐色颗粒，细胞核的形状不规整，大小不一。正常细胞的细胞核在苏木精复染后呈蓝色，核相对较大，形态、大小较为一致。

（米立国）

备择方案 3　凋亡细胞的单细胞凝胶电泳检测

【原理与应用】

单细胞凝胶电泳又称彗星试验（comet assay），通过对 DNA 单、双链缺口或断裂损伤程度的检测及定量分析，判断细胞的凋亡情况。细胞 DNA 链断裂时，其超螺旋结构受到破坏，在细胞裂解液作用下，细胞膜、核膜等膜结构受到破坏，细胞内的蛋白质、RNA 及其他成分均扩散到细胞裂解液中，而核 DNA 由于分子量太大只能留在原位。在中性条件下，DNA 片段可进入凝胶发生迁移，而在碱性电解质的作用下，DNA 发生解螺旋，损伤的 DNA 断链及片段被释放出来。由于这些 DNA 的分子量小且碱变性为单链，所以在电泳过程中带负电荷的 DNA 会离开核 DNA 向正极迁移形成"彗星"状图像，而未受损伤的 DNA 部分保持球形。DNA 受损越严重，产生的断链和断片越多，长度也越小，在相同的电泳条件下迁移的 DNA 量就愈多，迁移的距离就愈长。通过测定 DNA 迁移部分的光密度或迁移长度就可以测定单个细胞 DNA 损伤程度，从而确定受试物的作用剂量与 DNA 损伤效应的关系。该法检测低浓度遗传毒物具有高灵敏性，研究的细胞不需处于有丝分裂期。同时，这种技术只需要少量细胞。

【实验用品】

(1) 材料　HeLa 细胞（或别的细胞）、毛玻璃片、盖玻片、计数板、微量移液器吸头。

(2) 试剂　凋亡诱导剂（根据情况自定）、磷酸盐缓冲液（PBS）、消化液（0.02% EDTA）、中和液、低熔点胶、常温熔点胶、EB（$2\mu g/ml$）。

(3) 设备　计数板、相差倒置显微镜、超净台（实验前紫外照射 30min）、离心机、CO_2 孵箱、荧光显微镜、微量移液器、水浴箱、微波炉、电泳仪、电泳槽、紫外灯。

【试剂配制】

(1) 碱性裂解液　2.5mol/L NaCl；100mmol/L EDTA-Na_2；10mmol/L Tris；1% 肌氨酸钠；临用前加 10% DMAO 和 1% Triton X-100。

(2) 电泳缓冲液　1mmol/L EDTA-Na_2；300mmol/L NaOH；Tris-HCl（pH 7.5）。

(3) 凝胶　用 PBS 配制 0.5% 常温熔点胶、0.5% 低熔点胶和 1% 低熔点胶。

(4) 中和液　0.4mol/L Tris-HCl（pH 7.5）。

【实验方案】

(1) 样品处理　培养细胞，诱导凋亡，然后消化细胞，用 PBS 洗 2 次，并制成单细胞悬液，细胞浓度为 2×10^5 个/ml。

(2) 制备第一层胶　取 200ml 0.5% 常温熔点胶（45℃左右），加盖盖玻片，4℃ 固化 10min。

(3) 制备第二层胶　轻轻地去除盖玻片；取 $50\mu l$ 1% 低熔点胶（37℃）和 $50\mu l$ 细胞悬液混匀后滴加在第一层胶上，加盖盖玻片，4℃ 固化 10min。

(4) 制备第三层胶　小心去除盖玻片；取 $75\mu l$ 0.5% 低熔点胶（37℃）滴加在第二层胶上，加盖盖玻片，4℃ 固化 10min。

(5) 裂解　去掉盖玻片，将凝胶浸入预冷的碱性裂解液内（临用前加 10% DMAO，1% Triton X-100），4℃ 裂解 1h。

(6) 电泳前准备　取出玻片，用 PBS 漂洗 3 次后置于水平电泳槽内，加入碱性的电泳缓冲液（pH 10），没过玻片约 2~3mm，放置 20min。

(7) 电泳　以电压 25V，电流 300mA，电泳 20min。

(8) 取出玻片，用 PBS（pH 7.5）漂洗后，置于中和液 2 次，每次 15min。

(9) 染色　胶上滴加 $50\mu l$ EB，加盖盖玻片，染色 10min。

(10) 拍照记录　荧光显微镜下观察并拍照片。

【注意事项】

① 毛玻璃片的毛面要粗糙，否则易脱胶。

② 制胶过程中，每次自胶面移除盖玻片时，均需小心。
③ EB 为强诱变剂，有中度毒性。提示学生操作时应戴手套。EB 污染物及废弃液应单独存放。

【实验结果及分析】
每组测 25 个细胞以上，记录彗星细胞出现的频率，用目镜测微尺或测量软件测量全长、头长、尾长和 Olive 尾距等，并进行统计分析。

（米立国）

备择方案 4　凋亡细胞的流式细胞法检测

【原理与应用】
经染色后每一细胞结合的 DNA 特异染料（PI）与其 DNA 含量成正比，而细胞受激发后发射的荧光强度与结合 PI 的量成正比。利用此特点流式细胞仪可将处于不同细胞周期的细胞分开。凋亡细胞的染色质凝聚，DNA 被裂解，在制备样品过程中，低分子的 DNA 片段扩散，加之凝聚的染色质排斥染色，致使凋亡细胞的可染性降低，在直方图的 G_0/G_1 期峰前出现亚二倍体区（图 11-3）。

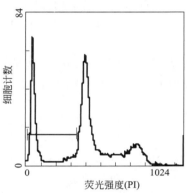

图 11-3　直方图的 G_0/G_1 期峰前出现亚二倍体区

【实验用品】
（1）材料　HeLa 细胞，微量移液器吸头、400 目的筛网、10ml 离心管。
（2）试剂　凋亡诱导剂（根据情况自定）、0.02% EDTA、PBS（pH 7.2）、PI 染液、100% 乙醇（冰箱保存）、RNase A（10mg/ml）。
（3）设备　微量移液器、流式细胞仪。

【试剂配制】
PI 染液：100mg/L 的 PI，1.0% 的 Triton X-100，0.9g/L 的 NaCl。4℃保存。

【实验方案】
① 收集细胞。
② 冷 PBS 洗 2 次后制成 2×10^6 个/ml 细胞悬液。
③ 加入冷 100% 乙醇（乙醇与细胞悬液体积比 7:3），4℃固定 12h 以上。
④ 冷 PBS 洗 2 次。
⑤ 用 500μl PBS 重新悬浮细胞，加入 RNase A（终浓度为 0.1mg/ml）。
⑥ 400 目尼龙网过滤。
⑦ 加 PI 800μl，4℃保持 30min。
⑧ 流式细胞仪分析。

【注意事项】
PI：吸入、摄入或经皮肤吸收均有害。戴手套，穿实验服在化学通风橱内进行相应的操作。

【实验结果及分析】
检验样品前，通过调整流式细胞仪的域值排除细胞碎片。细胞碎片前散射光（FSC）、侧散射光（SSC）和 FL2 都很低，凋亡细胞的 SSC 高，FL2 中等。凋亡细胞在直方图的亚二倍体区。在 FSC 对 SSC 的散点图上，与正常细胞相比，凋亡细胞的前散射光降低，侧散射光可高可低，依细胞类型而定。此外，凋亡细胞在直方图的 G_0/G_1 期峰前出现亚二倍体区。

（米立国）

支持方案　磷脂酰丝氨酸外化的流式细胞术分析

【原理与应用】

磷脂酰丝氨酸（PS）分子通常只存在于细胞膜的内侧，在凋亡早期，细胞膜中 PS 分子自脂质双分子层的内层翻转至外层，形成 PS 外化。膜联蛋白 V（annexin V）是一种分子质量为 35～36kDa 的 Ca^{2+} 依赖性磷脂结合蛋白，对 PS 高度亲和，可通过外化的 PS 结合到凋亡的细胞表面。共轭有荧光染料异硫氰酸荧光素（FITC）的膜联蛋白 V（annexin V-FITC）同样保留了对 PS 的高度亲和性，可以用作探针，对凋亡细胞进行流式细胞术分析。由于 PS 外化同样存在于失去膜完整性的凋亡晚期细胞和坏死细胞，所以在对凋亡细胞进行流式细胞术分析时，同时应用只对失去膜完整性的细胞染色的活体染料，如碘化丙啶（PI），以区分早期凋亡细胞和凋亡晚期细胞及坏死细胞。细胞发生凋亡时，膜上的 PS 外露早于 DNA 断裂发生，因此膜联蛋白 V 联合 PI 染色法检测早期细胞凋亡较 TUNEL 法更为灵敏。又因为膜联蛋白 V 联合 PI 染色不需固定细胞，可避免 PI 染色因固定造成的细胞碎片过多及 TUNEL 法因固定出现的 DNA 片段丢失。因此，膜联蛋白 V 联合 PI 法更加省时，结果更为可靠，是目前最为理想的检测细胞凋亡的方法。

【实验用品】

（1）材料　HeLa 细胞（或其他细胞）、VP-16 100mmol/L（−20℃储存）、PI。

（2）试剂　结合缓冲液、0.02% EDTA、PBS、膜联蛋白 V-FITC、10×结合缓冲液。

（3）设备　流式细胞仪、10ml 离心管、微量移液器及其吸头、5ml 玻璃管、400 目的筛网。

【试剂配制】

① 10×结合缓冲液 0.1mol/L HEPES-NaOH，pH 7.4；1.4mmol/L NaCl；25mmol/L $CaCl_2$（使用前稀释为 1×）。

② PI 50μg/ml（pH 7.4 PBS 配制），4℃保存。

【实验方案】

① 培养细胞，诱导凋亡过程同前。

② 收集细胞　悬浮细胞直接收集。贴壁细胞先用滴管轻轻吹打，收集已脱落的细胞至离心管。加入适量的 0.02% EDTA（3～4ml）消化未脱壁细胞并收集至上述离心管。1000r/min 离心 5min，弃上清液。

③ 冷 PBS 洗细胞 2 次。

④ 400 目的筛网过滤 1 次。

⑤ 1×结合缓冲液悬浮细胞，并调整细胞数至 1×10^6 个/ml。

⑥ 取 100μl 细胞悬液至一个 5ml 玻璃管。

⑦ 加入 5μl 膜联蛋白 V-FITC 和 10μl PI［对照 1：省略步骤（4）；对照 2：只加膜联蛋白 V-FITC；对照 3：只加 PI］。

⑧ 轻轻混匀，室温下避光孵育 15min。

⑨ 加入 400μl 1×结合缓冲液，即刻用流式细胞仪进行分析（亦可用荧光显微镜观察）。

【注意事项】

PI 吸入、摄入或经皮肤吸收均有害。戴手套、穿实验服在化学通风橱内进行相应的操作。

【实验结果及分析】

膜联蛋白 V 阳性、PI 阴性者为凋亡细胞；膜联蛋白 V 阳性、PI 阳性者或是坏死细胞，或是凋亡晚期细胞；膜联蛋白 V 阴性、PI 阴性者为正常细胞。

在散点图上，左下象限显示活细胞（FITC$^-$/PI$^-$）；右下象限显示凋亡细胞（FITC$^+$/PI$^-$）；右上象限为坏死细胞（FITC$^+$/PI$^+$）。

（米立国）

第十二章　染色体技术

1848 年 Hofmeister 发现了染色体，1888 年由 Waldeyer 将它命名为染色体。染色体是生物细胞中的一个重要的组成部分，每一物种都有一定数目及一定形态结构的染色体。染色体能通过细胞分裂而复制，并且在世代相传的过程中具有稳定地保持形态、结构和功能的特征。人类已知的 4000 多种遗传病中，染色体病占有一定比例，虽然份额不大，但染色体异常与恶性肿瘤的发生密切相关，而且还会严重致畸、致残，给社会及家庭造成了巨大的损失和负担，因此染色体技术得到了人们很大的重视。

染色体技术的发展大致经历了以下几个阶段：确定数目→分带→染色体切割→荧光原位杂交等。

1959 年，蒋有兴（美籍华人）等修正了关于人的 $2n$ 染色体为 48 条的错误，明确证实了人的 $2n$ 为 46 条，这是近代人类细胞遗传学得以发展的起始点。而该起始点的建立应归功于染色体制备方法学上的突破，即低渗。

1970 年显带技术问世，带来了人类遗传学的飞速发展。显带是一类分带技术，是把染色体标本经过特殊处理后染色，使染色体有深、浅或明、暗的区别带。通常可分为 G 带、Q 带、C 带、R 带、Ag-NOR 以及 SCE 等。

近些年发展起来了荧光原位杂交技术和染色体切割技术。荧光原位杂交（FISH）是一种应用荧光物质依靠核酸探针杂交原理在细胞核中或染色体显示 DNA 序列位置的方法，具有快速、安全、经济、灵敏度高、特异性强等优点。目前 FISH 已衍生成一个技术系列，包括原位杂交显带、荧光原位杂交基因定位、染色体原位抑制性杂交、染色体涂片、反向染色体涂片等。人类染色体切割技术始于 1986 年，该技术可以从特定区域切取所需的染色体片段，结合 PCR 方法、分子克隆、DNA 测序和 FISH 等方法，用于染色体特定区带的 DNA 文库构建、特异性探针的制备、疾病遗传学特征的分析和有关基因的鉴定、分析、克隆和定位等。人类染色体显微切割技术开辟了现代遗传学研究的新领域，缩短了传统细胞遗传学与分子生物学之间的距离，其前景及意义重大。但由于技术要求较高，目前一般实验室开展还有困难。

本章内容中介绍了染色体（包括 X 染色体）的制备技术、显带技术及原位杂交技术等。

基本方案 1　染色体标本制备

【原理与应用】

染色体是真核细胞有丝分裂过程中出现的可见结构，只有获得染色体标本才能进行核型分析，检测真核细胞是否出现了染色体数目异常或者结构畸变。

人类染色体标本制备的取材主要为外周血白细胞、皮肤组织、绒毛细胞、羊水细胞、骨髓等。通常情况下，可采集少量外周静脉血、绒毛或羊水细胞，做短期培养以获得足够数量的分裂期细胞，经秋水仙素（colchicine）处理解聚微管形成的纺锤丝，使正在分裂的细胞停止在分裂中期，再经低渗、固定等处理，得到较多的中期染色体以供分析。

【实验用品】

(1) 材料　人外周静脉血，绒毛细胞、羊水细胞。

（2）试剂　RPMI-1640 液体培养基、HamF10 培养液、小牛血清、肝素（500U/ml）、植物血凝素（PHA）、秋水仙素（10μg/ml）、0.075mol/L KCl 低渗液、0.4% KCl、0.4% 柠檬酸钠、70%乙酸、0.85%生理盐水、固定液（3 份甲醇：1 份冰醋酸，现用现配）、吉姆萨（Giemsa）原液、香柏油、二甲苯。

（3）设备　酒精灯、采血器材、培养瓶、超净工作台、恒温培养箱、恒温水浴箱、10ml 刻度离心管、乳头吸管、低速离心机、4℃预冷处理的载玻片、吹风机、托盘天平、显微镜等。

【实验方案】

1. 外周静脉血培养（半微量法）及染色体标本制备

① 在酒精灯外焰上，用一次性注射器抽取肝素溶液约 0.2ml，将注射器的消毒纸套套上针头，抽动针筒，使肝素湿润至针筒 5ml 刻度处，然后将剩余的肝素排出。

② 常规消毒后，采集肘外周静脉血约 5ml，抽动注射器使血液与肝素混匀。

③ 在超净工作台中，将 RPMI-1640 液体培养基（8ml）、小牛血清（2ml）、植物血凝素（0.7ml）依次加入消毒好的小培养瓶中，然后向每个培养瓶中滴加 30 滴全血，水平晃动混匀。

④ 将小培养瓶置 37℃恒温培养箱中水平静置培养 70h（培养 24h 后，轻轻晃动培养瓶，使血细胞均匀悬浮，再继续培养）。

⑤ 加入秋水仙素，使其终浓度达到 0.2μg/ml 培养基。轻轻摇动培养瓶，使秋水仙素在培养基中混合均匀，继续静置培养至 72h。同时将 0.075mol/L KCl 低渗液置于 37℃恒温水浴箱中预温。

⑥ 中止培养，去掉瓶塞，用乳头吸管吸取培养液，反复冲洗瓶壁，使贴壁细胞脱离瓶壁，然后将全部培养液吸入 10ml 刻度离心管中。

⑦ 配平，1000r/min 离心 6～8min。

⑧ 弃掉上清液，加入 37℃预温的 0.075mol/L KCl 低渗液 9ml，用吸管轻轻吹散细胞团，混匀后置 37℃恒温水浴箱低渗处理 10～15min。

⑨ 加入 1ml 新配制的固定液（3 份甲醇：1 份冰醋酸），轻轻混合均匀，1000r/min 离心 6min。

⑩ 弃掉上清液，加入 10ml 新配制的固定液（3 份甲醇：1 份冰醋酸），轻轻吹散细胞团制成细胞悬液后，室温下固定 30min。

⑪ 1500r/min 离心 6min。

⑫ 弃掉上清液，重复固定一次。

⑬ 弃掉上清液，根据细胞数量的多少加入数滴新配制的固定剂，轻轻吹散细胞制成悬液。

⑭ 吸取少量细胞悬液，于 20cm 左右高度滴 2～3 滴于 4℃预冷处理的载玻片上，吹散，空气干燥。

⑮ 取 3 滴吉姆萨原液加 10 滴磷酸盐缓冲液（pH 6.8），混匀后滴在玻片标本上，染色 6min。

⑯ 流水轻轻冲洗玻片，将染液冲掉，空气干燥。

⑰ 先用低倍镜浏览整张染色体玻片标本，再分别在高倍镜和油镜下观察染色体标本分裂相的多少及分散情况。

2. 绒毛细胞染色体标本的制作方法（改良法）

① 经宫颈进入宫腔，吸取大约 5ml 的绒毛。

② 将所吸取的绒毛，用 0.85% 生理盐水反复冲洗，去除血污。

③ 将绒毛置于盛有 5ml 无血清的 RPMI-1640 培养液的离心管中，加入秋水仙素（使终浓度为 1μg/ml），混匀后置 37℃ 温箱内孵育 18～20min。

④ 向离心管中加入 0.4% KCl 和 0.4% 柠檬酸钠等量混合的低渗液 8ml，置 37℃ 低渗 10～12min。

⑤ 加入 2ml 新配制的固定液（3 份甲醇：1 份冰醋酸），室温固定 3min。

⑥ 尽量吸尽所有液体，加入 70% 乙酸 1ml，静置解离细胞 1～2min 后，立即加入 2ml 甲醇，混匀。

⑦ 缓慢加入 5ml 新配制的固定液，混匀后置室温下继续固定 30min。

⑧ 1200r/min 离心 8min，弃掉上清液，再加入 5ml 新配制的固定液，重复固定 30min。

⑨ 用吸管轻轻吹吸细胞悬液，挑去绒毛支架。1200r/min 离心 8min。

⑩ 弃掉上清液，加数滴新配制的固定液，制成细胞悬液后，滴片。

以后的染色镜检步骤同 1。

3. 羊水细胞的培养及染色体标本制备

① 无菌吸取 10ml 羊水，置于 10ml 离心管中，1200r/min 离心 5min。

② 弃掉上清液，保留 0.5ml 羊水/细胞层，用吸管吹打均匀，接种于 5ml HamF10 培养液中，置 37℃ 温箱中培养 5～7d。

③ 培养终止前 4h，加入秋水仙素，使终浓度为 0.25μg/ml，继续培养。

④ 用吸管吸取培养液反复冲洗瓶壁，使贴壁细胞充分脱落，然后将细胞悬液吸至离心管中。

⑤ 1200r/min 离心 8min，弃掉上清液。

⑥ 加入 37℃ 预温的 0.4% KCl 和 0.4% 柠檬酸钠等量混合的低渗液 3～4 滴，混匀后继续加低渗液至 1ml，37℃ 孵育 5min。

⑦ 加新配制的固定液（3 份甲醇：1 份冰醋酸）数滴，轻轻混匀作预固定。

⑧ 1200r/min 离心 8min，弃掉上清液。

⑨ 加 4ml 新配制的固定液，室温固定 40min。

⑩ 1200r/min 离心 8min，弃掉上清液。

⑪ 用 2ml 新配制的固定液重复固定一次。

⑫ 1000r/min 离心 10min，弃掉上清液。

⑬ 加新配制的固定液 2～3 滴，制成细胞悬液后滴片。

以后染色镜检步骤同 1。

【注意事项】

① 采血接种培养时，要注意肝素的用量，肝素过多可能导致溶血和抑制淋巴细胞的转化与分裂；肝素太少可能发生凝血或培养物出现纤维蛋白形成的膜状结构（该膜状物可在无菌条件下去除）。

② 半微量培养方法中接种的是全血，所含红细胞较多，容易出现红细胞凝聚现象，接种培养 24h 后，必须轻轻摇动培养瓶使细胞散开，以免影响培养效果。

③ 对于染色体标本制备来说，影响标本质量最关键的因素是秋水仙素作用的量和时间以及低渗的处理时间。

外周血淋巴细胞培养中，其分裂高峰在 70～72h，所以加秋水仙素的时间可在培养的 68～70h 左右，终浓度为 0.2μg/ml。如果秋水仙素质量有问题或秋水仙素的浓度过低、处理时间不够或处理不合适，结果分裂相少；如果秋水仙素浓度过高或处理时间过长，则使染色体过于缩短，难以进行核型分析。

对于低渗时间来说，如果处理时间过长，细胞膜往往过早破裂，导致分裂细胞丢失或染色体丢失；如果处理时间不足，细胞膨胀不够，则染色体分散不佳，难以进行染色体计数分析。

④ 固定液必须现用现配。

⑤ 载玻片必须事先经过去油处理，制片前应保存在 4℃ 或冰水混合物预冷。

【实验结果及分析】

先用低倍镜浏览整张染色体玻片标本，找到分散良好且染色体长短适中的分裂相，然后转高倍镜或油镜下观察，可清楚地分析染色体的数目及较大结构。各组染色体特征见表 12-1。

表 12-1　各组染色体特征

分组	染色体号数	染色体大小	着丝粒位置	随体有无	组内染色体能否鉴别
A	1、3 2	最大	中央着丝粒 亚中央着丝粒	无	能
B	4、5	次大	亚中央着丝粒	无	难以鉴别
C	6~12、X	中等	亚中央着丝粒	无	难以鉴别
D	13~15	中等	近端着丝粒	有	难以鉴别
E	16 17、18	较小	中央着丝粒 亚中央着丝粒	无	能
F	19、20	次小	中央着丝粒	无	难以鉴别
G	21、22 Y	最小	近端着丝粒	有 无	难以鉴别 长臂并拢,易鉴别

正常人的染色体在各组之间较易鉴别，但组内各染色体间除第 A 组、E 组和 Y 染色体外，其他组内染色体很难鉴别，只能按大小顺序或着丝粒位置大致区分。因此，用一般染色方法，对某一具体染色体的增加或遗失，难以作出明确鉴定，这时可不明确写出编号，只写明组的增减即可（如 +G、-G 等）。

（陈　峰）

基本方案 2　端粒及端粒酶显示技术

2009 年，诺贝尔生理学或医学奖由美国科学家伊丽莎白·布莱克本（Elizabeth H. Blackburn）、卡罗尔·格雷德（Carol W. Greider）和杰克·绍斯塔克（Jack W. Szostak）三人共同获得，以表彰其在"发现端粒和端粒酶是如何保护染色体"方面作出的贡献。这使得端粒生物学作为近二十年来热门研究方向，再次成为人们关注的焦点。

端粒（telomere）是真核细胞染色体末端的 DNA 重复序列，它与多种端粒结合蛋白结合在一起，发挥重要的生物学功能，在细胞分裂的过程中，尽管端粒也会不断地缩短，但可以通过端粒酶的催化，以自身 RNA 为模板进行补充，从而代偿了这一损失（图 12-1）。端粒的功能是保护染色体末端完整性，稳定染色体，保障染色体 DNA 在复制的过程中不被缩短，保护染色体结构基因，防止基因组 DNA 降解、防止染色体末端融合，调节细胞生长、衰老等。

在端粒随复制不断缩短与端粒酶介导的端粒延长平衡中，由于人的体细胞中基本无端粒酶活性，因此端粒将不断缩短，细胞只能进行有限的分裂，而动物模型的研究表明，这一机制不仅是细胞衰老的主要原因，也是决定动物寿命的主要机制之一。另外，端粒与端粒酶的

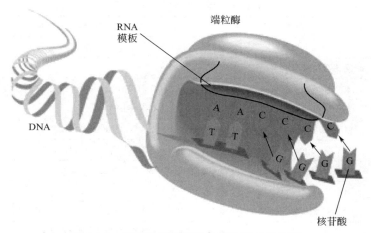

图 12-1　端粒及端粒酶催化端粒延长示意图

异常也是肿瘤发生的重要机制之一，在正常的细胞中，如端粒缩短到一定程度，染色体末端就会失去保护，而出现染色体的融合，这在一定程度上就会导致肿瘤的发生，细胞此时将通过衰老或者凋亡，避免肿瘤的发生。而在肿瘤细胞中，通常来说都可以通过端粒酶激活等机制，使细胞永生化，从而逃避细胞衰老及死亡的发生。因此，端粒长度以及端粒酶活性在端粒生物学功能的发挥中起到了决定性的作用，选用可靠的方法对端粒进行显示，并对其长度、端粒酶活性进行测量，对于肿瘤以及衰老的端粒生物学研究领域的发展具有至关重要的意义，在本节中，我们将对常用的端粒及端粒酶的显示以及测量技术进行阐述。

（一）端粒显示技术

【原理与应用】

尽管不同物种的端粒的重复序列可存在差异（表 12-2），但在同一种生物体内为特定序列，如人端粒是由 6 个碱基重复序列（TTAGGG）和结合蛋白组成的。因此，对于端粒长度的检测，传统上可以针对上述重复序列设计探针，采用核酸分子杂交技术进行测量。如 20 年前就开始采用 Southern 印迹法，通过与放射性同位素 ^{32}P 标记的探针 ^{32}P-（TTAGGG）$_n$，检测末端限制性片段（terminal restriction fragment，TRF）的长度分布情况，并计算出端粒长度的平均值。到目前为止，该方法仍然是应用最为广泛的端粒检测方法。此外，随着近年来荧光标记技术的发展，定量荧光原位杂交法（quantitative fluorescence in situ hybridization，Q-FISH）也被用于端粒的显示及长度的测量，其优点首先是可以对组织切片进行原位的检测；其次，在测量端粒长度的同时，可以观测端粒的长度、完整性、以及是否存在染色体末端端粒粘连等情况；再次，对于培养细胞而言，不仅可以检测间期细胞的端粒长度，而且可以用来测量制备好的分裂期细胞单个染色体上每一个端粒的长度。因此，Q-FISH 检测也是目前应用最为广泛的端粒检测方法之一。

在此基础上，随着近年来 PCR 技术及流式细胞术的发展，实时定量 PCR（real-time quantitative PCR，qPCR）技术及流式荧光原位杂交法（flow-fluorescence in situ hybridization，Flow-FISH）等操作相对简单、结果直观的方法也被用来显示端粒的长度。qPCR 技术则是基于一个细胞中端粒长度的均值与端粒-单拷贝基因比率（telomere-to-single copy gene ratio，T/S 比率）有关的证据，通过测量和计算出 T/S 比率，从而测量出端粒的长度。而 Flow-FISH 是在端粒荧光原位杂交的基础上，采用流式细胞仪通过检测单个细胞的荧光强度值，测量出其端粒长度。

表 12-2 常见物种的端粒序列

物种	生物	端粒重复序列
脊椎动物	人、小鼠、爪蟾等	TTAGGG
裂殖酵母	粟酒裂殖酵母	TTAC(A)(C)G(1-8)
芽殖酵母	酿酒酵母	TGTGGGTGTGGTG(RNA模板)或 G(2-3)(TG)(1-6)T(通常)
	光滑假丝酵母	GGGGTCTGGGTGCTG
	白色念珠菌	GGTGTACGGATGTCTAACTTCTT
	热带念珠菌	GGTGTA[C/A]GGATGTCACGATCATT
	麦芽糖念珠菌	GGTGTACGGATGCAGACTCGCTT
	季也蒙假丝酵母	GGTGTAC
	假热带念珠菌	GGTGTACGGATTTGATTAGTTATGT
	乳酸克鲁维酵母	GGTGTACGGATTTGATTAGGTATGT
昆虫	家蚕	TTAGG
蛔虫	似蚓蛔线虫	TTAGGC
顶复门寄生虫	疟原虫	TTAGGG(T/C)
纤毛虫	四膜虫	TTGGGG
	草履虫	TTGGG(T/G)
	尖毛虫,棘尾虫,游仆虫	TTTTGGGG
动质体原生动物	锥虫属,短膜虫属	TTAGGG
丝状真菌	脉孢菌	TTAGGG
黏菌类	绒泡菌属,片灰霉菌属	TTAGGG
	网柄菌属	AG(1-8)
高等植物	拟南芥	TTTAGGG
绿藻	衣藻	TTTTAGGG

另外一种基于 PCR 的测量技术——单端粒延长长度分析（single telomere elongation length analysis，STELA）是 Duncan Baird 于 2003 年创立的，与以往的显示方法相比，该方法的分辨率大大提高。同时，由于针对不同的染色体采用了"染色体特异性引物"进行扩增，使得检测更有针对性，通过该方法可以对特定的端粒末端进行有效分析。然而，由于 STELA 是一种基于 PCR 的技术，受 PCR 扩增能力影响，该方法能够检测的端粒长度有限，一般来说对不超过 25kb 的端粒测量是有效的，当端粒长度太长的时候，则会不能有效扩增而导致测量出的长度存在偏倚。例如当测量 ALT 阳性的细胞时，由于其端粒长度差异较大，最长的甚至可以达到 50kb 左右，因此无法采用 STELA 方法进行准确测量。

在本节中，我们将重点针对最为常用的 Southern 印迹法、Q-FISH 法及 qPCR 法三种端粒显示技术进行描述。

1. Southern 印迹法检测端粒长度

【实验用品】

(1) 材料　待测细胞或组织样品细胞，琼脂糖；玻璃托盘，尼龙膜或硝酸纤维素（NC）膜，Whatman 3MM 滤纸，杂交瓶，放射线增透塑料袋，柯达 XAR 胶片，柯达胶片夹。

(2) 试剂　1×PBS，细胞裂解缓冲液，蛋白酶 K，苯酚-氯仿-异戊醇（25∶24∶1），氯仿-异戊醇（24∶1），乙醇，3mol/L 乙酸钠，γ-^{32}P-ATP，端粒探针（TTAGGG）$_4$，T4 激

酶及缓冲液，QIAquick Nucleotide Removal 试剂盒，限制性内切酶 $Hinf\ I$、$Rsa\ I$ 及缓冲液，1×TBE 缓冲液，DNA Marker，0.25mol/L HCl，0.4mol/L NaOH，20×SSC 缓冲液，杂交缓冲液，预杂交缓冲液，洗液。

（3）设备　水浴箱，紫外分光光度仪，水平电泳仪，紫外交联仪，杂交箱，摇床，胶片冲洗机，胶片扫描仪，配备图像分析软件的计算机。

【试剂配制】

（1）裂解缓冲液　10mmol/L Tris-HCl，pH 8.0，20mmol/L EDTA，0.5% SDS，20μg/mL DNase-free RNase。

（2）预杂交缓冲液　6×SSC，5×Denhardt's 溶液，20mmol/L NaH_2PO_4，500μg/ml 变性的鲑鱼精 DNA。

（3）杂交缓冲液　6×SSC，20mmol/L NaH_2PO_4，0.4% SDS，300μg/ml 变性的鲑鱼精 DNA。

（4）洗液　6×SSC/0.1% SDS。

【实验方案】

（1）基因组 DNA 的抽提　收集好细胞或组织样品后（约 $2.5×10^6$ 个细胞），采用 1×PBS 洗涤细胞后，加入裂解缓冲液，在 37℃ 孵育 30min，然后加入 100μg/mL 蛋白酶 K 55℃ 孵育 4h，并每小时缓慢混匀 5～10 次。待溶液冷却到室温后，加入等体积的苯酚进行抽提，30min×4 次，然后加入等体积苯酚-氯仿-异戊醇（25:24:1）以及氯仿-异戊醇（24:1）进行抽提，然后用 2 倍体积的 100% 乙醇-0.1 倍体积 3mol/L 乙酸钠（pH 5.2）沉淀上清液中的 DNA，将絮状沉淀挑出后，用 70% 的乙醇洗涤沉淀，室温下干燥 30min，避免彻底干燥，然后在 4℃ 下溶解过夜，并采用紫外分光光度仪测定 DNA 浓度。

（2）制备 ^{32}P-标记的端粒探针　选用 γ-^{32}P-ATP 以末端标记法标记端粒探针 $(TTAGGG)_4$，具体探针序列可根据不同物种端粒重复序列进行设计，一般重复 3～4 次。取 100ng 寡核苷酸 $(TTAGGG)_4$，置于 T4 激酶缓冲液中，然后加入 50μCi γ-^{32}P-ATP（1Ci=37GBq），以及 10U T4 激酶，于 37℃ 水浴中孵育 30min，然后采用 QIAquick Nucleotide Removal 试剂盒（QIAGEN）纯化探针。

（3）端粒长度及数量检测的 Southern blot 杂交　在 2.5μg 基因组 DNA 中，加入限制性内切酶 $Hinf\ I$、$Rsa\ I$ 各 10U，以及反应缓冲液，置于 37℃ 消化过夜。测定浓度后，将消化好的 DNA 置于 1% 的琼脂糖凝胶中电泳，以 90V 电压在 1×TBE 中电泳 6h，然后将凝胶浸入 0.25mol/L HCl 中 11～15min，用水润洗后，将胶浸入 0.4mol/L NaOH 中 30min，然后用水将膜浸湿，0.4mol/L NaOH 平衡 15min，并以 0.4mol/L NaOH 通过毛细现象转印法转印 18h。以 2×SSC 洗涤膜后，用紫外交联仪将 DNA 交联在膜上，并将膜置于杂交瓶中，加入 10ml 预杂交缓冲液，42℃ 反应 2h。弃去预杂交缓冲液后，将标记好的端粒探针加入杂交缓冲液中，然后置于杂交瓶中 42℃ 杂交过夜。

（4）洗膜及放射性自显影　杂交完成后，将膜取出，加入 20mL 洗液于室温下洗涤 10min×4 次。用便携式剂量仪检测膜上的放射性信号及背景，将膜封入塑料袋后，在暗室中与胶片一同置入胶片夹中，-80℃ 曝光 12～24h。然后在暗室中放入胶片冲洗机冲洗胶片，查看检测结果并进行数据分析。

【注意事项】

① 抽提 DNA 时应注意细胞或组织量不应过大，否则不能完全裂解，导致抽提效率不高。细胞裂解后溶液较为黏稠，应注意充分混匀，但需注意避免因动作剧烈而导致的机械剪切力对端粒完整性的影响。采用苯酚、氯仿抽提时，可将离心管置于台式微型摇床上以 40r/min

左右的速度摇动，以充分混匀。

② 采用限制性内切酶 $Hinf\ \mathrm{I}/Rsa\ \mathrm{I}$ 消化 DNA 后，可先取出 1μg，采用微型琼脂糖凝胶电泳仪电泳，检测消化情况，如果加样孔附近有分子量较大的浓集条带，说明消化不完全，可补充限制性内切酶各 5U，并延长消化时间，注意基因组 DNA 的彻底消化对于结果的判断非常重要。

③ $\gamma\text{-}^{32}\text{P-ATP}$ 半衰期为 14d 左右，使用前需新鲜定购，因试剂具有放射性，操作中需要注意防护，放射性同位素沾染的废弃物以及废液应丢弃在专门的容器中统一处理。

④ 洗膜过程中应注意及时用便携式剂量仪检测膜上的杂交信号以及膜周围的背景信号，以获得最佳信噪比。

【实验结果及分析】

采用胶片扫描仪扫描曝光完成的胶片，并以 ImageQuant TL （Amersham Biosciences）等软件对杂交结果图进行分析（图 12-2），计算出 TRF 的平均长度（计算公式如下）。

TRF 长度 = $\Sigma(\mathrm{OD}_i)/\Sigma(\mathrm{OD}_i/L_i)$

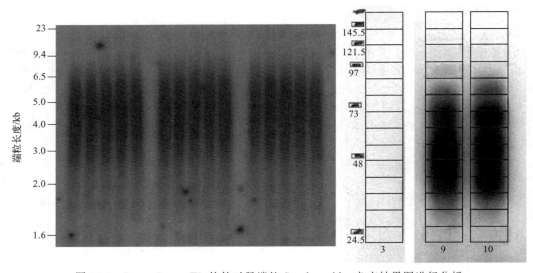

图 12-2　ImageQuant TL 软件对鼠端粒 Southern blot 杂交结果图进行分析

2. Q-FISH 法检测端粒形态及长度

【实验用品】

(1) 材料　待测细胞或组织样品细胞；15ml 及 50ml 试管，载玻片，盖玻片。

(2) 试剂　4% 多聚甲醛（PFA），秋水仙素，3mol/L KCl，乙醇，荧光染料 Cy3 或 FITC 标记端粒 PNA 探针（可分别针对端粒的 G 链及 C 链设计探针，如 TelG-Cy3：Tam-OO-TTAGGGTTAGGGTTAGGG 3'；FITC-TelC：FITC-OO-CCCTAACCCTAACCCTAA 3'），杂交缓冲液，20×SSC，1×PBS，DAPI。

(3) 设备　水浴箱，通风橱，配备图像分析软件的计算机及荧光显微镜或激光共聚焦显微镜。

【试剂配制】

(1) 杂交缓冲液　5×Denhardt's 溶液，10mmol/L Tris-HCl pH 7.2，50% 甲酰胺。

(2) 洗液　50% 甲酰胺/2×SSC 溶液。

【实验方案】

(1) 细胞的处理及染色体制备　培养细胞生长至盖玻片上，或取组织切片，采用 4%

PFA 固定待测组织或细胞 10min，1×PBS 洗涤两次后，4℃保存。

（2）分裂期细胞染色体制备　如需要检测单个染色体的端粒长度，可首先采用 200μg/ml 秋水仙素处理细胞，待出现大量分裂中期细胞（染色体浓缩，细胞变圆）时，收集细胞并用 65mmol/L KCl 低渗溶液处理细胞 1h 使之膨胀，1500r/min 离心浓缩细胞悬液后，用甲醛-醋酸（3∶1 混合）固定液在冰上固定细胞 1h×4 次。将固定好的细胞悬液滴至盖玻片上，使染色体展开，继续以上述固定液处理玻片 1h，然后以 1×PBS 洗涤两次，4℃保存。依次采用 70%、80%、90%、100%乙醇处理上述玻片各 10min，脱水干燥细胞，用于下步荧光原位杂交。

（3）端粒 PNA 探针的 FISH 杂交　取荧光染料标记的端粒 PNA 探针，用水调整浓度至 100nmol/L。与杂交缓冲液混匀，滴加到脱水处理好的玻片表面。85℃加热 5min，冷却到室温后，于湿盒中孵育过夜。

（4）洗片、染 DNA 及脱水处理　将混有 PNA 探针的杂交液吸除，以洗液洗涤 30min×4 次后，采用 1×PBS 1∶3000 稀释的 0.5mg/ml DAPI 染细胞核 15min，1×PBS 10min 洗涤 2 次后，依次采用 70%、80%、90%、100%乙醇处理玻片各 10min，脱水干燥细胞，完成制片。

【注意事项】

① PFA 有致癌作用且有挥发性，配制时应佩戴口罩避免吸入粉末，配制与固定细胞时均应在通风橱中完成，废液应专门收集处理。

② 检测单个染色体的端粒长度制备分裂中期细胞（染色体浓缩，细胞变圆）时，加入秋水仙素的量因细胞不同而异，一般应观察到分裂中期细胞多于 30%方可收集细胞。如分裂期细胞不足，可补入少许间期细胞一同处理，避免在烦琐的处理过程中，细胞丢失而观察不到分裂期细胞。

采用 KCl 低渗溶液处理细胞时，应及时观察细胞形态，通常细胞会胀大成为一巨大球形，应同时观察细胞核也胀大，否则效果不佳，但也应避免膨胀过度导致细胞膜破裂，染色体散失于溶液中。

制备染色体滴片时，一般每个盖玻片滴加 10～20μl 固定好的细胞，注意应调定细胞至合适浓度，以使其在盖玻片表面均匀铺开，并应注意从一定的高度（约 30～40cm）滴下，使染色体充分展开在盖玻片表面。

③ PNA 探针杂交过程中 85℃加热及孵育过夜过程中均应保证局部环境的湿度，避免探针干燥在盖玻片表面。

【实验结果及分析】

采用荧光显微镜或激光共聚焦显微镜拍摄照片（图 12-3，图 12-4），观测端粒的形态，并采用配套图像分析软件完成端粒长度的 Q-FISH 分析（图 12-5）。

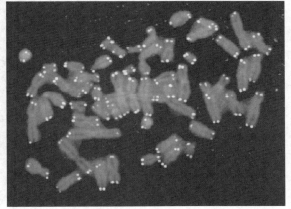

(a) 人

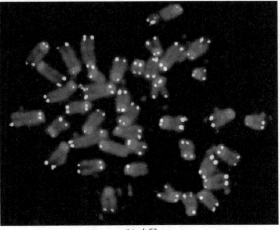

(b) 小鼠

图 12-3　端粒 PNA 探针与人及小鼠分裂期染色体 FISH 杂交结果（见彩图）

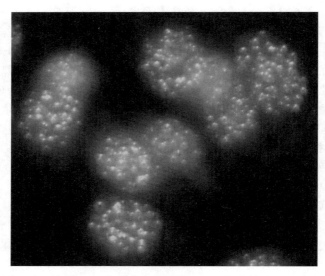

图 12-4 端粒 PNA 探针与间期细胞 FISH 杂交结果（见彩图）

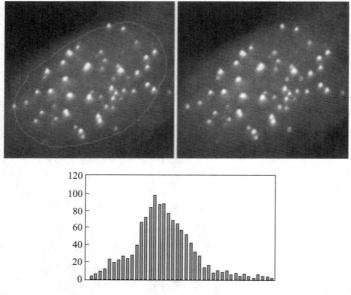

图 12-5 分裂间期细胞端粒长度的 Q-FISH 分析（见彩图）

3. qPCR 法检测端粒长度

【实验用品】

（1）材料　待测细胞或组织样品细胞；定量 PCR 专用 96 孔板及盖膜（或离心管及管盖）。

（2）试剂　细胞裂解缓冲液，蛋白酶 K，苯酚-氯仿-异戊醇（25∶24∶1），氯仿-异戊醇（24∶1），乙醇，3mol/L 乙酸钠，SYBR GreenⅠ染料，HotStar *Taq* DNA 聚合酶及缓冲液。

　　T 反应引物：tel1 GGTTTTTGAGGGTGAGGGTGAGGGTGAGGGTAGGGT
　　　　　　　　tel2 TCCCGACTATCCCTATCCCTATCCCTATCCCTA

　　S 反应引物：36b4u CAGCAAGTGGGAAGGTGTAATCC
　　　　　　　　36b4d CCCATTCTATCATCAACGGGTACAA

（3）设备　水浴箱，紫外分光光度仪，实时荧光定量 PCR 仪。

【试剂配制】

PCR 反应体系：150nmol/L 6-ROX 及 0.2×SYBR Green Ⅰ（Molecular Probes），15mmol/L Tris-HCl（pH=8.0），50mmol/L KCl，2mmol/L $MgCl_2$，dNTP 各 0.2mmol/L，5mmol/L DTT，1%DMSO 以及 1.25U HotStar *Taq* DNA 聚合酶。tel1 引物的终浓度为 270nmol/L，tel2 引物的终浓度为 900nmol/L，36b4u 引物的终浓度为 300nmol/L，36b4d 引物的终浓度为 500nmol/L。

【实验方案】

(1) 基因组 DNA 的抽提　方法同 Southern 印迹法检测，测定浓度后，稀释到约 20ng/μl 的浓度。

(2) PCR 反应的设置　取模板 DNA50～100ng，分别加入以下端粒引物对（T 反应引物）以及对照单拷贝基因 36b4 引物对（S 反应引物）构成的 PCR 体系中，PCR 反应的条件为：PCR 活化反应 95℃ 10min 以激活体系内的 HotStar *Taq* DNA 聚合酶，然后进行两步循环法，T 反应的条件为 95℃变性 15s，54℃退火/延伸混合 2min，共 18 个循环。S 反应的条件为 95℃变性 15s，58℃退火/延伸混合 1min，共 30 个循环。

(3) T/S 比率的计算　采用荧光定量 PCR 仪配套软件，分别确定 T 反应及 S 反应的 Ct 值——Ct（telomeres）及 Ct（36b4），根据 PCR 反应产物以 2 的指数倍递增原理，T/S 比率应该接近于公式 $[2^{Ct(telomeres)}/2^{Ct(36b4)}]^{-1}=2^{-\Delta Ct}$。

此时，如果需要比较两个不同来源的细胞端粒长度的差异，则可以用 $2^{-(\Delta Ct_1-\Delta Ct_2)}=2^{-\Delta\Delta Ct}$ 来进行计算。

【注意事项】

① S 反应也可以选择其他基因，但应是单拷贝基因。

② 反应体系如采用 HotStar *Taq* DNA 聚合酶需先行 95℃ 10min 以活化聚合酶。

【实验结果及分析】

5 个样品采用 qPCR 法计算端粒长度相对 T/S 比率（$2^{-\Delta\Delta Ct}$）结果如图 12-6(a) 所示，同样样品采用 Southern 印迹法检测结果如图 12-6(b) 所示，从图中可以看出两者检测结果一致。

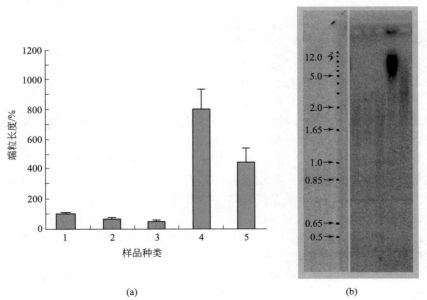

图 12-6　qPCR 法（a）检测端粒长度与 Southern 印迹法（b）结果对比

(二) 端粒酶活性检测技术

【原理与应用】

端粒酶是一种能够以自身 RNA 为模板合成端粒 DNA 的反转录酶，通常认为，端粒酶由蛋白质部分以及 RNA 部分构成，RNA 部分（telomerase RNA，简写成 TR 或 TERC）是端粒合成的模板，其蛋白质部分至少包括两个亚基，大亚基为端粒酶反转录酶（telomerase reverse transcriptase，TERT），其内部具有底物——端粒的结合位点、dNTP 结合的催化位点及模板排列的位点。小亚基蛋白由 dyskerin（DKC1）及其他在 TR 处理过程中与装配成具有活性的端粒酶相关 H+ACA 盒成员等小的核仁复合物组成，端粒酶催化端粒合成的示意图如图 12-7 所示。

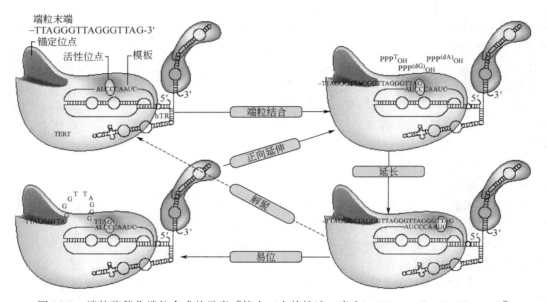

图 12-7 端粒酶催化端粒合成的示意［摘自《自然综述：癌症》（*Nature Review Cancer*）］

对人类细胞而言，端粒酶的活性仅出现在永生化细胞、癌细胞及生殖细胞中，一般认为这是为了弥补 DNA 复制过程中的端粒长度损失以及稳定端粒长度的代偿性措施。这种假设认为端粒长度就是细胞"有丝分裂的时钟"并最终调控细胞的衰老与程序性死亡，而癌细胞中的端粒酶的激活及其活性的维持也成为其侵袭与转移的必要条件。端粒酶表达与端粒长度的稳定性、衰老及肿瘤发生、发展的相关关系目前已经得到广泛认同。

到目前为止，在已知的 20 多种人类肿瘤中，85%以上都能够检测到端粒酶的活性，因此端粒酶活性的检测，在人类肿瘤的研究中应用得非常广泛。另外端粒酶活性检测尚可被应用于其他，如小鼠、大鼠、狗、牛、鸡、爪蟾等实验动物的端粒长度检测，但一般来说在其他生物体内检测到端粒酶活性与人类相比其意义要更为复杂。以小鼠为例，在其多种组织中均可以检测到端粒酶活性，而不是仅仅局限于肿瘤细胞或者增殖的细胞中，因而在研究的过程中需要注意甄别。

由于 TR 和 TERT 是端粒酶的活性基团，因此端粒酶的活性显示与检测通常是通过检测 TR 及 TERT 的活性实现的，对于 TR 表达水平的检测通常可以采用定量 PCR 等方法，但由于 TR 实际上并非端粒酶活性的限速因子，因而检测端粒酶活性的研究主要针对检测 TERT 的活性而设计。

传统上 TERT 的活性大致可以通过 3 种方法进行测定：即 PCR 技术、原位杂交技术、免疫荧光/免疫组化/免疫印迹技术。1994，Kim等人发明了名为端粒酶重复扩增技术（telomerase repeat amplification protocol，TRAP）的检测方法，实现了端粒酶活性检测的重大突破，并使之成为到目前为止应用得最为广泛也最为公认的端粒酶活性检测方法。该方法通过具有活性的端粒酶催化，将端粒重复序列（GGTTAG）加到一个寡核苷酸底物TS的3′末端，然后通过PCR扩增30~33个循环，通过在反应中的TS引物上引入放射性同位素γ-^{32}P-ATP标记，对PCR产物采用聚丙烯酰胺电泳检测，最后采用放射性自显影检测并分析扩增结果。另外也可以不对引物进行放射性同位素标记，而是采用非放射性的SYBR Green染料对PCR产物进行染色鉴定，分析并量化出端粒酶的活性。

在本节中，我们将重点针对最为常用的端粒酶活性检测方法——TRAP检测法进行描述。

TRAP检测法检测端粒酶活性（SYBR Green染色）

【实验用品】

（1）材料　待测细胞或组织样品细胞。

（2）试剂　聚丙烯酰胺凝胶试剂，Taq DNA聚合酶，dNTP Mix，SYBR Green染料，TRAP检测法引物（包括TS引物，RP引物，K1引物，TSK1引物），通常可以采用商品化的TRAPEZE®端粒酶检测试剂盒直接获得。

（3）设备　组织研磨器，紫外分光光度仪，PCR仪，垂直电泳槽，紫外凝胶成像系统。

【试剂配制】

（1）1×CHAPS缓冲液　10mmol/L Tris-HCl，pH 7.5，1mmol/L $MgCl_2$，1mmol/L EGTA，0.1mmol/L 苯甲脒，5mmol/L β-巯基乙醇，0.5% CHAPS，10%丙三醇。

（2）10×TRAP反应缓冲液　200mmol/L Tris-HCl（pH 8.3），15mmol/L $MgCl_2$，630mmol/L KCl，0.5% Tween-20，10mmol/L EGTA。

【实验方案】

（1）细胞或组织的处理　收集细胞，采用1×CHAPS缓冲液在冰上匀浆裂解细胞，冷冻离心分离上清液，测定提取上清液的蛋白质浓度后，调定模板浓度为固定值，用于下一步检测。

（2）TRAP反应设置　在每个反应中加入模板2μl，10×TRAP反应缓冲液5μl，50×dNTP Mix 1μl，TS引物1μl，TRAP检测法引物（含RP引物，K1引物，TSK1引物）1μl，Taq DNA聚合酶（5U/μl）0.4μl，ddH_2O 39.6μl。

（3）PCR扩增　PCR反应条件为：30℃孵育30min，然后进行两步30个循环，包括94℃变性30s，59℃退火/延伸混合30s。该反应实际是一个共同缓冲液，双酶系统的反应，在第一个酶系统的反应中，端粒酶将一定数量的端粒重复序列（GGTTAG）转到了寡核苷酸底物TS的3′末端，而在第二个酶系统的反应中，TS和RP引物则可以扩增出一个以6碱基递增的产物梯度，如从50个核酸开始的：50，56，62，68……片段。

（4）反应产物电泳及显色反应　将PCR反应产物上样到10%聚丙烯酰胺凝胶中，1×TBE缓冲液电泳，1∶10000 SYBR Green对凝胶进行染色15min后拍摄照片。

【注意事项】

① 1×CHAPS缓冲液裂解细胞应在冰上进行，组织样品比较难于裂解，可能需要用到电动匀浆器，注意应在冰上研磨，避免温度过高，离心应采用冷冻离心机以防止端粒酶遇热降解。

② 采用SYBR Green染色时间不应过长，染色应避光进行，拍摄时间不应过长，以防荧光染料见光分解，无法获得清晰图像。

【实验结果及分析】

采用紫外凝胶成像系统拍摄的聚丙烯酰胺凝胶电泳结果如图 12-8 所示，可以采用成像系统的配套软件，半定量分析产物梯度的灰度值以及其与内对照条带的比值，计算出细胞端粒酶活性。

$$端粒酶活性 = \frac{(\sum OD_{TRAP\ products} - \sum OD_{background\ product})}{(\sum OD_{IC} - \sum OD_{background\ IC})}$$

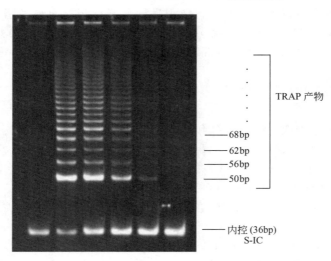

图 12-8　TRAP 检测法检测端粒酶活性电泳结果图
从左至右显示端粒酶活性依次降低，最左侧为热灭活样品，可看到无端粒酶活性

（石　嵘）

备择方案 1　染色体显带技术

【原理与应用】

许多染料对 DNA 都有不同程度的亲和性，故都可用作染色体的染色。在染色体的常规染色中，一般用吉姆萨（Giemsa）、地衣红（orcein）、福尔根（Feulgen）、石炭酸-品红等染料，都可获得良好的染色效果。

G 显带技术是指将染色体玻片标本经过胰蛋白酶处理后，再用吉姆萨进行染色，使每条染色体沿其长轴显示出一定数量的、宽窄和深浅不同的横纹，即带型。由于人类 22 种常染色体和 X、Y 染色体的带型都各具特征，根据带型可清楚地分辨出每条染色体。

R 显带技术是指将染色体玻片标本经热磷酸盐缓冲液处理后，再用吉姆萨染色。R 显带产生的带纹与 G 显带相反，故称为反带（reverse band）。R 显带染色体末端着色，容易检测出染色体末端的畸变。

C 显带技术是使结构异染色质或高度重复的 DNA 着色，这种显带方法对染色体着丝粒区和 Y 染色体长臂异染色质区的观察十分有利。

【实验用品】

（1）材料　人中期染色体玻片标本。

（2）试剂　0.25% 胰蛋白酶溶液、0.85% 生理盐水、吉姆萨工作液、1mol/L NaH_2PO_4 缓冲液（pH 4.0～4.5）、0.2mol/L HCl、1% 的 $Ba(OH)_2$、2×SSC 溶液、0.4% 酚红、

1mol/L HCl、1mol/L NaOH、香柏油、二甲苯。

(3) 设备 染色缸、恒温水浴箱、显微镜、烘箱、电吹风。

【实验方案】

1. 染色体 G 显带的方法

① 常规制片后，一般将标本（未染色的白片）置于 37℃ 培养箱中老化 3～7d 再进行显带；若急用，则置 60℃ 烘烤 8～10h 或 75℃ 烘烤 2h，然后置 37℃ 温箱备用。

② 取 0.25% 胰蛋白酶溶液 5ml，倒入染色缸中，加入 45ml 0.85% 生理盐水，滴入 0.4% 酚红，然后用 1mol/L HCl、1mol/L NaOH 调节胰蛋白酶溶液成肉汤色（pH 6.8～7.2），置 37℃ 水浴箱中预温。

③ 将染色体玻片标本放入胰蛋白酶溶液中处理 4～5min，多次摇动玻片，使胰蛋白酶作用均匀。

④ 取出染色体玻片标本，用 0.85% 生理盐水漂洗 2 次，去掉胰蛋白酶溶液。

⑤ 将玻片标本放入吉姆萨工作液中染色 5～10min。

⑥ 流水轻轻冲洗玻片背面，将多余的吉姆萨染液冲掉。

⑦ 空气干燥。

⑧ 先用低倍镜浏览整张染色体玻片标本，再用油镜观察并识别染色体 G 显带核型。

2. 染色体 R 显带的方法

① 常规制片后，一般将标本（未染色的白片）置于 37℃ 培养箱中老化 3～7d 再进行显带；若急用，则置 60℃ 烘烤 8～10h 或 75℃ 烘烤 2h，然后置 37℃ 温箱备用。

② 将染色体玻片标本浸在 88℃ 预热的 1mol/L NaH_2PO_4 缓冲液中 10min。

③ 用蒸馏水冲洗染色体玻片标本。

④ 将玻片标本放入新配制的吉姆萨工作液中染色 10min。

⑤ 流水轻轻冲洗玻片背面，将多余的吉姆萨染液冲掉。

⑥ 空气干燥。

⑦ 先用低倍镜浏览整张染色体玻片标本，再用油镜观察并识别染色体 R 显带核型。

3. 染色体 C 显带的方法

① 常规制片后，将染色体玻片标本浸入 0.2mol/L HCl 溶液中，室温放置 1h。

② 用蒸馏水冲洗染色体玻片标本。

③ 将染色体玻片标本浸入 50℃ 预热的 1% $Ba(OH)_2$ 溶液中，处理 15～20s。

④ 用蒸馏水冲洗染色体玻片标本。

⑤ 将染色体玻片标本浸入 2×SSC 溶液中，60℃ 处理 90min。

⑥ 用蒸馏水冲洗染色体玻片标本后，用吉姆萨工作液染色 20～30min。

⑦ 流水轻轻冲洗玻片背面，将多余的吉姆萨染液冲掉。

⑧ 空气干燥。

⑨ 先用低倍镜浏览整张染色体玻片标本，再用油镜观察并识别染色体的着丝粒（或 Y 染色体长臂的异染色质区）。

【注意事项】

许多因素能影响胰蛋白酶处理的吉姆萨显带的成功。

① 高温烘烤法老化的标本对胰蛋白酶的抵抗性比室温气干法老化的标本要强，应注意胰蛋白酶的处理时间。

② 要有分散良好的标本，并且标本保存的时间最好不要超过 1 周（保存时间越长，细胞对胰蛋白酶的抵抗性越大，片龄超过 20d 的标本往往导致染色体呈斑点状，而不是带纹）。

③ 胰蛋白酶的作用温度、时间、pH 值是 G 显带成功与否的关键。温度较高，其反应速度就较快。胰蛋白酶液的温度在进行显带之前应当至少稳定 30min，而且一次放入的玻片标本不能太多。胰蛋白酶作用时间最难掌握，对于每一次显带，都要重新进行时间梯度的摸索，以找到最佳作用时间从而获得良好效果。pH 值应维持在 7.0 左右（pH 6.8～7.2），以发挥胰蛋白酶液的最大活性。

【实验结果及分析】

先用低倍镜观察整张玻片，找到分散良好且染色体长短适中的分裂相，再置于油镜下观察，根据每条染色体的特异带型，可清楚辨认每条染色体，并分析其数目及结构异常。

附：G 带显示正常人显带核型特征（图 12-9）。

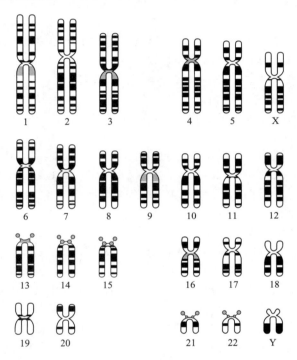

图 12-9　正常男性体细胞 G 显带染色体模式图
黑色区为深带；白色区为浅带；斜线区为着色不定带

A 组染色体：包括 1～3 号染色体。长度最长，其中 1 号和 3 号染色体为中央着丝粒染色体，2 号染色体为亚中央着丝粒染色体。

1 号染色体

短臂：在 320 条带左右的分裂相上，近侧段有两条深带，第 2 条深带稍宽；在处理好的标本上，远侧段可显出 3～4 条浅染的深带。此臂分为 3 个区，近侧的第 1 深带为 2 区 1 带，第 2 深带为 3 区 1 带。

长臂：经常可见副缢痕，紧贴着丝粒，染色深浅不一；其远侧为一宽的浅带，近中段与远侧段各有两条深带，中段两条深带稍靠近，其中第 2 条深带染色较浓。此臂分为四个区，副缢痕远侧的浅带为 2 区 1 带，中段第 2 深带为 3 区 1 带，远侧段第 1 深带为 4 区 1 带。

2 号染色体

短臂：可见四条深带，中段的两条深带较靠近。此臂分为 2 个区，中段两条深带之间的浅带为 2 区 1 带。

长臂：有 7 条深带，第 3 和第 4 深带有时融合。此臂分为 3 个区，第 2 和第 3 深带之间的浅带为 2 区 1 带，第 4 和第 5 深带之间的浅带为 3 区 1 带。

3 号染色体

着丝粒区浓染。

短臂：在近侧段可见一条较宽的深带，远侧段可见两条深带，其中远侧的一条较窄，且着色较浅，这是区别 3 号染色体短臂的重要特征。近侧段的深带可分为两条深带。此臂分为 2 个区，中段浅带为 2 区 1 带。

长臂：一般在近侧和远侧段各有一条较宽的深带。在显带好的标本上，近侧段的深带可分为两条深带，远侧段的深带可分为三条深带。此臂分为两个区，中段浅带为 2 区 1 带。

B 组染色体：包括 4~5 号染色体，长度次于 A 组；亚中央着丝粒染色体，短臂较短。

4 号染色体

短臂：可见两条深带，近侧深带染色较浅，短臂只有一个区。

长臂：可见均匀分布的四条深带，在显带较好的标本上，远侧段的两条深带可各自再分为两条较宽的深带。此臂分为三个区，近侧段第 1 和第 2 之间的浅带为 2 区 1 带，远侧段的两条深带之间的浅带为 3 区 1 带。

5 号染色体

短臂：可见两条深带，其中远侧的深带宽而且色浓，短臂只有一个区。

长臂：近侧段有两条浅带，染色较浅，有时不明显；中段可见三条深带，染色较深，有时融合成一条宽的深带；远侧段可见两条深带，近末端的一条着色较浓。此臂可分为三个区，中段第 2 深带为 2 区 1 带，中段深带与远侧段深带之间的宽阔的浅带为 3 区 1 带。

C 组染色体：包括 6~12 号和 X 染色体，中等长度，亚中央着丝粒染色体。

6 号染色体

短臂：中段有一条明显而宽阔的浅带，其中近侧段和远侧段各有一条深带，近侧深带紧贴着丝粒；在显带较好的标本上，远侧段的深带又可分为两条深带。此臂分为两个区，中段的明显而宽阔的浅带为 2 区 1 带。

长臂：可见五条深带，其中近侧的一条紧贴着丝粒，远侧段末端的一条深带着色较浅。此臂分为两个区，第 2 和第 3 深带之间的浅带为 2 区 1 带。

7 号染色体

着丝粒浓染。

短臂：有三条深带，中段深带着色较淡，有时不明显；远侧深带着色浓宽，状如"瓶盖"。此臂分为两个区，远侧段的浅带为 2 区 1 带。

长臂：有三条明显的深带，远侧近末端的一条深带着色较淡，第 2 和第 3 深带稍接近。此臂分为三个区，近侧第 1 深带为 2 区 1 带，中段的第 2 深带为 3 区 1 带。

8 号染色体

短臂：有两条深带，中段有一条较明显的浅带，这是与 10 号染色体相区别的主要特征。此臂分为 2 个区，中段的浅带为 2 区 1 带。

长臂：可见三条分界不明显的深带，远侧段的深带着色较浓。此臂分为两个区，中段的深带为 2 区 1 带。

9 号染色体

着丝粒浓染。

短臂：近侧段和中段各有一条带，在显带较好的标本上，中段可见两条窄的深带。此臂分为两个区，中段的深带为 2 区 1 带。

长臂：经常可见副缢痕，一般不着色，在有些标本上显现出特有狭长的颈部区。此臂可见明显的两条深带，分为3个区，近侧的一条深带为2区1带，远侧的一条深带为3区1带。

10号染色体

着丝粒浓染。

短臂：近侧段和中段各有一条深带，在有些标本的中段可见两条深带，但与8号染色体短臂比较，其深带的分界不够清晰。此臂只有一个区。

长臂：可见明显的三条深带，近侧的深带较明显，远侧的两条深带较近，这是与8号染色体相鉴别的主要特征。此臂分为两个区，近侧段的一条深带为2区1带。

11号染色体

短臂：近中段可见两条靠得很近的较窄的深带，在显带较差的标本上，只能看见一条深带。此臂只有1个区。

长臂：近侧有一条深带，紧贴着丝粒，远侧段可见一条明显的较宽的深带，这条深带与近侧的深带之间是一条宽阔的浅带，这是与12号染色体相鉴别的一个明显特征；在显带较好的标本上，远侧段的深带可分为两条较窄的深带，两深带之间有一条很窄的浅带，一般极难辨认，但它是一个分区的界标，在有些标本上近末端处还可见一条窄的淡色的深带。此臂分为两个区，上述远侧两条深带之间的浅带为2区1带。

12号染色体

短臂：中段可见一条深带。此臂只有1个区。

长臂：近侧有一条深带，紧贴着丝粒；中段有一条宽的深带，这条深带与近侧深带之间有一条明显的浅带，但与11号染色体相比较这条浅带较窄，这是鉴别11号与12号染色体的一个主要特征；在显带好的标本上，中段较宽的深带可分为三条深带，其正中的一条着色较浓；在有些标本上，远侧段的近端还可见1～2条染色较淡的深带。此臂分为两个区，中段正中的深带为2区1带。

X染色体

其长度介于7号和8号染色体之间。

短臂：中段有一条明显的深带，如竹节状。在有些标本上，远侧段还可见一条窄的、着色淡的深带。此臂分为两个区，中段的深带为2区1带。

长臂：可见4～5条深带，近中部的一条深带最明显。此臂分为两个区，近中段的深带为2区1带。

D组染色体：包括13～15号染色体，具有近端着丝粒和随体。

13号染色体

着丝粒浓染。

长臂：可见四条深带，第1和第4带较窄，染色较淡。第2和第3深带较宽，染色较浓。此臂分为三个区，第2深带为2区1带，第3深带为3区1带。

14号染色体

着丝粒浓染。

长臂：近侧和远侧各有一条明显的深带，在处理好的标本上，中段尚可见一条较浅的深带。此臂分为三个区，近侧深带为2区1带，远侧深带为3区1带。

15号染色体

着丝粒浓染。

长臂：中段有一条明显的深带，染色较浓，有的标本上，近侧段可见1～2条淡染的深带。此臂分为两个区，中段深带为2区1带。

E 组染色体：包括 16～18 号染色体，16 号染色体着丝粒在 3/8 处，17 号和 18 号染色体着丝粒约在 1/4 处。

16 号染色体

短臂：中段有一条深带，较好的标本上可见两条深带。此臂只有 1 个区。

长臂：很长可见副缢痕，着色浓；中段和远侧各有一条深带，有时远侧段的一条不明显。此臂分为两个区，中段深带为 2 区 1 带。

17 号染色体

短臂：有一条深带，紧贴着丝粒。此臂只有一个区。

长臂：远侧段可见一条深带，这条带与着丝粒之间为一明显而宽的浅带。此臂分为两个区，这条明显而宽的浅带为 2 区 1 带。

18 号染色体

短臂：有一条窄的深带。此臂只有一个区。

长臂：近侧和远侧各有一条明显的深带。此臂分为两个区，两深带之间的浅带为 2 区 1 带。

F 组染色体：包括 19 号和 20 号染色体，中央着丝粒。

19 号染色体

着丝粒及周围为深带，其余为浅带。短臂和长臂均只有一个区。

20 号染色体

着丝粒区浓染。

短臂：有一条明显的深带。此臂只有 1 个区。

长臂：在中段和远侧段可见 1～2 条染色较浅的深带，有时全为浅带。此臂只有一个区。

G 组染色体：包括 21 号、22 号和 Y 染色体，是染色体组中最小的，具近端着丝粒的染色体。21 号和 22 号染色体具有随体。

21 号染色体

着丝粒区着色浅。

与 22 号染色体相比较，其长度比 22 号短。其长臂近侧有一明显而宽的深带。此臂分为两个区，其深带为 2 区 1 带。

22 号染色体

着丝粒区染色浓。

与 21 号染色体相比较，其长度比 21 号长；在长臂上可见两条深带，近侧的一条着色较浓而且紧贴着丝粒，近中段的一条着色浅，在有的标本上不显现。此臂只有一个区。

Y 染色体

长度变化较大，有时整个长臂被染色成深带。在染色较好的标本上，可见两条深带。此臂只有一个区。

（陈　峰）

备择方案 2　性染色质的制备

【理论基础】

正常女性的间期细胞核中紧贴核膜内缘有一个染色较深的椭圆形小体，即 X 染色质，这是女性细胞中一条 X 染色体随机 Lyon 化失活形成的。这种失活保证了雌雄两性细胞中都只有一条有活性的 X 染色体，使两性在 X 连锁基因产物的数量上保持在相同水平，称为 X 染色体的剂量补偿。X 染色质是正常女性细胞中特有的，细胞中 X 染色质的数目比 X 染色体的数目少一条。

Y染色质是正常男性的Y染色体长臂的异染色质区，在间期被荧光染料染色后，形成的强荧光小体。

制备性染色质时可采取口腔黏膜细胞、尿液中的脱落细胞、羊水细胞、绒毛细胞等作为检查的材料，可同时检测X染色质和Y染色质。

【实验用品】

（1）材料　人口腔黏膜细胞、尿液、羊水。

（2）试剂　0.85％生理盐水、固定液（3份甲醇：1份冰醋酸，现用现配）、1mol/L HCl、硫堇染液、1％结晶紫染液、石炭酸-复红染液、无水乙醇、95％/70％/50％梯度乙醇、二甲苯、McIlvaine缓冲液、氮芥喹吖因（QM）。

（3）设备　载玻片、染色缸、压舌板（或灭菌牙签若干）、显微镜、荧光显微镜。

【实验方案】

1. 标本制备

（1）口腔黏膜细胞

① 让受检者用0.85％生理盐水漱洗口腔数次，尽量除去口腔内细菌和其他杂物。

② 操作者一手拉住受检者的下唇，一手用木质（或金属）压舌板或牙签钝头端刮取其两侧颊部或下唇内侧的黏膜（弃去第一次刮到的细胞）。

③ 同一部位连续刮取数次，将刮取物涮入装有5ml 0.85％生理盐水的离心管内。

④ 1500r/min离心10min，弃掉上清液，留下细胞团。

⑤ 加入新配制的固定液（3份甲醇：1份冰醋酸）10ml，轻轻混匀制成悬液。固定30min。

⑥ 1500r/min离心10min，弃掉上清液，留下细胞团。

⑦ 根据细胞团多少加入数滴新配制的固定液，充分混匀制成悬液。

⑧ 取一滴悬液滴至预冷的干净载玻片上，晾干。

（2）尿液中的脱落细胞

① 令受检者将尿液排至一干净的烧杯或瓶内。

② 搅动尿液后吸取尿液10ml至离心管内，1500～2000r/min离心10min，弃掉上清液，留下细胞团。

③ 加入新配制的固定液（3份甲醇：1份冰醋酸）10ml，固定30min。

④ 1500r/min离心10min，弃掉上清液，留下细胞团。

⑤ 根据细胞多少加入数滴新配制的固定液，充分混匀制成悬液。

⑥ 取一滴悬液滴至预冷的干净载玻片上，晾干。

（3）羊水细胞

羊水中的细胞都是来自胎儿的细胞，因此可抽取羊水细胞做X染色质检查以做出胎儿性别的产前诊断。

① 按妇科常规经腹壁穿刺妊娠16周左右孕妇的羊水约10ml（抽取时，先抽出2～3ml的羊水弃去，以免有母体细胞污染）。

② 1500r/min离心10min，弃掉上清液。

③ 加入新配制的固定液（3份甲醇：1份冰醋酸）10ml至细胞团上，混匀成细胞悬液，室温固定30min。

④ 1500r/min离心10min，弃掉上清液。

⑤ 根据细胞多少加入数滴新配制的固定液，充分混匀制成悬液。

⑥ 取一滴悬液滴至预冷的干净载玻片上，晾干。

2. X染色质染色

（1）硫堇染色法

① 将玻片标本置入 1mol/L HCl 中，37℃条件下水解 20min。

② 用蒸馏水充分冲洗，空气干燥。

③ 将固定后的玻片标本浸入硫堇染液中染色约 15min。

④ 蒸馏水冲洗，空气干燥。

⑤ 先在低倍镜下寻找细胞集中而又均匀分散的细胞群，再转油镜观察。

（2）结晶紫染色法

① 固定后的玻片标本依次经过 70%、50% 乙醇处理（中间更换两次蒸馏水），每次 5min。

② 浸入 1% 结晶紫溶液中染色 5~8min（大量制片时可用 0.5% 结晶紫染液，染色 10~15min）。

③ 将玻片标本置 95% 乙醇中分化（快速地在 95% 乙醇中蘸 5~8 次）。

④ 将玻片标本置无水乙醇中分化，间歇地用显微镜检查，直至标本中核结构的微细部分都很清楚为止（一般约 1min）。

⑤ 浸入二甲苯中。更换 2 次二甲苯，每次 3min，以使标本透明。

⑥ 树胶封片。

⑦ 先在低倍镜下寻找细胞集中而又均匀分散的细胞群，再转油镜观察。

（3）石炭酸-复红染色法

① 将石炭酸-复红工作液滴至玻片标本上，染色 5min。

② 经 95%、100% 乙醇脱水，各 30s。

③ 先在低倍镜下寻找细胞集中而又均匀分散的细胞群，再转油镜观察。

3. Y染色质染色

① 用 pH 6.0 McIlvaine 缓冲液配制 0.005% 氮芥喹吖因溶液（现用现配），配制后需装入深色瓶中（可在 4℃冰箱保存两周）。

② 将玻片标本浸入 pH 6.0 McIlvaine 缓冲液几秒钟。

③ 将玻片标本浸入 0.005% 氮芥喹吖因溶液 10min 以上。

④ 再将玻片标本置于 pH 6.0 McIlvaine 缓冲液（或蒸馏水）中分色 10min。

⑤ 在荧光显微镜下观察，若荧光弱，等待 10min 后再观察；若荧光太强，揭掉盖玻片，置于 pH 6.0 McIlvaine 缓冲液浸泡一下，再封片观察。

【注意事项】

① 刮取口腔黏膜细胞时，压舌板或牙签应按同一方向刮取，不要来回刮，以免损伤口腔黏膜。

② 尿液在室温下可放置 6h 而不改变细胞形态。但最好在取材后立即制作标本，避免放置时间较长而污染细菌或使细胞变质。

③ 观察 Y 染色质时，应注意女性细胞也可能出现发亮的荧光小体，但这些细胞的荧光点大小、亮度均不一致，应加以区分。

【实验结果及分析】

1. X染色质的观察

在油镜下检查 100 个"可计数细胞"，X 染色质位于核膜内缘，是一个浓染、轮廓清楚的小体，直径约为 $1 \sim 1.5 \mu m$，一般呈平凸形、圆形、扁平形或三角形。计数具有 X 染色质的细胞数并计算 X 染色质的阳性率（一般为 20%~50%）。

"可计数细胞"的判断标准：

① 细胞核较大，染色清晰，轮廓清楚而无缺损，无皱褶；
② 核质为细丝状或均匀的细粒；
③ 核膜周围无细菌污染。

X染色质的标准：
① 位于核膜内侧缘，轮廓清楚，唯一浓染的小体；
② 直径为1～1.5μm；
③ 形态一般为平凹形、三角形或卵圆形，有时为棱形。

2. Y染色质的观察

在油镜下选择100个核膜完整、核质染色均匀、清晰可见的细胞进行计数。

计数时，需避开全都发出荧光的细胞。Y染色质的特点是细胞核中的一个发亮的荧光性小体，直径约0.3μm，位于细胞核内缘或其他部位。

（陈　峰）

备择方案3　姐妹染色单体交换实验

【原理与应用】

姐妹染色单体交换（sister chromatid exchange，SCE）是指同一条染色体复制过程中形成的两条染色单体之间所发生的一类特殊的同源重组。SCE发生的机制尚不清楚，但其发生的频率可以反映细胞在DNA合成期的受损程度。

5-溴脱氧尿嘧啶核苷（5-bromodeoxyuridine，5-BrdU）是脱氧胸腺嘧啶核苷的类似物。当人体外周血淋巴细胞在含有5-BrdU的培养液中增殖时，5-BrdU可取代胸腺嘧啶掺入新复制成的DNA子链中。经过两个复制周期后，其中期染色体的两个单体的DNA双链在化学组成上便出现了差别，即一条DNA的双链均有BrdU掺入，而另一条DNA双链中仅有一条链有BrdU掺入。利用特殊的分化染色技术对染色体标本进行处理，可使双链均含有BrdU掺入的染色单体浅染，而只有一条链掺入BrdU的染色单体深染。所以当姐妹染色单体之间存在同源片段交换时，在互换处可见界限明显、颜色深浅对称的交换片段。

【实验用品】

（1）材料　人外周静脉血。

（2）试剂　GI-1640培养基、植物血凝素（PHA）、秋水仙素（100μg/ml）、5-BrdU（100μg/ml）、低渗液（0.075mol/L KCl溶液）、2×SSC、吉姆萨原液、磷酸盐缓冲液（pH 6.8）、甲醇、冰醋酸。

（3）设备　光学显微镜、恒温培养箱、恒温水浴、采血器材、酒精灯、培养瓶、乳头吸管、载玻片、20W紫外线灯、染色缸、9cm培养皿。

【实验方案】

① 按半微量法采取外周静脉血，接种0.5ml到含有PHA的GI-1640培养液（5ml）中，置37℃恒温培养箱培养。
② 培养24h后，往培养瓶中加入5-BrdU（终浓度为10μg/ml），轻轻混匀。
③ 用黑纸包裹培养瓶，置37℃恒温培养箱避光培养48h。
④ 收获前加入秋水仙素（终浓度为0.2μg/ml），继续培养2h。
⑤ 常规方法制片（见基本方案1　染色体标本制备），将制好的染色体玻片标本置室温放置2～3d。
⑥ 分化染色前一天，将染色体玻片标本置37℃过夜。

⑦ 在 9cm 培养皿中平行放置两根牙签,将老化好的染色体玻片标本放在牙签上,然后加入适量 2×SSC 溶液(以不超过标本为度)。

⑧ 在标本上盖一张比玻片略宽的擦镜纸,使纸边浸入 2×SSC 溶液中,并使 2×SSC 溶液渗至染色体玻片标本上,保持标本湿润。

⑨ 将培养皿置 55℃水浴箱支架上,只使培养皿底部接触水面。

⑩ 用 20W 紫外灯垂直照射标本 30min,照射距离 10cm。

⑪ 照射后,用镊子轻轻揭去擦镜纸,用蒸馏水轻轻冲洗染色体玻片标本。

⑫ 用 4%吉姆萨染液(用 pH 6.8 磷酸盐缓冲液配制,使用前 20min 配好)染色 5~10min。

⑬ 用蒸馏水轻轻冲洗染色体玻片标本,空气干燥。

⑭ 高倍镜或油镜镜检,计数。

【注意事项】

① 5-BrdU 应现用现配,4℃避光保存。

② 视野中可见处于不同增殖周期的分裂相。处于第一增殖周期的染色体由于每条染色单体的 DNA 双链中都只有一股掺入 5-BrdU,两条姐妹染色单体着色均为深染;而进入第三增殖周期的分裂相中,染色体的每条单体中 DNA 双链均掺入 5-BrdU,两条染色单体均为浅染。以上两种分裂相均不宜作 SCE 观察和计数。应选择处于第二增殖周期的分裂相,即每条染色体的两条染色单体出现差别着色的分裂相进行观察。

③ 判断染色体在着丝粒处发生交换时,必须先排除染色体在此发生扭曲。

【实验结果及分析】

① 选择染色体分散良好、数目完整的中期分裂相进行观察。

② 交换次数的判定。染色体某短臂或长臂端部出现交换计一次;着丝粒处发生交换(排除染色体在此发生扭曲)计一次;短臂或长臂中间出现交换者计两次。

③ 每份标本至少需计数 30~50 个中期分裂相,记录 SCE 总数,并计算每个细胞的 SCE 平均数(SCEs/细胞)。

$$SCE\ 平均数 = \frac{\sum N}{N}$$

式中 $\sum N$——N 个细胞的 SCE 之和;
     N——细胞数。

(陈 峰)

备择方案 4 染色体原位杂交技术

【原理与应用】

染色体原位杂交(*in situ* chromosomal hybridization,ISCH)技术是指利用特定标记的已知碱基序列的核酸探针,依据碱基互补配对原理,与中期染色体玻片标本中的同源 DNA 序列进行杂交。标记可以用放射性同位素(^{3}H、^{35}S、^{32}P),然后进行放射自显影;也可以用非放射性的荧光素生物素、地高辛,再用荧光显微镜进行观察,即荧光原位杂交(fluorescent *in situ* hybridization,FISH)技术。染色体原位杂交的敏感性高和特异性强,能够对特定核酸序列进行精确定位、定性及相对定量分析。

【实验用品】

(1) 材料 人中期染色体玻片标本(未染色的白片)、人 G 显带染色体玻片标本。

(2) 试剂 10×切口平移缓冲液、10×随机引物缓冲液、4×dNTP(各 0.5mmol/L)、

0.2mmol/L[α-^{32}P]dCTP（10μCi/μl）、DNase I（1mg/ml，用前稀释1000倍）、DNA聚合酶 I（5U/μl）、Klenow 片段（3U/μL）、六碱基随机引物（1mg/ml）、3mol/L CH$_3$COONa（pH 5.2）、70%去离子甲酰胺（DF，2×SSC配制）、50%去离子甲酰胺（DF，2×SSC配制）、0.5mol/L EDTA、RNA酶（1mg/ml）、70mmol/L NaOH、1%甲醛（PBS配制）、70%/85%/100%梯度乙醇。

（3）设备 染色缸、微量加样器、荧光显微镜、恒温水浴箱、湿盒。

【实验方案】

1. 核酸探针标记

（1）切口平移法 标记反应总体积为50μl，其中含待标记DNA探针1μg，10×切口平移缓冲液（成分视试剂盒而定）5μl，dATP、dGTP、dTTP各50μmol，[α-^{32}P]dCTP（50μCi）50μmol，DNase I 5ng，DNA聚合酶 I 5U。

将上述试剂加入0.2ml Eppendorf管中，混合均匀后置16℃恒温水浴中作用1h。用0.8%琼脂糖凝胶电泳检测标记产物。以DNA片段长约300~500bp为宜。如片段较大，则应加适量DNase I继续酶切，直至DNA片段长度适中后，加2μl终止缓冲液（0.5mol/L EDTA），在75℃加热10min终止反应。

（2）随机引物法 将待标记DNA探针（25ng）溶于20μl双蒸水中，沸水浴变性5min，迅速置冰水混合物中待用。

标记反应总体积为50μl，其中含待标记DNA探针25ng，10×随机引物缓冲液（成分视试剂盒而定）5μl，dATP、dGTP、dTTP各50μmol，[α-^{32}P]dCTP（50μCi）50μmol，六碱基随机引物10μg，Klenow片段3U。

将上述试剂加入0.2ml Eppendorf管中，混合均匀后置25℃恒温水浴中作用1h，加2μl终止缓冲液（0.5mol/L EDTA）终止反应。

随机引物法标记方法简单，产生的放射性标记物产物长度更为均一，在杂交反应中重复性更强。

（3）探针纯化

① 向已标记好的DNA探针中加入3mol/L CH$_3$COONa（pH 5.2）5μl，充分混匀，在室温中放置5~10min。

② 加入2.5倍体积预冷的无水乙醇，充分混匀。

③ 置于4℃或-20℃过夜沉淀。

④ 4℃，12000g离心30min，弃掉上清液，空气干燥（不要过分干燥）。

2. 中期染色体的原位杂交

（1）染色体玻片标本的预处理

① 将染色体玻片标本放入2×SSC配制的RNA酶（10μg/ml）溶液中，置37℃水浴消化1h。

② 用2×SSC冲洗玻片3次，每次5min。

③ 将玻片依次在70%/85%/100%梯度乙醇中脱水处理各5min，空气干燥。

④ 将玻片浸在2×SSC配制的70%甲酰胺中，于70℃变性2min。

⑤ 将玻片依次在70%/85%/100%梯度乙醇中脱水处理各5min，空气干燥。

（2）杂交

① 每张染色体玻片标本加杂交液20~50μl，加盖盖玻片（事先经硅烷化处理），橡胶水泥封片。

② 将玻片置于湿盒中，37℃杂交过夜。

③ 取出杂交玻片，去除封片剂和盖玻片，用 39℃预热的 50％去离子甲酰胺（2×SSC 配制）冲洗 10min。
④ 用 39℃预热的 2×SSC 冲洗玻片 10min。
⑤ 将玻片依次在 70％/85％/100％梯度乙醇中脱水处理各 5min，空气干燥。
⑥ 压片，放射自显影。

【注意事项】
探针纯化时，不要用涡旋振荡器混合试剂。

【实验结果及分析】
染色体同位素原位杂交后，放射自显影的 X 射线片经显影、定影，在与染色体玻片标本进行对比后，才能确定染色体杂交的确切位置。

（陈　峰）

支持方案　染色体实验试剂配制

1. 常用缓冲液的配制

(1) 0.5mol/L EDTA（pH 8.0）

$EDTA-Na_2$	18.6g
NaOH	2g

溶于 70ml 双蒸水中，加热搅拌溶解后，用 10mol/L NaOH 调 pH 值至 8.0，加水定容至 100ml，高压蒸汽灭菌 20min（$EDTA-Na_2$ 需在 pH 值接近 8.0 时，才能完全溶解）。

(2) PBS（pH 7.4）

NaCl	8g	Na_2HPO_4	1.44g
KCl	0.2g	KH_2PO_4	0.24g

加水定容至 1L，高压蒸汽灭菌 20min，室温保存。

2. 培养基的配制

RPMI-1640 液体培养基

依 RPMI-1640 粉剂型培养基说明书，称取规定的质量和蒸馏水按比例溶解，由于在配制时常有极细微的悬浮颗粒不能溶解，需通入适量 CO_2 气体助溶。按要求加入 $NaHCO_3$，补加谷氨酰胺，待完全溶解后，$0.22\mu m$ 滤膜过滤除菌，分装后置于 4℃冰箱中保存。

使用时分别加青霉素、链霉素（青霉素终浓度为 100U/ml，链霉素终浓度为 0.1mg/ml）及灭活小牛血清（10％或 15％）。

3. 染液的配制

(1) 吉姆萨原液

吉姆萨粉	1.0g
甘油	66ml
甲醇	66ml

先将吉姆萨粉置于研钵中加少量甘油，充分研磨，呈无颗粒的糊状，再将全部甘油加入，放入 56℃温箱中 2h，边研磨边加入甲醇，保存于棕色瓶中，2 周后过滤备用。

常规染色时，取吉姆萨原液 1ml 加 9ml 磷酸盐缓冲液（pH 6.8 或 pH 7.4）配成的工作液，染色 20～30min。

(2) 瑞氏原液

瑞氏染料	2.5g
无水甲醇	1000ml

37℃温箱过夜（约16h），然后置室温成熟7d，过滤后使用。

(3) 硫堇染液

① 硫堇原液　取100ml乙醇（50％）溶解1g硫堇，过滤备用。

② 缓冲液　$CH_3COONa \cdot 3H_2O$ 9.714g、巴比妥钠14.714g加蒸馏水至500ml。

③ 硫堇工作液　取0.1mol/L HCl 32ml，缓冲液28ml，硫堇原液40ml，混合均匀后即可。

(4) 石炭酸-复红染液

取3％复红（溶于70％乙醇）10ml与5％石炭酸90ml混匀即可配成石炭酸-复红原液。

取石炭酸-复红原液45ml，冰醋酸6ml，35％甲醛6ml混匀即成石炭酸-复红工作液。工作液可保存数月，用前需混合并静置24h。

(5) 1％结晶紫染液配制

取结晶紫1g，加入100ml蒸馏水，制成1％结晶紫水溶液。

4. 其他常用试剂的配制

(1) 柠檬酸钠溶液（ACD）

柠檬酸	0.48g
柠檬酸钠	1.32g
葡萄糖	1.47g

加水定容至100ml，高压蒸汽灭菌。使用时，每6ml新鲜血液中加入1ml ACD。

(2) 秋水仙素（100mg/L）

秋水仙素	10mg
0.85％生理盐水	100ml

0.22μm滤膜过滤除菌，4℃保存备用。

(3) 0.075mol/L KCl低渗液　称取KCl 0.559g，加水定容至100ml。

(4) KCl/柠檬酸钠低渗液　取0.4％ KCl和0.4％柠檬酸钠等量混匀即可，一般用于绒毛细胞、羊水细胞和实体瘤细胞的染色体制片，效果比单纯用KCl好。

(5) 肝素溶液　取肝素注射液（含12500U/支），用25ml无菌0.85％生理盐水在超净台中稀释成500U/ml的使用液。使用时每毫升血加0.2ml肝素液（100U肝素一般可抗凝5ml血）。若购得的肝素为粉剂，可配成4mg/ml的浓度，由于每毫克含125U，故浓度也是500U/ml。

(6) PHA溶液　取PHA粉剂（10mg）1支，溶于2ml无菌0.85％生理盐水中，使用时每5ml培养液加0.2～0.3ml，使培养液中PHA的浓度达到200～300μg/ml。

(7) 3mol/L乙酸钠（pH 4.6）　在80ml水中溶解40.81g三水合乙酸钠，用冰醋酸调节pH值至4.6，加水定容至100ml，高压蒸汽灭菌。

(8) RNA酶（无DNA酶）　将RNA酶溶于10mmol/L Tris-HCl（pH 7.5）、15mmol/L NaCl中，使其终浓度为10mg/ml。0.22μm滤膜过滤除菌，分装成小份保存于-20℃。

(9) 20×SSC（pH 7.0）

NaCl	175.3g
柠檬酸钠	88.2g

溶于800ml双蒸水中，调pH值至7.0，加水定容至1L，分装后高压蒸汽灭菌。

(10) 0.25％胰蛋白酶溶液　称取250mg胰蛋白酶放入装有100ml Hanks溶液的烧杯中，置磁力搅拌器上搅拌，待完全溶解后，冰冻保存。最好在G显带前一天配制。

(11) McIlvaine缓冲液　甲液：0.1mol/L柠檬酸溶液，称取柠檬酸（$C_6H_8O_7 \cdot H_2O$

21g 溶于 1000ml 蒸馏水中。

乙液：0.2mol/L 磷酸氢二钠溶液，称取磷酸氢二钠（$Na_2HPO_4 \cdot 12H_2O$）71.6g 溶于 1000ml 蒸馏水中。

根据需要按表 12-3 比例配制溶液（20ml）。

表 12-3　McIlvaine 缓冲液的配制比例

pH	甲液/ml	乙液/ml	pH	甲液/ml	乙液/ml
2.2	19.60	0.40	5.2	9.28	10.72
2.4	18.60	1.24	5.4	8.85	11.15
2.6	17.82	2.48	5.6	8.40	11.60
2.8	16.83	3.17	5.8	7.91	12.09
3.0	15.89	4.11	6.0	7.37	12.63
3.2	15.06	4.94	6.2	6.78	13.22
3.4	14.30	5.70	6.4	6.15	13.85
3.6	13.56	6.44	6.6	5.45	14.55
3.8	12.90	7.10	6.8	4.55	15.45
4.0	12.29	7.71	7.0	3.53	16.47
4.2	11.72	8.28	7.2	2.61	17.39
4.4	11.18	8.82	7.4	1.83	18.37
4.6	10.65	9.35	7.6	1.27	18.73
4.8	10.14	9.86	7.8	0.85	19.15
5.0	9.70	10.30	8.0	0.55	19.45

（陈　峰）

第十三章 分子细胞生物学技术

分子生物学技术种类繁多，许多专门的著作（如《分子克隆Ⅲ》《精编分子生物学实验指南》等）都有详细的介绍，所以这里只是挑选几个细胞生物学实验中常用的技术进行介绍。本章内容中，核酸技术包括 DNA 和 RNA 提取及检测、Southern 印迹和 Northern 印迹技术、RNA 干扰技术、RT-PCR、原位 PCR 技术、荧光定量 PCR 技术、基因芯片技术和原位缺口平移技术等，另外还有一项检测蛋白质相互作用的技术——GST pull-down 分析。

分子生物学与细胞生物学是密不可分的，更没有界线。一个分子生物学家必须掌握细胞生物学技术方法，同样，一个细胞生物学家不能不掌握分子生物学的技术方法，这样从事科学研究方能得心应手，随心所欲。

基本方案 1 DNA 提取及检测

【原理与应用】

在研究人类基因组和动物细胞基因组染色体的基因定位、文库构建、大尺度和精细物理图谱分析、指纹图谱分析中，必须分离、制备染色体 DNA。因此，DNA 提取技术是最基本的分子生物学实验方法。

提取 DNA 的方法有多种，这里介绍最常用的 SDS-蛋白酶 K-苯酚抽提法。本方法是在 SDS 和 EDTA 溶液中，蛋白酶 K 消化细胞蛋白质，由 SDS 破坏核膜而使 DNA 释放入水溶液。其中 EDTA 螯合 Ca^{2+}、Mg^{2+} 等金属离子，抑制 DNA 酶对 DNA 的降解作用，SDS 还可破坏细胞膜上的脂肪和蛋白质，并与蛋白质结合成为复合物使蛋白质变性而沉淀下来。酚-氯仿-异戊醇可使蛋白质进一步沉淀，使 DNA 纯化。大分子 DNA 在乙醇中会析出絮状物，以无菌玻璃棒或塑料棒搅拌缠绕将 DNA 挑出、在 70% 乙醇中漂洗脱盐，真空干燥后溶解在 TE 中。此法制备的 DNA 大小一般为 40~150kb。如制备更大的基因组 DNA，则需用完整细胞基因组 DNA 的低熔点胶包块法，可得 1000kb 左右的基因组 DNA。

【实验用品】

（1）材料　新鲜组织、培养细胞、血等 DNA 来源。

（2）试剂　预冷的 PBS、DNA 消化缓冲液、20mg/ml 的蛋白酶 K、酚-氯仿-异戊醇、3mol/L 乙酸钠、预冷无水乙醇、预冷 75% 乙醇、TE 缓冲液、0.25% 胰蛋白酶（培养细胞提取用）、红细胞裂解缓冲液（血液提取用）、TNES 缓冲液（血液提取用）、NaCl 饱和液（血液提取用）、LB 琼脂培养基或液体培养基（质粒提取用）、GTE 缓冲液（质粒提取用）、新鲜的 0.2mol/L NaOH（内含 1%SDS）（质粒提取用）、乙酸钾溶液（pH 4.8，质粒提取用）、酚-氯仿（质粒提取用）、双蒸水。

（3）设备　匀浆器、水浴箱、1.5ml Eppendorf 离心管、15ml 试管、低温高速离心机、普通离心机、紫外分光光度计、1ml 可调加样器、5μl 加样器。

【试剂配制】

（1）PBS　NaCl，8.0g；KCl，0.2g；$Na_2HPO_4 \cdot 12H_2O$，2.9g；KH_2PO_4，0.2g；双蒸水定容至 1000ml。高压消毒（通常在 1.034×10^5 Pa 下灭菌 30min）。

（2）红细胞裂解缓冲液（155mmol/L NH_4Cl；10mmol/L NH_4HCO_3；1mmol/L

EDTA-Na$_2$） NH$_4$Cl，4.145g；NH$_4$HCO$_3$，0.395g；0.1mol/L EDTA（pH 7.4），5ml；双蒸水，350ml；将 pH 调至 7.4，加双蒸水至 500ml，在 1.034×10^{5}Pa 下灭菌 30min。

(3) LB（Luria-Bertani）培养基　每升含有胰蛋白胨，10g；酵母提取物，5g；NaCl，10g；琼脂糖或琼脂（固体培养基时用），15g；用 NaOH 调 pH 至 7.5。

(4) TNES 缓冲液　1mol/L Tris-HCl（pH 8.0），10ml；5mol/L NaCl，30ml；0.25mol/L EDTA，40ml；10％ SDS，10ml；双蒸水定容至 1000ml。高压消毒（通常在 1.034×10^{5}Pa 下灭菌 30min）。

(5) GTE 缓冲液（pH 8.0）　50mmol/L 葡萄糖；25mmol/L Tris-HCl，pH 8.0；10mmol/L EDTA，pH 8.0；溶菌酶 2mg/ml（临用时加入）。

(6) 乙酸钾溶液（pH 4.8，5mol/L）　29.5ml 冰醋酸，KOH 颗粒调校至 pH 4.8（几粒），H$_2$O 加至 100ml，室温保存（不可高压灭菌）。

(7) TE 缓冲液（pH 8.0）　10mmol/L Tris-HCl，1mmol/L EDTA，高压消毒。

(8) DNA 消化缓冲液　100mmol/L NaCl；10mmol/L Tris-HCl，pH 8.0；25mmol/L EDTA，pH 8.0；5g/L SDS。

【实验方案】

1. 从组织细胞中提取 DNA

① 取新鲜或冷冻组织，迅速剪切、称量约 100mg 于匀浆器中，加入 2ml 预冷的 PBS 进行匀浆。

② 离心（2000g×5min），弃上清液。

③ 加入 DNA 消化缓冲液 500μl，再加入 20mg/ml 的蛋白酶 K 5μl，翻转混匀（动作轻），55℃水浴 1h。

④ 加入等体积酚-氯仿-异戊醇，慢慢旋转混匀，倾斜使两相接触面积增大。

⑤ 4℃离心（10000g×10min）。

⑥ 小心吸取上层含 DNA 的水相至新管，加入 1/10 体积的 3mol/L 乙酸钠，小心充分混匀，再加 2.5 倍体积的预冷无水乙醇，混匀，－20℃放置 30min 以上。

⑦ 4℃离心（12000g×15min），弃上清液，预冷的 75％乙醇约 1ml 洗涤沉淀。

⑧ 4℃离心（12000g×5min），弃上清液，室温干燥约 10min（不必完全干燥，否则难溶）。

⑨ 加适量（约 40μl）TE 缓冲液溶解。－20℃保存。

2. 从培养细胞中提取 DNA

① 悬浮细胞（10^6 个以上）离心（1500g×5min，4℃），弃上清液。贴壁生长细胞先用胰蛋白酶消化。

② 细胞用冰冷的 PBS 重悬，在同样条件下离心，弃上清液，收集细胞。

③ 重复 1 次步骤②。

④ 加入 DNA 消化缓冲液消化，余下步骤同组织细胞。

3. 从血液中提取 DNA

① 取 5ml 新鲜抗凝全血，加 10ml 红细胞裂解缓冲液。在冰上冷育 30min，间隔 5min 猛烈振摇 1 次。

② 室温下 1000r/min 离心 10min。

③ 弃上清液，加入红细胞裂解液后重复上述步骤 1 次。

④ 加入 5ml TNES 和蛋白酶 K（终浓度 100μg/ml），55℃水浴 1h。

⑤ 加 5ml 双蒸水和 5ml NaCl 饱和液（6mol/L 浓度），振摇。

⑥ 室温下 3000g 离心 10min，将上清液移入新的离心管中。

⑦ 加 2 倍体积的 −20℃ 预冷乙醇，轻轻振摇。
⑧ 用无菌玻璃棒挑取 DNA，70% 乙醇蘸洗 1 次。
⑨ 真空抽干，加 200～300μl TE 缓冲液溶解，−20℃ 保存。

4. 质粒 DNA 的提取

所有分离质粒 DNA 的方法都包括三个基本步骤：培养细菌使质粒扩增；收集和裂解细菌；分离和纯化质粒 DNA。

① 培养细菌　将带有质粒 pUC19 或 pBR322 的大肠杆菌接种在 LB 琼脂培养基上或液体培养基，37℃ 培养 24～48h。

② 用牙签挑取平板培养基上的菌落，放入 1.5ml Eppendorf 离心管中，或取液体培养菌液 1.5mL 置于 Eppendorf 小管中，10000g 离心 1min，去掉上清液。加入 150μl GTE 缓冲液。充分混匀，在室温下放置 10min 溶菌酶在碱性条件下不稳定，必须在使用时新配制溶液。使用 EDTA 是为了去除细胞壁上的 Ca^{2+}，使溶菌酶更易与细胞壁接触。

③ 加入 200μl 新配制的 0.2mol/L NaOH（内含 1%SDS）。加盖，颠倒 2～3 次，使之混匀。冰上放置 5min（SDS 能使细胞膜裂解，并使蛋白质变性）。

④ 加入 150μl 冰冷的乙酸钾溶液（pH 4.8）。加盖后颠倒数次使混匀，冰上放置 15min。

⑤ 用台式高速离心机，10000g 离心 5min，上清液倒入另一干净的离心管中（乙酸钾能沉淀 SDS 和 SDS 与蛋白质的复合物，在冰上放置 15min 是为了使沉淀完全。如果上清液经离心后仍浑浊，应混匀后再冷却至 0℃ 并重新离心）。

⑥ 向上清液中加入等体积酚-氯仿（1∶1，体积比），振荡混匀，10000g 离心 2min，将上清液转移至新的离心管中。

⑦ 向上清液加入 2 倍体积无水乙醇，混匀，室温放置 2min；10000g 离心 5min，倒去上清乙醇溶液，把离心管倒扣在吸水纸上，吸干液体。

⑧ 加 0.5ml 70% 乙醇，振荡并离心，倒去上清液，真空抽干或室温自然干燥。待用（可以在 −20℃ 保存）。

【注意事项】

① 生物样品要防止污染，以免混入其他来源的 DNA。

② 本法的成功与否，关键步骤是蛋白酶 K 消化要好，55℃ 孵育时要不时轻轻振摇，否则蛋白质不易去除，且 DNA 得率低。

③ 整个实验过程中动作要轻，防止猛烈振动使 DNA 断裂。

④ 质粒 DNA 有三种形式，共价闭合环状 DNA（covalently closed circular DNA，cccDNA），开环 DNA（open circular DNA，ocDNA）以及线状 DNA。在电泳时，同一质粒如以 cccDNA 形式存在，它比其开环和线状 DNA 的泳动速度快，因此在本实验中，自制质粒 DNA 在电泳凝胶中可能呈现 3 条区带。

⑤ 凡未注明离心温度者可在室温下进行。

【实验结果及分析】

① 取 10μl 制备的 DNA 样品，加 790μl 去离子水，于分光光度计上测定 260nm、280nm 处的吸光度值。样品 DNA 浓度（μg/ml）= A_{260} × 50（μg/ml）× 稀释倍数。A_{260}/A_{280} 应在 1.8～1.9 之间，如小于该值，则可能有蛋白质杂质。

② 取 5μl 制备的 DNA 样品，于琼脂糖凝胶中电泳，与 DNA 分子质量标准参照物比较，观察 DNA 片段大小。有条件的可用凝胶成像系统分析计算 DNA 含量及 DNA 片段的分子质量。

（詹秀琴）

基本方案 2 RNA 提取及检测

【原理与应用】

异硫氰酸胍（guanidine isothiocyanate）是一类有效解偶剂，当细胞被它溶解后，蛋白质二级结构消失，细胞结构降解，核蛋白迅速与核酸解离。在 4mol/L 异硫氰酸胍和 β-巯基乙醇存在下，RNA 酶失活，可提取完整的总 RNA。

【实验用品】

(1) 材料 新鲜组织、培养细胞等 RNA 来源。

(2) 试剂 预冷的 PBS，变性液，氯仿-异戊醇，2mol/L 乙酸钠（pH 4.0），预冷无水乙醇，预冷 75% 乙醇，0.25% 胰蛋白酶（培养细胞），冰块，DEPC 处理水。

(3) 设备 匀浆器，15ml、10ml、5ml 离心管，低温高速离心机，普通离心机，紫外分光光度计，5ml 移液管，1ml 可调加样器。

【试剂配制】

(1) 变性液的配制 异硫氰酸胍，47.3g；十二烷基肌氨酸钠，0.5g；2.5ml 1mol/L 柠檬酸钠（pH 7.0）；0.7ml β-巯基乙醇；DEPC 处理的双蒸水，定容至 100ml，65℃ 加热并搅拌助溶。

(2) 焦碳酸二乙酯（diethyl pyrocarbonate，DEPC）处理水 加 0.2ml 焦碳酸二乙酯到待处理的 100ml 水中，猛烈振摇使 DEPC 均匀混入水中，37℃ 过夜，高压灭菌（1.034×10^5 Pa，30min）。

(3) 乙酸钠溶液（2mol/L，pH 4.0） 三水合乙酸钠，54.4g；DEPC 处理水，20ml；用冰醋酸调 pH 至 4.0，加 DEPC 处理水至 200ml，高压灭菌（1.034×10^5 Pa，20min）。

(4) 氯仿-异戊醇混合液（49∶1） 氯仿，49ml；异戊醇，1ml；混合上述液体，4℃ 保存。

(5) 70% 乙醇的配制 无水乙醇，70ml；DEPC 处理水定容至 100ml；混合后置 -20℃ 保存。

【实验方案】

1. 组织块中 RNA 的提取

① 取已从活体上取下的组织约 1.5g 置冰上，剪成 $1mm^3$ 小块，加 5ml 预冷的变性液，迅速匀浆 15～30s。

② 转移入 15ml 离心管中，加 1ml 2mol/L 乙酸钠（pH 4.0），翻转混合。

③ 加 1ml 氯仿-异戊醇（49∶1），翻转混合，猛烈振摇 10s，冰浴 15min。

④ 4℃ 离心（$10000g \times 20min$）。

⑤ 将上层水相移入新 15ml 离心管，加 2 倍体积冷无水乙醇，置 -20℃ 保持 1h 以上。

⑥ 4℃ 离心（$10000g \times 20min$）。

⑦ 弃上清液，加 2ml 变性液重悬沉淀。

⑧ 转入新管，加 2 倍体积冷乙醇置 -20℃ 沉淀 1h 以上。

⑨ 4℃ 离心（$10000g \times 20min$）。

⑩ 沉淀用 70% 乙醇洗 1 次。

⑪ 空气干燥，沉淀溶解在 100μl DEPC 处理水中，-70℃ 贮存。

2. 培养细胞中 RNA 的提取

① 收集 10^7 个以上的细胞。贴壁培养细胞用 0.25% 胰蛋白酶消化，PBS 重悬细胞并转移至 10ml 离心管中；悬浮培养细胞可直接转移至离心管。

② 离心（$2000g \times 5min$）。PBS 洗涤细胞 2 次。

③ 加 2ml 预冷的变性液，充分摇动，使细胞裂解完全。
④ 加 0.2ml 2mol/L 乙酸钠（pH 4.0），翻转混合，转移至 5ml 离心管中。
⑤ 加 0.5ml 氯仿-异戊醇（49∶1），翻转混合，猛烈振摇 10s，冰浴 15min。
⑥ 以下步骤同上。

【注意事项】
① 在提取总 RNA 时一个非常值得注意的问题是防止 RNA 酶的混入，一般实验室的玻璃器皿、唾液和汗液都可能是 RNA 酶的污染源，故在操作时始终应戴一次性手套进行，玻璃器皿应在 250℃ 烘烤 4h 以上或 180℃ 烘烤 9h 以上，其他器具如电泳仪，应用 3% H_2O_2 浸泡 2h 以上，用 0.2%DEPC 处理的高压灭菌的蒸馏水冲洗 3 次以上，烘干待用。
② 获得抽提 mRNA 的成功关键是在一开始即将内源性的 RNA 酶活性减低到最小和在操作过程中防止器皿、唾液和汗等污染。本法在一开始破碎细胞的同时使核酸酶失活，从而可得到较高的回收率。
③ 总 RNA 在液相，DNA 及蛋白质在液相与异硫氰酸胍相之间。
④ 停止离心机以不用刹车为好。

【实验结果及分析】
取 4μl RNA 样品，100 倍稀释后于分光光度计上测定 260nm、280nm 处的吸光度值。样品 RNA 浓度（μg/ml）= A_{260}×40（μg/ml）×稀释倍数。A_{260}/A_{280} 应在 1.9～2.0 之间，如小于该值，则可能有蛋白质杂质。

（詹秀琴）

基本方案 3 Southern 印迹技术

【原理与应用】
通常，具有特异核苷酸顺序的单链 DNA 或 RNA 与同源互补的 DNA 或 RNA 在合适的条件下混合，互补的区域会"退火"或杂交而形成同种或异种双链分子。这种 DNA-DNA 或 DNA-RNA 双链分子具有很强的特异性，可用来对某一特定的核酸片段进行定位、定量检测，确定基因的同源性。这种核酸的互补杂交与核酸的提取、电泳、转移等结合起来，就构成了核酸分子杂交技术。

核酸分子杂交包括固相杂交和液相杂交，其中固相杂交主要包括印迹杂交和原位杂交。印迹杂交是指将待测核酸片段结合到一定的固相支持物上，然后与存在于液相中的标记探针进行杂交的过程。根据待测核酸片段的性质以及转移核酸的方法的不同，印迹杂交又分为 Southern 印迹杂交、Northern 印迹杂交、斑点或狭缝印迹杂交和菌落原位印迹杂交。

Southern 印迹技术（Southern blot）是将 DNA 转移到固相支持物上，然后与存在于液相中的标记探针进行杂交的过程。该技术是 1975 年由 Edwin Southern 最早发明而命名的，它是一种研究 DNA 图谱的方法，可检测特定大小 DNA 分子的含量，常用于克隆基因的酶切图谱分析、基因组基因的定性及定量分析、基因突变分析及限制性长度多态性分析（RELP）等。

首先将限制性核酸内切酶消化的 DNA 片段经凝胶电泳分离，然后使凝胶上的 DNA 变性，并在原位将单链 DNA 片段转移至硝酸纤维素膜或其他固相支持物上。通过用放射性同位素标记特异的 DNA 探针，与单链 DNA 片段进行杂交反应，经放射性自显影，分析杂交信号，确定与探针互补的每条 DNA 带的位置，从而可以确定在众多酶解产物中含某一特定序列的 DNA 片段的位置和大小。

【实验用品】

(1) 材料　基因组 DNA、已标记好的探针。

(2) 试剂　适当的限制性核酸内切酶及缓冲液、DNA 分子质量标准（Marker，1kb 梯度）、高质纯琼脂糖、5×TBE、6×加样缓冲液、10mg/ml EB（溴化乙锭）、变性溶液、中和溶液、20×SSC、6×SSC、2×SSC 和 0.1×SSC、50×Denhardt's 溶液、预杂交溶液、0.1%SDS、无水乙醇、TE、灭菌水。

(3) 设备　电泳仪、电泳槽、紫外分光光度计、紫外检测仪、恒温水浴箱、真空烤箱、离心机、制胶模、梳板、玻璃板、托盘、硝酸纤维素膜、Whatman 3MM 滤纸、吸印纸、保鲜膜、杂交袋、放射自显影盒、X 线胶片、微量移液器（20μl）、枪头（灭菌）、1.5ml Eppendorf 管（灭菌）、棉布手套、重物（约 0.5kg）。

【试剂配制】

(1) 5×TBE（Tris-硼酸-EDTA 电泳缓冲液）　800ml H_2O 溶解 54.0g Tris，27.5g 硼酸，20ml 0.5mol/L EDTA（pH 8.0），再用 H_2O 定容至 1L。

(2) 6×加样缓冲液　0.25%溴酚蓝，0.25%二甲苯青，40%蔗糖溶液，4℃保存。

(3) 变性溶液　1.5mol/L NaCl，0.5mol/L NaOH。

(4) 中和溶液　1.5mol/L NaCl，1mol/L Tris-HCl（pH 8.0）。

(5) 20×SSC　800ml H_2O 溶解 175.3g NaCl，88.2g 柠檬酸钠，14mol/L HCl 调节 pH 至 7.0，用 H_2O 定容至 1L，终浓度为 3mol/L NaCl、0.3mol/L 柠檬酸钠。

(6) 6×SSC、2×SSC 和 0.1×SSC　用 20×SSC 稀释。

(7) 50×Denhardt's 溶液　1% Ficoll-400，1%PVP（聚乙烯吡咯烷酮），1% BSA（牛血清白蛋白），过滤除菌后于 -20℃ 储存。

(8) 预杂交溶液　6×SSC，5×Denhardt's 溶液，0.5% SDS，100mg/ml 鲑鱼精子 DNA，50%甲酰胺。

(9) 杂交溶液　预杂交液加入标记好的探针即为杂交液。

(10) 20% SDS　900ml H_2O 溶解 200g SDS（加热到 68℃ 并用磁力搅拌器搅拌有助于溶解），浓 HCl 调节 pH 至 7.2，用 H_2O 定容至 1L，室温保存。使用时按比例稀释。

(11) EB（10mg/ml）　在 100ml 水中加入 1g EB，磁力搅拌数小时，以确保其完全溶解。然后将溶液转移至棕色瓶中，保存于室温。

(12) TE　10mmol/L Tris-HCl，1mmol/L EDTA，pH 8.0。

【实验方案】

1. 基因组 DNA 的消化

① 按下列方法准备一个 50μl 的反应体系：基因组 DNA 20μg，限制性核酸内切酶缓冲液适量，灭菌水适量，置于 4℃ 数小时，其间温和地搅动 DNA 溶液数次，加入限制性核酸内切酶（5U/μg，以 DNA 计），补足 50μl 体积。

② 4℃ 温和地搅动溶液 2~3min，再升温至酶切反应需要的温度，孵育 8~12h。

③ 消化结束后用乙醇沉淀法浓缩 DNA 片段，将 DNA 溶于 10μl TE 中，测定其 OD 值。

2. 琼脂糖凝胶电泳

① 用 0.5×TBE 缓冲液配制 0.7% 的琼脂糖凝胶，加热使琼脂糖彻底热融，待冷却至 50℃ 时，在凝胶中加入 EB 至终浓度为 0.5μg/ml。

② 将融化的凝胶倒入制胶模中，梳板置于一端，底部与制胶模之间留下 0.5~1mm 间隔，凝胶厚度在 3~5mm 之间。

③ 待凝胶凝固后，将制胶模放入电泳槽内，并向其中加入 0.5×TBE 电泳缓冲液，液

面高出凝胶表面 1~2mm，小心拔出梳板。

④ 将 DNA 消化产物（每个加样孔不少于 10μg）与其 1/5 体积的 6× 加样缓冲液混合后，用移液器加到样品孔中。选择 1kb 梯度的 DNA 分子质量标准（Marker），将 5μl Marker 加在凝胶的最外侧样品孔中。

⑤ 接通电源线，样品孔处于电泳槽的阴极端，开启电源开关。调整电压为 1V/cm，在琼脂糖凝胶中电泳 12~24h。

⑥ 将凝胶放在紫外灯下，观察 DNA 电泳条带，照相记录。

3. 转移

① 将凝胶在加样孔一侧切去一角，作凝胶方位标记。再放进盛有变性缓冲液的盘中变性处理 2 次，每次 15min，轻轻摇动。

② 将凝胶转移到中和缓冲液中中和 30min，轻轻摇动。

③ 裁 1 张硝酸纤维素膜，2~4 张 3MM 滤纸和一些吸印纸（可用卫生纸），都与胶的大小相同（硝酸纤维素膜和吸印纸不能比胶大，否则易形成旁路）。将硝酸纤维素膜剪下一角做相应的方位记号，然后先用无菌水完全湿透，再用 20×SSC 浸泡。接触胶和硝酸纤维素膜时都要戴棉布手套操作。

④ 在转移盘中放一块比胶大的平板，上面铺一张 3MM 滤纸，滤纸两边浸泡在 20×SSC 缓冲液中。去除滤纸与平板之间的气泡。

⑤ 将凝胶放置在滤纸上，使其电泳时向上的一面朝下，去除两层之间出现的气泡。然后将浸湿的硝酸纤维素膜一次准确铺在胶上，对齐。铺膜时从一边逐渐放下，防止产生气泡，有气泡时，可用吸管赶出，不能让膜与胶下的滤纸直接接触。再用 2 张浸过 2×SSC 缓冲液的 3MM 滤纸覆盖在硝酸纤维素膜上，同样要把气泡赶去。

⑥ 把一叠干的吸印纸放置在 3MM 滤纸上，在吸印纸上再放一块玻璃板，加压约 500g 重物（如图 13-1 所示）。

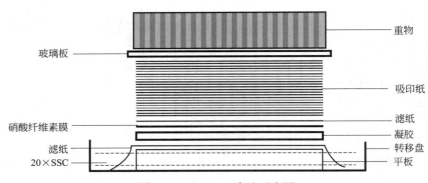

图 13-1 Southern 印迹示意图

⑦ 转移。上述步骤完毕，开始进行 DNA 转移。通过滤纸的吸附作用，平盘中的缓冲液就会通过胶上移，从而将 DNA 吸印到膜上。根据 DNA 复杂程度，转移 2~24h。简单的印迹转移需 2~3h；对于基因组大片段 DNA，一般需要较长时间的转移。印迹转移期间如果吸印纸过于潮湿，应换新的干燥的吸印纸。

⑧ 固定转移后，取出硝酸纤维素膜，浸泡在 6×SSC 溶液中 5min 以去除琼脂糖凝胶碎块。空气干燥膜片，然后在真空烤箱内 80℃烘烤 2h。烘过的膜可在室温下干燥保存，待杂交。

4. 预杂交

将转移 DNA 的硝酸纤维素膜放入塑料袋内，加入预杂交液（约 200μl/cm²），前后挤压塑料袋，使硝酸纤维素膜湿透。排除袋中的气泡，然后将塑料袋密封，于42℃水浴中孵育2~4h，弃去预杂交液。

5. 杂交

向塑料袋中加入杂交液（预杂交液加入标记好的探针即为杂交液），重新将其密封。然后置于42℃水浴中杂交16~24h。

6. 漂洗

① 弃去杂交液，取出硝酸纤维素膜，在室温下，用 $2\times SSC/0.1\%$ SDS 溶液漂洗2次，每次15min。

② 室温下，用 $0.1\times SSC/0.1\%$ SDS 溶液漂洗2次，每次15min。

③ 55℃，用 $0.1\times SSC/0.1\%$ SDS 溶液漂洗2次，每次30min。

7. 放射自显影

漂洗后的硝酸纤维素膜，经空气干燥，用保鲜膜包好。然后在暗室中，于胶片盒内在膜两侧各压上1张X线胶片，-70℃放射自显影。时间视杂交强度而定，24h~10d不等。通常曝光1~2d后可见DNA谱带。

【注意事项】

① EB是一种诱变剂，皮肤长期接触易发生皮肤癌。因此在操作EB时应戴上聚乙烯手套防护。

② DNA片段的大小决定了其转移的速度。大于15kb的DNA片段转移时间长且转移不完全，因此对于大片段DNA的转移，可先用 0.2mol/L HCl 处理15min，脱嘌呤。但处理时间需严格掌握，过长会使DNA降解为小片段，影响转移及杂交。

③ 操作凝胶及硝酸纤维素膜时，要戴上棉布手套，以防止脏物和油脂污染，导致转移失败。

④ 不能使硝酸纤维素膜上的滤纸接触到凝胶下的滤纸，否则形成短路流动使转移不均。可用保鲜膜将凝胶边缘封围。

⑤ 将硝酸纤维素膜铺在凝胶上时，膜一经与凝胶接触即不可再移动。因为从接触的一刻起，转移就已经开始。

⑥ 杂交时，不要留过多面积，浪费预杂交液及杂交液，同时塑料袋内不要留有气泡，否则预杂交及杂交都不均匀。

⑦ 孵育前，检查塑料袋是否密闭，勿使袋内液体流出，以及水浴箱内液体流入。

⑧ 漂洗强度可根据所杂交的分子大小、同源区段的大小来确定，可适当调节漂洗液强度（改变离子强度）、漂洗温度和漂洗时间，同时亦可用放射性测定仪检测漂洗情况。

⑨ 在杂交及放射自显影过程中，应戴上手套防护。杂交了同位素的膜片用保鲜膜包裹好，不要污染其他器皿。

⑩ 如果硝酸纤维素膜在杂交后的保存过程中干燥，探针将与膜不可逆性结合，不能再洗脱下来。因此，在漂洗、放射自显影和保存过程中，均应保持其湿润，并密封在塑料袋中。

【实验结果及分析】

① 电泳结束后，应在紫外线下仔细观察DNA酶切是否完全、电泳分离效果是否良好、DNA样品有无降解、DNA带型是否清晰、有无拖尾及边缘是否模糊等现象，确认一切正常后再做转移及杂交。

② 放射自显影后，观察X射线片上曝光显示条带的分子质量大小及亮度。

（朱利娜）

基本方案 4　Northern 印迹技术

【原理与应用】

　　Northern 印迹技术（Northern blot）是分析 RNA 的一种方法，因与 Southern 印迹技术对应而被趣称为此。该技术可定量分析某一特异基因转录的强度，根据其迁移的位置也可判断基因转录产物的大小。该技术常用于基因表达调控、基因结构与功能、遗传变异及病理研究。

　　首先将 RNA 样品通过变性琼脂糖凝胶电泳进行分离，再转移到尼龙膜等固相载体上，通过用放射性同位素标记特异的 DNA 或 RNA 探针，与具有特异碱基序列的单链 RNA 进行杂交，去除非特异性杂交信号后经放射自显影，对杂交信号进行分析，可鉴定特异 RNA 分子的含量及大小。

【实验用品】

　　(1) 材料　待检测的 RNA 样品、标记好的探针。

　　(2) 试剂　高质纯琼脂糖、37％甲醛、5×甲醛电泳缓冲液、EB 溶液、甲醛凝胶加样缓冲液、RNA 分子质量标准（Marker）、0.1％DEPC（焦碳酸二乙酯）、20×SSC、6×SSC、2×SSC 和 0.1×SSC、50×Denhardt's 溶液、预杂交溶液、0.1％ SDS、灭菌水。

　　(3) 设备　电泳仪、电泳槽、紫外检测仪、自动光密度扫描仪、恒温水浴箱、真空烤箱、离心机、制胶模、梳板、玻璃板、托盘、硝酸纤维素滤膜、Whatman 3MM 滤纸、吸印纸、保鲜膜、杂交袋、放射自显影盒、X 射线片、微量移液器（20μl）、枪头（灭菌）、1.5ml Eppendorf 管（灭菌）、棉布手套、重物（约 0.5kg）。

【试剂配制】

　　(1) 0.1％DEPC（焦碳酸二乙酯）

　　(2) 5×甲醛电泳缓冲液　700ml 经 DEPC 处理的灭菌水溶解 20.9g MOPS[3-(N-吗啉代)丙磺酸]，用 2mol/L NaOH 调节溶液的 pH 值至 7.0。加 10ml 经 DEPC 处理的 1mol/L CH_3COONa 溶液和 10ml 经 DEPC 处理的 0.5mol/L EDTA（pH 8.0），用 0.1％DEPC 处理的灭菌水定容至 1L，过滤除菌，室温避光保存。终浓度为 0.1mol/L MOPS（pH 7.0），10mmol/L CH_3COONa，5mmol/L EDTA（pH 8.0）。

　　(3) EB 溶液　0.5μg/ml EB，0.1mol/L 乙酸铵。

　　(4) 甲醛凝胶加样缓冲液　0.25％溴酚蓝，0.25％二甲苯青，50％甘油，1mmol/L EDTA（pH 8.0），用 0.1％DEPC 37℃处理过夜，高压灭菌，常温保存。

　　(5) 37％甲醛　12.3mol/L，pH 大于 4.0。

　　(6) 20×SSC　800ml H_2O 溶解 175.3g NaCl、88.2g 柠檬酸钠，14mol/L HCl 调节 pH 至 7.0，用 H_2O 定容至 1L，终浓度为 3mol/L NaCl、0.3mol/L 柠檬酸钠。

　　(7) 6×SSC、2×SSC 和 0.1×SSC　用 20×SSC 稀释。

　　(8) 50×Denhardt's 溶液　1％ Ficoll-400，1％PVP（聚乙烯吡咯烷酮），1％ BSA（牛血清白蛋白），过滤除菌后于-20℃贮存。

　　(9) 预杂交溶液　6×SSC，5×Denhardt's 溶液，0.5％ SDS，100mg/ml 鲑鱼精子 DNA，50％甲酰胺。

　　(10) 杂交溶液　预杂交溶液中加入变性探针即为杂交溶液。

　　(11) 200g/L SDS 溶液　900ml H_2O 溶解 200g SDS（加热到 68℃并用磁力搵拌器搵拌有助于溶解），浓 HCl 调节 pH 至 7.2，用 H_2O 定容至 1L，室温保存。使用时按比例稀释。

第十三章　分子细胞生物学技术

【实验方案】

1. 甲醛变性琼脂糖凝胶电泳

① 电泳槽用去污剂洗干净，蒸馏水冲洗，无水乙醇漂洗干燥，$3\%\,H_2O_2$ 处理 10min，最后用 DEPC 处理过的三蒸水彻底冲洗，以去除电泳槽内的 RNA 酶。

② 将 1.5g 琼脂糖加热溶于 62ml DEPC 处理的灭菌水中，冷却至 60℃，加入 20ml 5×甲醛电泳缓冲液和 18ml 甲醛至终浓度分别为 1× 及 2.2mol/L。在化学通风橱内，将熔化的凝胶倒入制胶模中，梳板置于一端，底部与制胶模之间留下 0.5～1mm 间隔，凝胶厚度在 3～5mm。

③ 待凝胶凝固后，将制胶模放入电泳槽内，并向其中加入 1×甲醛电泳缓冲液，液面高出凝胶表面 1～2mm，小心拔出梳板。

④ 在 1.5ml Eppendorf 管内，混合下列试剂：制备样品 RNA $2\mu l$（$20\mu g$），5×甲醛电泳缓冲液 $4\mu l$，37%甲醛 $3.5\mu l$，甲酰胺 $10\mu l$，总体积为 $20\mu l$。

⑤ 将上述样品混匀，65℃孵育 15min，迅速冰浴冷却，离心 5s，使管内所有液体集中在管底。加 $2\mu l$ 甲醛凝胶加样缓冲液混合待用。

⑥ 加样前，将制备好的凝胶先预电泳 5min。随后将样品加至凝胶的加样孔中，并在凝胶最外侧加样孔中加入 RNA 分子质量标准。

⑦ 接通电源线，样品孔处于电泳槽的阴极端，开启电源开关。调整电压为 3～4V/cm。每 1～2h 将正负极电泳槽内液体混合 1 次。

⑧ 电泳结束后，切下 RNA 分子质量标准所在的凝胶条带，浸入 EB 溶液中染色 30～45min。在紫外灯下，观察 RNA 电泳条带的迁移距离，照相记录。

2. 转移

Northern 印迹基本与 Southern 印迹相同，如图 13-1 所示。

① 切除无用的凝胶部分，在加样孔一侧切去一角，作凝胶方位标记。

② 将凝胶用经 DEPC 处理的水漂洗数次，以去除所含的甲醛。

③ 裁 1 张硝酸纤维素膜，2～4 张 3MM 滤纸和一些吸印纸（可用卫生纸），都与胶的大小相同（硝酸纤维素膜和吸印纸不能比胶大，否则易形成旁路）。将硝酸纤维素膜剪下一角做相应的方位记号。然后先用无菌水完全湿透，再用 20×SSC 浸泡。接触胶和硝酸纤维素膜时都要戴橡胶手套操作。

④ 在转移盘中放一块比胶大的平板，上面铺一张 3MM 滤纸，滤纸两边浸泡在 20×SSC 缓冲液中。去除滤纸与平板之间的气泡。

⑤ 将凝胶放置在滤纸上，使其电泳时向上的一面朝下，去除两层之间出现的气泡。然后将浸湿的硝酸纤维素膜一次准确铺在胶上，对齐。铺膜时从一边逐渐放下，防止产生气泡，有气泡时，可用吸管赶出，不能让膜与胶下的滤纸直接接触。再用 2 张浸过 2×SSC 缓冲液的 3MM 滤纸覆盖在硝酸纤维素膜上，同样要把气泡赶去。

⑥ 把一叠干的吸印纸放置在 3MM 滤纸上，在吸印纸上再放一块玻璃板，加压约 500g 重物。

⑦ 转移　上述步骤完毕，开始进行 RNA 转移。通过滤纸的吸附作用，平盘中的缓冲液就会通过胶上移，从而将 RNA 吸印到膜上。需持续 6～18h，转移期间如果吸印纸过于潮湿，应换新的干燥的吸印纸。

⑧ 固定转移后，取出硝酸纤维素膜，浸泡在 6×SSC 溶液中 5min，以去除琼脂糖凝胶碎块。空气干燥膜片，然后在真空烤箱内 80℃烘烤 2h。烘过的膜可在室温下干燥保存，待杂交。

3. 预杂交

将转移 RNA 的硝酸纤维素膜放入塑料袋内，加入预杂交液（约 $200\mu l/cm^2$），前后挤压塑料袋，使硝酸纤维素膜湿透。排除袋中的气泡，然后将塑料袋密封，于 42℃水浴中孵育

2～4h，弃去预杂交液。

4. 杂交
向塑料袋中加入杂交液（预杂交液加上标记好的探针），重新将其密封。然后置于42℃水浴中杂交16～24h。

5. 漂洗
① 弃去杂交液，取出硝酸纤维素膜，在室温下，用2×SSC/0.1% SDS溶液漂洗2次，每次15min。
② 室温下，用0.1×SSC/0.1% SDS溶液漂洗2次，每次15min。
③ 55℃，用0.1×SSC/0.1% SDS溶液漂洗2次，每次30min。

6. 放射自显影
漂洗后的硝酸纤维素膜，经空气干燥，用保鲜膜包好。然后在暗室中，于胶片盒内在膜两侧各压上1张X射线片，−70℃放射自显影。时间视杂交强度而定，24h～10d不等。通常曝光1～2d后可见RNA谱带。

【注意事项】

① RNA易被RNA酶降解，因此需要消除外源性RNA酶的污染，尽量抑制内源性RNA酶的活力。实验所用到的试剂的配制均需用DEPC处理（DEPC终浓度为1%），玻璃器皿使用前需200℃干烤4h，塑料器材用含有0.1% DEPC的水于37℃浸泡过夜，然后高压灭菌，确保RNA酶的降解，并去除器皿上痕量的DEPC。实验人员必须戴一次性手套及口罩，实验方案环境应清洁干净，创造一个无RNA酶的环境。

② 在凝胶中不能加EB，因它会影响RNA与硝酸纤维素膜的结合，为测定片段大小，可在同一块胶上加分子质量标准一同电泳，之后将分子质量标准所在的条带切下，染色、照相。样品胶则进行Northern转印。EB是一种诱变剂，皮肤长期接触易发生皮肤癌。因此在操作EB时应戴上聚乙烯手套防护。

③ 如果琼脂糖浓度高于1%，或凝胶厚度大于0.5cm，或待分析的RNA大于2.5kb，需用0.05mol/L NaOH浸泡凝胶20min，部分水解RNA并提高转移效率。浸泡后用经DEPC处理的水淋洗凝胶，并用20×SSC浸泡凝胶45min。然后再转移到硝酸纤维素膜上。

④ 操作凝胶及硝酸纤维素膜时，要戴上棉布手套，以防止脏物和油脂污染，导致转移失败。

⑤ 不能使硝酸纤维素膜上的滤纸接触到凝胶下的滤纸，否则形成短路流动使转移不均。可用保鲜膜将凝胶边缘封围。

⑥ 将硝酸纤维素膜铺在凝胶上时，膜一经与凝胶接触即不可再移动。因为从接触的一刻起，转移就已经开始。

⑦ 杂交时，不要留过多面积，浪费预杂交液及杂交液，同时塑料袋内不要留有气泡，否则预杂交及杂交都不均匀。

⑧ 孵育前，检查塑料袋是否密闭，勿使袋内液体流出，以及水浴箱内液体流入。

⑨ 漂洗强度可根据所杂交的分子大小、同源区段的大小来确定，可适当调节漂洗液强度（改变离子强度）、漂洗温度和漂洗时间，同时亦可用放射性测定仪检测漂洗情况。

⑩ 在杂交及放射自显影过程中，应戴上手套防护。杂交了同位素的膜片用保鲜膜包裹好，不要污染其他器皿。

⑪ 如果硝酸纤维素膜在杂交后的保存过程中干燥，探针将与膜不可逆性结合，不能再洗脱下来。因此，在漂洗、放射自显影和保存过程中，均应保持其湿润，并密封在塑料袋中。

【实验结果及分析】

① 电泳结束后，应在紫外线下仔细观察RNA电泳分离效果是否良好、RNA样品有无

降解、RNA 带型是否清晰、有无拖尾及边缘是否模糊等现象。

② 放射自显影后，观察 X 射线片上曝光显示的条带，对照 RNA 分子质量标准条带的迁移距离，即可查出凝胶电泳中相应的 RNA 的位置，从而知道基因转录的 RNA 的大小。利用"自动光密度扫描仪"扫描曝光的条带，计算条带的积分光密度值，以内参照 RNA 条带的积分光密度值为校正值，即可确定不同样品基因转录的表达强度。

（朱利娜）

基本方案 5　RNA 干扰技术

近年来的研究表明，将与 mRNA 对应的正义 RNA 和反义 RNA 组成的双链 RNA（dsRNA）导入细胞，可以使 mRNA 发生特异性的降解，导致其相应的基因沉默。这种转录后基因沉默机制（post-transcriptional gene silencing，PTGS）被称为 RNA 干扰（RNAi），其原理如图 13-2 所示。

生化和遗传学研究表明，RNA 干扰包括起始阶段和效应阶段（initiation and effect steps）。在起始阶段，加入的小分子 RNA 被切割为 21～23 个核苷酸长的干扰小 RNA 片段（small interfering RNA，siRNA）。证据表明：一个称为 Dicer 的酶是 RNA 酶Ⅲ家族中特异识别双链 RNA 的一员，它能以一种依赖 ATP 的方式逐步切割由外源导入或者由转基因、病毒感染等各种方式引入的双链 RNA，将其降解为 19～21bp 的双链 RNA（siRNA），每个片段的 3′端都有 2 个碱基突出。

在 RNAi 效应阶段，siRNA 双链结合一个核酶复合物从而形成所谓 RNA 诱导沉默复合物（RNA-induced silencing complex，RISC）。激活 RISC 需要一个依赖 ATP 的将小分子 RNA 解双链的过程。激活的 RISC 通过碱基配对定位到同源 mRNA 转录本上，并在距离 siRNA 3′端 12 个碱基的位置切割 mRNA。尽管切割的确切机制尚不明了，但每个 RISC 都包含一个 siRNA 和一个不同于 Dicer 的 RNA 酶。

目前为止较为常用的制备 siRNA 的方法有化学合成、体外转录、长片段 dsRNA 经 RNA 酶Ⅲ类降解（如 Dicer，*E. coli* 的 RNA 酶Ⅲ）体外制备 siRNA，以及通过 siRNA 表达载体或者病毒载体、PCR 制备的 siRNA 表达框在细胞中表达产生 siRNA。前面的 3 种方法主要都是体外制备 siRNA，并且需要专门的 RNA 转染试剂将 siRNA 转到细胞内。而采用 siRNA 表达载体和基于 PCR 的表达框架则属于从转染到细胞的 DNA 模板中在体内转录得到 siRNA。这两种方法的优点在于不需要直接操作 RNA。

而将制备好的 siRNA、siRNA 表达载体或表达框架转染至真核细胞中的方法不外乎以下几种：磷酸钙共沉淀、电穿孔法、DEAE-葡聚糖和 1,5-二甲基-1,5-二

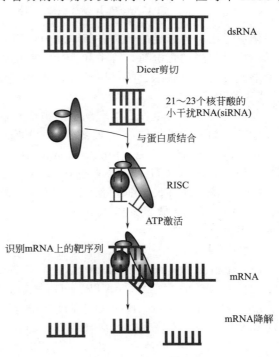

图 13-2　RNAi 原理

氮十一亚甲基聚甲溴化物转染法、机械法［如显微注射和基因枪］和阳离子脂质体介导的转染。

下面介绍用 siRNA 表达框架制备 siRNA，并用阳离子脂质体转染细胞的实验方法。

【原理与应用】

siRNA 表达框架（siRNA expression cassettes，SEC）是一种由 PCR 得到的 siRNA 表达模板，包括一个 RNA 聚合酶Ⅲ启动子，一段发夹结构 siRNA，一个 RNA 聚合酶Ⅲ终止位点，能够直接导入细胞进行表达而无需事前克隆到载体中，具体过程如图 13-3 所示。

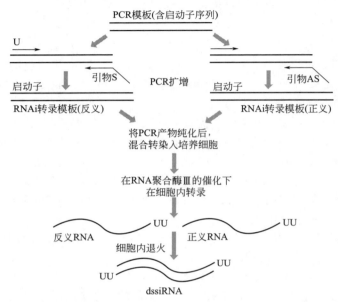

图 13-3　PCR 方法通过 siRNA 表达框架制备 siRNA 的过程

阳离子脂质体介导的转染，其原理为：脂类的头部基团之间的离子相互作用，脂类的头部基团携带很强的正电荷，可中和 DNA 磷酸基团的负电荷，因而阳离子脂类可以与 DNA 自动形成可与细胞膜融合的单层外壳，从而将 DNA 导入细胞内。

【实验用品】

（1）材料　指数生长的哺乳动物细胞培养物。

（2）试剂　siRNA 表达框架的 PCR 模板、上游引物、dNTP 混合液、Taq DNA 聚合酶、10×PCR 反应缓冲液、Lipofectamine 2000、细胞生长培养基、无血清培养基、0.25%胰蛋白酶、3mol/L CH_3COONa（pH 5.2）、无水乙醇、70%乙醇、TE（pH 8.0）。

（3）设备　PCR 仪、细胞培养箱、恒温水浴箱、冷冻离心机、紫外分光光度计、显微镜、35mm 细胞培养皿、微量移液器（20μl）、0.2ml 和 1.5ml 聚苯乙烯 Eppendorf 管（灭菌）、枪头（灭菌）。

【试剂配制】

（1）上游引物　浓度 20μmol/L。

（2）dNTP 混合液　将 dATP、dGTP、dCTP 和 dTTP 钠盐各 100mg 合并，加去离子水 2ml 溶解，用 0.1mol/L NaOH 调节 pH 至 7.0~7.5，使其浓度为 5mmol/L，分装后 −20℃保存。现也有商品化的混合液（各 2mmol/L）供应。

（3）Taq DNA 聚合酶　5U/μl，使用时其在 50μl 反应体积终浓度为 1~2.5U。

（4）10× PCR 反应缓冲液　500mmol/L KCl，100mmol/L Tris-HCl（pH 8.4），

15mmol/L $MgCl_2$。

(5) 10×D-Hanks 缓冲液 NaCl 80.0g，$Na_2HPO_4 \cdot 2H_2O$ 0.6g，KCl 4.0g，KH_2PO_4 0.6g，三蒸水加至 1000ml，高压灭菌后 4℃保存。用时按比例稀释。

(6) 0.25g/100ml 胰蛋白酶溶液 胰蛋白酶 0.25g，D-Hanks 缓冲液加至 100ml 溶解，过滤除菌，4℃保存，用前在 37℃下回温。

(7) 无血清培养基（RPMI-1640 基础培养基） 三蒸水 900ml，RPMI-1640 粉 1 包（10.4g），磁场搅拌至完全溶解，加入 $NaHCO_3$ 2.0g，完全溶解后加水定容到 1000ml，过滤除菌分装。

(8) 细胞生长培养基（RPMI-1640 生长培养基） RPMI-1640 基础培养基添加 10％小牛血清。

(9) TE 10mmol/L Tris-HCl，1mmol/L EDTA，pH 8.0。

(10) 3mol/L CH_3COONa（pH 5.2） 800ml H_2O 溶解 408.3g $CH_3COONa \cdot 3H_2O$，用冰醋酸调节 pH 至 5.0，用 H_2O 定容至 1L，高压蒸汽灭菌。

【实验方案】

1. siRNA 的设计（RNAi 目标序列的选取原则）

① 从转录本（mRNA）的 AUG 起始密码开始，寻找"AA"二联序列，并记下其 3′端的 19 个碱基序列，作为潜在的 siRNA 靶位点。有研究结果显示（G+C）含量在 45％～55％的 siRNA 要比那些（G+C）含量偏高的更为有效。

建议在设计 siRNA 时不要针对 5′和 3′端的非翻译区（untranslated region，UTR），原因是这些地方有丰富的调控蛋白结合区域，而这些 UTR 结合蛋白或者翻译起始复合物可能会影响 siRNP 核酸内切酶复合物结合 mRNA，从而影响 siRNA 的效果。

② 将潜在的序列和相应的基因组数据库（人、小鼠、大鼠等）进行比较，排除那些和其他编码序列/EST 同源的序列。例如使用 BLAST。

③ 选出合适的目标序列设计并分别合成正义 RNA 和反义 RNA 的下游引物，合成浓度 20μmol/L。通常一个基因需要设计多个靶序列的 siRNA，并合成相应的引物，以找到最有效的 siRNA 序列。

2. PCR 反应

① 向一个 Eppendorf 管中加入 10×PCR 缓冲液 5μl，5mmol/L dNTP 混合液 2μl，上游引物 1.5μl，下游引物（S）1.5μl，模板 DNA 1μl，Taq DNA 聚合酶 1μl，灭菌去离子水补足 50μl；另一个 Eppendorf 管中加入 10×PCR 缓冲液 5μl，5mmol/L dNTP 混合液 2μl，上游引物 1.5μl，下游引物（AS）1.5μl，模板 DNA 1μl，Taq DNA 聚合酶 1μl，灭菌去离子水补足 50μl。

② 在 PCR 仪上进行两步扩增反应：94℃，变性 30s；72℃，90s，35 个循环。

3. PCR 产物的纯化

① 分别在两种 PCR 产物中加入 1/5 体积的 3mol/L CH_3COONa 和 2 倍体积的预冷无水乙醇，充分混匀后，4℃放置 30min。

② 4℃，14000g 离心 5min，吸去上清液，然后用 70％乙醇洗涤沉淀的 DNA，再次离心样品，弃去上清液，空气干燥沉淀。

③ 将沉淀下来的 DNA 溶于 TE，测 OD 值。

4. 转染

① 转染前一天，0.25％胰蛋白酶消化细胞并计数，以 5×10^4 个细胞/平皿的密度将细胞平铺于 35mm 细胞培养皿上，使其在转染日密度不低于 70％。加 3ml 含血清、不含抗生

素的生长培养基，于含 5%～7% CO_2 的 37℃ 培养箱内孵育 20～24h。

② 在一个聚苯乙烯试管内用 100μl 无血清培养基稀释 1.0～2.0μg PCR 产物。

③ 在另一个聚苯乙烯试管内用 100μl 无血清培养基稀释 2～5μl Lipofectamine2000 试剂。Lipofectamine2000 稀释后，在 30min 内同稀释的 PCR 产物混合。保温时间过长会降低活性。

④ 混合稀释的 PCR 产物和稀释的 Lipofectamine2000，混匀后在室温下孵育 20min。

⑤ 孵育 DNA-脂质体溶液时，用无血清培养基将要转染的细胞洗涤 3 次，然后向平皿中加入 0.5ml 无血清培养基，将组织培养皿再放入含 5%～7% CO_2 的 37℃ 培养箱内孵育。

⑥ 直接将复合物加入平皿中，摇动平皿，轻轻混匀。

⑦ 将平皿放在含 5%～7% CO_2 的 37℃ 培养箱内孵育 24～48h，无需去掉复合物或更换培养基，或者在 4～5h 后更换生长培养基也不会降低转染活性。

⑧ 在细胞中加入复合物 24～72h 后，分析细胞抽提物或进行原位细胞染色，检测报告基因活性。这依赖于细胞类型和启动子活性。对稳定表达，在开始转染 1d 后将细胞传代至新鲜培养基中，2d 后加入筛选抗生素。进行稳定表达需要数天或数周。

【注意事项】

1. 要设立阴性对照

一个完整的 siRNA 实验应该有阴性对照，作为阴性对照的 siRNA 应该和选中的 siRNA 序列有相同的组成，但是和 mRNA 没有明显的同源性。通常的做法是将选中的 siRNA 序列打乱，同样要检查结果以保证它和目的靶细胞中其他基因没有同源性。

2. 避免 RNA 酶污染

微量的 RNA 酶将导致 siRNA 实验失败。由于实验环境中 RNA 酶普遍存在，如皮肤、头发、所有徒手接触过的物品或暴露在空气中的物品等，因此保证实验每个步骤不受 RNA 酶污染非常重要。

3. 健康的细胞培养物和严格的操作确保转染的重复性

通常，健康的细胞转染效率较高。此外，较低的传代数能确保每次实验所用细胞的稳定性。为了优化实验，推荐用 50 代以下的转染细胞，否则细胞转染效率会随时间明显下降。

4. 避免使用抗生素

从细胞种植到转染后 72h 期间避免使用抗生素。抗生素会在穿透的细胞中积累毒素。有些细胞和转染试剂在 siRNA 转染时需要无血清的条件。这种情况下，可同时用正常培养基和无血清培养基做对比实验，以得到最佳转染效果。

5. 通过合适的阳性对照优化转染和检测条件

对大多数细胞，看家基因是较好的阳性对照。将不同浓度的阳性对照的 siRNA 转入靶细胞（同样适合实验靶 siRNA），转染 48h 后统计对照蛋白或 mRNA 相对于未转染细胞的降低水平。过多的 siRNA 将导致细胞毒性以致死亡。

6. 通过标记 siRNA 来优化实验

荧光标记的 siRNA 能用来分析 siRNA 稳定性和转染效率。标记的 siRNA 还可用作 siRNA 胞内定位及双标记实验（配合标记抗体）来追踪转染过程中导入了 siRNA 的细胞，将转染与靶蛋白表达的下调结合起来。

【实验结果及分析】

根据所要沉默的基因其表达的蛋白质的性质，选择相应的方法检测蛋白质的表达情况。

（朱利娜）

基本方案6 酵母双杂交技术

【原理与应用】

酵母双杂交（yeast two-hybrid）技术的理论依据为：许多转录因子都包含两个相互独立的功能结构域，即 DNA 结合域（binding domain，BD）和转录激活域（active domain，AD）。转录因子通过 BD 和 AD 分别与 DNA 上的特异序列结合，从而启动相应基因的转录。

酵母双杂交系统首先构建两种反式作用因子，将蛋白质 X 与报告基因转录因子特异的 BD（如 Gal4-BD，LexA-BD）融合，成为钓饵（bait）；蛋白质 Y 与特异的 AD（Gal4-AD，B42-AD）融合为猎物（prey）。当编码两种结构域的基因在酵母细胞核内同时表达时，若蛋白 X 与 Y 之间存在非共价作用，就会使 AD 与 BD 两结构域的上游激活序列（upstream activating sequence，UAS）相互接近，进而激活转录过程，使报告基因（如 $HIS\ 3$、LEU 和 $lacZ$ 等）得到表达（图 13-4）。BD 与 AD 之间的连接（相互作用）能够有效地活化转录。由非共价键连接的两个结构域也可以通过蛋白质之间的相互作用将 BD 和 AD 连接起来，从而启动转录；反之，也可以通过报告基因表达来评价结构域连接蛋白之间是否存在相互作用。

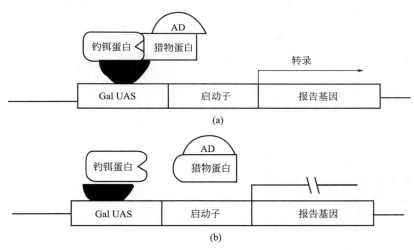

图 13-4 酵母双杂交原理
(a) 钓饵蛋白和猎物蛋白相互作用导致下游报告基因转录；(b) 钓饵蛋白和猎物蛋白不能相互作用，因而不能使报告基因转录

酵母双杂交系统以酵母遗传分析为基础，研究反式作用因子之间相互作用对真核基因转录调控影响的实验系统。其最有价值的应用是用 BD-X 筛选由 AD-Y 构成的 cDNA 文库，以获得新的蛋白质之间的相互作用，并分析研究新的基因。本技术不仅可用于鉴定新的蛋白质相互作用，证实可疑的相互作用，确定相互作用的结构域，而且可直接获得编码相互作用的蛋白质的基因。

【实验用品】

(1) 材料　酵母 AH109 或 Y187，$E.\ coli$ TG1，cDNA 文库。

(2) 试剂　胰蛋白胨、酵母抽提物、琼脂、葡萄糖、各种氨基酸、酵母氮碱、NaCl、吡喃半乳糖苷衍生物（5-bromo-4-chloro-3-indolyl-α-D-galactopyranoside，X-α-gal，或 X-β-gal）、1mol/L 3-氨基三唑（3-amino-1,2,4-triazole，3-AT）、鱼精 DNA、DMSO、甘油、

PEG4000、醋酸锂、SDS、溶细胞酶（lyticase）、酚-氯仿（1∶1）、无水乙醇等。

（3）设备　电热恒温培养箱、超净工作台、恒温水浴锅、恒温水浴摇床、台式高速离心机、高速冷冻离心机、高压灭菌锅、除菌用滤器、pH 计、电转化仪、电转化杯、漩涡混匀器、多种规格锥形瓶、50ml 离心管、15ml 离心管、1.5ml Eppendorf 管、100cm 培养皿、醋酸纤维素膜或滤纸。

【试剂配制】

（1）YPD 培养液/基

蛋白胨	20g/L
酵母抽提物	10g/L
琼脂（仅为铺盘用）	20g/L

加双蒸水至 950ml，调 pH 值至 5.8，高压灭菌。待冷却到约 55℃，加 50ml 40％过滤灭菌的葡萄糖。

（2）SD 培养液/基

酵母氮碱	6.7g/L
琼脂（仅为铺盘用）	20g/L

加双蒸水 850ml 和相应的灭菌的 10×DO 溶液，调 pH 值到 5.8，高压灭菌。待冷却到约 55℃，加 50ml 40％的过滤灭菌的葡萄糖［同时根据需要可在此温度加 3-AT、环己酰亚胺（CYH）、L-腺苷半硫酸盐及 X-gal 等］。

（3）10 × Dropout（DO）溶液

L-异亮氨酸	300mg/L	L-蛋氨酸	200mg/L
L-缬氨酸	1500mg/L	L-苯丙氨酸	500mg/L
L-腺苷半硫酸盐	200mg/L	L-苏氨酸	1000mg/L
L-精氨酸	200mg/L	L-色氨酸	200mg/L
L-组氨酸	200mg/L	L-酪氨酸	300mg/L
L-亮氨酸	1000mg/L	L-尿嘧啶	200mg/L
L-赖氨酸	300mg/L		

其中 L-腺苷半硫酸盐可用 L-腺苷硫酸盐代替。

（4）LB 培养液/基

胰蛋白胨	10g/L
酵母抽提物	5g/L
NaCl	5g/L

用 5mol/L NaOH 溶液调 pH 值至 7.0，加 15g/L 琼脂（仅为铺盘用），高压灭菌。待冷却到 55℃，加相应浓度的抗生素，倒盘。冷却后于 4℃储存。

（5）SOC 培养液

胰蛋白胨	20g/L	$MgCl_2$	10mmol/L
酵母抽提物	5g/L	$MgSO_4$	10mmol/L
NaCl	10mmol/L	葡萄糖	20mmol/L
KCl	2.5mmol/L	双蒸水至	1L

加前 3 样到 900ml 双蒸水中，待溶解后，加 KCl，用 5mol/L NaOH（约 0.2ml）调 pH 值至 7.0，然后高压灭菌。用前加过滤灭菌的 $MgCl_2$、$MgSO_4$ 和葡萄糖溶液。

（6）1mol/L 3-氨基三唑（3-amino-1,2,4-triazole，3-AT）　双蒸水配制，过滤除菌。4℃储存可用 2 个月。

（7）1mol/L 葡萄糖　双蒸水配制，过滤除菌，4℃储存。

（8）鱼精 DNA 储液　用无水乙醇沉淀后，干燥沉淀，用双蒸水溶解，终浓度为10mg/ml。

第十三章 分子细胞生物学技术

分装后，-20℃储存。使用时沸水浴20min，立即冰上冷却。

（9）PEG/CH$_3$COOLi 溶液（用前制备）

名 称	制备10ml需加的量	终浓度
PEG 4000	8ml 50% PEG	40%
TE 缓冲液	1ml 10× TE	1×
CH$_3$COOLi	1ml 10× CH$_3$COOLi	1×

（10）50% PEG　双蒸水溶解 PEG 4000，高压灭菌。

（11）10×TE（pH 7.5）

Tris-HCl	0.1mol/L
EDTA	10mmol/L

高压灭菌。

（12）10× CH$_3$COOLi　1mol/L CH$_3$COOLi，乙酸调 pH 至 7.5，高压灭菌。

（13）Z 缓冲液

Na$_2$HPO$_4$·7H$_2$O	16.1g/L	KCl	0.75g/L
NaH$_2$PO$_4$·H$_2$O	5.50g/L	MgSO$_4$·7H$_2$O	0.246g/L

调 pH 至 7.0，高压灭菌。室温可储存1年。

【实验方案】

1. 酵母感受态细胞的制备和载体的转化（小规模转化）

① 从 YPD 平板上挑取生长 1~2 周、直径 2~3mm 大小的新鲜酵母 AH109 单克隆，接种到 1ml 的灭菌去离子水中，剧烈振荡以分散酵母团。

② 转移上述酵母细胞到 30ml YPD 培养液中。

③ 30℃、250r/min 振摇培养过夜，直到稳定期（OD$_{600}$>1.5）。

④ 取适量上述培养物转入 150ml YPD 培养液中至 OD$_{600}$ 达到 0.2~0.3。30℃、250r/min 振摇培养至 OD$_{600}$ 达到 0.5±0.1。

⑤ 转入 50ml 离心管中，室温 4 000g 离心 5min，弃上清液。在 25~50ml 灭菌 TE 或蒸馏水中剧烈振荡重悬细胞。重复离心弃上清液。

⑥ 在 0.75ml 1×TE/CH$_3$COOLi 中重悬沉淀，此即为酵母感受态细胞，冰浴备用。

⑦ 在 1.5ml Eppendorf 管中加入下列成分并振荡混匀。

DNA-BD/钓饵	0.1μg
AD/文库	0.1μg
鱼精载体 DNA	0.1μg

⑧ 加入酵母感受态细胞 0.1ml，振荡混匀。

⑨ 加入 0.6ml 灭菌的 PEG/CH$_3$COOLi 溶液并高速振荡混匀。

⑩ 30℃、200r/min 振摇培养 30min。

⑪ 加入 70μl DMSO，上下轻轻颠倒混匀（不能剧烈振荡）。42℃热休克 15min，立即冰浴冷却 2min。

⑫ 4000g 离心 5min，尽可能弃尽上清液。在 0.5ml 的 1×TE（pH 7.5）中重悬细胞备用。

2. 转化混合物的铺盘和筛选

① 按图 13-5 所示的方法将上述转化混合物涂布于适当培养基平板上（直径 100mm 的培养皿）。一个新的钓饵与文库的结合，很难去预测最适的方法。因而，各铺 1/3 的转化物于不同的选择培养基上：低严谨度（SD/-Leu/-Trp），中严谨度（SD/-His/-Leu/-Trp）和高严谨度（SD/-Ade/-His/-Leu/-Trp/X-α-gal）的培养基上。

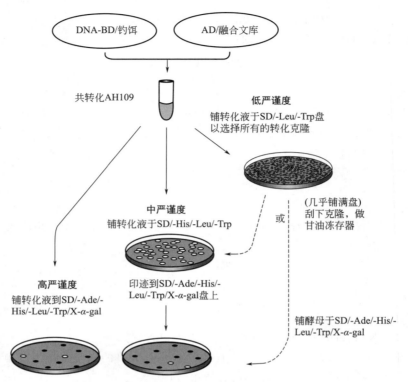

图 13-5　用 AH109 菌株筛选 AD 融合文库，用选择的严谨度来筛选相互作用的蛋白质

② 30℃倒置培养至长出克隆，其中在 X-α-gal 培养基上显蓝色的克隆为阳性。也可不加 X-α-gal，按步骤③进行 β-半乳糖苷酶滤膜印迹法筛选。

③ β-半乳糖苷酶滤膜印迹实验确定阳性克隆。

a. 准备 Z 缓冲液/X-β-gal 溶液；

b. 用镊子将一干燥的灭菌硝酸纤维素膜（或滤纸）置于上述菌落盘上，轻轻用镊子压膜以便克隆黏附到滤膜上；

c. 当滤膜均匀地润湿后，小心地将滤膜从培养基上取出，放入液氮中；

d. 在完全浸入液氮中约 15s 后，将滤膜取出并将有克隆的一面朝上放入洁净培养皿（或皿盖）中；

e. 加 1~2ml Z 缓冲液/X-β-gal 溶液，至滤膜全部润湿；

f. 30℃静置孵育。在 8h 内检查蓝色克隆的出现。

3. 阳性克隆的鉴定和证实

① 将半乳糖苷酶阳性的克隆划线接种于 SD/-Leu/-Trp/X-α-gal 盘上；或者接种于 SD/-Leu/-Trp 盘上，长出克隆后再进行 β-半乳糖苷酶滤膜印迹法鉴定。同时储存阳性克隆于-70℃。

② 30℃倒置培养 4~6d。观察克隆颜色的变化或用 β-半乳糖苷酶滤膜印迹测定来显示颜色的变化。

③ 重复上述步骤①~② 2~3 次。

4. 酵母质粒的分离

① 在阳性克隆酵母盘上扩增一定数量的酵母，刮下约 30μl，加 50μl TE（pH 7.0），涡旋振荡以悬浮细胞。

② 加 10μl lyticase 裂解液（5U/μl），涡旋振荡或吸管反复吹打混匀。
③ 37℃、250r/min 振摇孵育 1h。
④ 加 10μl 20% SDS，涡旋振荡 1min。
⑤ 冷冻（-20℃）/融化一次，涡旋振荡以充分裂解细胞。
⑥ 用 TE 补足 200μl。
⑦ 加 200μl 酚-氯仿（1∶1），高速涡旋振荡 5min。
⑧ 10000g 离心 10min，转移水相于新的 Eppendorf 管。
⑨ 加 1/10 体积的 5mol/L CH_3COONH_4 溶液和两倍体积的无水乙醇。
⑩ -70℃冷冻 1h。
⑪ 10000g 离心 10min，弃上清液。
⑫ 干燥 DNA 沉淀，溶解于 20μl 灭菌水中。

5. 酵母质粒的电转化

① 将 2～5μl 酵母质粒加入 40μl 感受态酵母细胞中，混匀，冰浴。
② 混合液转入冰预冷的电转化杯中，设置适当的参数（如 1.8kV，25μF，200Ω），电击。
③ 迅速将细胞液转入 1ml SOC 培养液中，轻轻混匀。37℃、250r/min 振摇孵育 1h。
④ 4000g 离心 5min，弃上清液，保留 100μl 左右培养液，轻轻重悬后涂布于 LB/Amp 培养皿平板，37℃倒置培养过夜。细菌质粒按常规方法抽提。将抽取的质粒进行小规模转化实验以证实阳性克隆与已知基因的相互作用。

6. 阳性克隆的分类

用插入 cDNA 片段两端的限制性核酸内切酶酶切质粒，琼脂糖凝胶电泳鉴定插入片段的大小，并以此进行分类。

7. 代表性克隆与钓饵的共转化

取每类中的代表性克隆与钓饵共转化以证实在酵母中是否确实相互作用（方法同小规模转化实验）。

8. 对证实的阳性克隆质粒进行测序

9. 测得的序列进行 Blast 比较

如为未知的 cDNA 序列，可进一步进行其他的生物信息学分析。

10. 获得的相互作用的蛋白质对还需用其他方法证实

如免疫共沉淀、GST-pull down 等。

【注意事项】

① 小规模转化实验常用于：证实不能自我活化报告基因的 DNA-BD/钓饵，确认 DNA-BD/钓饵对宿主是否具有毒性，对照实验以及顺序性转化时用于转化 DNA-BD/钓饵。顺序转化即 DNA-BD/钓饵质粒先通过小规模转化进入酵母，然后再将 AD 融合的库质粒转入选择的酵母克隆中。

② 一般抽提的酵母质粒由于 DNA 含量少而且混有杂质，用化学转化方法很难获得转化的细菌克隆，故适合用电转化法。电转化时，应尝试不同的设置以找到合适的参数。

③ 在 β-半乳糖苷酶滤膜印迹实验中，克隆应有 1～3mm 直径大小。如果每盘上克隆只有几个，可将克隆集中到一主盘上来测定。为了方便确定阳性克隆，可用尖头镊子在滤膜和培养基上扎几个小洞（不对称分布）做位置标记。

（刘晓颖）

备择方案 1　RT-PCR

【原理与应用】

反转录-聚合酶链式反应（reverse transcription-polymerase chain reaction，RT-PCR）的原理是：提取组织或细胞中的总 RNA，以其中的 mRNA 作为模板，采用 oligo（dT）或随机引物，利用反转录酶反转录成 cDNA；再以 cDNA 为模板进行 PCR 扩增，而获得目的基因或检测基因表达。RT-PCR 使 RNA 检测的灵敏性提高了几个数量级，使一些极为微量的 RNA 样品分析成为可能。该技术主要用于：分析基因的转录产物、获取目的基因、合成 cDNA 探针、构建 RNA 高效转录系统。

【实验用品】

（1）材料　新鲜组织、培养细胞等 RNA 来源。

（2）试剂　RNA 提取试剂（见本章基本方案 2　RNA 提取及检测）、DEPC 处理水、Money 鼠白血病病毒（MMLV）反转录酶、5×反转录缓冲液、oligo（dT）12～18、第一链 cDNA 合成试剂盒、dNTP 混合物（含等量 dATP、dCTP、dGTP、dTTP）、Taq DNA 聚合酶、10×PCR 缓冲液、冰块、双蒸水（ddH_2O）、琼脂糖、DNA 分子质量标准。

（3）设备　RNA 提取所需设备（见本章基本方案 2　RNA 提取及检测）、紫外分光光度计、可调加样器（20μl 和 200μl 各 1 支）、恒温水浴箱、PCR 仪、电泳仪、电泳槽、紫外检测仪、0.5ml 及 1.5ml Eppendorf 管（Ep 管）若干、20μl 和 200μl 吸头若干。

【实验方案】

1. 总 RNA 的提取

见本章基本方案 2　RNA 提取及检测。

2. cDNA 第一链的合成

① 反应体系：在 0.5ml 微量离心管中，加入总 RNA，1～5μg；10μmol/L oligo（dT）12～18，1μl；补充适量的 DEPC 处理水，使总体积达 12μl。轻轻混匀，稍离心。

② 65℃加热 5min，立即将微量离心管插入冰浴中至少 1min。

③ 然后加入下列试剂的混合物 5×反转录缓冲液，4μl；12.5mmol/L dNTP，1μl；补充适量的 DEPC 处理水，使总体积达 19μl。轻轻混匀，稍离心。

④ 65℃孵育 2～5min。

⑤ 加入 MMLV 反转录酶 1μl（200U），混匀，稍离心。

⑥ 在 37℃水浴中孵育 60min。

⑦ 于 95℃加热 5min 以终止反应。

⑧ -20℃保存备用。

3. PCR

① 取 0.5ml PCR 管，依次加入第一链 cDNA，2μl；上游引物（10pmol/L），2μl；下游引物（10pmol/L），2μl；dNTP（2mmol/L），4μl；10×PCR 缓冲液，5μl；Taq DNA 聚合酶（2U/μl），1μl；加入适量的 ddH_2O，使总体积达 50μl。

② 轻轻混匀，稍离心。

③ 设定 PCR 程序。在适当的温度参数下扩增 28～32 个循环。为了保证实验结果的可靠与准确，可在 PCR 扩增目的基因时，加入 1 对内参（如 β-肌动蛋白）的特异性引物，同时扩增内参 DNA，作为对照。

④ 进行琼脂糖凝胶电泳，紫外灯下观察结果。

【注意事项】

① 在实验过程中要防止 RNA 的降解,保持 RNA 的完整性。在总 RNA 的提取过程中,注意避免 mRNA 的断裂。

② 为了防止非特异性扩增,必须设阴性对照。

③ 内参的设定,主要为了用于靶 RNA 的定量。常用的内参有 G-3-PD(甘油醛-3-磷酸脱氢酶)、β-肌动蛋白等。其目的在于避免 RNA 定量误差、加样误差及各 PCR 反应体系中扩增效率不均一、各孔间的温度差等所造成的误差。

④ PCR 不能进入平台期,出现平台效应与所扩增的目的基因的长度、序列、二级结构及目标 DNA 起始的数量有关。故对于每一个目标序列出现平台效应的循环数,均应通过单独实验来确定。

⑤ 防止 DNA 的污染 a. 采用 DNA 酶处理 RNA 样品;b. 在可能的情况下,将 PCR 引物置于基因的不同外显子,以消除基因和 mRNA 的共线性。

⑥ 目前试剂公司有多种 RNA 提取试剂盒、cDNA 第一链试剂盒、PCR 试剂盒及 RT-PCR 试剂盒出售,其原理基本相同,但操作步骤不一。如果使用试剂盒,具体操作步骤请参照试剂盒说明书。

【实验结果及分析】

采用凝胶图像分析系统,对电泳条带进行灰度扫描,用 β-肌动蛋白条带的灰度对目的条带的灰度进行校正(目的条带灰度/β-肌动蛋白条带灰度),得到目的条带的半定量结果。

(王 惠)

备择方案 2 原位 PCR 技术

【原理与应用】

原位 PCR(in situ PCR)就是在组织细胞里进行 PCR 反应,它结合了具有细胞定位能力的原位杂交和高度特异敏感的 PCR 技术的优点,于分子和细胞水平上检测特定的基因组序列、转基因及外源基因,对研究疾病的发病机理和临床过程及病理的转归有重大的实用价值,在分子生物学、细胞学、分子病理学及临床诊断领域里具有巨大的应用前景。

根据操作方法的不同,原位 PCR 可分为间接法和直接法。间接法是在固定组织、细胞标本并用蛋白酶消化处理后,先通过 PCR 扩增靶细胞内特定的核苷酸序列,再结合原位杂交进行核苷酸序列的检测及细胞内定位。直接法是在进行原位 PCR 之前,将标记好的核苷酸或引物加入 PCR 反应液中,随着扩增的进行,标记物直接掺入 PCR 产物中,然后用放射自显影、免疫组织化学或荧光检测术对靶核酸分子进行细胞内定位及检测。

直接法操作步骤较少,但具有比较高的假阳性率;间接法步骤相对较多,需要的时间长,但结果可靠。下面就以间接法为例介绍原位 PCR 的操作步骤。

【实验用品】

(1) 材料 培养的细胞、特异核苷酸探针。

(2) 试剂 10%福尔马林缓冲液、PBS、蛋白酶 K 及其缓冲液、上游引物及下游引物($20\mu mol/L$)、dNTP 混合液、Taq DNA 聚合酶、$10\times$ PCR 反应缓冲液、Klenow 酶、Dig-dUTP、随机引物、0.2mol/L EDTA(pH 8.0)、4mol/L LiCl、TE、杂交液、杂交缓冲液Ⅰ、杂交缓冲液Ⅱ、杂交缓冲液Ⅲ、显色液、羊抗地高辛抗体-碱性磷酸酶结合物(1∶500)、羊血清、Triton X-100、$20\times$SSC、$4\times$SSC、$2\times$SSC 和 $0.1\times$SSC、无水乙醇、70%乙醇、无菌石蜡油、硅油、二甲苯。

(3) 设备　原位 PCR 仪、恒温水浴箱、显微镜、离心机、硅化的载玻片、盖玻片、微量移液器（20μl）、枪头（灭菌）。

【试剂配制】

(1) 10% 福尔马林缓冲液

(2) 蛋白酶 K　用灭菌的 50mmol/L Tris（pH 8.0），1.5mmol/L 乙酸钙溶解蛋白酶 K 粉末，配制成浓度为 20mg/ml 的溶液，−20℃贮存，工作浓度为 0.25mg/ml。

(3) dNTP 混合液　将 dATP、dGTP、dCTP 和 dTTP 钠盐各 100mg 合并，加去离子水 2ml 溶解，用 0.1mol/L NaOH 调节 pH 值至 7.0～7.5，使其浓度为 5mmol/L，分装后 −20℃保存。现也有商品化的混合液（各 2mmol/L）供应。

(4) Taq DNA 聚合酶　5U/μl，使用时其在 50μl 反应体积终浓度为 3U。

(5) PCR 反应缓冲液（10×）　500mmol/L KCl，100mmol/L Tris-HCl（pH 8.4），15mmol/L $MgCl_2$，0.5% Tween-20，1mg/L BSA。

(6) 上游引物及下游引物　根据所要检测的核苷酸序列，用引物设计软件设计最适的上游引物及下游引物，由 DNA 合成仪合成，浓度为 20μmol/L。

(7) Klenow 酶　5U/μl。

(8) 0.2mol/L EDTA　pH 8.0。

(9) 4mol/L LiCl

(10) TE　10mmol/L Tris-HCl，1mmol/L EDTA，pH 8.0。

(11) 杂交液　50% 去离子甲酰胺、4×SSC、10% 硫酸葡聚糖、0.5ng/μl 地高辛标记的探针。

(12) 杂交缓冲液 I　100mmol/L Tris-HCl，150mmol/L NaCl，pH 7.5。

(13) 杂交缓冲液 II　100mmol/L Tris-HCl，100mmol/L NaCl，50mmol/L $MgCl_2$，pH 9.5。

(14) 杂交缓冲液 III　10mmol/L Tris-HCl，1mmol/L EDTA，pH 8.0。

(15) 显色液　硝基苯四唑盐（NBT）45μl，5-溴-4-氯-3-吲哚磷酸盐 35μl，左旋咪唑 2.4mg，加缓冲液 II 至 10ml。

(16) 4×SSC、2×SSC 和 0.1×SSC　用 20×SSC 稀释（20×SSC：3mol/L NaCl，0.3mol/L 柠檬酸钠，用 1mol/L HCl 调节 pH 至 7.0）。

【实验方案】

1. 培养细胞的处理

① 用 PBS 直接洗培养皿中的细胞 1 次，加 10% 福尔马林缓冲液静置过夜，2000r/min 离心 5min，用 5ml PBS 重悬细胞，吸 50μl 点在载玻片上。

② 取 3 个载有细胞悬液的载玻片，用硅油硅化，该过程对细胞的吸附必需。

③ 蛋白酶消化：加蛋白酶 K 及其缓冲液，蛋白酶 K 的工作浓度为 0.25mg/ml，消化时间以室温下 10～15min 为宜。

④ 用蒸馏水洗去消化酶，再加热载玻片至 95～100℃ 2min，以使消化酶灭活。

2. PCR 反应

① 待载玻片冷却后，加入 25μl PCR 反应液：2.5μl 10×PCR 缓冲液，2.5μl dNTP（每种核苷酸终浓度为 200μmol/L），上游引物及下游引物各 1μl。加盖玻片后置 PCR 仪上加热至 65～80℃时，立即揭开盖玻片一角，向内加入预先准备好的 1.5U Taq DNA 聚合酶，即所谓的"热启动（hot start）"法。

② 立即在盖玻片四周及上面滴加已预热的石蜡油固定盖玻片。

③ 使用原位 PCR 仪进行 PCR 反应：94℃变性 3min 后，94℃ 1min，55℃ 2min，72℃ 1min，30 个循环。

④ PCR 完成后，用二甲苯洗 5min 去除石蜡油，再用无水乙醇清洗 5min，空气干燥。

3. 探针的标记

反应液中加入约 1μg 变性的特异核苷酸探针，2μl 随机引物，2μl dNTP 及 Dig-UTP，混匀后加 5U Klenow 酶，无菌双蒸水补足 50μl。37℃水浴 1~2h，加 0.2mol/L EDTA (pH 8.0) 2μl 终止反应，加 2.5μl 4mol/L LiCl 和 75μl −20℃ 预冷的无水乙醇，−20℃ 放置 2h，12000g 离心 20min，沉淀以预冷的 70% 乙醇洗涤，离心干燥后溶于 TE，−20℃ 贮存。

4. 原位杂交

① 在载玻片上加 10~30μl 杂交液（预杂交液加上探针），加盖玻片，石蜡油封边。
② 94℃变性 8min，42℃杂交过夜。
③ 完成杂交后，用二甲苯洗去石蜡油，再用无水乙醇脱苯。
④ 将载玻片在 2×SSC 中移去盖玻片，然后用 4×SSC，42℃洗 3 次，每次 5min；0.1×SSC，42℃洗 3 次，每次 5min。

5. 显色

将载玻片用缓冲液Ⅰ洗 1min，含 2% 羊血清和 3% Triton X-100 的缓冲液Ⅰ于 37℃孵育 30min，滴加羊抗地高辛抗体-碱性磷酸酶结合物，室温 3~5h。缓冲液Ⅰ冲洗 10min，缓冲液Ⅱ洗 10min，避光处将载玻片封于装有显色液的暗盒内，孵育 2~4h，用缓冲液Ⅲ浸洗终止反应。

【注意事项】

(1) 细胞的固定　并非所有的固定剂都能成功地用于原位 PCR。经乙醇或丙酮固定的细胞，其原位 PCR 产物常游离于反应物中，反映了这些固定剂未能很好地将蛋白质及核酸变性、交联。相反，10% 的中性福尔马林则能很好地使蛋白质凝聚，核酸交联，从而形成有效的限制 PCR 产物扩散的网络性屏障。固定的时间以不超过 15h 为宜。

(2) 蛋白酶消化　适当的蛋白酶消化，有利于建立 PCR 试剂接触靶 DNA 的通道以及充分暴露靶 DNA。但由于蛋白酶消化同时会破坏已形成的蛋白质-核酸网络，过量的消化使 PCR 产物容易扩散，因此应掌握消化的时间。

(3) 引物及离子浓度　在原位 PCR 过程中，靶序列的充分暴露及试剂最大限度地进入细胞发挥作用应该是把握的关键。原位 PCR 反应体系中引物、Taq DNA 聚合酶和 Mg^{2+} 浓度应比常规液相 PCR 要高些，特别是 Mg^{2+} 浓度。

(4) 引物的设计及选择　除了一般 PCR 反应引物设计的原则以外，在进行原位 PCR 时，所选用的引物，其扩增产物的长度不可太短，否则容易扩散；也不可太长，否则会影响扩增效率。

(5) 减少引物错配　采用热启动方法，在进行 PCR 反应时，常在相对高的温度再加入 Taq DNA 聚合酶或引物，即"热启动"法。这种方法可以大大降低非特异性 DNA 的合成，减少引物错配的可能性，敏感性高，特异性强。

(6) 循环周期　原位 PCR 的扩增效率不及液相 PCR，因而循环周期不宜太少，否则产物少，信号太小；但周期太多，产物会扩散，并且有大量非特异性 DNA 合成。因此，通常采用的周期为 20~30 个。

(7) 原位杂交地高辛标记探针标记数　应不低于 50%，杂交液中探针浓度不低于 5pmol/ml，太低者则杂交信号弱。杂交温度需根据探针中核苷酸（G+C）含量计算。

(8) 阴性对照　原位 PCR 反应容易产生假阳性或假阴性，为此设置适当的对照是很有必要的。用 DNA 或 RNA 酶消化对照，省略引物、聚合酶和探针等阴性对照是必需的。采用阴性标本或阳性标本进行每一过程则能保证所有试剂和过程都很适当。

【实验结果及分析】

显微镜下看到紫蓝色沉淀为阳性反应。

(朱利娜)

备择方案3　荧光定量 PCR 技术

【原理与应用】

定量 PCR 是指以一种标准作对照，通过对 PCR 终产物的分析或 PCR 过程的监测，对 PCR 起始模板量进行定量的技术。根据原理的不同，目前主要采用的定量 PCR 方法包括极限稀释法、设立内参照物的定量 PCR、荧光定量 PCR（fluorescence quantity PCR，FQ-PCR）等。其中荧光定量 PCR 是最新发展起来的一项定量 PCR 技术，该技术在 PCR 反应体系中加入荧光基团，在 PCR 反应过程中连续不断地检测反应体系中荧光信号的变化，当信号增强到某一阈值，此时的循环次数即循环阈值 Ct（cycle threshold，Ct）被记录下来。该循环参数 Ct 和 PCR 体系中起始模板数的对数之间有严格的线性关系（图 13-6），利用不同梯度的阳性定量标准模板扩增的 Ct 值和该阳性定量标准的模板数经过对数拟合作图，制成标准曲线。最后根据待测样品的 Ct 值，通过标准曲线就可以准确地确定起始模板的数量。根据所用的探针的不同，可以分为两种，一种是 Taqman 荧光探针，另外一种是荧光染料。

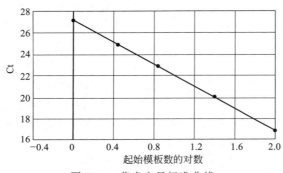

图 13-6　荧光定量标准曲线

Taqman 的工作原理是在 PCR 的系统中加入一个荧光标记探针，该探针可与引物扩增的产物 DNA 模板发生特异性杂交，探针的 5′端标以荧光发射基团 FAM（荧光发射峰值在 518nm 处），3′端标以荧光猝灭基团 TAMRA（6-羧基四甲基罗丹明，荧光发射峰值在 582nm 处），且末端碱基被磷酸化以防止探针在 PCR 扩增的过程被延伸，当探针保持完整时，猝灭基团抑制发射基团的荧光发射，发射基团一旦与猝灭基团发生分离，抑制作用被解除，518nm 处光密度增加被荧光系统检测到。在 PCR 的复性过程中，探针与模板 DNA 杂交，在延伸过程中，Taq 酶随引物延伸到探针与模板结合的位置时，发挥 5′→3′的外切酶活性，将探针切断，FAM 的荧光信号释放出来。这样一来，模板每复制 1 次，就有 1 个探针被切断，伴随着 1 个荧光信号的释放。荧光信号强度与 PCR 产物的数量是一对一的关系，因此该技术可以动态观察 PCR 的反应过程，对模板进行准确定量（工作原理如图 13-7 所示）。

SYBR Green I 是不对称菁类荧光素，它非特异嵌合于 DNA 双螺旋结构中的小沟内，发出荧光信号，而不掺入链中的 SYBR 染料分子不会发出任何荧光信号，从而保证荧光信号的增加与 PCR 产物的增加完全同步。此方法避免了设计、标记荧光探针和使用价格昂贵、复杂的试剂，适用于任何 PCR 扩增体系。因此，下面以荧光染料 SYBR Green I 为例介绍荧光定量 PCR。

【实验用品】

(1) 材料　标准 DNA 模板、样品 DNA。

(2) 试剂　SYBR Green I 荧光染料、上游引物及下游引物、dNTP 混合液、Taq DNA

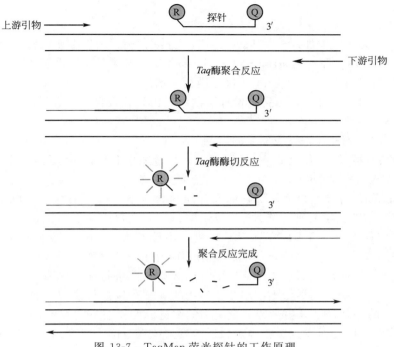

图 13-7 TaqMan 荧光探针的工作原理
R—荧光发射基团；Q—荧光猝灭基团

聚合酶、10×PCR 反应缓冲液、灭菌水。

（3）设备　荧光定量 PCR 仪、紫外分光光度计、微量移液器（20μl）、0.2ml Eppendorf 管（灭菌）、Tip 头（灭菌）。

【试剂配制】

（1）上游引物及下游引物　浓度 20μmol/L。

（2）dNTP 混合液　将 dATP、dGTP、dCTP 和 dTTP 钠盐各 100mg 合并，加去离子水 2ml 溶解，用 0.1mol/L NaOH 调节 pH 值至 7.0～7.5，使其浓度为 5mmol/L，分装后 −20℃保存。现也有商品化的混合液（各 2mmol/L）供应。

（3）Taq DNA 聚合酶　5U/μl，使用时其在 50μl 反应体积终浓度为 1～2.5U。

（4）PCR 反应缓冲液（10×）　500mmol/L KCl，100mmol/L Tris-HCl（pH 8.4），15mmol/L $MgCl_2$。

【实验方案】

1. 定量标准品的制备

① 在一个 Eppendorf 管中加入标准 DNA 模板 1μg、特异上游引物及下游引物各 2μl、10×PCR 反应缓冲液 5μl、Taq DNA 聚合酶 5U，灭菌水补足 50μl，混匀。

② 在 PCR 仪上进行扩增反应：95℃变性 30s，55℃退火 30s，72℃延伸 1min，30 个循环。

③ 将 PCR 产物纯化、测序验证，测定 OD 值，根据分子质量，换算出每毫升拷贝数，贮存备用。

2. 制作定量标准曲线

① 将定量标准品分别稀释 10^2、10^4、10^6、10^8、10^{10} 倍，分别取稀释标准品 5μl，按上面的方法加入 PCR 反应试剂，另外再加入 SYBR Green I 荧光染料 2μl，总体积 50μl。

② 分别按上述 PCR 反应条件在荧光定量 PCR 仪上进行 PCR 反应，由计算机自动生成

定量标准曲线。

3. 样品测定

① 在 Eppendorf 管中加入样品 DNA $5\mu l$，上游引物及下游引物各 $2\mu l$，$10\times$PCR 反应缓冲液 $5\mu l$，Taq DNA 聚合酶 5U，SYBR Green I 荧光染料 $2\mu l$，灭菌水补足 $50\mu l$，混匀。按上述 PCR 反应条件在荧光定量 PCR 仪上进行扩增反应。

② 根据样品测定的结果，结合定量标准曲线，由计算机自动计算样品中的拷贝数。

【注意事项】

(1) 严格优化 PCR 扩增反应的实验试剂与条件

① 模板的制备：注意避免 DNA 的降解，并尽量纯化 DNA 使其不含任何蛋白酶、核酸酶、Taq DNA 聚合酶抑制剂及能与 DNA 结合的蛋白质。

② 为保证 PCR 特异性扩增，引物的设计应符合以下原则：引物长度以 15~30 个碱基为宜，上下游引物的长度差别不能大于 3 个；(G+C) 含量应在 40%~60%，4 种碱基要在引物中分配均匀；引物自身不应存在互补序列，不能有大于 3bp 的反向重复序列，否则引物自身会折叠形成发夹结构；上下游引物之间不应有多于 4 个的互补或同源碱基，尤应避免 $3'$ 端的互补重叠，以防形成引物二聚体；引物的 $3'$ 端不能进行任何修饰，也不能有形成任何二级结构的可能，$3'$ 端碱基尽量不选用 T；引物的 $5'$ 端可以进行修饰，加上一些有用而又不与靶 DNA 互补的序列；计算出来的 2 个引物的解链温度相差不能大于 5℃。

③ 引物浓度：应先通过预实验确定最适浓度，浓度范围一般为 $0.2\sim 1.0\mu mol/L$。

④ 循环参数：PCR 中控制温度是关系到实验成败的重要环节。退火的温度及时间依赖于引物的长度、浓度及碱基组成中 (G+C) 含量，一般来说，退火温度为引物的解链温度减去 5℃；延伸温度要根据 Taq DNA 聚合酶的最适作用温度而定，通常在 70~75℃，延伸时间则依据扩增片段的长度而定。

⑤ PCR 缓冲液：Mg^{2+} 的浓度对 PCR 产物的特异性及产量有明显影响，各种单核苷酸浓度为 $200\mu mol/L$，Mg^{2+} 为 $1.5mmol/L$ 时较合适。另外，不同厂家的 Taq DNA 聚合酶的缓冲液成分也不相同，使用时应注意是否配套。

⑥ 为避免非特异性扩增，可以采用 Taq DNA 聚合酶的"热启动法"。

(2) 设置对照实验 为确保结果的可肯定性，应设置阳性对照及阴性对照或空白对照。

(3) 防止 PCR 污染

(4) 重复实验 对于同一套参考标准品与多次独立制备的样品进行重复实验，所获得的实验结果进行统计学显著性分析，使实验方法标准化，并具有可重复性。

【实验结果及分析】

由计算机自动生成定量标准曲线，自动计算样品中的拷贝数。

(朱利娜)

备择方案4 基因芯片技术

【原理与应用】

基因芯片 (gene chips)，又称为 DNA 芯片 (DNA chips)、DNA 阵列 (DNA array) 等，是指在固相支持物上原位合成 (in situ synthesis) 寡核苷酸或者直接将大量 DNA 探针以显微打印的方式有序地固化于支持物表面，然后与标记的样品进行杂交，通过检测杂交信号来实现对 DNA 等生物样品的快速、平行、高效的检测。它是微电子、计算机、分子生物学等多学科交叉融合的一门高新技术，在 DNA 序列测定、基因表达分析、基因组研究、基因诊断、药物研究与开发，以及工农业、食品与环境监测等领域均有广泛的应用。

根据基因芯片的制备方式可以将其分为两大类：原位合成芯片（*in situ* synthetic gene chip）和 DNA 微阵列（DNA microarray）。

原位合成芯片是以美国 Affymetrix 公司为代表制备的一类基因芯片，采用显微光刻（photolithography）等技术，在芯片的特定部位原位合成寡核苷酸而制成。这种芯片的集成度较高，但合成的寡核苷酸探针长度较短，一般为 8～20 个碱基，最长不超过 50 个碱基。因此对于一般长度的基因，需要使用多个相互重叠的探针进行检测，才能对基因进行准确的鉴定。虽然物理集成度高，但生物遗传信息的集成度相对受到影响，并且这类芯片的制备有严格的专利控制，发展受到限制。

另一类基因芯片——DNA 微阵列是以斯坦福大学 Patrick Brown 研究小组为代表制备的。该技术需要用一套特殊的芯片打印装置，通过机械臂的来回移动，以显微打印的方式，将预先制备好的基因探针有序地固化于支持物表面。虽然芯片的集成度相对较低，但使用的探针组来源比较灵活，可以是合成的寡核苷酸片段、PCR 扩增产物，也可采用来自基因组的 DNA 片段；可以是双链，亦可采用单链的 DNA 或 RNA 片段，且技术实现未受到专利控制，因而目前国际上发展很快。下面主要介绍这一类基因芯片。

简单地说，基因芯片技术是一种大规模集成的固相杂交，以大量已知序列的寡核苷酸、cDNA 或基因片段作为探针固化于支持物上，将样品进行标记后与芯片杂交，通过检测杂交信号检测样品中哪些核酸序列与其互补，然后通过定性、定量分析得出待测样品的基因序列及表达的遗传信息。基因芯片技术的方法主要包括 4 个方面（图 13-8）：芯片的制作、样品的准备、分子杂交和检测分析。下面以反转录法标记样品 mRNA 后与表达谱芯片杂交为例，介绍基因芯片技术。

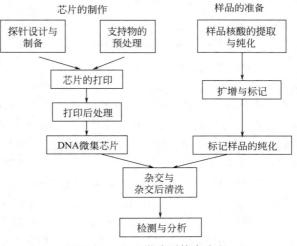

图 13-8 DNA 微阵列技术流程

【实验用品】

（1）材料 探针、细胞的总 RNA。

（2）试剂 5×RT 缓冲液，RNA 酶抑制剂，oligo（dT）$_{18}$，DTT，dATP、dGTP、dTTP 混合液，dCTP，DMSO，Tris-HCl（pH 6.5），Superscrpt Ⅱ 反转录酶，Cy3-dCTP，Cy5-dCTP，20mmol/L EDTA，500mmol/L NaOH，500mmol/L HCl，3mol/L CH_3COONa，预杂交液，2×杂交液，人类 Cot1 DNA，洗液 A，洗液 B，洗液 C，异丙醇，无水乙醇，70％乙醇，DEPC-H_2O，灭菌 H_2O。

（3）设备 基因芯片打印仪、基因芯片扫描仪、紫外交联仪、高速离心机、高速真空干燥机、恒温水浴箱、氨基硅烷包被的玻片、杂交盒、384 孔板、玻片槽、盖玻片、1.5ml Eppendorf 管（灭菌，涉及 RNA 的需用 0.1％DEPC 处理）。

【试剂配制】

（1）Tris-HCl（pH 6.5） 称取 Tris 242.2g，加双蒸水 1600ml，加热搅拌溶解，配制 Tris 母液。取 Tris 母液 80ml，用盐酸调节 pH 至 6.5，加双蒸水定容至 100ml，103.4kPa 灭菌 20min。

（2）5×RT 缓冲液 250mmol/L Tris-HCl（pH 8.3），375mmol/L KCl，50mmol/L $MgCl_2$。

（3）预杂交液 25％甲酰胺，5×SSC，0.1％SDS，1％BSA。

(4) 2×杂交液　50%甲酰胺，10×SSC，0.2%SDS。
(5) 洗液A　2×SSC，0.1%SDS。
(6) 洗液B　0.1×SSC，0.1%SDS。
(7) 洗液C　0.1×SSC。

【实验方案】

1. DNA 微阵列的制备

(1) 探针的制备

采用常规分子生物学方法（PCR 扩增与基因克隆技术）来制备探针，RT-PCR 扩增 cDNA。经纯化后，浓度需达到 1μg/μl。另外需准备阳性对照探针、阴性对照探针及空白对照探针。在探针中加入 DMSO 和 Tris-HCl（pH 6.5），终浓度分别为：DMSO，50%；Tris-HCl，20mmol/L；探针，300ng/μl。混合均匀后转移至 384 孔板。盖上盖，95℃加热 5min 后置于冰上，以备打印。

(2) 探针的打印

根据探针的数量、每个探针要打印的点数，设计芯片上探针的阵列分布，并编制相应的程序，由芯片打印仪自动完成芯片的打印。

(3) 芯片打印后处理

① 紫外交联　将芯片置于紫外交联仪中，照射能量为 90mJ，使 DNA 交联在玻片表面。

② 固定　将芯片放在玻片盒中，80℃干烤 2h。

③ 干燥、避光保存。

2. 样品的准备

(1) 提取组织细胞中的总 RNA

(2) 样品的荧光标记

① 在离心管中加 10μg 总 RNA，2μg oligo（dT）$_{18}$ 和 DEPC-H$_2$O 至总体积 14μl。将上述混合液于 70℃加热 10min，迅速置冰上冷却 1min，使 oligo（dT）$_{18}$ 与 mRNA 退火。

② 加入如下成分：5×RT 缓冲液，10μl；DTT（5mmol/L），5.0μl；RNA 酶抑制剂（20U/μl），1.5μl；dATP、dGTP、dTTP（各 25mmol/L），1.0μl；dCTP（1mmol/L），5.0μl；Cy3/Cy5-dCTP（1mmol/L，Cy3/Cy5 分别标记对照和待测），2.0μl；Superscrpt Ⅱ 反转录酶（200U/μl），1.5μl；总体积至 50μl。

③ 混匀，42℃温育 2h，使 poly A 化的 mRNA 进行反转录。

④ 简短离心，加 1.5μl 20mmol/L EDTA 终止反应。

⑤ 加 2.5μl 500mmol/L NaOH，70℃加热 10min 降解 RNA。

⑥ 加 2.5μl 500mmol/L HCl 中和 NaOH。

⑦ 加入 5μl 3mol/L CH$_3$COONa，75μl 无水乙醇。

⑧ −20℃放置 20min，高速离心 15min，以沉淀 cDNA。

⑨ 弃上清液，用 0.5ml 70%乙醇清洗沉淀。

⑩ 在高速真空机中干燥沉淀。

加入 10μl 灭菌去离子水溶解，测定样品的 OD$_{260}$。

3. 分子杂交与杂交后清洗

(1) 预杂交

① 小心从玻片盒中取出芯片，放入预杂交液中，42℃温育 1h。

② 在灭菌水中过 5 遍。

③ 浸入异丙醇 1min，空气干燥。

(2) 杂交

① 盖玻片的处理，用灭菌水冲洗后，再用无水乙醇冲洗，硅烷化，空气干燥。

② 样品处理，将纯化的 Cy3 和 Cy5 标记探针各取适量混合，使样品的终浓度均为 $100\text{ng}/\mu\text{l}$，然后加入 Cot1 DNA（$20\mu\text{g}/\mu\text{l}$）$1\mu\text{l}$ 轻轻混匀后，95℃加热 5min，高速离心 2min。

③ 将探针与等体积、42℃预热的 2×杂交缓冲液混合，取 $4\mu\text{l}$ 处理过的样品点在阵列上。

④ 小心盖上盖玻片（避免气泡产生）。

⑤ 在杂交盒两端的小孔中各加 $10\mu\text{l}$ dH_2O，保持杂交湿度。

⑥ 将芯片装进杂交盒，放入 42℃水浴，杂交 16~20h。

(3) 杂交后清洗

① 从杂交盒中取出芯片（勿揭开盖玻片）。

② 把芯片浸入洗液 A，应使盖玻片迅速离开玻片，42℃轻轻摇晃 5min。

③ 将芯片转移至洗液 B，室温轻轻摇晃 10min。

④ 从洗液 B 取出后，立即将芯片转移至洗液 C，室温洗脱 1min。

⑤ 重复步骤④4 次。

⑥ 灭菌水清洗，不超过 10s。

⑦ 浸入无水乙醇。

⑧ 空气干燥，准备扫描。

4. 芯片的扫描

用美国 Gsi Lumonics 公司的 ScanArray Lite 基因芯片扫描仪扫描芯片，并通过 QuantArray 软件分析 Cy3 和 Cy5 两种荧光信号的强度和比值。判定差异表达基因的标准包括以下两点：①Cy3 和 Cy5 信号的比值的自然对数的绝对值>2.0（基因的表达差异在 2 倍以上）；②Cy3 和 Cy5 信号值其中之一必须达到 700 以上。

进行大规模基因表达的分析时，还要对这些数据进行统计学分析，如采用聚类分析（cluster analysis）的方法，通过建立各种不同的数学模型，将抽象的数据结果转化为直观的树形图，确定不同基因在表达上的相关性，从而找到未知基因的功能信息或已知基因的未知功能或发现新的基因等。

【注意事项】

① DNA 探针在打印前通常需要进行纯化，以去除酶、离子、dNTP 等物质。纯化产物干燥后重新溶于高盐溶液或其他变性缓冲液如 3×SSC 等。扩增的探针溶于 50％二甲基亚砜（DMSO）而不用 SSC 来溶解，可取得较理想的杂交效果。因为 DMSO 可使 DNA 探针变性并更好地与玻片结合，提供更多单链与靶 DNA 杂交；而且 DMSO 具有吸湿性，其蒸气压较低，使 DNA 探针溶液在打印过程中无显著蒸发，从而能保存更长时间。

② 对照组探针包含阳性对照和阴性对照基因片段及空白对照。设立阳性对照的目的是让不同样品的靶基因与该对照杂交后得到的信号基本相同，也就是说，在检测分析时，可以阳性对照的杂交信号作为内对照进行校正（即标准化处理）。选择阴性对照时应避免与所研究的基因有同源性，从而不至于产生杂交信号，但要求核酸的性质〔如长度、(G+C) 含量等〕基本相似；空白对照中则不含任何基因，只含溶解上述这些探针的液体（即点样液）。

③ 打印前需对玻片进行表面化学处理，使玻片表面衍生出氨基、醛基、异硫氰酸基等活性基团。这些活性基团可与 DNA 分子中的磷酸基、氨基、羟基等基团形成离子键或共价结合，使打印在上面的 DNA 牢固地固化在支持物表面，以防止在杂交时被洗脱。而且玻片表面经处理后，可减少亲水性的探针在其表面的扩散，因而提高了点阵的打印密度。打印后也要对玻片进行处理，把 DNA 固定在玻璃表面；同时也需要封闭玻片上未打印的区域，以

防止样品 DNA 的非特异性固定。

④ 在正式打印前，还需先进行预打印，以消除初始所点探针量彼此间不等的差异。

⑤ 样品经标记后通常还需要进行纯化，才能进行杂交，否则检测时荧光背景高，对杂交信号的检测产生不利的影响。为保证芯片检测的灵敏度，须特别注意样品 RNA 的提取、纯化、反转录标记等环节，其质量和效率决定了芯片检测的实际灵敏度。

⑥ 芯片的杂交过程与常规的分子杂交过程基本相似，先进行预杂交。预杂交时可将玻片上的自由氨基或醛基等活性基团封闭或失活，否则标记的样品靶 DNA 会与玻片上探针外的其他位点发生非特异性结合，从而消耗靶 DNA 并产生强的背景。此外还可以洗掉未结合的 DNA 探针。

⑦ 影响芯片杂交的因素包括杂交的温度、探针的序列组成、探针的浓度、靶基因序列的浓度及杂交液的组分等。基因表达谱芯片杂交时，需要较长的时间（往往要求过夜杂交）、高盐浓度、高的样品浓度、较低的杂交温度，但严谨性要求较低，这有利于提高检测的特异性、保证较高的灵敏度并可检测出低拷贝的基因。杂交后的芯片要经过严谨条件下的洗涤，洗去未杂交的一切残留物。杂交和洗脱的条件都必须通过实验进行优化，以保证特异性。

⑧ 在进行芯片的清洗时，盖玻片开始滑落。如果芯片被暴露在空气中，易产生高背景的荧光信号；如果盖玻片在 30s 内未滑落，用镊子将其轻轻从芯片表面移除，未移除盖玻片可能降低杂交的效率。

⑨ 基因表达谱分析时必须对微阵列上阳性杂交点的荧光强度进行处理、分析才能鉴定出差异表达的基因。第一步就是对每个扫描波段的相对荧光强度进行标准化处理。标准化就是校正荧光标记物的标记效率和检测效率之间的差异。这些差异可导致 Cy5 和 Cy3 平均比值的波动。因此在分析前就必须对荧光强度进行校正。

【实验结果及分析】

双色荧光扫描图像分别显示 Cy5 和 Cy3 标记的探针与芯片杂交的结果，颜色的深浅表示杂交信号的强弱。将 Cy3 和 Cy5 扫描图像完全重叠后，并赋以伪色（Cy5 图像以绿色表示，Cy3 图像以红色表示）成为双探针杂交的结果图，其中绿色表示高表达，红色表示低表达，黄色表示表达水平无改变（图 13-9）。

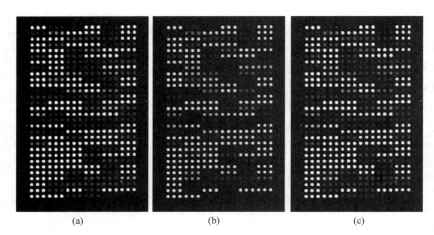

图 13-9 基因芯片杂交信号扫描结果（见彩图）

(a) Cy3 标记杂交扫描图；(b) Cy5 标记杂交扫描图；(c)：(a)、(b) 图像重叠。图中点的颜色含义：绿色表示高表达，红色表示低表达，黄色表示表达水平无改变

（朱利娜）

第十三章 分子细胞生物学技术

备择方案5 原位缺口平移技术

【原理与应用】

原位切口平移技术又称为原位缺口翻译（in situ nick translation）。它最早用于研究DNA体外复制，其后又扩展至研究染色体、培养细胞与组织切片的DNA转录效力。其基本原理是大肠杆菌DNA聚合酶Ⅰ（Escherichia coli DNA polymerase Ⅰ）可从一条DNA链缺口（nick）的5′端切除核苷酸，同时从缺口的3′端连接核苷酸，并依次顺序进行，其结果是切口沿DNA平移。因此，新合成的数量可反映出DNA链的断裂（受损）的程度。原位缺口平移技术，乃是将缺口移位技术与同位素放射自显术结合起来，从而可在细胞核或染色体上反映出DNA受损的程度。它一方面具有实感性，便于观察记录；另一方面也可作半定量（计数银颗粒）或定量（收集细胞作液闪测定）测定，其优点是显而易见的。本技术是在分子水平上反映遗传物质的改变，因此其敏感性要比诸如染色体畸变、断裂、姐妹染色单体交换频率改变、微核形成以及碱洗脱法与荧光分析法敏感得多。在实用上又有外加DNase Ⅰ与不加DNase Ⅰ两种。前者主要用以区别有无转录活性或潜在转录活性的染色质或基因；而后者主要用于检测致癌物、致突变物或辐射等因子对细胞DNA的断裂损伤作用。

【实验用品】

(1) 材料　培养的细胞。

(2) 试剂　Carnoy固定液，500mmol/L Tris-HCl（pH 7.4），50mmol/L $MgCl_2$，100mmol/L α-巯基乙醇，10mmol/L dATP、dGTP、dCTP、dTTP，^{3}H-dTTP，大肠杆菌DNA聚合酶Ⅰ，BSA。

(3) 设备　显微镜，放射自显术的设备（见第五章支持方案4　放射自显影术及同位素液闪测定）。

【实验方案】

1. 一般步骤

(1) 细胞培养及处理　实验可用正常细胞或恶性细胞，视实验目的而定，将细胞接种于预先放置有盖玻片（2.2cm×2.2cm）的小号塑料培养皿内（直径3.4cm）。每皿加2ml含适量血清与抗生素的培养基（如DMEM）。每皿的细胞总数为3×10^5个。将培养皿放入37℃ CO_2孵箱内。24h后细胞已很好地贴附在盖片上，吸去培养基，以不含血清的DMEM洗2次，加入不含血清的DMEM或含有一定浓度测试药物（如本实验以MNNG，醋酸棉酚为例）的DMEM。

(2) 细胞的固定　在经上述测试药物作用一定时间后，将盖玻片取出，以PBS（pH 7.4）洗涮，清除细胞碎片等，然后用3：1的冰醋酸-甲醇Carnoy液固定15min，待晾干后用树胶将上述附着有细胞的盖玻片固定于载玻片之一端，须记住的是细胞面朝上！1d后树胶干涸，进行下一步的原位缺口平移反应。

(3) 原位缺口平移反应　于上述盖玻片上，滴加30μl缺口平移反应液，使其淹没细胞，并以另一张清洁盖玻片覆盖其上，须注意不要有气泡，以确保反应液浸渍所有的细胞。为此，要先准备混合液A，然后再配制反应液。本实验以10张标本为例，以示需配多少溶液。

① 混合液A：500mmol/L Tris-HCl（pH 7.4），188μl；50mmol/L $MgCl_2$，188μl；100mmol/L α-巯基乙醇，188μl；10mmol/L dATP，5.64μl；10mmol/L dGTP，5.64μl；10mmol/L dCTP，5.64μl；10mmol/L dTTP，5.64μl。

② 反应液：混合液 A，96.3μl；³H-dTTP，16μl；大肠杆菌 DNA 聚合酶Ⅰ（200U/ml），30μl；BSA（2mg/ml），15μl；双蒸水，145.4μl。

(4) 终止反应 15min 后移去上覆的盖片，用 50mmol/L Tris-HCl（pH 7.4）洗涮数次，以洗去反应液。接着再以 95％乙醇浸渍 30min，晾干后（约 30min），进行同位素放射自显术程序。

(5) 放射自显术 将上述经原位缺口移位反应的盖玻片在暗室内浸渍 Kodak 放射自显术乳胶（也可用核Ⅳ乳胶），但乳胶应事先在室温中预温，通常可稀释 1 倍。晾干后（约 30min）置于装有干燥剂的密闭容器内，4℃曝光 3d。

(6) 显影与定影 放射自显术的显影剂与定影剂。这里我们推荐用 D19 液，显影 5min，定影 10min，然后自来水漂洗 15min。

(7) 标本的染色 标本可用吉姆萨染色。笔者推荐地衣红（orcein）染色，其流程如下：2％地衣红染色 10min；水洗数秒钟；冰醋酸-水混合液（1∶1）洗数秒钟；95％乙醇处理 1min；正丁醇、正丁醇-二甲苯混合液（1∶1）、二甲苯Ⅰ、二甲苯Ⅱ各处理数秒钟；中性树胶封片。

(8) 观察与记录 在油镜下记数每个细胞核中的银颗粒数、同时减去相等面积的本底颗粒数，即为每个核中的真正银颗粒数。一般要随机取视野，共观察 100 个细胞以上，同时做显微摄影记录。如做定量分析，则可收集细胞，进行液闪测定，各组互相比较。

2. 应用举例

笔者曾用此方法比较正常人与毛细血管扩张性共济失调综合征（ataxia telangiectasia，A-T）患者培养细胞对致癌物与诱变剂的反应。发现两种细胞对较高或低浓度（$10^{-2}\sim10^{-3}$mol/L）的 MNNG 的反应相同，但在低浓度下（10^{-3}mol/L）的弱诱变剂没食子酸（gallic acid）的作用下，A-T 细胞中呈现有较多的银颗粒，而正常细胞几乎无银颗粒出现。这一结果提示，用原位缺口平移法可以证实 A-T 细胞比正常细胞易受到诱变剂的影响而发生遗传物质的改变。此外，我们也曾用此技术检测两种男性节育药醋酸棉酚和雷公藤多苷（GTW）对 $C_3H_{10}T1/2$ 小鼠成纤维细胞 DNA 的作用。结果表明，在较高浓度的醋酸棉酚或 GTW（2～3μg/ml）作用 4h，细胞核中显示的银颗粒多于作为阳性对照的 MNNG 组；但在中等浓度（0.5～1pg/ml）作用下，银颗粒显著地减少；在低浓度（0.1～0.3μg/ml）作用下，细胞核中的银颗粒与阴性对照组几乎相同（图 13-10）。上述这些观察表明用原位缺口移位技术可以极好地反映出醋酸棉酚或 GTW 对 DNA 的损伤有剂量相关性以及该方法的敏感性。根据上述结果，不难认为原位缺口平移技术是研究药物对 DNA 损伤作用的好方法。

【注意事项】

① 目前已有原位缺口平移反应液药盒出售，可不必自行配制。

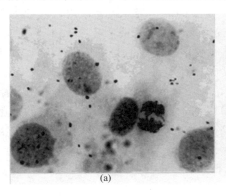
(a)

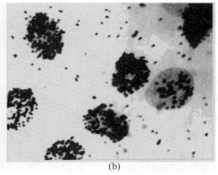
(b)

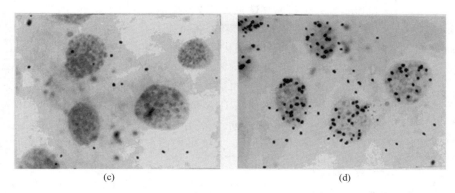

图 13-10　醋酸棉酚或 GTW 对 $C_3H_{10}T1/2$ 细胞 DNA 的作用

(a) 对照组；(b) 棉酚作用 1h，细胞核内有较多的银颗粒；(c) 低剂量棉酚作用下，细胞未见明显损伤，细胞核内无可见颗粒；(d) GTW 作用 4h，细胞核内也有较多的银颗粒

② 若没有 ^{3}H-dTTP，也可用 ^{3}H-TdR 代替。
③ 国内有人将此技术用于组织及动物实验，结果也十分明确。

【实验结果及分析】

实验结果见图 13-10。

（章静波）

备择方案 6　染色质免疫沉淀法

【原理与应用】

染色质免疫沉淀法（chromatin immunoprecipitation，ChIP）是研究体内蛋白质与 DNA 相互作用的一种技术。在生理状态下把细胞内的 DNA 与蛋白质交联、固定在一起，通过超声或酶处理将染色质随机切断为一定长度范围内的染色质小片段，用所要研究的目的蛋白特异性的抗体沉淀这种交联复合体，特异性地富集目的蛋白结合的 DNA 片段，通过对目的片段的纯化与检测，从而获得蛋白质与 DNA 相互作用的信息（图 13-11）。真核生物的基因组 DNA 以染色质的形式存在，研究蛋白质与 DNA 在染色质环境下的相互作用是阐明真核生物基因表达机制的基本途径。ChIP 利用抗原抗体反应的特异性，可以灵敏地检测目标蛋白与特异 DNA 片段的结合情况，是目前确定与特定蛋白结合的基因组区域、与特定基因组区域结合的蛋白质的最好方法。ChIP 常用于研究转录因子（transcription factor，TF）与启动子（promoter）相互结合，研究组蛋白（histone）的各种共价修饰与基因表达的关系等。染色质免疫沉淀技术一般包括细胞固定，染色质断裂，染色质免疫沉淀，交联反应的逆转，DNA 的纯化，以及 DNA 的鉴定。

【实验用品】

（1）材料　HeLa 细胞。

（2）试剂　HEPES、NaCl、KOH、HCl、Triton X-100、NP-40、SDS、去氧胆酸钠、EDTA、Tris、$NaHCO_3$、蛋白酶抑制剂、蛋白酶 K、Protein A/G beads（鲑精 DNA）、对照引物（GAPDH）、阳性对照抗体［乙酰化组蛋白 H3 抗体（Anti-Acetyl Histone H3）］、阴性对照抗体［正常家兔 IgG（Normal IgG）］、琼脂糖、PCR 反应 Mix、SYBR Green qPCR Mix。

（3）设备　静音混合器、高速低温离心机、超声破碎仪、电泳仪、水平电泳槽、PCR 仪、Real-time PCR 仪。

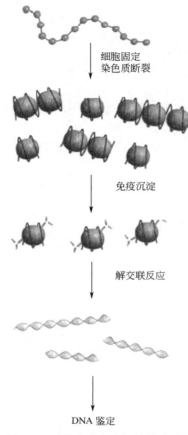

图 13-11 染色质免疫沉淀基本过程

【试剂配制】

（1）裂解（FA lysis）缓冲液　50mmol/L HEPES-KOH，pH 7.5；140mmol/L NaCl；1mmol/L EDTA，pH 8.0；1% Triton X-100；0.1% 去氧胆酸钠；0.1% SDS；蛋白酶抑制剂（临用前加入）。

（2）RIPA 缓冲液　50mmol/L Tris-HCl，pH 8.0；150mmol/L NaCl；2mmol/L EDTA，pH 8.0；1% NP-40；0.5% 去氧胆酸钠；0.1% SDS；蛋白酶抑制剂（临用前加入）。

（3）漂洗（wash）缓冲液　0.1% SDS；1% Triton X-100；2mmol/L EDTA，pH 8.0；150mmol/L NaCl；20mmol/L Tris-HCl，pH 8.0。

（4）最终漂洗（final wash）缓冲液　0.1% SDS；1% Triton X-100；2mmol/L EDTA，pH 8.0；500mmol/L NaCl；20mmol/L Tris-HCl，pH 8.0。

（5）洗脱（elution）缓冲液　1% SDS；100 mmol/L $NaHCO_3$。

【实验方案】

1. 细胞固定

甲醛（formaldehyde）是一种高分辨率的可逆的交联剂，能有效地使蛋白质-蛋白质，蛋白质-DNA，蛋白质-RNA 交联。其原理为：在甲醛的作用下，DNA 碱基上的氨基或亚氨基和蛋白质上的 α-氨基及赖氨酸、精氨酸、组氨酸、色氨酸的侧链氨基与另外的 DNA 和蛋白质上的氨基或亚氨基交联在一起，在几分钟内形成生物复合体（biopolymers），防止细胞内组分的重新分布；甲醛交联反应是完全可逆的，便于在后续实验中分别对 DNA 和蛋白质进行分析。交联所用的甲醛终浓度约为 1%，而交联时间需要预实验来确定，通常的交联时间为 5min～1h，可以加入甘氨酸来终止交联反应。

① 取一平皿细胞（150mm 平皿），细胞汇合度约 80%～90%（HeLa 细胞约 $1×10^7$ 个），平皿中含有培养基 20ml，加入 550μl 37% 甲醛（或 1100μl 18.5% 甲醛），使甲醛的终浓度为 1%。

② 温和混匀，室温孵育 10min。

③ 终止交联：加甘氨酸至终浓度为 125mmol/L，温和混匀，室温孵育 5min。

④ 将平皿置于冰上。

⑤ 吸尽培养基，用 20ml 冰冷的 PBS 清洗细胞。

⑥ 吸尽 PBS，重复清洗细胞 1 次。

⑦ 加入 2ml 冰冷的 PBS（含有 1× 蛋白酶抑制剂复合物），用细胞刮刀收集细胞，于 1.5ml 离心管中。

⑧ 1000g、4℃，离心 5min。

⑨ 吸去上清液，加入 750μl 裂解缓冲液，重悬细胞，得到细胞裂解液。

2. 染色质断裂

甲醛交联后的染色质对限制酶和 DNase Ⅰ 高度抵抗，可用超声波或微球菌核酸酶

(micrococcal nuclease) 使染色质随机断裂，打断后的染色质片段的平均长度应该在500~1000bp（用琼脂糖凝胶电泳检测），使目标蛋白质暴露，利于抗体识别。微球菌核酸酶可以将染色质切成一到几个核小体，比超声波处理的结果更均一。另外，酶反应的条件比较温和，对DNA和DNA-蛋白质复合物的损伤较小，而且蛋白质不易变性。在研究组蛋白时，经常采用没经过甲醛固定的ChIP（native ChIP，N-ChIP）的研究方法。N-ChIP没经过甲醛固定，超声波处理会打断组蛋白和DNA的结合，所以只能选择酶处理染色质的方法。对于甲醛固定的样品，一般选择超声波处理方法。也有研究人员使用酶处理的方法研究甲醛固定较温和的样品。

① 将装有细胞裂解液的离心管置于冰上，进行超声破碎，超声功率为310W，20s冲击，2s间隙，超声3次（根据不同的细胞株，不同的细胞数量超声的条件不同，需实验摸索），超声探头要尽量深入管中，但不接触管底或侧壁，以免产生泡沫。

② 超声破碎后，10000g、4℃，离心10min，去除细胞碎片等不溶物质。

③ 吸取上清液分装至新1.5ml离心管中，每管50μl（可于−80℃保存3个月）。

④ 可取100μl超声破碎后产物，加入5μl蛋白酶K（20mg/ml），65℃，旋转混合，解交联4~5h（或过夜），分出一半用酚-氯仿抽提，1.5%琼脂糖电泳检测超声效果。

3. 染色质免疫沉淀

利用目的蛋白质的特异抗体通过抗原-抗体反应形成DNA-蛋白质-抗体复合物，然后使用Agarose beads或Magna beads沉淀此复合物，特异性地富集与目的蛋白质结合的DNA片段。再经过多次洗涤，除去非特异结合的染色质后，用1% SDS＋$NaHCO_3$洗脱免疫沉淀复合物。

Input对照：在进行免疫沉淀前，需要取一定比例断裂后的染色质作为Input对照。Input是断裂后的基因组DNA，需要与沉淀后的样品DNA一起经过逆转交联，DNA纯化，以及最后的PCR或其他方法检测。

阳性与阴性对照：阳性抗体通常选择与已知序列相结合的比较保守的蛋白质的抗体，常用的包括组蛋白抗体或RNA PolymeraseⅡ抗体等。阴性抗体通常选择目的蛋白质抗体宿主的IgG或血清。目的蛋白质抗体的结果与阳性抗体和阴性抗体的结果相比较，才能得出正确结论。

① 在每管50μl超声破碎产物中加入450μl RIPA缓冲液，为1∶10比例稀释，留取5μl（1%体积）作为Input对照，4℃保存至第4步操作①。

② 加入抗体：每管样品中分别加入阳性对照抗体、阴性对照抗体（正常IgG）及目的蛋白质抗体，抗体用量为1~10μg。根据抗体效价、纯度及特异性，梯度稀释抗体，实验确定抗体用量。

③ 加入20μl充分混匀的Protein A/G beads（Salmon Sperm DNA）。

④ 4℃，旋转混合，1h或过夜。

⑤ 2000g，离心1min，弃去上清液。

⑥ 清洗beads 3次，每次用1ml wash缓冲液，2000g离心1min，弃去上清液。

⑦ 清洗beads 1次，用1ml final wash缓冲液，2000g离心1min，弃去上清液。

4. 解交联反应和DNA的纯化

用蛋白酶K，65℃保温4~5h解交联，经DNA纯化柱回收DNA或用酚-氯仿抽提、乙醇沉淀纯化DNA。

① 每份样品中均加入120μl elution缓冲液（包括Input对照组），30℃，旋转混合，15min。

② 2000g 离心1min。

③ 吸取上清液至一新的离心管中，可于-20℃保存。
④ 加入 5μl 蛋白酶 K（20mg/ml），65℃，旋转混匀，解交联 4~5h（或过夜）。
⑤ DNA 用酚-氯仿抽提，乙醇沉淀，加 100μl 水溶解 DNA，可于-20℃保存。

5. DNA 的鉴定

最常用的 DNA 鉴定方法是半定量 PCR 和 real-time PCR。

(1) PCR 分析

① 反应体系：

试剂	体积/μl	试剂	体积/μl
DNA	2.0	2.5mmol/L dNTP	1.6
H_2O	12.6	Primer mix	0.8
10×PCR 缓冲液	2.0	Taq(5U/μl)	0.4
$MgCl_2$(50mmol/L)	0.6	总	20

② 反应条件：

预变性　94℃ 3min
变性　　94℃ 20s ⎫
退火　　60℃ 20s ⎬ 30~35 个循环
延伸　　72℃ 30s ⎭
最后延伸 72℃ 5min

③ PCR 反应结束后，取 5~10μl 的 PCR 反应液进行琼脂糖凝胶电泳检测，确认 PCR 扩增产物。

(2) real-time 定量 PCR

① 反应体系：

试剂	体积/μl	试剂	体积/μl
DNA	2.0	Primer mix	1
H_2O	9.5	总	25
SYBR-Green Master Mix	12.5		

② 反应条件：

预温　　50℃ 2min
预变性　95℃ 2min
变性　　95℃ 15s ⎫
　　　　　　　　　 ⎬ 40 个循环
退火　　60℃ 30s ⎭

【注意事项】

① 甲醛交联反应时间根据细胞种类和细胞数量多少不同，需经预实验确定，如果交联时间过长，则实验材料易丢失，且交联后的 DNA-蛋白质复合体难以用超声打断；交联时间过短，则交联不完全。

② 超声波是使用机械力断裂染色质，容易引起升温或产生泡沫，使蛋白质变性，影响 ChIP 的效率，在超声波断裂染色质时，要在冰上进行，且要设计时断时续的超声程序，超声时间也不要太长，以免蛋白质降解。

③ 在做 ChIP 实验时，要做好实验对照，如果没有对照，很难对实验结果的可靠性进行评估。阳性抗体和阴性抗体对照是最基本的实验对照，同时要做好 Input 对照，Input 对照不仅可以验证染色质断裂的效果，还可以根据 Input 中的靶序列的含量以及染色质沉淀中的

靶序列的含量，按照取样比例换算出 ChIP 的效率。

④ 染色质免疫沉淀所用目的蛋白质抗体的选择是 ChIP 实验成功的关键。因为在蛋白质与染色质交联结合时，抗体的抗原表位可能因为与结合位点的距离太近，不能被抗体识别，所以不能有效地在体内形成免疫沉淀复合物，直接影响 ChIP 的结果，因此不是所有的抗体都能做 ChIP 实验的，只有经过 ChIP 实验验证后的抗体才能确保实验结果的可靠性。

【实验结果及分析】

① 交联后的染色质经超声波断裂，2%琼脂糖凝胶电泳分析结果，打断后的染色质片段的平均长度应该在 200~1000bp（图 13-12）。

② 纯化后得到的 DNA 片段经 PCR 分析，扩增片段为管家基因 GAPDH 的启动子区，片段大小 165bp，阳性对照和 Input 对照可见扩增产物，无 DNA 模板 PCR 对照无扩增产物，阴性对照可见微弱扩增条带，但与阳性对照比较差别明显（图 13-13）。

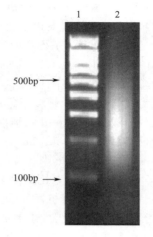

图 13-12　超声法断裂染色质
1—DNA Marker；2—超声后 DNA 片段主要集中在 200~1000bp

③ 纯化后得到的 DNA 片段经 real-time PCR 分析，扩增片段为管家基因 GAPDH 的启动子区，片段大小 165bp，纵坐标代表的丰度（fold enrichment）为 Anti-Acetyl H3（AcH3）阳性对照及正常 IgG 阴性对照中管家基因 GAPDH 的含量，与 Input 对照中管家基因 GAPDH 的含量比较得到的结果（图 13-14）。

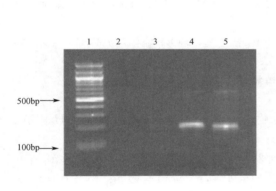

图 13-13　PCR 分析染色质免疫沉淀结果
1—DNA Marker；2—无 DNA 模板对照；3—阴性抗体对照（正常 IgG）；4—阳性对照（AcH3）；5—Input 对照

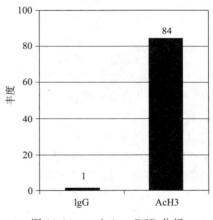

图 13-14　real time PCR 分析染色质免疫沉淀结果

（黄东阳）

备择方案 7　昆虫杆状病毒表达系统

【原理与应用】

杆状病毒是双链 DNA 病毒，主要感染昆虫，也感染体外昆虫细胞系，对人畜无毒害。苜蓿银纹夜蛾核型多角体病毒（AcMNPV）是目前宿主最广、应用最多的杆状病毒，它与草地贪夜蛾 Sf21 细胞系建立了广为应用的 Bac-to-Bac 杆状病毒表达系统，该系统表达的外源基因，表达量多，能进行产物加工、修饰和折叠，形成有生物活性的产物，是当今基因工程领域中的四大表达系统之一，已表达上千种外源基因。

Bac-to-bac 系统主要有供体质粒 pFastBac，大肠杆菌 DH5α、DH10Bac，昆虫 Sf21 细胞等。pFastBac 上有 Tn7 的左右臂序列，两臂之间是病毒多角体基因 polyhedrin 的强启动子及其下游的多克隆位点、poly A 位点，庆大霉素抗性基因等。将外源基因连接到供体质粒上，转化 DH5α 感受态细胞，提取重组供体质粒，再转化 DH10Bac 感受态细胞，该细胞含有穿梭质粒 Bacmid 和辅助质粒 helper，Bacmid 上有 F 复制子，卡那霉素抗性基因及 *LacZα* 肽段编码基因，*LacZα* 基因上有细菌转座子 Tn7 的附着位点 mini-*att* Tn7。重组供体质粒的 Tn7 在 DH10Bac 中 helper 编码的转座酶帮助下转座到 Bacmid 上的 mini-*att* Tn7 位点，干扰了 *LacZ* 的表达，因此具有重组 Bacmid 的 DH10Bac 在庆大霉素、卡那霉素、四环素（辅助质粒对四环素有抗性）及含有 X-gal、IPTG 的培养板上形成白色菌落。提取重组 Bacmid，脂质体法转染昆虫 Sf21 细胞，在培养液中可获得重组病毒，重组病毒可继续感染昆虫细胞，外源基因随着病毒扩增而表达。

上述 polyhedrin 基因，另外还有编码 10kD 蛋白质的 *p10* 基因都是病毒的晚期基因，有强启动子，启动表达的蛋白质量多，二者又是病毒复制的非必需基因，插入到多角体启动子下游的外源基因，在感染细胞的晚期（感染 24h 后）大量表达。

pFastBacDUAL 是比 pFastBac 更受欢迎的供体质粒，它有两个克隆位点，一个位于 polyhedrin 的启动子下游，一个位于 *p10* 启动子下游，用它构建的重组病毒感染细胞后表达两种蛋白质，有的学者把绿色荧光蛋白基因构建到 *p10* 启动子下游，表达的绿色荧光作为标记蛋白。

【实验用品】

（1）材料　供体质粒 pFastBac 或 pFastBacDUAL，DH5α、DH10Bac 感受态细胞，Sf21 细胞。

（2）试剂　LB 液体、固体培养基，Luria 固体培养基，SOC 培养基，Grace's 培养液，限制性内切酶，连接酶，质粒提取试剂盒，lipofectin。

（3）设备　细胞培养设备，相差显微镜，恒温培养箱，离心机。

【试剂配制】

（1）LB 液体培养基　NaCl 10g，酵母提取物 5g，蛋白胨 10g，然后用 NaOH 调节 pH 至 7.0，定容至 1000ml，103.4kPa 灭菌 20min。

LB 固体培养基　每升 LB 液体培养基补加琼脂粉 15g，15lbf/in^2（103.4kPa）灭菌 20min。

（2）Luria Agar 固体培养基　每升含胰化蛋白胨 10g，酵母提取物 5g，NaCl 10g，琼脂粉 15g，pH 7.0～7.2，15lbf/in^2（103.4kPa）灭菌 20min。

（3）SOC 培养基　先配 SOB 培养基：胰化蛋白胨 2g，酵母提取物 0.5g，NaCl 0.05g，250mmol/L KCl 溶液 1ml，定容至 100ml。然后用 NaOH 调 pH 至 7.0，10lbf/in^2（68.9kPa）灭菌 30min，4℃放置。用时在 10ml SOB 培养基里加入灭菌的 50μl 2mol/L 的 $MgCl_2$ 溶液及 200μl 无菌抽滤的 1mol/L 葡萄糖。

（4）Grace's 完全培养液　Grace's 昆虫细胞培养基补加碳酸氢钠 0.35g/L，乳白蛋白水解物（lactalbumin hydrolysalate）及酵母膏（yeastolate）各 3.33 g/L 后用超纯水充分溶解，1mol/L NaOH 调 pH 至 6.0，定容至 1L，无菌抽滤后分装，－20℃存放。用时添加胎牛血清至 10%。

【实验方案】

1. 重组供体质粒构建

重组病毒构建见图 13-15。

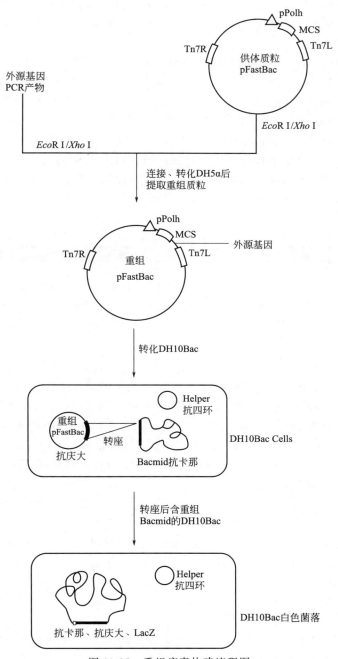

图 13-15　重组病毒构建流程图

(1) 连接　选取限制性内切酶如 EcoRⅠ/XhoⅠ分别酶切供体质粒和外源基因片段，T4 DNA 连接酶连接，16℃过夜。

(2) 转化 DH5α　5μl 连接液加入 100μl 冰浴融化的 DH5α 感受态细胞中，冰浴 30min，42℃热激 60s，冰上冷却 2min，加入 400μl SOC 培养基，37℃，225r/min 振荡培养 1h，离心收集细胞，用适量 SOC 培养基稀释菌体细胞，涂布在含氨苄青霉素 100μg/ml、X-gal 100μg/ml、IPTG 40μg/ml 的 LB 固体培养基平板上，37℃倒置培养 24~48h。

(3) 蓝白斑筛选　挑起平板中央数个独立白斑，PCR 及酶切验证是否重组了外源基因。
(4) 重组质粒提取　阳性白斑扩增培养，用质粒提取试剂盒提取重组的供体质粒。

2. 转座获得重组 Bacmid

(1) 转化 DH10Bac　1μl 重组供体质粒稀释至 10μl 水中后加入 100μl 冰浴融化的 DH10Bac 感受态细胞中，冰浴 30min，42℃热激 45s，冰上冷却 2min，加入 900μl SOC 培养基，37℃，225r/min 振荡培养 4h，离心收集细胞，用适量 SOC 培养基稀释菌体细胞，涂布在含卡那霉素 50μg/ml、庆大霉素 7μg/ml、四环素 10μg/ml、X-gal 100μg/ml、IPTG 40μg/ml 的 Luria 固体培养基平板上，37℃倒置培养 24～48h。

(2) 蓝白斑筛选　挑起平板中央数个独立白斑，PCR 及酶切验证是否重组了外源基因。
(3) 重组质粒提取　阳性白斑扩增培养，用质粒提取试剂盒提取重组 Bacmid。

带 GFP 标记蛋白的重组 pFastBacDUAL 示意如图 13-16 所示。

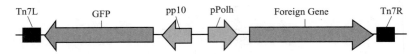

图 13-16　带 GFP 标记蛋白的重组 pFastBacDUAL 示意图
Tn7L：Tn7 转座元左臂；GFP：绿色荧光蛋白基因；pp10：p10 启动子；pPolh：多角体启动子；
Foreign Gene：外源基因；Tn7R：Tn7 转座元右臂

3. 转染

10μl Cellfectin 加无菌水至 25μl，轻轻混匀 5min，将 60℃水浴 1h（灭活微生物）的 25μl 重组 Bacmid（对照组用不含外源基因的 Bacmid 代替）加入脂质体中，室温 1h，期间每隔 10min 轻弹管底混匀一次。将对数生长期的 Sf21 细胞的含血清培养液换成 2ml 无血清 Grace's 培养液，1h 后更换 2ml 新的无血清 Grace's 培养基，并将上述 Bacmid/脂质体混合物轻轻点在培养基上，27℃静置培养 5～6h 后，换 2ml 含 50U/ml 庆大霉素和 10％胎牛血清的 Grace's 完全培养液。27℃继续培养 3～5d 后收集上清培养液，4℃避光存放，以备感染用。

4. 感染扩增、收集重组蛋白

Sf21 细胞生长至 80％密度时，弃培养液，加入上述收集的转染后含重组病毒的上清培养液，27℃静置培养 1.5h 后，更换 4ml 新的 Grace 培养液继续培养 3～5d，分别收集上清液［含芽生型病毒（Budded virus，BV）］及细胞，进行重组表达产物的纯化及鉴定。上清液中含重组病毒芽生病毒，可离心弃细胞碎片后继续用于感染。

5. 重组蛋白的检测

SDS-PAGE 或 Western blotting 法检测。

【注意事项】

① 扩增的外源基因的 PCR 产物两端要有限制性内切酶位点序列，且该序列应与将要连接的供体质粒的限制性内切酶序列一致。

② 转化 DH5α 及 DH10Bac 固体培养基平板上的抗生素及 X-gal、IPTG 要涂布均匀，然后放至培养箱半小时后才能使用，否则对菌体细胞毒性大，无法形成菌落。

③ 重组 Bacmid 在与脂质体混合前要用 60℃水浴灭活，以避免转染培养时污染。转染前 Sf21 细胞应换不含血清的 Grace's 培养液，1h 后更换 2ml 新的无血清 Grace's 培养基，再加入 Bacmid/脂质体混合物，否则转染率低。

【实验结果及分析】

感染的细胞中和上清培养液中均含有表达的外源基因，用 Western blotting 检测，由于真核细胞具有加工修饰功能，本实验表达的组织蛋白酶 B 酶原（37kD）被加工修饰成活性形式（29kD、25kD）（图 13-17）。

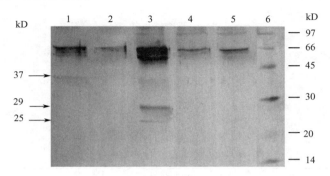

图 13-17　免疫印迹检测组织蛋白酶 B 的表达
1—重组病毒感染上清液；2—非重组对照病毒的感染上清液；3—重组病毒感染细胞；
4—非重组对照病毒的感染细胞；5—Sf21 细胞；6—蛋白质标准分子质量

（邵红莲）

备择方案 8　GST pull-down 分析

【原理与应用】

蛋白质-蛋白质相互作用在诸如生物催化、转运、信号转导、免疫、细胞调控等多种生命过程起着重要的作用，因此对这种作用的研究对于了解生命活动规律具有深远意义。研究蛋白质相互作用的实验方法主要有：GST pull-down❶、酵母双杂交（yeast two hybrid system，Y2H）、噬菌体展示（phage display）、内源蛋白质的免疫共沉淀（coimmunoprecipitation）、荧光共振能量传递（fluorescence resonance energy transfer，FRET），以及近年发展起来的蛋白质芯片分析技术等。

GST pull-down 技术是利用 GST 对谷胱甘肽偶联球珠的亲和性，从非相互作用蛋白质溶液中纯化相互作用蛋白质的方法。它通常有两种应用：确定 GST 融合钓饵蛋白质与未知蛋白质间新的相互作用，以及证实钓饵蛋白质与已知蛋白质之间可能的相互作用。前者需要用直接 SDS-PAGE（高丰度靶蛋白）或同位素标记后的 SDS-PAGE（低丰度靶蛋白）再偶联质谱等技术以确定靶蛋白的"身份"；后者则可用针对已知靶蛋白的抗体进行 Western 印迹检测。由于后者代表蛋白质比较成熟和常用，所以本小节将对之进行详细描述，其工作原理示意图见图 13-18。

【实验用品】

（1）材料　用于研究的细胞。

（2）试剂　适当的细胞培养基，预先纯化制备的 GST 融合钓饵蛋白质，谷胱甘肽-琼脂糖（glutathione-agarose）球珠，抗捕获蛋白的抗体（单克隆或多克隆抗体，Western 印迹用），NaCl、$MgCl_2$、$CaCl_2$、KCl、$Na_2HPO_4 \cdot 12H_2O$、KH_2PO_4、HEPES 等盐类，Triton X-100、巯基乙醇等，SDS-PAGE、Western 印迹所需试剂（见第九章基本方案 3、4）。

（3）设备　细胞传代培养的设备，直径 3.5cm 塑料培养皿（或 50ml 培养瓶），4℃层析柜或冷室，翻转样品旋转仪，沸水浴，电泳仪，垂直板电泳槽以及放射自显影用胶片盒等 SDS-PAGE 和 Western 印迹所需设备。

---

❶　GST pull-down 译名未统一，建议译作"谷胱甘肽蛋白拆配"。——作者注

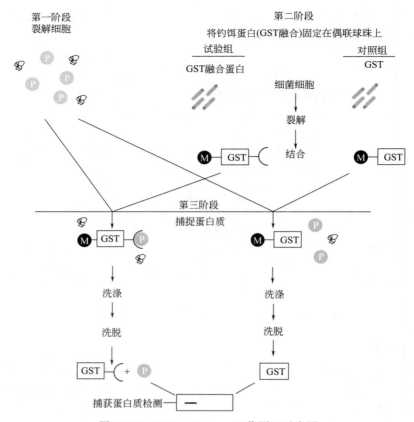

图 13-18　GST pull-down 工作原理示意图

【试剂配制】

（1）裂解缓冲液　1% Triton X-100；150mmol/L NaCl；2mmol/L $MgCl_2$；2mmol/L $CaCl_2$；10mmol/L HEPES，pH 7.4。使用前加入蛋白酶抑制剂 [1μg/ml 亮抑蛋白酶肽（亮抑酶肽）（Leupeptin），1μg/ml 抗蛋白酶肽（Antipain），1μg/ml 苯甲基磺酰氟（phenylmethylsulfonyl fluoride，PMSF），1.25μg/ml 抑胃肽（Pepstatin）]。

（2）PBS　NaCl，8.0g；KCl，0.2g；$Na_2HPO_4 \cdot 12H_2O$，2.9g；KH_2PO_4，0.2g；双蒸水定容至 1000ml。高压消毒（通常在 1.034×10^5 Pa 下灭菌 30min）。

（3）洗涤缓冲液　0.1% Triton X-100；10mmol/L 巯基乙醇；PBS 配制。

【实验方案】

1. 裂解细胞

① 在培养瓶中培养细胞至 80% 汇合度。

② 1000r/min 离心 5min 收集细胞，用 10ml PBS 洗涤 2 次。

③ 细胞沉淀中加入 1ml 裂解缓冲液，置冰上 20min。

④ 4℃ 12000g 离心 10min，将上清液转移入新的 Eppendorf 管。

2. GST 融合钓饵蛋白质的结合

① 100μl 细胞裂解液用 900μl 裂解缓冲液稀释，加入 10μg GST 融合钓饵蛋白质。

② 4℃ 摇晃过夜。

③ 加入 80μl 谷胱甘肽-琼脂糖球珠（50% 悬液），4℃ 混摇 4h。

④ 4℃ 750g 离心 5min。

⑤ 用 1ml 洗涤缓冲液洗涤球珠，4℃ 750g 离心 5min。重复洗涤 2 次。

3. 洗脱

① 用 30μl 2×SDS 样品缓冲液重悬沉淀的球珠。

② 95℃加热 5min。

③ 离心取上清液，该样随后用于 SDS-PAGE 以及 Western 印迹分析。

4. SDS-PAGE 和 Western 印迹

具体步骤见第九章基本方案 3、4。

【注意事项】

(1) 每一个蛋白质进行 GST pull-down 实验时都需要对条件进行优化

① 发生相互作用时的缓冲液成分。许多缓冲液都可用，但是相互作用的效率可能受所用缓冲液的影响。

② 与融合钓饵蛋白质混合的靶蛋白的量。所需材料的量主要由靶蛋白的丰度和相互作用的亲和力决定，实验开始时这两个参数通常都是未知的，需要逐步摸索。

③ 清洗球珠的条件。含有不同盐及变性剂浓度的缓冲液被用来消除非特异性相互作用，因此其强度需要控制得当，否则会造成洗涤不充分或者破坏特异性结合的结果。

(2) 注意设置对照　包括加入的总蛋白、非融合 GST 的 pull-down 样品等，如果实验失败，可以通过 Western 印迹分析总蛋白裂解液步骤 1 中④、步骤 2 中④收集的上清液、GST 对照的洗脱液、球珠和细胞裂解液对照的洗脱液以及洗脱后的球珠的成分来找问题所在。

(3) 注意实验安全　蛋白酶抑制剂 PMSF、巯基乙醇和丙烯酰胺等为剧毒物质，按规定操作。

【实验结果及分析】

以钓饵蛋白 GST 融合蛋白（GST-SMRT 和 GST-HDAC-1）与靶蛋白 BCL-6 和 HIC-1 之间的相互作用为例。分别以 GST、GST-SMRT 和 GST-HDAC-1 对靶蛋白溶液进行 GST pull-down 实验，将得到的复合物溶液进行 Western 印迹分析（采用抗 HIC-1 和 BCL-6 的抗体）。所得结果如图 13-19 所示，可见在这个系统中，SMRT 和 HDAC-1 与 BCL-6 之间存在相互作用，而与 HIC-1 则没有相互作用［该结果引自 PNAS, 1999, 96 (26): 14831-14836］。

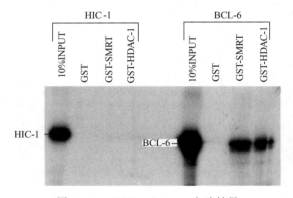

图 13-19　GST pull-down 实验结果

SMRT，类视黄醇和甲状腺受体的沉默介质；HDAC，组蛋白脱乙酰化酶；BCL-6，B 淋巴细胞瘤 6；HIC-1，癌的高甲基化；INPUT，加入的总蛋白

（赵永娟）

参 考 文 献

［1］Celis J E. Cell Biology—A Laboratory Handbook. Vol1~4（导读版）. 北京：科学出版社，2008.
［2］Bonifacino J S, Dasso M, Harford J B. 精编细胞生物学实验指南. 章静波，等译. 北京：科学出版社，2007.
［3］R. I. 弗雷谢尼. 动物细胞培养——基本技术指南. 章静波，徐存拴，等译. 北京：科学出版社，2008.
［4］辛华. 现代细胞生物学技术. 北京：科学出版社，2009.
［5］章静波. 组织和细胞培养技术. 北京：人民卫生出版社，2002.
［6］赵春华. 干细胞原理、技术与临床. 北京：化学工业出版社，2006.
［7］Stein G S, Borowski M, Luong M X, et al. Human Stem Cell Technology and Biology. A Research Guide and Laboratory Manual. Wiley-Blackwell, 2011.
［8］R. I. 弗雷谢尼，G. N. 斯泰赛，J. M. 奥尔贝奇. 人干细胞培养. 章静波，陈实平，等译. 北京：科学出版社，2009.
［9］Welsh J A, Goberdhan D C I, O'Driscoll L, et al. Minimal information for studies of extracellular vesicles （MISEV2023）: From basic to advanced approaches. J Extracell Vesicles，2024，13（2）：e12404.

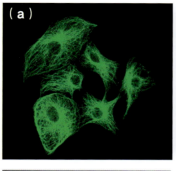
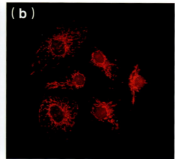
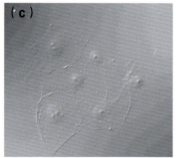
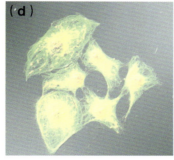

图 1-11
HeLa 细胞双重标记免疫荧光染色显示细胞骨架
（a）FITC标记的肌动蛋白；
（b）TRITC标记的微管蛋白；
（c）细胞形态；
（d）a、b和c叠加
（正文见第23页）

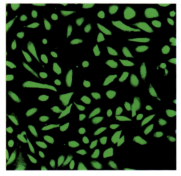
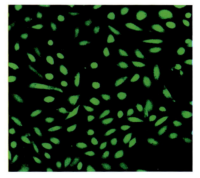

图 1-12　给予刺激后细胞内钙离子浓度　　　图 1-13　恢复后细胞内钙离子的浓度
（正文见第24页）　　　　　　　　　　　　　（正文见第24页）

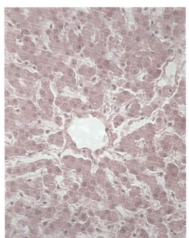
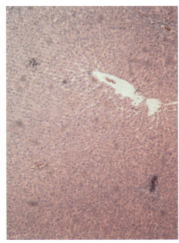

图 2-1　鼠肝组织的HE染色
（正文见第34页）

图 2-2 鼠肾上腺组织的油红O染色
（正文见第38页）

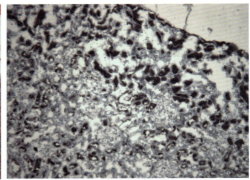

图 2-3 鼠肾脏碱性磷酸酶的染色
（正文见第39页）

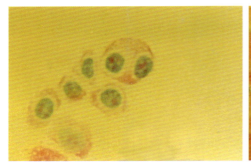

图 3-3 Brachet 反应显示 HeLa 细胞中 DNA 和 RNA（正文见第45页）

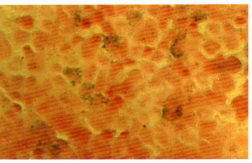

图 3-4 骨髓细胞中过氧化物酶的显示
（正文见第46页）

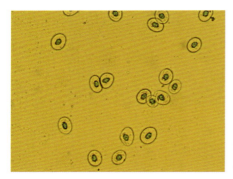

图 3-5 蟾蜍血细胞中碱性蛋白质的显示
（正文见第47页）

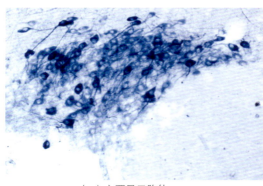

（a）主要显示胞体

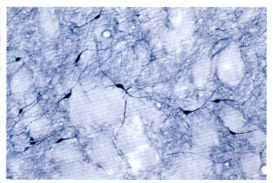

（b）主要显示神经纤维

图 3-6 脑组织中一氧化氮合酶（NOS）的显示（未用中性红复染）（正文见第48页）

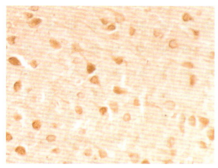

图 3-7 大脑皮质中诱生型一氧化氮合酶 (iNOS) 的显示（未用苏木精复染）
（正文见第50页）

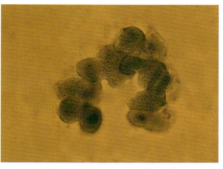

图 3-8 肝细胞中线粒体的显示
（正文见第52页）

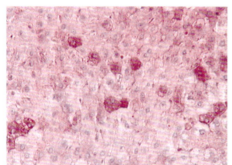

图 3-9 PAS 染色显示肝细胞中的糖原反应
（正文见第53页）

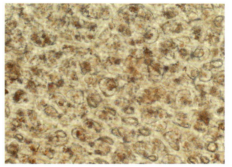

图 3-10 细胞中液泡系的显示
（正文见第56页）

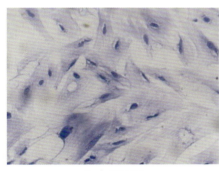

(a) 10×10

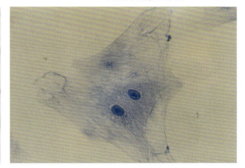

(b) 10×40

图 3-11 小鼠成纤维细胞的细胞骨架（正文见第59页）

图 3-12 洋葱内表皮细胞骨架（10×40）
（正文见第59页）

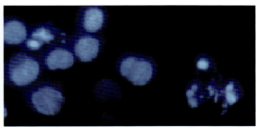

图 11-1 凋亡的平滑肌细胞
（正文见第174页）

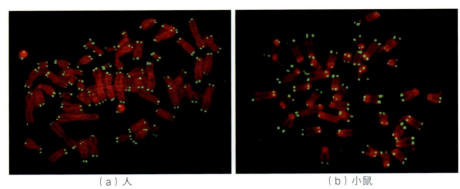

(a) 人 (b) 小鼠

图 12-3　端粒PNA探针与人及小鼠分裂期染色体FISH杂交结果（正文见第191页）

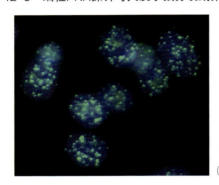

图 12-4　端粒PNA探针与间期细胞 FISH杂交结果
（正文见第192页）

图 12-5　分裂间期细胞端粒长度的 Q-FISH分析（正文见第192页）

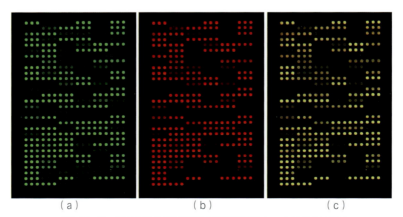

(a)　　　　　　　(b)　　　　　　　(c)

图 13-9　基因芯片杂交信号扫描结果（正文见第240页）
（a）Cy3标记杂交扫描图；（b）Cy5标记杂交扫描图；
（c）：（a）、（b）图像重叠。图中点的颜色含义：绿色表示高表达，红色表示低表达，黄色表示表达水平无改变